普通高等教育“十一五”国家级规划教材

高职高专电子信息专业系列教材

工厂电气控制技术（第2版）

■ 熊幸明 主 编

■ 曹才开 刘湘澧 副主编

清华大学出版社

北 京

内 容 简 介

本书是普通高等教育"十一五"国家级规划教材。本书系统地介绍了工厂电气控制设备的电气控制原理、典型控制线路及设计方法、日本三菱 FX_{2N} 系列超小型可编程控制器的原理及应用。内容包括：常用低压电器、电气控制线路的基本环节、生产机械电气控制线路分析、电气控制线路的设计及元器件选择、可编程控制器的组成及工作原理、可编程控制器的指令、可编程控制器的应用、可编程控制器的通信。每章后附有适量的思考题和习题。

本书在内容处理上，既注意反映电气控制领域的最新技术，本书电气符号与电路图的绘制符合最新国家标准；又注意专科学生的知识和能力结构。强调理论联系实际，注重培养学生的动手能力、分析和解决实际问题的能力以及工程设计能力和创新意识。

本书是在作者多年从事本课程及相关课程的教学、教改及科研的基础上编写的，可作为高职高专的工业自动化、电气技术、机电一体化等相近专业的教材，也可供从事电气控制方面工作的工程技术人员和技术工人参考。

图书在版编目(CIP)数据

工厂电气控制技术/熊幸明主编. —2 版. —北京：清华大学出版社，2009.3(2021.2重印)
(高职高专电子信息专业系列教材)
ISBN 978-7-302-19117-9

Ⅰ. 工… Ⅱ. 熊… Ⅲ. 工厂—电气控制—高等学校：技术学校—教材 Ⅳ. TM571.2

中国版本图书馆 CIP 数据核字(2008)第 199893 号

责任编辑：束传政
责任校对：李 梅
责任印制：吴佳雯

出版发行：清华大学出版社
网 址：http://www.tup.com.cn，http://www.wqbook.com
地 址：北京清华大学学研大厦 A 座　　邮 编：100084
社 总 机：010-62770175　　邮 购：010-62786544
投稿与读者服务：010-62776969，c-service@tup.tsinghua.edu.cn
质量反馈：010-62772015，zhiliang@tup.tsinghua.edu.cn
印 装 者：北京九州迅驰传媒文化有限公司
经 销：全国新华书店
开 本：185mm×260mm　　**印 张**：21.25　　**字 数**：480 千字
版 次：2009 年 3 月第 2 版　　**印 次**：2021 年 2 月第 10 次印刷
定 价：59.00 元

产品编号：030915-04

第2版前言

本书第1版出版后，承蒙各兄弟院校的支持和厚爱，已重印多次。

根据电气类专业的发展和技术的进步，本次修订在内容上作了较大更新，以反映电气控制领域的最新技术。如在电气控制部分，删除了现在使用较少的电动式时间继电器、突出电子式时间继电器介绍；由于欠电流继电器在直流电机控制中应用较多，补充了欠电流继电器的内容；删除了机械制动和电磁调速控制，增加变频调速知识的介绍；从提高学生读图、绘图能力出发，在第2章中专门编写了"电气控制系统图"一节内容；在电气控制线路设计方法中，加强了逻辑设计法的介绍等。在可编程控制器部分，前面3章均有不同程度的修改，如加强了步进指令和编程方法、可编程控制器应用实例的介绍。考虑到近年来PLC涉及通信的应用越来越多，对第8章进行了重写，突出PLC与PLC之间、PLC与计算机之间通信技术的介绍。

由于工作变动等原因，在征求第1版作者的意见后，对本书修订人员作了部分调整。由熊幸明担任主编，曹才开、刘湘澧担任副主编。参加本书修订工作的有：熊幸明(前言、绪论、第3、7章、附录等)；曹才开(第1章)；张丹、石成钢(第2章)；刘湘澧、肖春艳(第4章)；唐立伟、李和平(第5章)；黄建科、刁一峰(第6章)；刘湘澧、唐进(第8章)。

本书是湖南省教育科学"十一五"规划课题(编号：XJK06CGD014)成果。在本书编写以及修订过程中，得到了长沙学院(原长沙大学)的大力支持，在此表示衷心的感谢。同时感谢第1版作者对本次修订工作的支持。

由于编者水平有限，书中难免有缺点和错误之处，敬请读者批评指正。

编　者

2008年10月

前言

本书是根据高职高专工业电气自动化专业《工厂电气控制技术》课程的教学大纲，并充分考虑到电气技术的实际应用和发展情况而编写的。

本书在内容处理上，既注意反映电气控制领域的最新技术，又注意专科学生的知识和能力结构，强调理论联系实际，注重学生动手能力、分析和解决实际问题的能力，以及工程设计能力和创新意识的培养。如精选传统电器及继电器-接触器控制内容，删除应用越来越少的电机放大机、磁放大器和顺序控制器的内容，增加继电器-接触器控制线路故障分析与检查等内容，并将加工业自动化三大支柱之一的可编程控制器单独列为1篇进行介绍。全书具有保证基础、体现先进、加强应用的特点。

全书分为2篇8章。第1篇共4章，主要介绍常用低压电器的结构、原理、用途，电气控制线路的基本环节，典型生产机械电气控制线路的分析，电气控制线路设计的一般原则与方法，以及元器件的选择。第2篇也分4章，以当今最新、最具特色、极有代表性的日本三菱 FX_{2N} 系列超小型可编程控制器作为目标机型，介绍了可编程控制器的组成及工作原理、指令系统（包括功能指令）、编程方法与技巧、可编程控制系统的设计及应用实例、可编程控制器的通信及网络。其中第8章采用"※"标记方式进行分类，教学时可根据实际情况灵活选取。每章末尾都附有适量的思考题和习题。

本书由熊幸明担任主编，陈有卿、曹才开（以姓氏笔画为序）担任副主编。其中前言、绪论、第3章、第7章、附录由熊幸明编写；第1章由曹才开编写；第2章由熊幸明、王新辉、盛旺编写；第4、6、8章由刘湘澧编写；第5章由陈有卿编写。张跃勤、张志钢、石成刚、邓居祁、殷科生、张文希、张明、雷敏、邓亚平等为本书编写提供了部分资料并参加资料整理工作，谭敏、熊一舟对一些电路、程序进行了调试验证。在本书编写过程中，得到了长沙学院（原长沙大学）的大力支持，在此一并表示衷心的感谢。

由于编者水平有限，书中难免有缺点和错误之处，敬请读者批评指正。

作　者

2005年5月

目 录

绪 论

0.1 电气控制技术的发展概况

电气控制技术是以各类电动机为动力的传动装置与系统为对象，以实现生产过程自动化的控制技术。电气控制系统是其中的主干部分，在国民经济各行业中的许多部门得到广泛应用，是实现工业生产自动化的重要技术手段。

随着科学技术的不断发展、生产工艺的不断改进，特别是计算机技术的应用，新型控制策略的出现，不断改变着电气控制技术的面貌。在控制方法上，从手动控制发展到自动控制；在控制功能上，从简单控制发展到智能化控制；在操作上，从笨重繁琐的手工操作发展到信息化处理；在控制原理上，从单一的有触头硬接线继电器逻辑控制系统发展到以微处理器或微计算机为中心的网络化自动控制系统。现代电气控制技术综合应用了计算机技术、微电子技术、检测技术、自动控制技术、智能技术、通信技术、网络技术等先进的科学技术成果。

作为生产机械动力的电机拖动，经历了漫长的发展过程。20 世纪初，电动机直接取代蒸汽机。开始是成组拖动，用一台电动机通过中间机构（天轴）实现能量分配与传递，拖动多台生产机械。这种拖动方式电气控制线路简单，但机构复杂，能量损耗大，生产灵活性也差，不适应现代化生产的需要。20 世纪 20 年代，出现了单电机拖动，即由一台电动机拖动一台生产机械。相对成组拖动，机械设备的结构简化，传动效率提高，灵活性增大。这种拖动方式在一些机床中至今仍在使用。随着生产发展及自动化程度的提高，又出现了多台电动机分别拖动各运动机构的多电机拖动方式，进一步简化了机械结构，提高了传动效率，而且使机械的各运动部分能够选择最合理的运动速度，缩短了工时，也便于分别控制。

继电器—接触器控制系统至今仍是许多生产机械设备广泛采用的基本电气控制形式，也是学习更先进电气控制系统的基础。它主要由继电器、接触器、按钮、行程开关等组成，由于其控制方式是断续的，故称为断续控制系统。它具有控制简单、方便实用、价格低廉、易于维护、抗干扰能力强等优点。但由于其接线方式固定，灵活性差，难以适应复杂和程序可变的控制对象的需要，且工作频率低，触点易损坏，可靠性差。

以软件手段实现各种控制功能、以微处理器为核心的可编程控制器（Programmable Logic Controller，PLC），是 20 世纪 60 年代诞生并开始发展起来的一种新型工业控制装置。它具有通用性强、可靠性高、能适应恶劣的工业环境,指令系统简单、编程简便易学、易于掌握、体积小、维修工作少、现场连接安装方便等一系列优点,正逐步取代传统的继电器控制系统,广泛应用于冶金、采矿、建材、机械制造、石油、化工、汽车、电力、造纸、纺织、环保等各个行业的控制中。

在自动化领域,可编程控制器与CAD/CAM、工业机器人并称为工业自动化的三大支柱,其应用日益广泛。可编程控制器技术是以硬接线的继电器—接触器控制为基础,逐步发展为既有逻辑控制、计时、计数功能,又有运算、数据处理、模拟量调节、联网通信等功能的控制装置。它可通过数字量或者模拟量的输入、输出满足各种类型机械控制的需要。可编程控制器及有关外部设备,均按既易于与工业控制系统联成一个整体,又易于扩充其功能的原则设计。可编程控制器已成为生产机械设备中开关量控制的主要电气控制装置。

0.2 本课程的性质和任务

《工厂电气控制技术》是工业自动化、电气技术等专业的一门实践性很强的专业课。由于电气控制技术的应用领域很广,本课程主要介绍机械制造过程中所用生产设备的电气控制原理、线路、设计方法,以及可编程控制器的原理、指令、编程方法、系统设计、在生产机械中的应用等有关知识。现代机械设备所用控制方法很多,有电气、液压、气动、机械等,也有几种方法的综合应用,电气控制技术往往起着中枢连接作用,应用最为广泛。

通过本门课程的学习,学生应达到下列基本要求:

(1) 熟悉常用控制电器的结构、工作原理、用途、型号,并能正确选用。

(2) 熟悉电气控制线路的基本环节,对一般电气控制线路具有独立分析能力。

(3) 初步具有对不太复杂的电气控制系统进行改造和设计的能力。

(4) 初步具有对一般继电器—接触器控制线路的故障分析与检查能力。

(5) 初步掌握可编程控制器的基本工作原理、指令系统、编程方法和技巧,能根据生产工艺过程和控制要求正确选用PLC和编制用户程序,经调试应用于生产过程控制。

第 1 篇

电气控制

第 1 章

常用低压控制电器

工作在交流 1000V、直流 1200V 电压及以下的电器，称为低压电器，其用途是对供电、用电系统进行开关、控制、保护和调节。根据其控制对象的不同，低压电器分为配电电器和控制电器两大类。前者主要用于低压配电系统和动力回路，常用的有刀开关、转换开关、熔断器、自动开关等；后者主要用于电力传输系统和电气自动控制系统中，常用的有主令电器、接触器、继电器、启动器、控制器、电阻器、变阻器、电磁铁等。本章主要介绍常用的主令电器、低压开关类电器、熔断器、接触器、继电器等低压控制电器的结构和工作原理。

1.1 主令电器

主令电器是用于自动控制系统中发出指令的操作电器，利用它控制接触器、继电器或其他电器，使电路接通和分断来实现对生产机械的自动控制。常用的主令电器有按钮、行程开关、万能转换开关、凸轮控制器、主令控制器等。

1.1.1 按钮

按钮是一种用来短时接通或分断小电流电路的手动控制电器。在控制电路中，通过它发出“指令”控制接触器、继电器等电器，再由它们去控制主电路的通断。

按钮的外形和结构如图 1-1 所示，主要由按钮帽、复位弹簧、常开触点、常闭触点、接线柱、外壳等组成。它的图形符号和文字符号如图 1-2 所示。

按钮的种类很多，生产机械上常用的有 LA2、LA10、LA18、LA19、LA20 等系列。其中 LA18 系列按钮是积木式结构，触点数目可按需要拼装；结构形式有揿按式、紧急式、钥匙式和旋钮式。LA19 系列在按钮内装有信号灯，除作为控制电路的主令电器使用外，还可兼作信号指示灯使用。LA 系列按钮的主要技术数据见表 1-1。

按钮的型号含义如下：

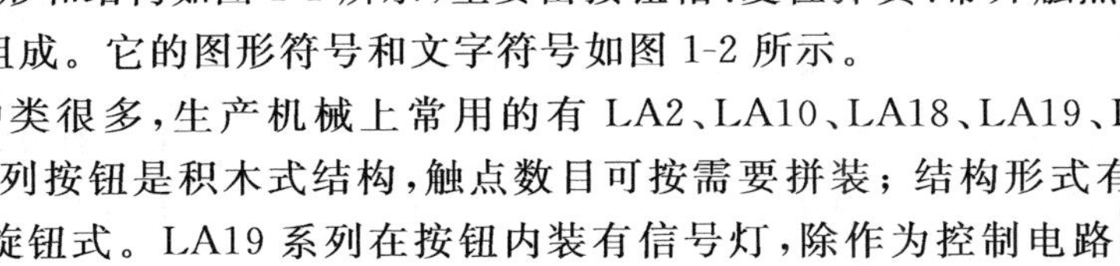

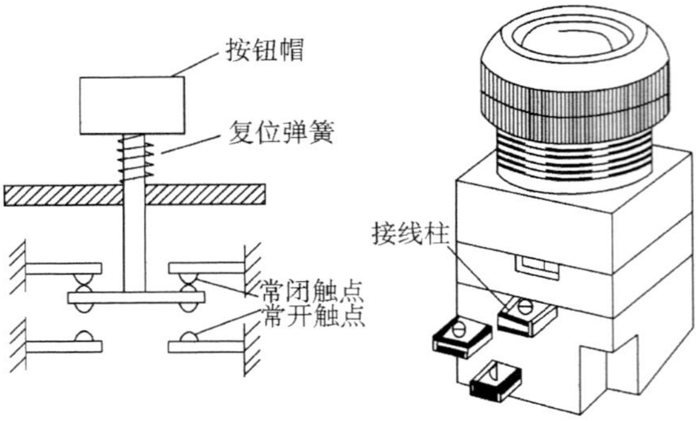

图 1-1 LA19 系列按钮结构及外形图

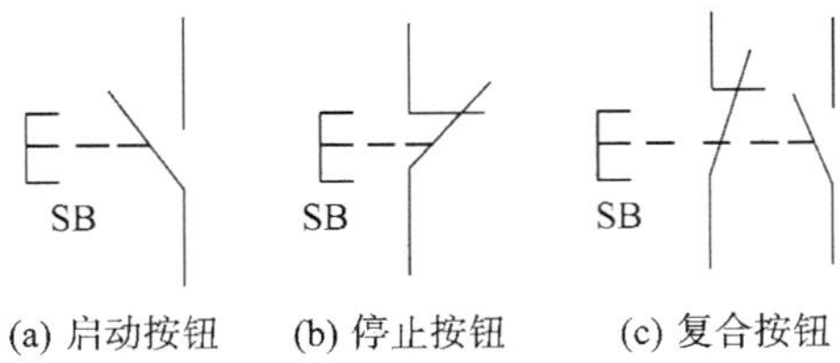

图 1-2 按钮的图形、文字符号

表 1-1 LA 系列按钮主要技术数据

型　号	规格	结构形式	触点对数		按　钮	
			常开	常闭	钮数	颜　色
LA18—22	500V 5A	元件	2	2	1	红或绿或黑或白
LA18—44		元件	4	4	1	红或绿或黑或白
LA18—66		元件	6	6	1	红或绿或黑或白
LA18—22J		元件(紧急式)	2	2	1	红
LA18—44J		元件(紧急式)	4	4	1	红
LA18—66J		元件(紧急式)	6	6	1	红
LA18—22Y		元件(钥匙式)	2	2	1	黑
LA18—44Y		元件(钥匙式)	4	4	1	黑
LA18—22X		元件(旋钮式)	2	2	1	黑
LA18—44X		元件(旋钮式)	4	4	1	黑
LA18—66X		元件(旋钮式)	6	6	1	黑
LA19—11		元件	1	1	1	红或绿或黄或蓝或白
LA19—11J		元件(紧急式)	1	1	1	红
LA19—11D		元件(带指示灯)	1	1	1	红或绿或黄或蓝或白
LA19—11DJ		元件(紧急式带指式灯)	1	1	1	红
LA20—11D		元件(带指示灯)	1	1	1	红或绿或黄或蓝或白
LA20—22D		元件(带指示灯)	2	2	1	红或绿或黄或蓝或白

不同结构形式的按钮,分别用不同的字母表示:如 A—按钮;K—开启式;S—防水式;H—保护式;F—防腐式;J—紧急式;X—旋钮式;Y—钥匙式;D—带指示灯式;

DJ—紧急式带指示灯。

选用按钮应根据使用场合、被控电路所需触点数目及钮帽的颜色等综合考虑。使用前，应检查按钮动作是否自如，弹性是否正常，触点接触是否良好可靠。由于按钮触点之间距离较小，应注意保持触点及导电部分的清洁，防止触点间短路或漏电。

1.1.2 行程开关

行程开关又称限位开关或位置开关，其作用与按钮相同，只是其触点的动作不是靠手动操作，而是利用生产机械运动部件的碰撞使其触点动作来接通或分断电路，从而限制机械运动的行程、位置或改变其运动状态，达到自动控制的目的。

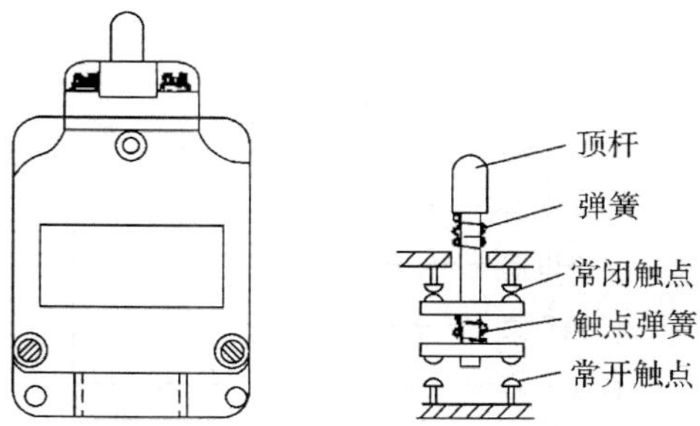

(a) 外形图　(b) 原理图

图 1-3 直动式行程开关

为了适应生产机械对行程开关的碰撞，行程开关有多种构造形式，常用的有直动式（按钮式）、滚轮式（旋转式）。其中滚轮式又有单滚轮式和双滚轮式两种。直动式和滚轮式行程开关的外形分别如图 1-3 和图 1-4 所示，图形符号和文字符号如图 1-5 所示。

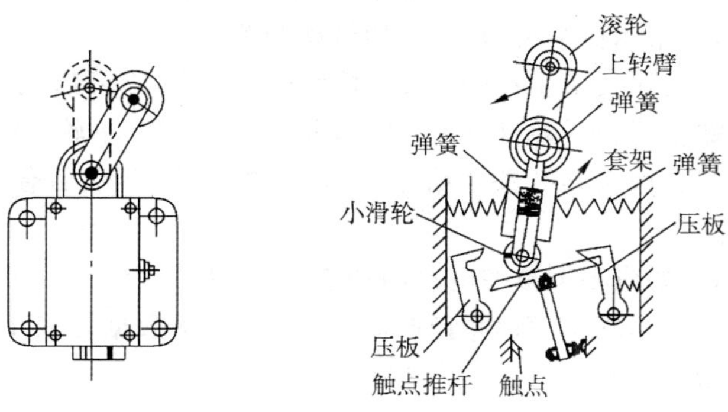

(a) 外形图　(b) 原理图

图 1-4 滚轮式行程开关

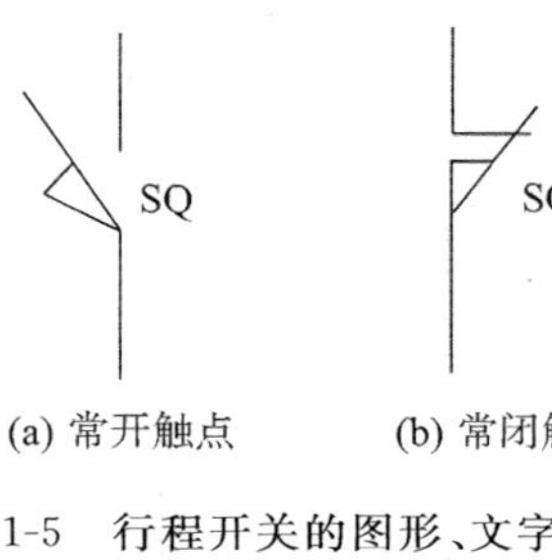

(a) 常开触点　(b) 常闭触点

图 1-5 行程开关的图形、文字符号

常用的行程开关有 LX19 系列和 JLXK1 系列,其型号含义如下:

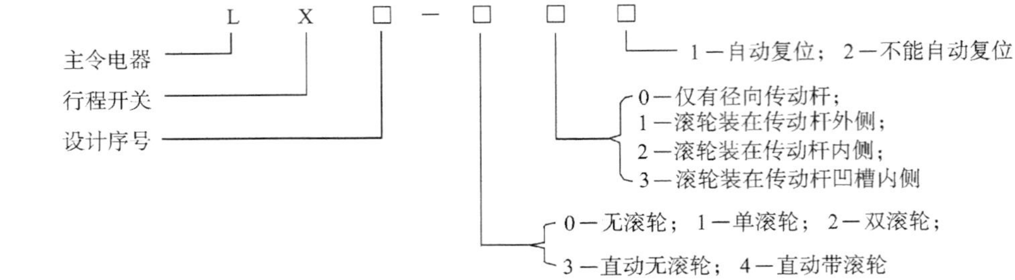

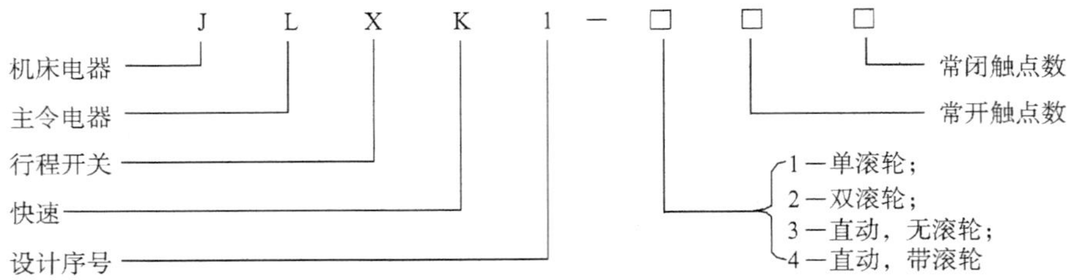

各种系列的行程开关其基本结构相同,区别仅在于使行程开关动作的传动装置和动作速度不同。直动式行程开关触点的分合速度取决于挡块移动速度。当挡块移动速度低于 0.4m/min 时,触点切断太慢,易受电弧烧灼,这时应采用有盘形弹簧机构能瞬时动作的滚轮式行程开关,或采用更为灵敏、轻巧的微动开关。

引进德国西门子公司技术生产的 3SE3 系列行程开关,有开启式、保护式两大类。动作方式有瞬动型和蠕动型,头部结构有直动、滚轮直动、杠杆、单轮、双轮、滚轮摆杆可调、杠杆可调和弹簧杆等。该系列开关规格全、外形结构多样、拆装方便、使用灵活、动作可靠、技术性能优良。

选用行程开关,主要应根据被控电路的特点、要求及生产现场条件和所需触点数量、种类等因素综合考虑。JLXK1 系列行程开关的主要技术数据见表 1-2;3SE3 系列行程开关的主要技术数据见表 1-3。

表 1-2 JLXK1 系列行程开关的主要技术数据

<table>
<tr><th rowspan="2">型 号</th><th colspan="2">额定电压/V</th><th rowspan="2">额定电流/A</th><th colspan="2">触 点 数 量</th><th rowspan="2">结 构 形 式</th></tr>
<tr><th>交流</th><th>直流</th><th>常开</th><th>常闭</th></tr>
<tr><td>JLXK1—111</td><td rowspan="8">500</td><td rowspan="8">440</td><td rowspan="8">5</td><td rowspan="8">1</td><td rowspan="8">1</td><td>单轮防护式</td></tr>
<tr><td>JLXK1—211</td><td>双轮防护式</td></tr>
<tr><td>JLXK1—111M</td><td>单轮密封式</td></tr>
<tr><td>JLXK1—211M</td><td>双轮密封式</td></tr>
<tr><td>JLXK1—311</td><td>直动防护式</td></tr>
<tr><td>JLXK1—311M</td><td>直动密封式</td></tr>
<tr><td>JLXK1—411</td><td>直动滚轮防护式</td></tr>
<tr><td>JLXK1—411M</td><td>直动滚轮密封式</td></tr>
</table>

表 1-3　3SE3 系列行程开关的主要技术数据

额定绝缘电压/V		最大工作电压/V（同极性）	额定发热电流/A	机械寿命/次	电寿命/次			推杆上测量的重复动作精度/mm	保护等级
交流	直流				$U_e=220V$ $I_e=1A$	$U_e=220V$ $I_e=0.5A$	$U_e=220V$ $I_e=10A$		
500	600	500	10	30×10^6	5×10^6	10×10^6	10×10^4	0.02	IP67

1.1.3　凸轮控制器

凸轮控制器主要用于起重设备和其他电力拖动装置，以控制电动机的启动、正反转、调速和制动。它主要由手柄、定位机构、转轴、凸轮和触点组成，其结构如图 1-6 所示。

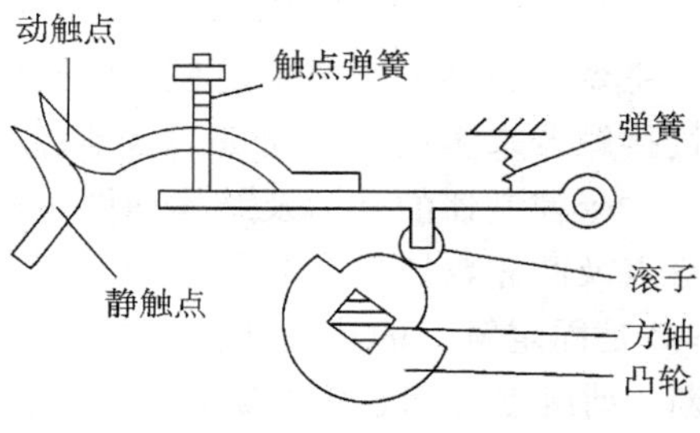

图 1-6　凸轮控制器结构示意图

凸轮控制器的动作原理如下：

转动手柄时，转轴带动凸轮一起转动。转到某一位置时，凸轮顶动滚子，克服弹簧压力使动触点顺时针方向转动，脱离静触点而分断电路。在转轴上叠装不同形状的凸轮，可使若干个触点组按规定的顺序接通或分断。

凸轮控制器在电气原理图中的图形、文字符号及触点通断表如图 1-7 所示。图中每根竖的虚线表示手柄的一个位置，虚线上的黑点“•”表示手柄在该位置时，上面这一副触点接通。

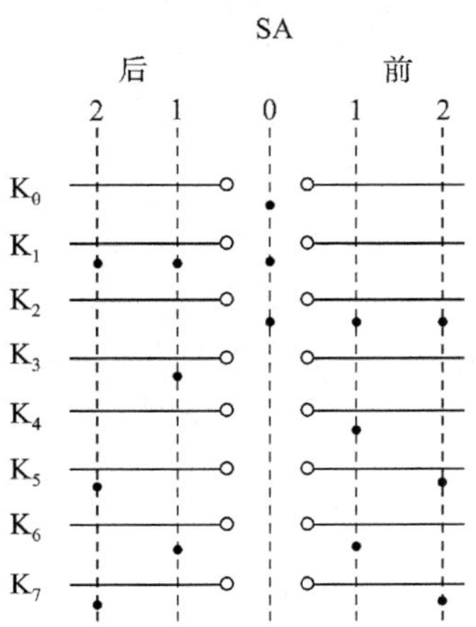

(a) 符号

触点	向后		零位	向前	
	2	1	0	1	2
K_0			+		
K_1	+	+	+		
K_2			+	+	+
K_3		+			
K_4				+	
K_5	+				+
K_6		+		+	
K_7	+				+

(b) 触点通断表

图 1-7　凸轮控制器的图形、文字符号及触点通断表

国产的凸轮控制器有 KT10、KT14 等系列交流凸轮控制器和 KTZ2 系列直流凸轮控制器。KT14 系列凸轮控制器的主要技术数据见表 1-4。

表 1-4　KT14 系列凸轮控制器的主要技术数据

型　号	额定电压/V	额定电流/A	位置数		最大功率/kW	额定操作频率/(次/h)	最大工作周期/min
			左	右			
KT14—25J/1	380	25	5	5	11	600	10
KT14—25J/2			5	5	2×5.5		
KT14—25J/3			1	1	5.5		
KT14—60J/1		60	5	5	30	600	10
KT14—60J/2			5	5	2×11		
KT14—60J/4			5	5	2×11		

选用凸轮控制器,主要根据电动机的容量、额定电压、额定电流和控制位置数目来选择。

1.1.4　主令控制器

主令控制器是按照预定程序转换控制电路的主令电器,用它在控制系统中发布命令,通过接触器来实现对电动机的启动、制动、调速和反转控制。

主令控制器的外形及结构如图 1-8 所示。它由铸铁的底座、支架和支架上安装的动、静触点及凸轮盘所组成的接触系统等构成。图中 1 与 7 表示固定于方形转轴上的凸轮块;2 是固定触点的接线柱,由它连接操作回路;3 是固定触点,由桥式动触点 4 来闭合与分断;动触点 4 固定于能绕轴 6 转动的支杆 5 上。

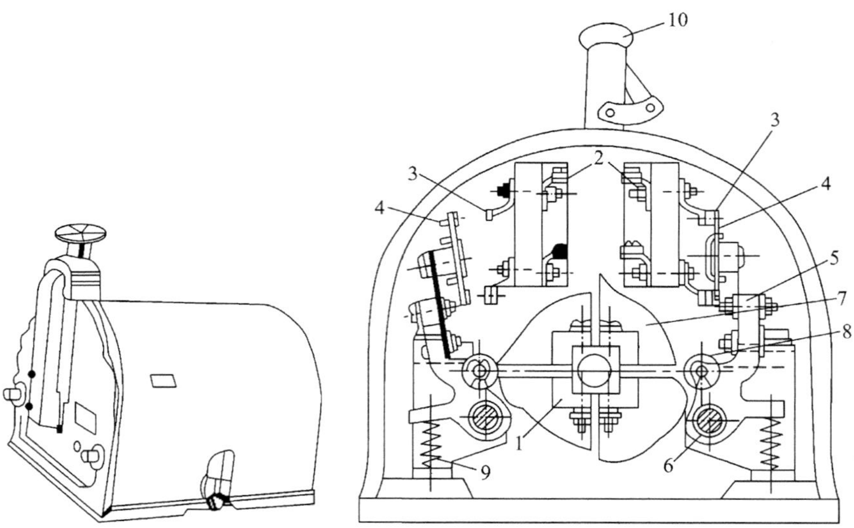

(a) 外形　　　(b) 结构

图 1-8　主令控制器外形结构图

主令控制器的动作原理如下:

当转动手柄 10 使凸轮块 7 转动时,推压小轮 8,使支杆 5 绕轴 6 转动,使动触点 4 与静触点 3 分断,将被操作回路断开。相反,当转动手柄 10 使小轮 8 位于凸轮块 7 的凹槽处,由于弹簧 9 的作用,使动触点 4 与静触点 3 闭合,接通被操作回路。可见,触点闭合与分断的顺序是由凸轮块的形状所决定的。

主令控制器在电气原理图中的符号及触点分合表与凸轮控制器相同。常用的主令控制器有 LK1、LK5、LK6、LK14 等系列，其型号的含义如下：

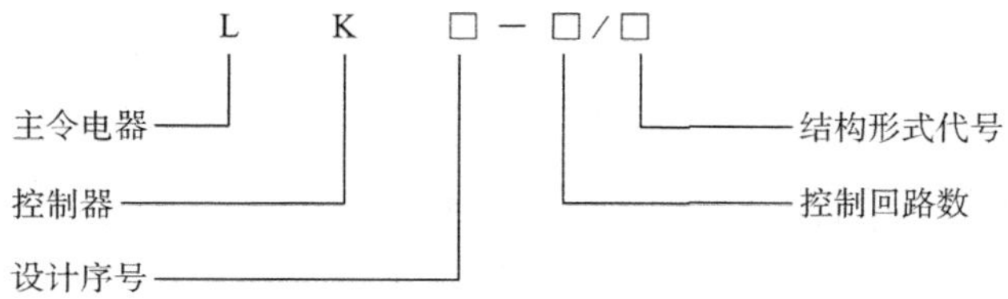

主令控制器的选用主要根据额定电流和所需控制回路数来选择。LK14 系列主令控制器的主要技术数据见表 1-5。

表 1-5　LK14 系列主令控制器的主要技术数据

型　号	额定电压/V	额定电流/A	控制电路数	外形尺寸/mm
LK14—12/90 LK14—12/96 LK14—12/97	380	15	12	227×220×300

1.2　低压开关类电器

常用低压开关类电器包括刀开关、转换开关、自动开关三类，下面分别对其结构、原理等进行介绍。

1.2.1　刀开关

常用的刀开关主要有胶盖闸刀开关、铁壳开关。

1. 胶盖闸刀开关

胶盖闸刀开关又称为开启式负荷开关，广泛用作照明电路和小容量(5.5kW 及以下)动力电路不频繁启动的控制开关，其外形及结构如图 1-9 所示。刀开关的图形、文字符号如图 1-10 所示。

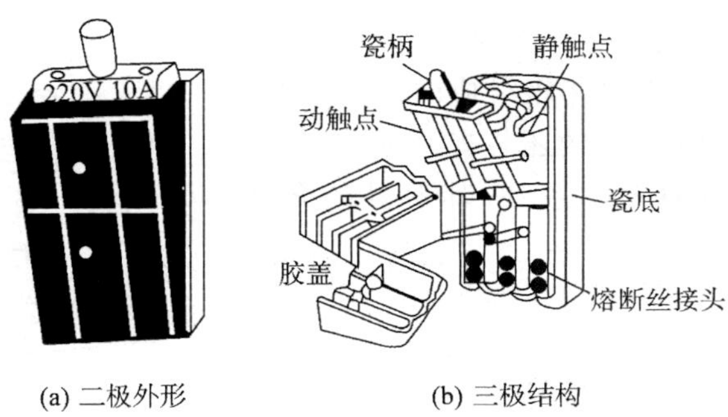

(a) 二极外形　　(b) 三极结构

图 1-9　胶盖闸刀开关外形及结构

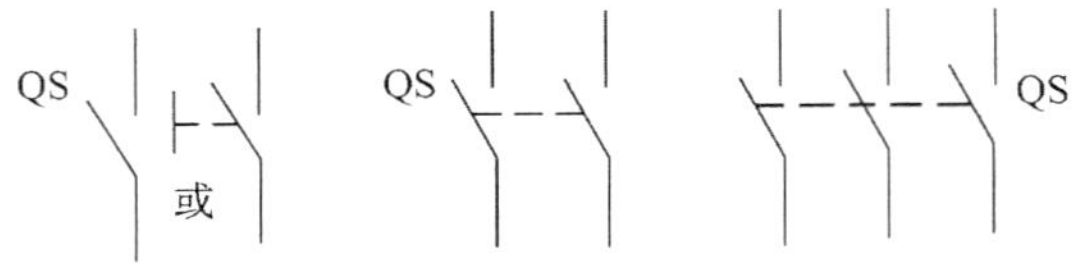

(a) 单极　(b) 双极　(c) 三极

图 1-10　刀开关的图形、文字符号

常用胶盖闸刀开关有 HK 系列,其型号的含义如下:

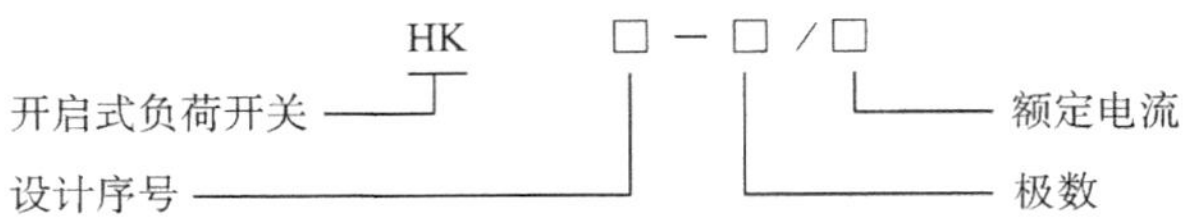

胶盖闸刀开关具有结构简单、价格低廉和安装、使用、维修方便的优点。选用时,主要根据电源种类、电压等级、所需极数、断流容量等进行选择。控制电动机时,其额定电流要大于电动机额定电流的3倍。

HK1 系列胶盖闸刀开关的主要技术数据见表 1-6。

表 1-6　HK1 系列胶盖闸刀开关的主要技术数据

额定电流值/A	极数	额定电压值/V	可控制电动机最大容量值/kW		触刀极限分断能力/A ($\cos\varphi=0.6$)	熔丝极限分断能力/A	配用熔丝规格			
			220V	380V			熔丝成分/%			熔丝直径/mm
							W_{Pb}	W_{Sn}	W_{Sb}	
15	2	220	—	—	30	500	98	1	1	1.45～1.59
30					60	1000				2.30～2.52
60					90	1500				3.36～4.00
15	3	380	1.5	2.2	30	500	98	1	1	1.45～1.59
30			3.0	4.0	60	1000				2.30～2.52
60			4.4	5.5	90	1500				3.36～4.00

2. 铁壳开关

铁壳开关又称封闭式负荷开关,可不频繁地接通和分断负荷电路,也可用作15kW以下电动机不频繁启动的控制开关,其基本结构如图1-11所示。它的铸铁壳内装有由刀片和夹座组成的触点系统、熔断器和速断弹簧,30A以上的还装有灭弧罩。

常用的铁壳开关为 HH 系列,其型号的含义如下:

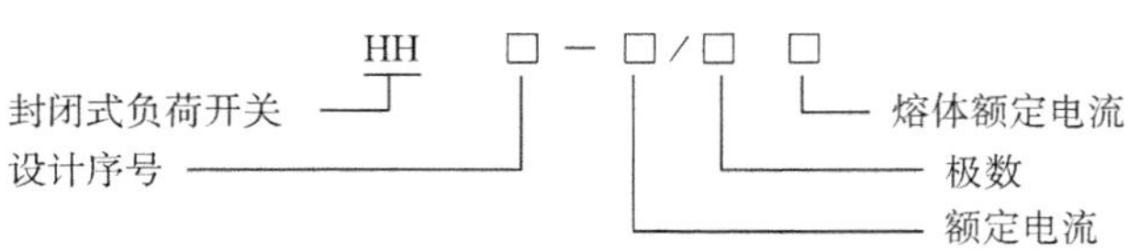

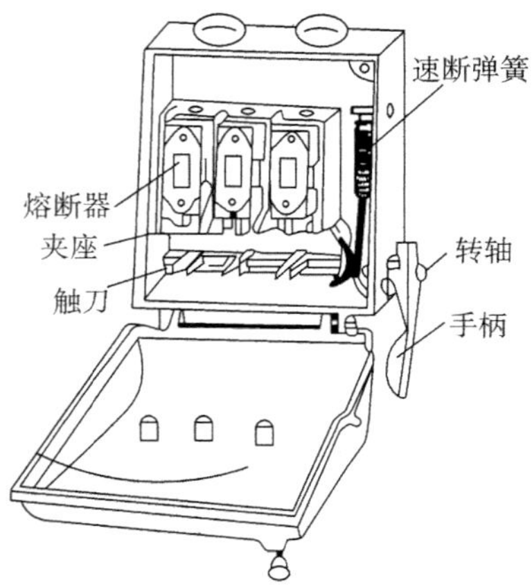

图 1-11　铁壳开关内部结构

HH10 系列铁壳开关的技术数据见表 1-7。

表 1-7　HH10 系列铁壳开关的技术数据

<table>
<tr><th rowspan="2">负荷开关额定电流/A</th><th rowspan="2">熔断器额定电流/A</th><th rowspan="2">熔体额定电流/A</th><th colspan="5">极限分断能力(1.1U_N、50Hz)</th><th colspan="4">极限接通分断能力(1.1U_N、50Hz)</th><th rowspan="2">机械寿命/次</th><th colspan="2">电寿命(额定电压、额定电流)</th></tr>
<tr><th>U_N/V</th><th>熔断器型式</th><th>极限分断能力/A</th><th>功率因数</th><th>分断次数</th><th>U_N/V</th><th>通断电流/A</th><th>功率因数</th><th>试验条件</th><th>试验条件</th><th>次数</th></tr>
<tr><td>10</td><td>10</td><td>2,4,6,10</td><td rowspan="9">440</td><td>瓷插式</td><td>750</td><td>0.8</td><td rowspan="9">3</td><td rowspan="9">440</td><td>40</td><td rowspan="9">0.4</td><td rowspan="9">操作频率1次/min;通电时间不超过2s;接通与分断10次</td><td rowspan="7">>10000</td><td rowspan="9">功率因数0.8;操作频率2次/min;通电时间不超过2s</td><td rowspan="7">>5000</td></tr>
<tr><td rowspan="2">20</td><td rowspan="2">20</td><td rowspan="2">10,15,20</td><td>瓷插式</td><td>1500</td><td>0.8</td><td rowspan="2">80</td></tr>
<tr><td>RT10</td><td>50000</td><td>0.25</td></tr>
<tr><td rowspan="2">30</td><td rowspan="2">30</td><td rowspan="2">20,25,30</td><td>瓷插式</td><td>2000</td><td>0.8</td><td rowspan="2">120</td></tr>
<tr><td>RT10</td><td>50000</td><td>0.25</td></tr>
<tr><td rowspan="2">60</td><td rowspan="2">60</td><td rowspan="2">30,40,50,60</td><td>瓷插式</td><td>4000</td><td>0.8</td><td rowspan="2">240</td></tr>
<tr><td>RT10</td><td>50000</td><td>0.25</td></tr>
<tr><td rowspan="2">100</td><td rowspan="2">100</td><td rowspan="2">60,80,100</td><td>瓷插式</td><td>4000</td><td>0.8</td><td rowspan="2">250</td><td rowspan="2">>5000</td><td rowspan="2">>2000</td></tr>
<tr><td>RT10</td><td>50000</td><td>0.25</td></tr>
</table>

铁壳开关具有操作方便、使用安全、通断性能好的优点。选用时可参照胶盖闸刀开关的选用原则进行。操作时,不得面对它拉闸或合闸,一般用左手掌握手柄。若更换熔丝,必须在分闸时进行。

1.2.2　组合开关

组合开关由多节触点组合而成,是一种手动控制电器。它可用作电源引入开关,也可用作 5.5kW 以下电动机的直接启动、停止、反转和调速控制开关,主要用于机床控制电路中。

组合开关的外形及结构如图 1-12 所示。它的内部有三对静触点,分别用三层绝缘板相隔,各自附有连接线路的接线桩。三个动触点相互绝缘,与各自的静触点相对应,套在共同的绝缘杆上,绝缘杆的一端装有操作手柄,转动手柄,即可完成三组触点之间的开合或切换。开关内装有速断弹簧,以提高触点的分断速度。组合开关的图形、文字符号如图 1-13 所示。

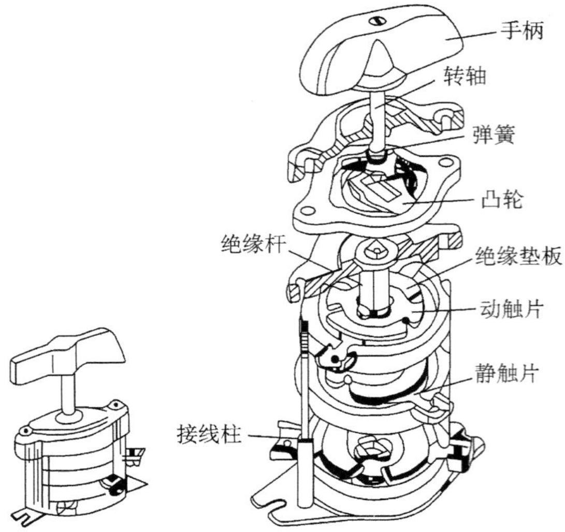

(a) 外形　　(b) 结构

图 1-12　组合开关的外形及结构

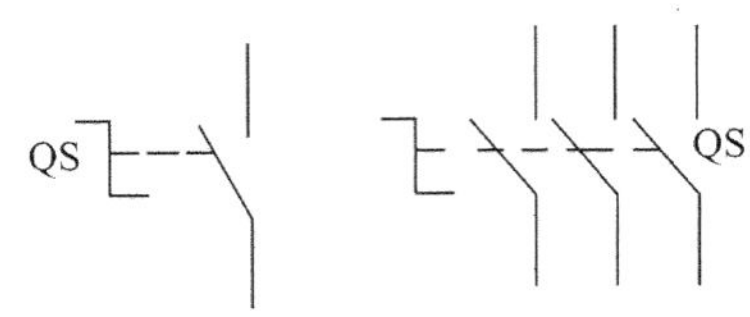

(a) 单极　　(b) 三极

图 1-13　组合开关的图形、文字符号

常用的组合开关有 HZ 系列，其型号的含义如下：

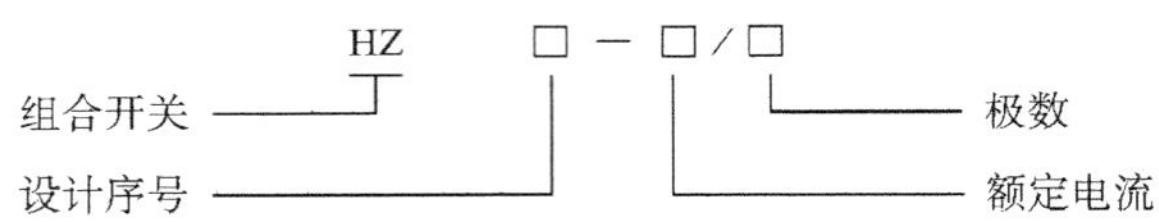

组合开关具有体积小、寿命长、结构简单、操作方便、灭弧性能较好等优点。选用时，应根据电源种类、电压等级、所需触点数量及电动机的容量进行选择。HZ10 系列组合开关的主要技术数据见表 1-8。

表 1-8　HZ10 系列组合开关的主要技术数据

<table>
<tr><th rowspan="3">型　号</th><th rowspan="3">额定电压/V</th><th rowspan="3">额定电流/A</th><th rowspan="3">极数</th><th colspan="2" rowspan="2">极限操作电流/A</th><th colspan="2" rowspan="2">可控制电动机最大容量和额定电流</th><th colspan="4">额定电压及额定电流下的通断次数</th></tr>
<tr><th colspan="2">AC$\cos\varphi$</th><th colspan="2">直流时间常数/s</th></tr>
<tr><th>接通</th><th>分断</th><th>容量/kW</th><th>额定电流/A</th><th>≥0.8</th><th>≥0.3</th><th>≤0.0025</th><th>≤0.01</th></tr>
<tr><td rowspan="2">HZ10—10</td><td rowspan="5">DC220，AC380</td><td>6</td><td>单极</td><td rowspan="2">94</td><td rowspan="2">62</td><td rowspan="2">3</td><td rowspan="2">7</td><td rowspan="4">20000</td><td rowspan="4">10000</td><td rowspan="4">20000</td><td rowspan="4">10000</td></tr>
<tr><td>10</td><td rowspan="4">2,3</td></tr>
<tr><td>HZ10—25</td><td>25</td><td>155</td><td>108</td><td>5.5</td><td>12</td></tr>
<tr><td>HZ10—60</td><td>60</td><td></td><td></td><td></td><td></td></tr>
<tr><td>HZ10—100</td><td>100</td><td></td><td></td><td></td><td></td><td>10000</td><td>50000</td><td>10000</td><td>50000</td></tr>
</table>

1.2.3　自动开关

自动开关又称为自动空气开关或低压断路器。在低压电路中，用于分断和接通负荷电路，控制电动机的运行和停止。它具有过载、短路、失压保护等功能，能自动切断故障电路，保护用电设备的安全。按其结构不同分类，常用自动开关有装置式和万能式两种。其型号含义如下：

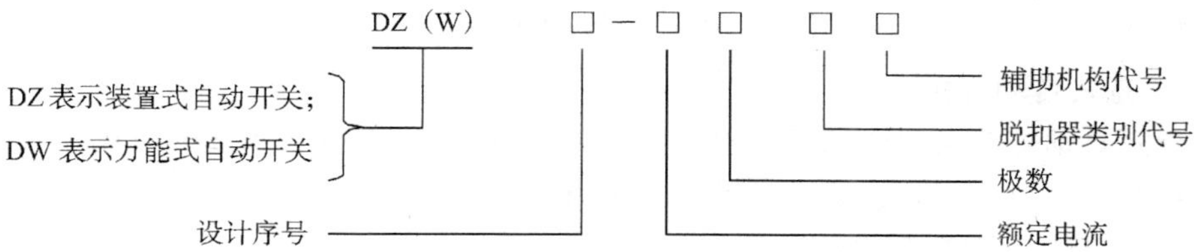

1．结构和工作原理

自动开关主要由触点、灭弧装置、操作机构、保护装置（各种脱扣器）等部分组成。其外形如图 1-14 所示，工作原理如图 1-15 所示。

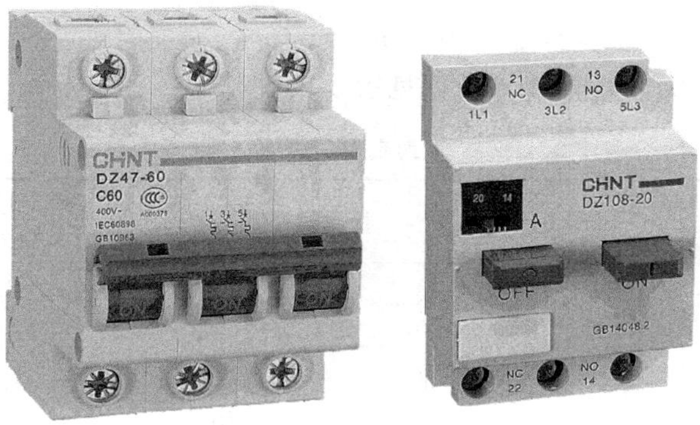

图 1-14　自动开关外形图

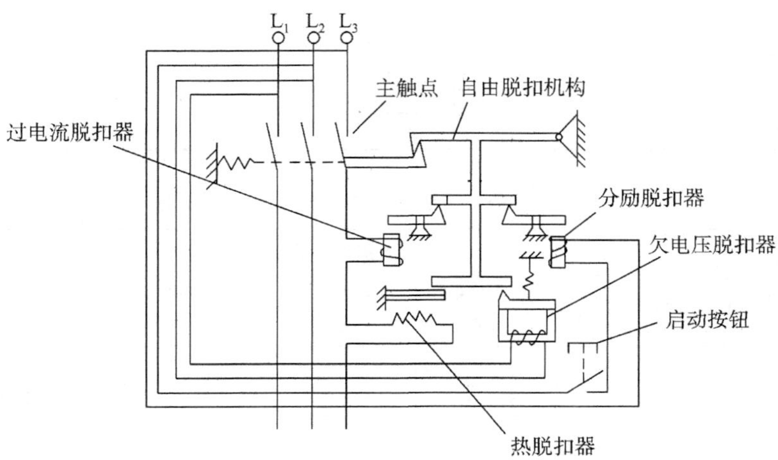

图 1-15　自动开关工作原理图

开关主触点依靠操作机构手动或电动合闸。主触点闭合后，自由脱扣机构将主触点锁在合闸位置上。过电流脱扣器的线圈和热脱扣器的热元件与主电路串联，欠电压脱扣器的线圈与电源并联。当电路发生短路或严重过载时,过电流脱扣器的衔铁吸合,使自由脱扣机构动作,主触点断开主电路。当电路过载时,热脱扣器的热元件发热使双金属片弯曲变形,顶动自由脱扣机构动作。当电路欠电压时,欠电压脱扣器的衔铁释放,也使自由脱扣机构动作。分励脱扣器则用作远距离分断电路。

2. 装置式自动开关

装置式自动开关又叫塑壳式自动开关,通过用模压绝缘材料制成的封闭型外壳将所有构件组装在一起,用于电动机及照明系统的控制、供电线路的保护等。主要型号有 DZ5、DZ10、DZ15、DZ20 等系列。

3. 万能式自动开关

万能式自动开关又称为框架式自动开关,由具有绝缘衬垫的框架结构底座将所有的构件组装在一起,用于配电网络的保护。主要型号有 DW10、DW15 两个系列。

自动开关的图形、文字符号如图 1-16 所示。

部分国产自动开关的主要技术数据见表 1-9 和表 1-10。

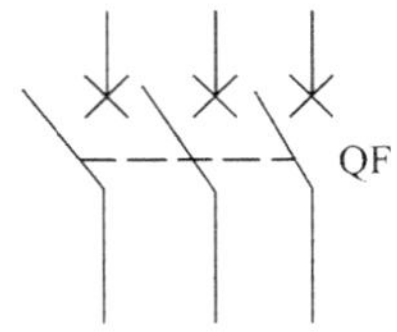

图 1-16 自动开关的图形、文字符号

表 1-9 DZ15 系列自动开关的主要技术数据

<table>
<tr><th colspan="2">型 号</th><th>壳架额定电流/A</th><th>额定电压/V</th><th>极数</th><th>脱扣器额定电流/A</th><th>额定短路通断能力/kA</th><th>电气、机械寿命/次</th></tr>
<tr><td colspan="2">DZ15—40/1901</td><td rowspan="5">40</td><td>220</td><td>1</td><td rowspan="5">6,10,16,
20,25,32,
40</td><td rowspan="5">3
(cosφ=0.9)</td><td rowspan="5">15000</td></tr>
<tr><td colspan="2">DZ15—40/2901</td><td rowspan="4">380</td><td>2</td></tr>
<tr><td rowspan="2">DZ15—40/</td><td>3901</td><td rowspan="2">3</td></tr>
<tr><td>3902</td></tr>
<tr><td colspan="2">DZ15—40/4901</td><td>4</td></tr>
<tr><td colspan="2">DZ15—63/1901</td><td rowspan="5">63</td><td>220</td><td>1</td><td rowspan="5">10,16,20,
25,32,40,
50,63</td><td rowspan="5">5
(cosφ=0.7)</td><td rowspan="5">10000</td></tr>
<tr><td colspan="2">DZ15—63/2901</td><td rowspan="4">380</td><td>2</td></tr>
<tr><td rowspan="2">DZ15—63/</td><td>3901</td><td rowspan="2">3</td></tr>
<tr><td>3902</td></tr>
<tr><td colspan="2">DZ15—63/4901</td><td>4</td></tr>
</table>

表 1-10 DW15 系列自动开关的主要技术数据

<table>
<tr><th rowspan="2">型 号</th><th rowspan="2">额定电压/V</th><th rowspan="2">额定电流/A</th><th colspan="5">额定短路接通分断能力</th><th rowspan="2">外形尺寸(宽×高×深)/mm</th></tr>
<tr><th>电压/V</th><th>接通最大值/kA</th><th>分断有效值/kA</th><th>cosφ</th><th>短延时最大延时/s</th></tr>
<tr><td>DW15—200</td><td>380</td><td>200</td><td>380</td><td>40</td><td>20</td><td></td><td>—</td><td>242×420×341(正面)
386×420×316(侧面)</td></tr>
<tr><td>DW15—400</td><td>380</td><td>400</td><td>380</td><td>52.5</td><td>25</td><td></td><td>—</td><td>242×420×341
386×420×316</td></tr>
<tr><td>DW15—630</td><td>380</td><td>630</td><td>380</td><td>63</td><td>30</td><td></td><td>—</td><td>242×420×341
386×420×316</td></tr>
<tr><td>DW15—1000</td><td>380</td><td>1000</td><td>380</td><td>84</td><td>40</td><td>0.2</td><td>—</td><td>441×531×508</td></tr>
</table>

续表

型　号	额定电压/V	额定电流/A	额定短路接通分断能力					外形尺寸（宽×高×深）/mm
			电压/V	接通最大值/kA	分断有效值/kA	cosφ	短延时最大延时/s	
DW15—1600	380	1600	380	84	40	0.2	—	441×531×508
DW15—2500	380	2500	380	132	60	0.2	0.4	687×571×631 897×571×631
DW15—4000	380	4000	380	196	80	0.2	0.4	687×571×631 897×571×631

1.3　熔断器

熔断器是低压电路和电动机控制电路中最常用的短路保护电器。常用的低压熔断器有插入式、螺旋式、无填料封闭管式、填料封闭管式等几种，如 RC1、RL1、RT0 系列等，其型号的含义如下：

R □ □ − □/□

熔断器 —— R

C—插入式；L—螺旋式；M—无填料封闭管式；T—填料封闭管式；S—快速式 —— 第一个□

设计序号 —— 第二个□

熔断器额定电流 —— 第三个□

熔体额定电流 —— 第四个□

1.3.1　插入式熔断器

插入式熔断器主要用于 380V 三相电路和 220V 单相电路作短路保护，其外形及结构如图 1-17 所示。

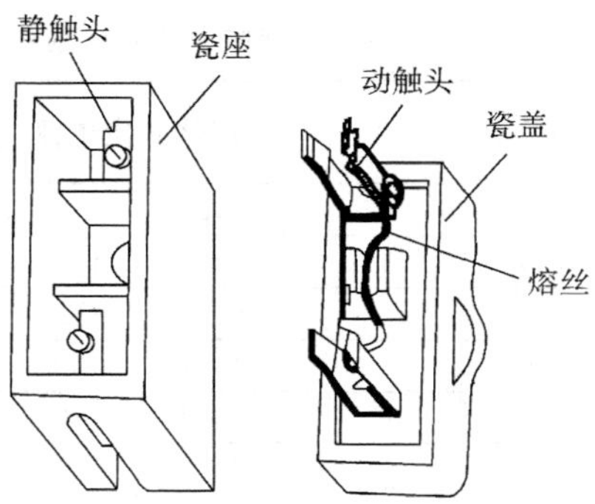

图 1-17　RC1 插入式熔断器的结构

这种熔断器主要由瓷座、瓷盖、静触点、动触点、熔丝等组成,瓷座中部有一个空腔,与瓷盖的凸出部分组成灭弧室。60A以上的在空腔中垫有编织石棉层,加强灭弧功能。它具有结构简单、价格低廉、熔丝更换方便等优点,应用非常广泛。

1.3.2 螺旋式熔断器

螺旋式熔断器用于交流380V、电流200A以内的线路和用电设备作短路保护,其外形和结构如图1-18所示。

这种熔断器主要由瓷帽、熔体(熔芯)、瓷套、上下接线桩及底座等组成。熔芯内除装有熔丝外,还填有灭弧的石英砂。熔芯上盖中心装有标有红色的熔断指示器,当熔丝熔断时,指示器脱出,从瓷盖上的玻璃窗口可检查熔芯是否完好。它具有体积小、结构紧凑、熔断快、分断能力强、熔丝更换方便、使用安全可靠、熔丝熔断后能自动指示等优点,在机床电路中广泛使用。

熔断器的图形、文字符号如图1-19所示。

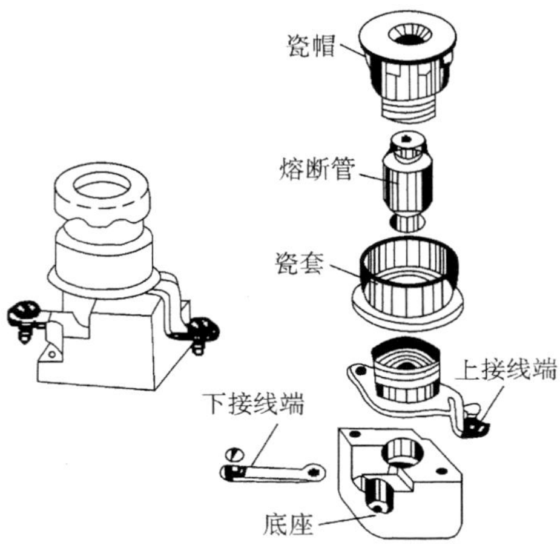

图1-18 螺旋式熔断器的结构

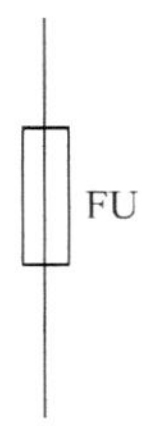

图1-19 熔断器的图形、文字符号

部分熔断器的主要技术数据见表1-11。

表1-11 部分熔断器的主要技术数据

型 号	熔断器额定电流/A	额定电压/V	熔体额定电流/A	额定分断电流/kA
RC1A—5	5	380	1,2,3,5	300(cosφ=0.4)
RC1A—10	10	380	2,4,6,8,10	500(cosφ=0.4)
RC1A—15	15	380	6,10,12,15	500(cosφ=0.4)
RC1A—30	30	380	15,20,25,30	1500(cosφ=0.4)
RC1A—60	60	380	30,40,50,60	3000(cosφ=0.4)
RC1A—100	100	380	60,80,100	3000(cosφ=0.4)
RC1A—200	200	380	100,120,150,200	3000(cosφ=0.4)
RL1—15	15	380	2,4,5,10,15	25(cosφ=0.35)

续表

型　号	熔断器额定电流/A	额定电压/V	熔体额定电流/A	额定分断电流/kA
RL1—60	60	380	20,25,30,35,40,50,60	25($\cos\varphi$=0.35)
RL1—100	100	380	60,80,100	50($\cos\varphi$=0.25)
RL1—200	200	380	100,125,150,200	50($\cos\varphi$=0.25)
RT0—50	50	(AC)380,(DC)440	5,10,15,20,30,40,50	(AC)50,(DC)25
RT0—100	100	(AC)380,(DC)440	30,40,50,60,80,100	(AC)50,(DC)25
RT0—200	200	(AC)380,(DC)440	80,100,120,150,200	(AC)50,(DC)25
RT0—400	400	(AC)380,(DC)440	150,200,250,300,350,400	(AC)50,(DC)25
RM10—15	15	220	6,10,15	1.2
RM10—60	60	220	15,20,25,36,45,60	3.5
RM10—100	100	220	60,80,100	10
RS3—50	50	500	10,15,30,50	50($\cos\varphi$=0.3)
RS3—100	100	500	80,100	50($\cos\varphi$=0.5)
RS3—200	200	500	150,200	50($\cos\varphi$=0.5)
NT0	160	500	6,10,20,50,100,160	120
NT1	250	500	80,100,200,250	120
NT2	400	500	125,160,200,300,400	120
NT3	630	500	315,400,500,630	120
NGT0	125	380	25,32,80,100,125	100
NGT1	250	380	100,160,250	100
NGT2	400	380	200,250,355,400	100

注：NT 和 NGT 系列熔断器为引进德国 AGC 公司的产品。

1.4　接触器

接触器是通过电磁机构动作，频繁地接通和分断主电路的远距离操纵电器。按其主触点通过电流种类的不同，分为交流接触器和直流接触器。由于其控制容量大，且具有低电压保护功能，在工厂电气设备中应用非常广泛。

接触器的图形符号和文字符号如图 1-20 所示。

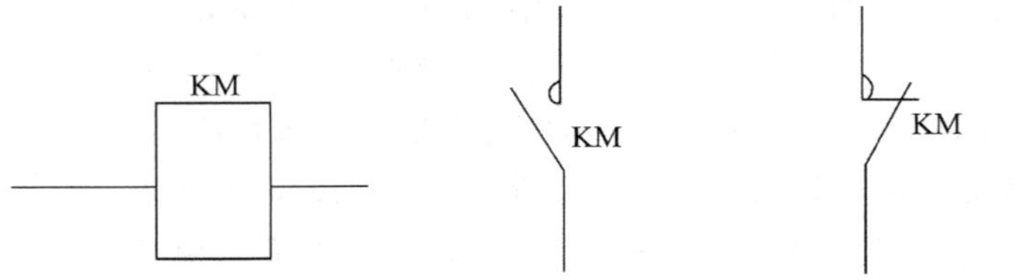

(a) 线圈　(b) 常开辅助触点　(c) 常闭辅助触点

图 1-20　接触器的图形、文字符号

1.4.1 交流接触器

常用的交流接触器有CJ0、CJ10、CJ12、CJ20等系列产品,其型号的含义如下:

C J □—□/□

C——接触器
J——交流
□——设计序号
□——主触点额定电流
□——主触点数

1. 外形及结构

交流接触器主要由电磁系统、触点系统、灭弧装置等部分组成,外形及结构如图1-21所示。

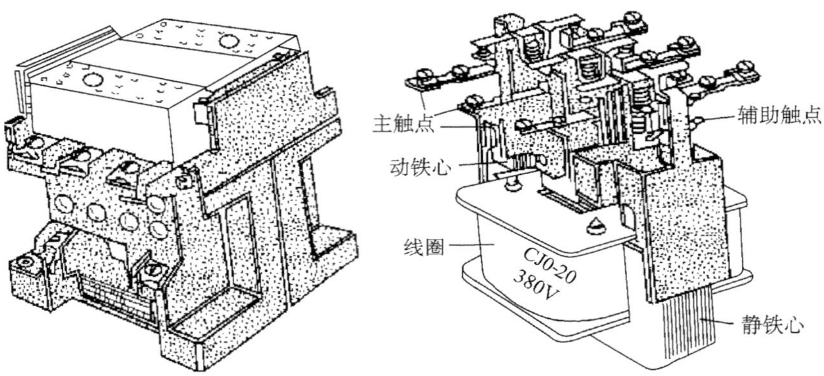

(a) 外形　　(b) 结构

图1-21 交流接触器的外形及结构

(1) 电磁系统

交流接触器的电磁系统由线圈、静铁心、动铁心(衔铁)等组成,其作用是操纵触点的闭合与分断。

交流接触器的铁心一般用硅钢片叠压铆成,以减少交变磁场在铁心中产生的涡流及磁滞损耗,避免铁心过热。为了减少接触器吸合时产生的振动和噪音,在铁心上装有一个短路铜环(又称减振环),如图1-22所示。当线圈中通有交流电时,在铁心中产生的是交变磁通,它对衔铁的吸力是按正弦规律变化的。当磁通经过零值时,铁心对衔铁的吸力也为零,衔铁在弹簧的作用下有释放的趋势,使得衔铁不能被铁心紧紧吸住,产生振动,发出噪音。同时,这种振动使衔铁与铁心容易磨损,造成触点接触不良。安装短路铜环后,它相当变压器的一个副绕组,当电磁线圈通入交流电时,线圈电流 I_1 产生磁通 Φ_1,短路环中产生感应电流 I_2,形成磁通 Φ_2。由于 I_1 与 I_2 的相位不同,故 Φ_1 与 Φ_2 的相位也不同,即 Φ_1 与 Φ_2 不同时为零。这样,在磁通 Φ_1 过零时,Φ_2 不为零而产生吸力,使衔铁始终被铁心吸牢,振动和噪音显著减小。

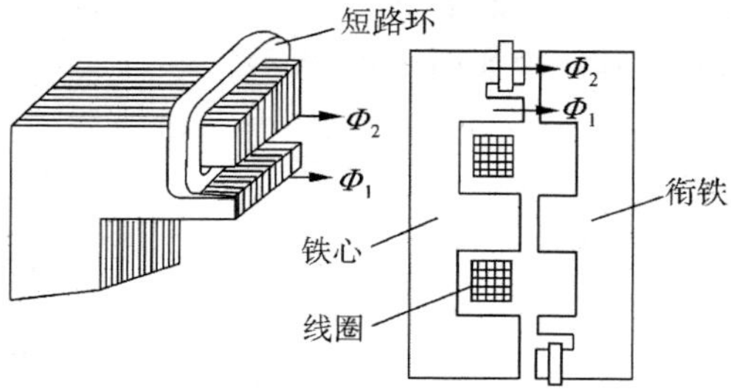

图 1-22　交流电磁铁的短路环

(2) 触点系统

接触器的触点按功能不同分为主触点和辅助触点两类。主触点用于接通和分断电流较大的主电路，体积较大，一般由三对常开触点组成；辅助触点用于接通和分断小电流的控制电路，体积较小，有常开和常闭两种。如 CJ0-20 系列交流接触器有三对常开主触点、两对常开辅助触点和两对常闭辅助触点。触点通常用紫铜制成，由于铜的表面容易氧化生成不良导体氧化铜，故一般都在触点的接触点部分镶上银块，使之接触电阻小，导电性能好，使用寿命长。

接触器触点分为桥式触点和指形触点，其形状分别如图 1-23(a)和(b)所示。桥式触点又分为点接触桥式和面接触桥式两种。图 1-23(a)左图为两个点接触的桥式触点，适用于电流不大且压力小的场合，如辅助触点；图 1-23(a)右图为两个面接触的桥式触点，适用于大电流的控制，如主触点。图 1-23(b)为线接触指形触点，其接触区域为一直线，在触点闭合时产生滚动接触，适用于动作频繁、电流大的场合，如作主触点用。

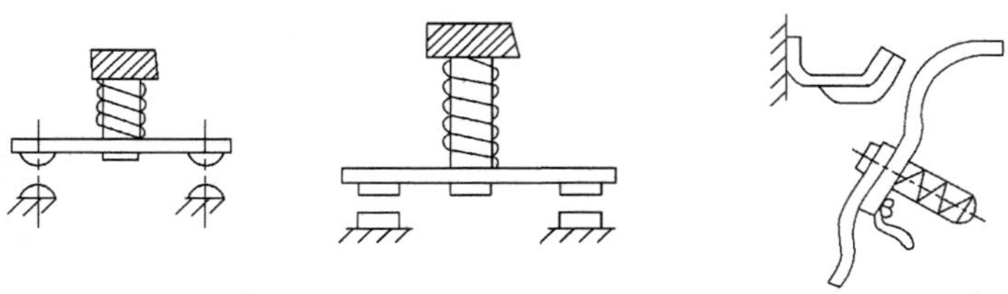

(a) 桥式触点　　(b) 线接触指形触点

图 1-23　接触器的触点结构

为使触点接触更紧密，减小接触电阻，消除开始接触时产生的有害振动，桥式触点或指形触点都安装有压力弹簧，随着触点的闭合加大触点间的互压力。

(3) 灭弧装置

交流接触器在分断大电流或高电压电路时，其动、静触点间气体在强电场作用下产生放电，形成电弧。电弧发光、发热，灼伤触点，并使电路切断时间延长，引发事故。因此，必须采取措施，使电弧迅速熄灭。常用的灭弧方法有下面几种：

① 电动力灭弧。利用触点分断时本身的电动力将电弧拉长，使电弧热量在拉长的过程中散发冷却而迅速熄灭，其原理如图 1-24 所示。

② 双断口灭弧。这种方法是将整个电弧分成两段,同时利用上述电动力,使电弧迅速熄灭。它适用于桥式触点,其原理如图 1-25 所示。

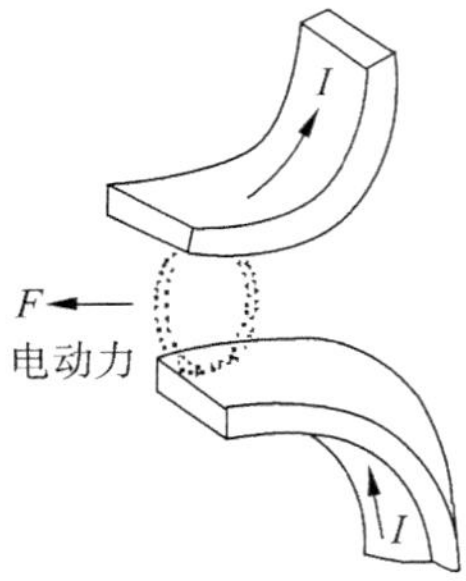

图 1-24 电动力灭弧

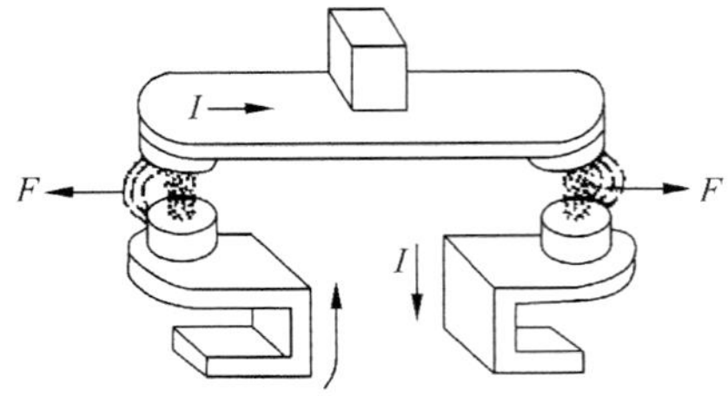

图 1-25 双断口灭弧

③ 纵缝灭弧。采用一个纵缝灭弧装置来完成灭弧任务,如图 1-26 所示。灭弧罩内有一条纵缝,下宽上窄。下宽便于放置触点,上窄有利于电弧压缩,并和灭弧室壁有很好的接触。当触点分断时,电弧被外界磁场或电动力横吹进入缝内,其热量传递给室壁而迅速冷却熄灭。

④ 栅片灭弧。栅片灭弧装置的结构及原理如图 1-27 所示,主要由灭弧栅和灭弧罩组成。灭弧栅用镀铜的薄铁片制成,各栅片之间互相绝缘。灭弧罩用陶土或石棉水泥制成。当触点分断电路时,在动触点与静触点间产生电弧,电弧产生磁场。由于薄铁片的磁阻比空气小得多,因此,电弧上部的磁通容易通过灭弧栅形成闭合磁路,使得电弧上部的磁通很稀疏,而下部的磁通则很密。这种上稀下密的磁场分布对电弧产生向上运动的力,将电弧拉到灭弧栅片当中。栅片将电弧分割成若干短弧,一方面使栅片间的电弧电压低于燃弧电压;另一方面栅片将电弧的热量散发,使电弧迅速熄灭。

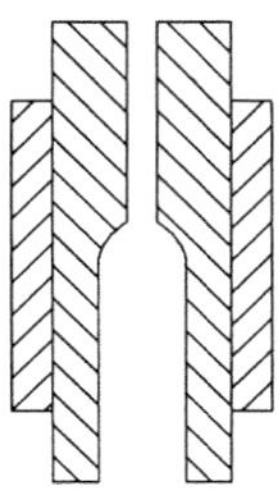

图 1-26 纵缝灭弧装置

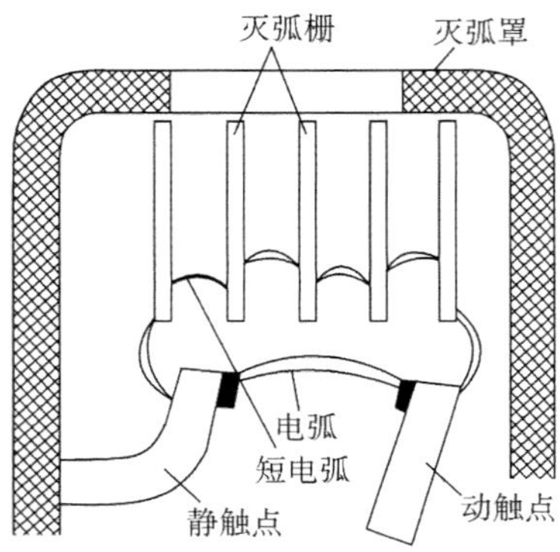

图 1-27 栅片灭弧装置

(4) 其他部件

交流接触器除上述三个主要部分外,还包括反作用弹簧、复位弹簧、缓冲弹簧、触点压力弹簧、传动机构、接线桩、外壳等部件。

2. 工作原理

当电磁线圈接通电源时，线圈电流产生磁场，使静铁心产生足以克服弹簧反作用力的吸力，将动铁心向下吸合，使常开主触点和常开辅助触点闭合，常闭辅助触点断开。主触点将主电路接通，辅助触点则接通或分断与之相连的控制电路。

当线圈断电时，静铁心吸力消失，动铁心在反力弹簧的作用下复位，各触点也随之复位，将有关的主电路和控制电路分断。

3. 主要技术数据

除了国产交流接触器，我国引进了德国西门子公司的 3TB 系列、BBC 公司的 B 型系列等产品。这些产品结构紧凑、外形尺寸小、安装方便、寿命长、技术经济指标优越、符合 VDE，IEC 标准要求。

现将 CJ0，CJ10，CJ12 系列交流接触器的主要技术数据列于表 1-12 和表 1-13 中。

表 1-12　CJ0，CJ10 系列交流接触器的主要技术数据

<table>
<tr><th rowspan="2">型　号</th><th rowspan="2">触点额定电压/V</th><th rowspan="2">主触点额定电流/A</th><th rowspan="2">辅助触点额定电流/A</th><th colspan="3">可控电动机最大功率/kW</th><th rowspan="2">额定操作频率/(次/h)</th><th rowspan="2">吸引线圈电压/V</th><th colspan="2">线圈功率/W</th></tr>
<tr><th>127V</th><th>220V</th><th>380V</th><th>启动</th><th>吸持</th></tr>
<tr><td>CJ0—10</td><td rowspan="9">500</td><td>10</td><td rowspan="9">5</td><td>1.5</td><td>2.5</td><td>4</td><td rowspan="3">1200</td><td rowspan="9">交流 36；110；127；220；380</td><td>77</td><td>14</td></tr>
<tr><td>CJ0—20</td><td>20</td><td>3</td><td>5.5</td><td>10</td><td>156</td><td>33</td></tr>
<tr><td>CJ0—40</td><td>40</td><td>6</td><td>11</td><td>20</td><td>280</td><td>33</td></tr>
<tr><td>CJ0—75</td><td>75</td><td>13</td><td>22</td><td>40</td><td rowspan="6">600</td><td>660</td><td>55</td></tr>
<tr><td>CJ10—10</td><td>10</td><td rowspan="5">—</td><td>2.2</td><td>4</td><td>65</td><td>11</td></tr>
<tr><td>CJ10—20</td><td>20</td><td>5.5</td><td>10</td><td>140</td><td>22</td></tr>
<tr><td>CJ10—40</td><td>40</td><td>11</td><td>20</td><td>230</td><td>32</td></tr>
<tr><td>CJ10—60</td><td>60</td><td>17</td><td>30</td><td>495</td><td>70</td></tr>
<tr><td>CJ10—100</td><td>100</td><td>29</td><td>50</td><td>—</td><td>—</td></tr>
</table>

表 1-13　CJ12 系列交流接触器的主要技术数据

<table>
<tr><th rowspan="2">型　号</th><th rowspan="2">额定电压/V</th><th rowspan="2">额定电流/A</th><th rowspan="2">极数</th><th colspan="2">每小时操作次数</th><th colspan="3">联锁触点</th><th rowspan="2">线圈消耗功率/W</th></tr>
<tr><th>额定容量时</th><th>短时降低容量时</th><th>额定电压/V</th><th>额定电流/A</th><th>组合情况</th></tr>
<tr><td>CJ12—100</td><td rowspan="5">380</td><td>100</td><td rowspan="5">2，3，4</td><td rowspan="3">600</td><td rowspan="3">200</td><td rowspan="5">交流 380
直流 220</td><td rowspan="5">10</td><td rowspan="5">六对触点可组成：五合一分或四分二合或三分三合</td><td>16</td></tr>
<tr><td>CJ12—150</td><td>150</td><td>30</td></tr>
<tr><td>CJ12—250</td><td>250</td><td>45</td></tr>
<tr><td>CJ12—400</td><td>400</td><td rowspan="2">3000</td><td rowspan="2">1200</td><td>85</td></tr>
<tr><td>CJ12—600</td><td>600</td><td>70</td></tr>
</table>

3TB型交流接触器的主要技术数据见表1-14。

表1-14 3TB型交流接触器的主要技术数据

型号	约定发热电流/A	380V时额定工作电流/A	660V时额定工作电流/A	可控电动机功率/kW		在AC—3使用类别下的操作频率和电寿命/次		在AC—4使用类别下电寿命数据		
								可控电动机功率/kW		电寿命/次
				380V	660V	操作频率 $750h^{-1}$	操作频率 $1200h^{-1}$	380V	660V	操作频率 $300h^{-1}$
3TB40	22	9	7.2	4	5.5	—	1.2×10^6	1.4	2.4	2×10^5
3TB41	22	12	9.5	5.5	7.5	—	1.2×10^6	1.9	3.3	
3TB42	35	16	13.5	7.5	11	—	1.2×10^6	3.5	6	
3TB43	35	22	13.5	11	11	—	1.2×10^6	4	6.6	
3TB44	55	32	18	15	15	1.2×10^6		7.5	11	

1.4.2 直流接触器

直流接触器主要用于控制直流用电设备。常用的有CZ0、CZ1、CZ2、CZ3、CZ5系列产品,其型号的含义如下:

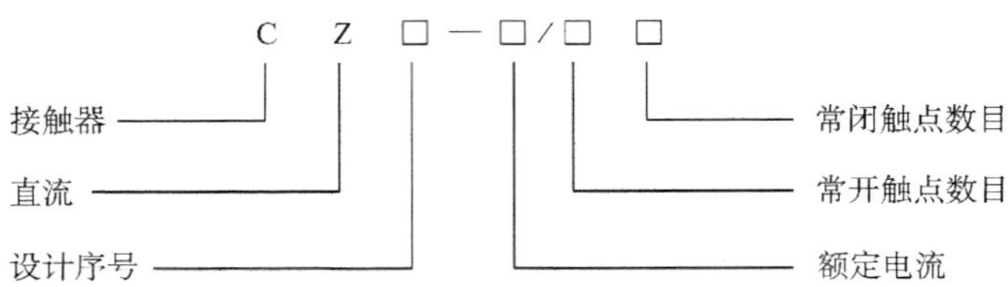

1. 结构及工作原理

直流接触器的结构、工作原理与交流接触器基本相同,其结构如图1-28所示。它主要由线圈、铁心、衔铁、触点、灭弧装置等组成。不同的是除触点电流和线圈电源为直流外,其触点大都采用滚动接触的指形触点,辅助触点采用点接触的桥式触点,铁心采用整块铸钢或铸铁制成;线圈做成长而薄的圆筒状。为保证衔铁能可靠释放,磁路中通常夹有非磁性垫片,以减小剩磁影响。

2. 灭弧装置

直流接触器的主触点在断开直流大电流时,也会产生强烈的电弧,由于直流电弧的特殊性,通常采用磁吹式灭弧。灭弧装置的结构如图1-29所示。

磁吹式灭弧装置由磁吹线圈、灭弧罩、灭弧角等组成。磁吹线圈由扁铜条1弯成,里层装有铁心3,中间隔有绝缘套筒2,铁心两端装有两片铁夹板4,夹在灭弧罩的两边,接触器的触点就处在灭弧罩内、铁夹板之间。磁吹线圈与主触点串联,流过触点的电流就是流过磁吹线圈的电流 $I_{磁}$,其方向如图中箭头所示。当动触点7与静触点8分断产生电弧时,电弧电流 $I_{磁}$ 在电弧周围形成一个磁场,其方向可用右手螺旋定则确定。从图可见,在电弧上方是引出纸面,用⊙表示,在电弧下方是进入纸面,用⊕表示;在电弧周围还有

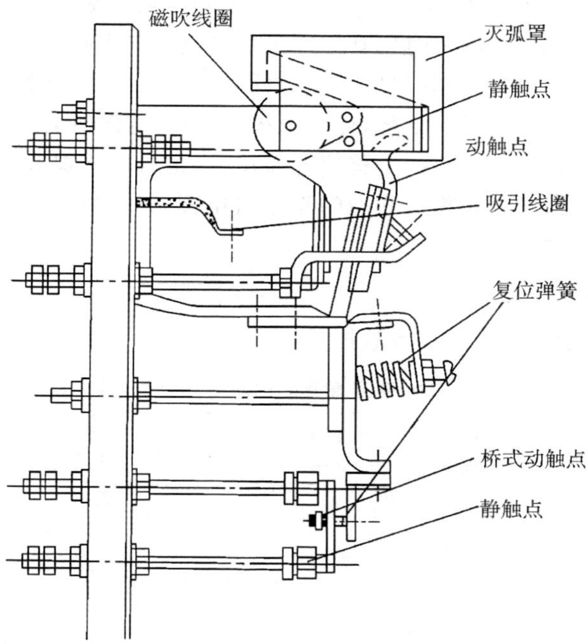

图 1-28　直流接触器的结构

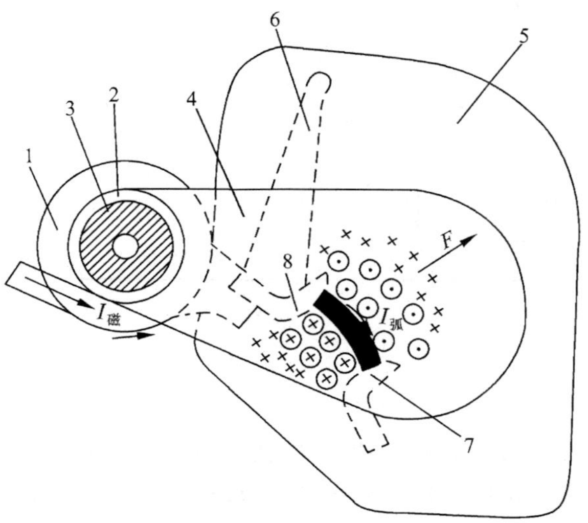

图 1-29　磁吹式灭弧装置

1—磁吹线圈；2—绝缘套筒；3—铁心；4—铁夹板；5—灭弧罩；6—灭弧角；7—动触点；8—静触点

一个由磁吹线圈产生的磁场，其磁通从一块夹板穿过夹板间的空隙，进入另一块夹板，形成闭合磁路，磁场方向用右手螺旋定则确定，如图 1-29 所示是进入纸面的，用×表示。因此，在电弧上方，磁吹线圈电流与电弧电流所产生的两个磁通方向相反而相互削弱；在电弧下方,两个磁通的方向相同而磁通增强。于是,电弧从磁场强的一边拉向弱的一边,向上运动。灭弧角6与静触点8相连接,其作用是引导电弧向上运动。电弧由下而上运动,迅速拉长,与空气发生相对运动,其温度迅速降低而熄灭;同时,电弧上拉时,其热量传递给灭弧罩散发,也使电弧温度迅速下降,促使熄灭;另外,电弧向上运动时,在静触点上的弧根逐渐转移到灭弧角6上,弧根的上移使电弧拉长,也有助于熄灭。

综上所述,这种灭弧方式是靠磁吹力的作用将电弧拉长,在空气中迅速冷却,使电弧迅速熄灭,因此称它为磁吹灭弧。

3. 主要技术数据

CZ0系列直流接触器的主要技术数据见表1-15。

表1-15 CZ0系列直流接触器的主要技术数据

<table>
<tr><th rowspan="2">型　号</th><th rowspan="2">额定电压/V</th><th rowspan="2">额定电流/A</th><th rowspan="2">额定操作频率/(次/h)</th><th colspan="2">主触点形式及数目</th><th rowspan="2">分断电流/A</th><th colspan="2">辅助触点形式及数目</th><th rowspan="2">吸引线圈电压/V</th><th rowspan="2">吸引线圈消耗功率/W</th></tr>
<tr><th>常开</th><th>常闭</th><th>常开</th><th>常闭</th></tr>
<tr><td>CZ0—40/20</td><td rowspan="13">440</td><td>40</td><td>1200</td><td>2</td><td>—</td><td>160</td><td>2</td><td>2</td><td rowspan="13">24,48,110,220,440</td><td>22</td></tr>
<tr><td>CZ0—40/02</td><td>40</td><td>600</td><td>—</td><td>2</td><td>100</td><td>2</td><td>2</td><td>24</td></tr>
<tr><td>CZ0—100/10</td><td>100</td><td>1200</td><td>1</td><td>—</td><td>400</td><td>2</td><td>2</td><td>24</td></tr>
<tr><td>CZ0—100/01</td><td>100</td><td>600</td><td>—</td><td>1</td><td>250</td><td>2</td><td>1</td><td>180/24</td></tr>
<tr><td>CZ0—100/20</td><td>100</td><td>1200</td><td>2</td><td>—</td><td>400</td><td>2</td><td>2</td><td>30</td></tr>
<tr><td>CZ0—150/10</td><td>150</td><td>1200</td><td>1</td><td>—</td><td>600</td><td>2</td><td>2</td><td rowspan="2">300/25</td></tr>
<tr><td>CZ0—150/01</td><td>150</td><td>600</td><td>—</td><td>1</td><td>375</td><td>2</td><td>1</td></tr>
<tr><td>CZ0—150/20</td><td>150</td><td>1200</td><td>2</td><td>—</td><td>600</td><td>2</td><td>2</td><td>40</td></tr>
<tr><td>CZ0—250/10</td><td>250</td><td>600</td><td>1</td><td>—</td><td>1000</td><td>—</td><td>—</td><td>220/31</td></tr>
<tr><td>CZ0—250/20</td><td>250</td><td>600</td><td>2</td><td>—</td><td>1000</td><td>—</td><td>—</td><td>290/40</td></tr>
<tr><td>CZ0—400/10</td><td>400</td><td>600</td><td>1</td><td>—</td><td>1600</td><td>—</td><td>—</td><td>350/28</td></tr>
<tr><td>CZ0—400/20</td><td>400</td><td>600</td><td>2</td><td>—</td><td>1600</td><td>—</td><td>—</td><td>430/43</td></tr>
<tr><td>CZ0—600/10</td><td>600</td><td>600</td><td>1</td><td>—</td><td>2400</td><td>—</td><td>—</td><td>320/50</td></tr>
</table>

1.5 继电器

继电器是根据电流、电压、时间、温度和速度等信号的变化,来接通或断开小电流电路和电器的控制元件。常用的继电器有热继电器、过电流继电器、欠电压继电器、时间继电器、速度继电器、中间继电器等。按作用它们可分为保护继电器和控制继电器两类:其中热继电器、过电流继电器、欠电压继电器属于保护继电器;时间继电器、速度继电器、中间继电器属于控制继电器。

1.5.1 热继电器

热继电器的用途是对电动机和其他用电设备进行过载保护。常用的热继电器有JR0、JR1、JR2、JR16等系列,其型号的含义如下:

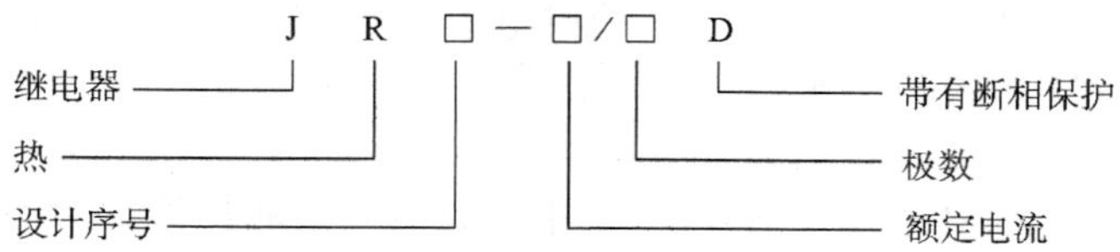

1. 外形及结构

热继电器的结构如图 1-30 所示，它是由热元件、触点、动作机构、复位按钮和整定电流装置 5 部分组成的。

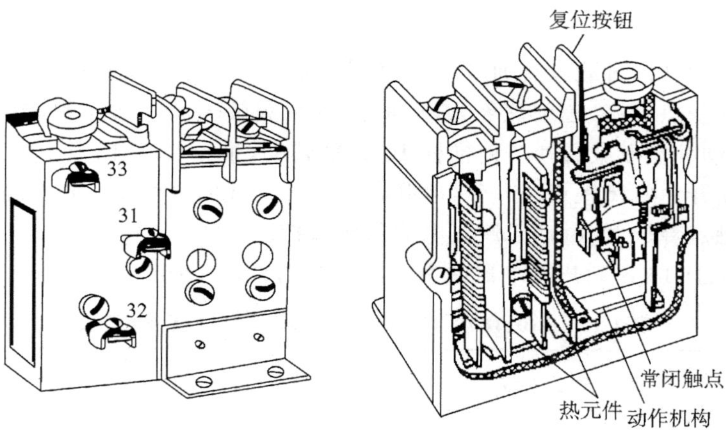

(a) 外形　　(b) 结构

图 1-30 热继电器的外形及结构

热元件由双金属片及绕在双金属片外面的电阻丝组成，双金属片由两种热膨胀系数不同的金属片复合而成。使用时，将电阻丝直接串联在异步电动机的电路上，如图 1-31 中的 1—1′及 2—2′。热元件有两相结构和三相结构两种。

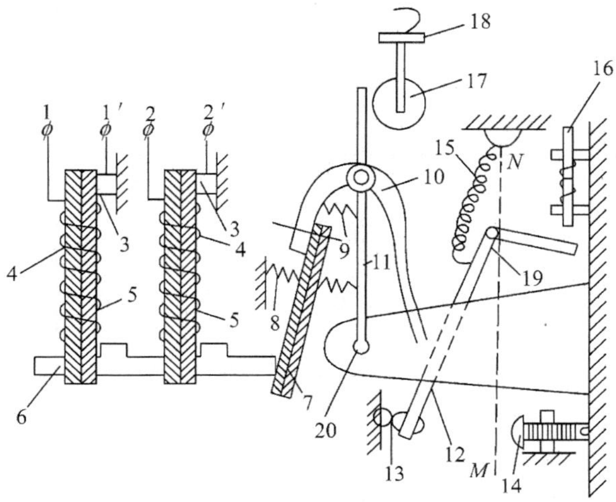

图 1-31 热继电器动作原理图

热继电器的触点有两副,由一个公共动触点12、一个常开触点14和一个常闭触点13组成。图1-31中,31为公共动触点12的接线柱,33为常开触点14的接线柱,32为常闭触点13的接线柱。

动作机构由导板6、补偿双金属片7、推杆10、杠杆12和拉簧15等组成。

复位按钮16是热继电器动作后进行手动复位的按钮。

整定电流装置由旋钮18和偏心轮17组成,通过它们来调节整定电流(热继电器长期不动作的最大电流)的大小。在整定电流调节旋钮上刻有整定电流的标尺,旋动调节旋钮,使整定电流的值等于电动机额定电流即可。

2. 工作原理

当电动机过载时,过载电流通过图1-31中串联在定子电路中的电阻丝4,使之发热过量,双金属片5受热膨胀,因膨胀系数不同,膨胀系数较大的左边一片的下端向右弯曲;通过导板6推动补偿双金属片7使推杆10绕轴转动,带动杠杆12使它绕轴19转动,将常闭触点13断开。常闭触点13通常串联在接触器的线圈电路中,当它断开时,接触器的线圈断电,主触点释放,使电动机脱离电源得到保护。

JR0、JR10、JR16系列热继电器的主要技术数据见表1-16。

表1-16 JR0、JR10、JR16系列热继电器的主要技术数据

型号	额定电流/A	热元件等级	
		额定电流/A	刻度电流调节范围/A
JR0—20/3 JR0—20/3D JR16—20/3 JR16—20/3D	20	0.35	0.25～0.35
		0.50	0.32～0.50
		0.72	0.45～0.72
		1.1	0.68～1.1
		1.6	1.0～1.6
		2.4	1.5～2.4
		3.5	2.2～3.5
		5	3.2～5
		7.2	4.5～7.2
		11	6.8～11
		16	10～16
		22	14～22
JR0—40 JR16—40/3D	40	0.64	0.4～0.64
		1	0.64～1
		1.6	1～1.6
		2.5	1.6～2.5
		4	2.5～4
		6.4	4～6.4
		10	6.4～10
		16	10～16
		25	16～25
		40	25～40

续表

型　　号	额定电流/A	热元件等级	
		额定电流/A	刻度电流调节范围/A
JR10—10	10	0.30	0.25～0.35
		0.37	0.30～0.40
		0.47	0.40～0.55
		0.55	0.50～0.65
		0.65	0.55～0.75
		0.80	0.70～0.95
		1.05	0.90～1.25
		1.40	1.20～1.60
		1.60	1.40～1.90
		2.00	1.80～2.35
		2.50	2.25～3.00
		3.10	2.80～3.75
		3.8	3.40～4.50
		5.00	4.20～5.60
		5.50	4.75～6.30
		7.20	6.00～8.00
		9.00	7.50～10.00

1.5.2　时间继电器

时间继电器是一种利用电磁原理或机械动作原理来延迟触点闭合或分断的自动控制电器。它的种类很多，按其工作原理可分为直流电磁式时间继电器、空气阻尼式时间继电器、电子式时间继电器、电动式时间继电器等，本节介绍前面三种。

1. 直流电磁式时间继电器

直流电磁式时间继电器利用电磁惯性原理制成。其特点是结构简单、寿命长、允许操作频率高，但延时准确度较低、延时时间较短。例如，以 JT 系列为例，其延时时间最长不超过 5s。此继电器一般只用于延时精度要求不高、延时时间不长的场合。

直流电磁式时间继电器 JT3 系列的主要技术数据见表 1-17。

表 1-17　直流电磁式时间继电器 JT3 系列的主要技术数据

型　　号	吸引线圈电压/V	触点组合及数量(常开/常闭)	延时/s
JT3—□□/1	12,24,48,110,220,440	1/1,0/2,2/0,0/3,1/2,2/1,0/4,4/0,2/2,1/3,3/1,3/0	0.3～0.9
JT3—□□/3			0.8～3.0
JT3—□□/5			2.5～5.0

2. 空气阻尼式时间继电器

空气阻尼式时间继电器在机床中应用最多，其型号有 JS7—A 系列。根据触点的延时特点，可分为通电延时(如 JS7—1A 和 JS7—2A)与断电延时(如 JS7—3A 和 JS7—4A)两种。其型号的含义如下：

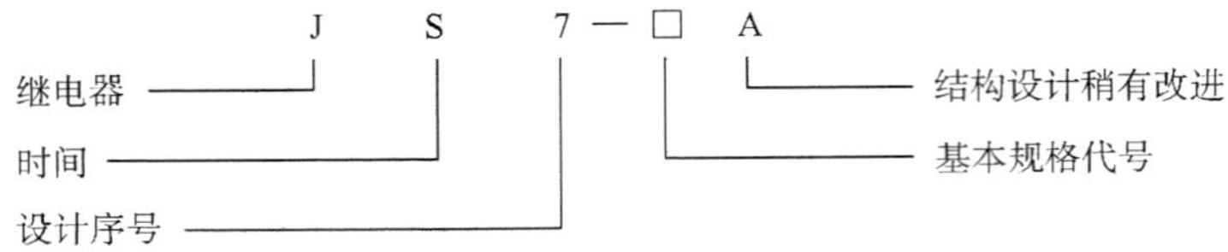

(1) JS7—A 系列时间继电器的结构

JS7—A 系列时间继电器的结构如图 1-32 所示，它主要由电磁机构、延时机构、工作触点等组成。电磁机构有交流、直流两种，延时方式有通电延时型和断电延时型。当衔铁(动铁心)位于静铁心和延时机构之间时为通电延时型；当静铁心位于衔铁和延时机构之间时为断电延时型。

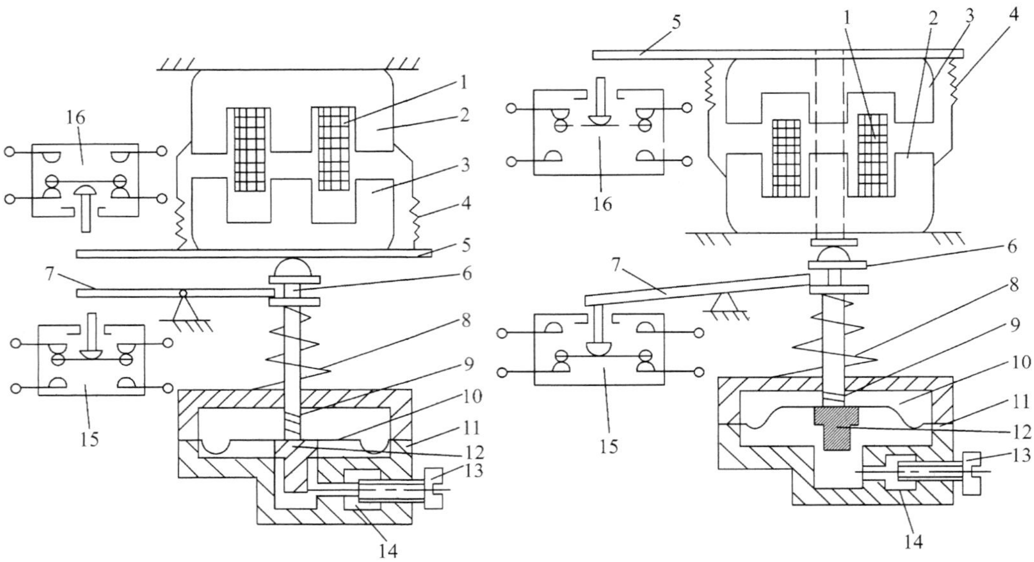

(a) 通电延时型　　(b) 断电延时型

图 1-32　JS7-A 系列时间继电器的结构

1—线圈；2—铁心；3—衔铁；4—反力弹簧；5—推板；6—活塞杆；7—杠杆；8—塔形弹簧；9—弱弹簧；10—橡皮膜；11—空气室壁；12—活塞；13—调节螺钉；14—进气孔；15,16—微动开关

(2) JS7—A 系列时间继电器的工作原理

① 通电延时型时间继电器

图 1-32(a)所示为通电延时型时间继电器的结构图。当线圈 1 通电时，产生磁场，衔铁 3 克服反力弹簧阻力与铁心吸合，活塞杆 6 在塔形弹簧 8 作用下带动活塞 12 及橡皮膜 10 向上移动，橡皮膜下方空气室空气变得稀薄形成负压，活塞杆只能缓慢移动，其移动速度由进气孔气隙大小来决定。经一段延时后，活塞杆通过杠杆 7 压动微动开关 15，使其触点动作，起到通电延时作用。

当线圈断电时，衔铁释放，橡皮膜下方空气室内的空气通过活塞肩部所形成的单向阀迅速排出，使活塞杆、杠杆、微动开关等迅速复位。从线圈得电到触点动作的一段时间即为时间继电器的延时时间，延时长短通过调节螺钉 13 调节进气孔气隙大小来改变。

② 断电延时型时间继电器

将图 1-32(a)所示通电延时型时间继电器的电磁铁翻转 180°安装，即变成图 1-32(b)所示的断电延时型时间继电器。它的动作原理与通电延时型时间继电器基本相似，在此不再赘述，读者可自行分析。

空气阻尼式时间继电器结构简单、价格低廉、延时范围较大(0.4～180s)，但延时误差较大，难以精确地整定延时时间，常用于对延时精度要求不高的场合。

日本生产的一种空气阻尼式时间继电器，其体积比 JS7 系列小 50%以上，延时时间可达几十分钟，延时精度为±10%。

时间继电器的图形及文字符号如图 1-33 所示。

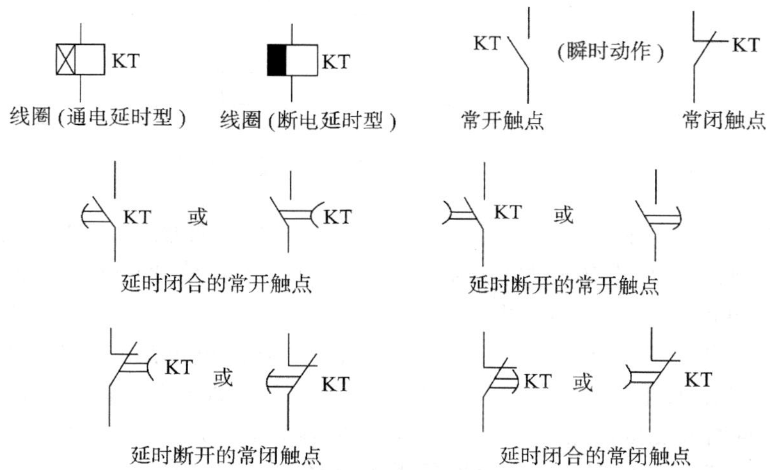

图 1-33　时间继电器的图形、文字符号

JS7-A 系列空气阻尼式时间继电器的主要技术数据见表 1-18。

表 1-18　JS7-A 系列空气阻尼式时间继电器的主要技术数据

型　号	吸引线圈电压/V	触点额定电压/V	触点额定电流/A	延时范围/s	延时触点				瞬时触点	
					通电延时		断电延时			
					常开	常闭	常开	常闭	常开	常闭
JS7—1A	24,36, 110,127, 220,380, 420	380	5	各种型号均有 0.4～60 和 0.4～180 两种产品	1	1	—	—	—	—
JS7—2A					1	1	—	—	1	1
JS7—3A					—	—	1	1	—	—
JS7—4A					—	—	1	1	1	1

注：1. JS7 后面的 1A～4A 用于区别通电延时还是断电延时，以及带瞬动触点还是不带瞬动触点。
　　2. JS7—A 为改型产品，体积较小。

3. 电子式时间继电器

电子式时间继电器又称半导体时间继电器，是利用 RC 电路电容器充放电原理实现延时的。以JSJ系列时间继电器为例,其电原理图如图1-34所示。

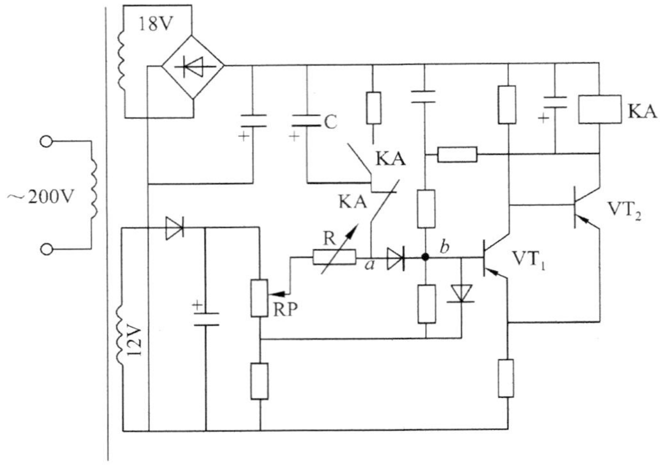

图1-34 JSJ型电子式时间继电器原理图

电路有两个电源:主电源由变压器二次侧的18V电压经整流、滤波获得;辅助电源由变压器二次侧的12V电压经整流、滤波获得。当变压器接通电源时,晶体管VT_1导通,VT_2截止,继电器KA线圈中电流很小,KA不动作。两个电源经可调电阻RP、R、KA常闭触点向电容C充电,a点电位逐渐升高。当a点电位高于b点电位时,VT_1截止,VT_2导通,VT_2集电极电流流过继电器KA的线圈,KA动作,输出控制信号。图中,KA的常闭触点断开充电电路,常开触点闭合将电容放电,为下次工作做好准备。

调节RP,可改变延时时间。这种时间继电器体积小、延时范围大(0.2~300s)、延时精度高、寿命长,在工业控制中得到广泛应用。

电子式时间继电器的输出有两种形式:有触点式和无触点式。前者是用晶体管驱动小型电磁式继电器,后者是采用晶体管或晶闸管输出。

JSJ系列电子式时间继电器的主要技术数据见表1-19。

表1-19 JSJ系列电子式时间继电器的主要技术数据

<table>
<tr><th rowspan="2">型　号</th><th rowspan="2">电源电压/V</th><th colspan="3">外电路触点</th><th rowspan="2">延时范围/s</th><th rowspan="2">延时误差</th></tr>
<tr><th>数　量</th><th>交流容量</th><th>直流容量</th></tr>
<tr><td>JSJ—10</td><td rowspan="7">直流24,48,110;交流36,110,127,220,380</td><td rowspan="7">1常开
1常闭</td><td rowspan="7">380V
0.5A</td><td rowspan="7">110V
1A
(无感负载)</td><td>0.2~10</td><td rowspan="3">±3%</td></tr>
<tr><td>JSJ—30</td><td>1~30</td></tr>
<tr><td>JSJ—1</td><td>60</td></tr>
<tr><td>JSJ—2</td><td>120</td><td rowspan="4">±6%</td></tr>
<tr><td>JSJ—3</td><td>180</td></tr>
<tr><td>JSJ—4</td><td>240</td></tr>
<tr><td>JSJ—5</td><td>300</td></tr>
</table>

电子式时间继电器的新产品有JS14A系列、JS14P系列、JS20系列等。JS14P系列为拨码式时间继电器。新产品共同的特点是体积小、延时精度高、触点输出容量大、工作

寿命长且稳定可靠、产品规格全、安装方便等。

JS14P 系列拨码式电子时间继电器的主要技术数据见表 1-20。

表 1-20　JS14P 系列拨码式电子时间继电器的主要技术数据

型　号	延时动作触点对数	重复误差	电源波动误差	温度误差	额定工作电压/V		延时范围
					交流	直流	
JS14P—□/□	2 转换	≤±1%	≤±3%	≤±3%	36		0.1～9.9s
JS14P—□/□M	2 转换	≤±1%	≤±3%	≤±3%	110		1～99s
					220		0.1～9.9min
JS14P—□/□Z	2 转换	≤±1%	≤±3%	≤±3%		48	1～99min
JS14P—□/□ZM	2 转换	≤±1%	≤±3%	≤±3%		110	0.1～9.9h

1.5.3　速度继电器

速度继电器又称反接制动继电器，其作用是与接触器配合，对笼型异步电动机进行反接制动控制。机床控制线路中常用的速度继电器有 JY1、JFZ0 系列。

1. 外形及结构

图 1-35 为 JY1 系列速度继电器的外形及结构示意图。它主要由永久磁铁制成的转子、用硅钢片叠成的铸有笼形绕组的定子、支架、胶木摆杆和触点系统等组成，其中转子与被控电动机的转轴相连接。

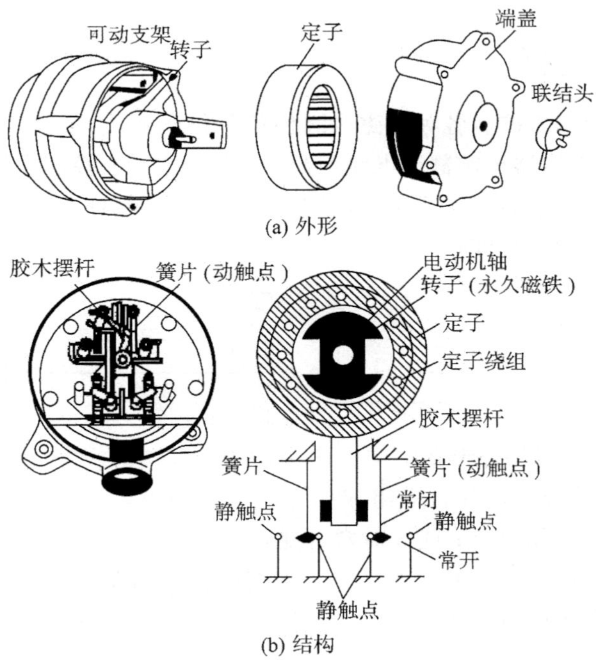

图 1-35　JY1 系列速度继电器的外形及结构

2. 工作原理

由于速度继电器与被控电动机同轴连接，当电动机制动时，由于惯性，它要继续旋转，从而带动速度继电器的转子一起转动。该转子的旋转磁场在速度继电器定子绕组中感应出电动势和电流，由左手定则可以确定。此时，定子受到与转子转向相同的电磁转矩的作用，使定子和转子沿着同一方向转动。定子上固定的胶木摆杆也随着转动，推动簧片(端部有动触点)与静触点闭合(按轴的转动方向而定)。静触点又起挡块作用，限制胶木摆杆继续转动。因此，转子转动时，定子只能转过一个不大的角度。当转子转速接近于零(低于100r/min)时，胶木摆杆恢复原来状态，触点断开，切断电动机的反接制动电路。

速度继电器的动作转速一般不低于300r/min，复位转速约在100r/min以下。使用时，应将速度继电器的转子与被控电动机同轴连接，而将其触点(一般用常开触点)串联在控制电路中，通过控制接触器来实现反接制动。

速度继电器的图形符号和文字符号如图1-36所示。

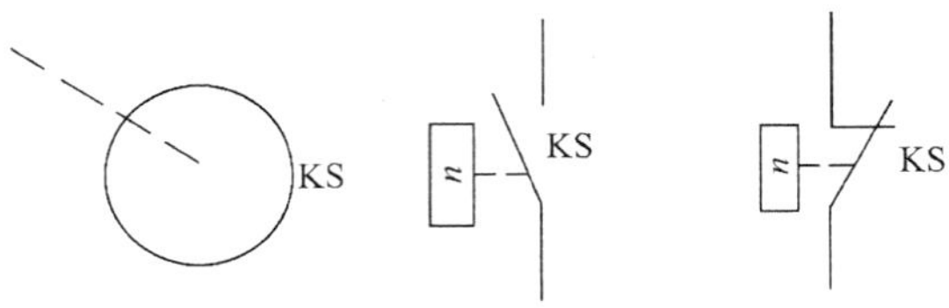

(a) 转子　(b) 常开触点　(c) 常闭触点

图1-36　速度继电器的图形、文字符号

1.5.4　中间继电器

中间继电器一般用来控制各种电磁线圈使信号得到放大，或将信号同时传给几个控制元件，也可以代替接触器控制额定电流不超过5A的电动机控制系统。

常用的交流中间继电器有JZ7系列，直流中间继电器有JZ12系列，交、直流两用的中间继电器有JZ8系列，其型号的含义如下：

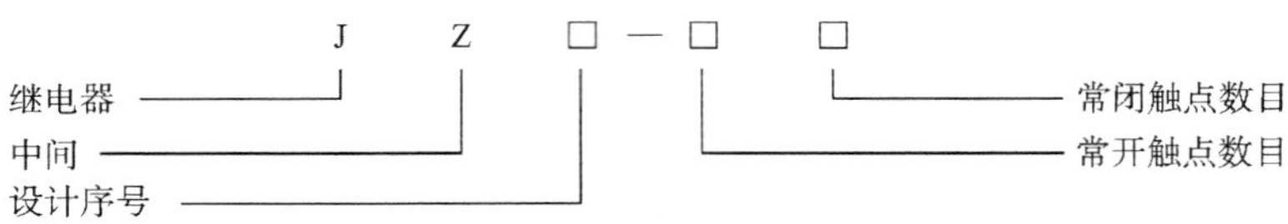

JZ7系列中间继电器的外形及结构如图1-37所示。它主要由线圈、静铁心、动铁心、触点系统、反作用弹簧及复位弹簧等组成。它有8对触点，可组成4对常开、4对常闭触点；或6对常开、2对常闭触点；或8对常开触点三种形式。

中间继电器的工作原理与CJ10-10等小型交流接触器基本相同，只是它的触点没有主、辅之分，每对触点允许通过的电流大小相同，触点容量与接触器的辅助触点差不多，其额定电流一般为5A。

中间继电器的图形、文字符号如图1-38所示。

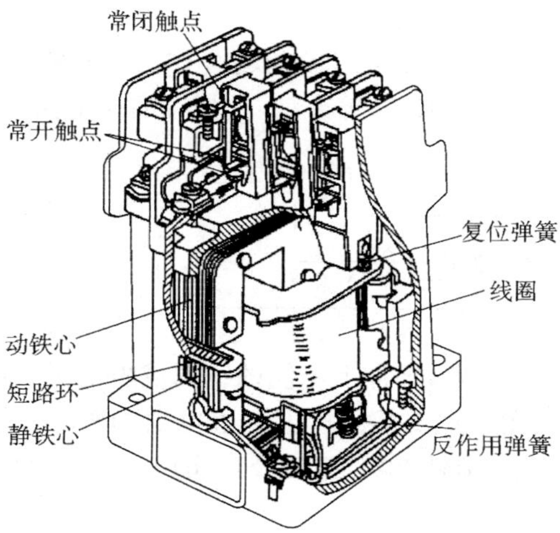

图 1-37　JZ7 系列中间继电器的外形及结构

图 1-38　中间继电器的图形、文字符号

JZ7 系列中间继电器的主要技术数据见表 1-21。

表 1-21　JZ7 系列中间继电器的主要技术数据

型　号	额定电压/V		吸引线圈电压/V	额定电流/A	触点数量/副		最高操作频率/(次/h)	机械寿命/万次	电寿命/万次
	交流	直流			常开	常闭			
JZ7—22	500	440	36,127,220,380,500	5	2	2	1200	300	100
JZ7—41			36,127,220,380,500		4	1			
JZ7—44			12,36,127,220,380,500		4	4			
JZ7—62			12,36,127,220,380,500		6	2			
JZ7—80			12,36,127,220,380,500		8	0			

选用中间继电器,主要依据控制电路的电压等级,同时还要考虑所需触点数量、种类及容量是否满足控制线路的要求。

1.5.5　电流继电器

电流继电器线圈串接在电路中,用来反映电路电流的大小,触点动作与否与线圈电流大小直接有关。按线圈电流种类分为交流电流继电器与直流电流继电器;按吸合电流大小分为过电流继电器和欠电流继电器。

1. 过电流继电器

过电流继电器主要用于频繁、重载启动的场合作为电动机的过载和短路保护。常用的过电流继电器有 JT4、JL12 及 JL14 等系列,其型号的含义如下:

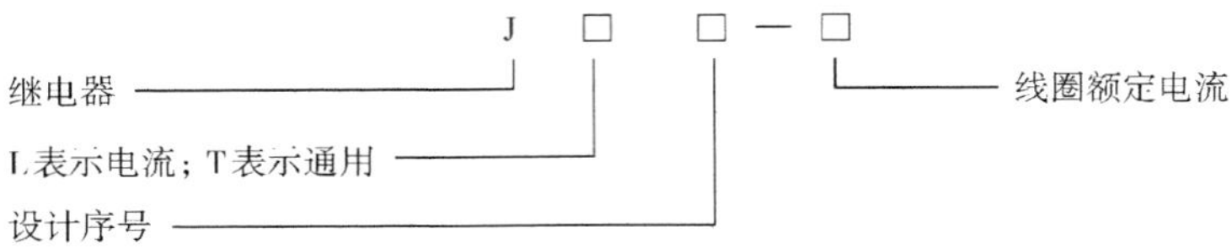

JT4 系列为交流通用继电器,即加上不同的线圈或阻尼圈后便可作为电流继电器、电压继电器或中间继电器使用。JT4 系列过电流继电器的外形结构和动作原理如图 1-39 所示,它由线圈、圆柱静铁心、衔铁、触点系统及反作用弹簧等组成。

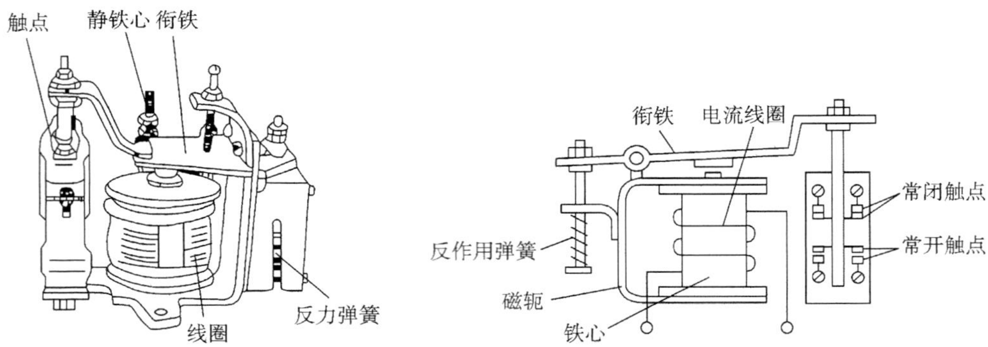

(a) 外形结构 (b) 动作原理

图 1-39 JT4 系列过电流继电器的外形结构及动作原理

过电流继电器的线圈串接在主电路中,当通过线圈的电流为额定值时,它所产生的电磁吸力不足以克服反作用弹簧力,常闭触点保持闭合状态;当通过线圈的电流超过整定值后,电磁吸力大于反作用弹簧力,铁心吸引衔铁使常闭触点分断,切断控制回路,使负载得到保护。调节反作用弹簧力,可整定继电器动作电流。这种过电流继电器是瞬时动作的,常用于桥式起重机电路中。为避免它在启动电流较大的情况下误动作,通常把动作电流整定在启动电流的 1.1~1.3 倍,只能用作短路保护。

过电流继电器的图形、文字符号如图 1-40 所示。

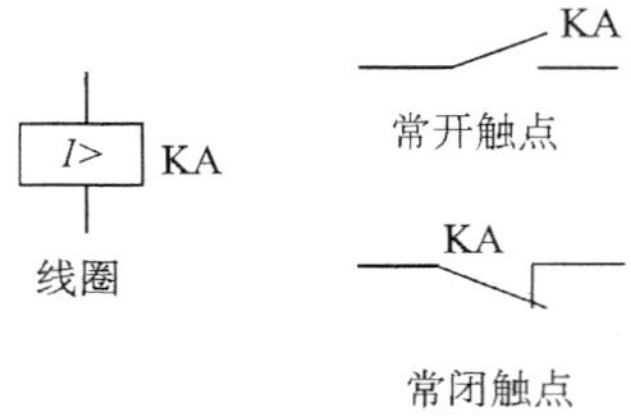

图 1-40 过电流继电器的图形、文字符号

JT4 系列过电流继电器的主要技术数据见表 1-22。

表 1-22　JT4 系列过电流继电器的主要技术数据

型　号	吸引线圈规格/A	消耗功率/W	触点数目	复位方式		动作电流	返回系数
				自动	手动		
JT4—□□L	5,10,15,20,40,80,150,300,600	5	2 常开 2 常闭或 1 常开 1 常闭	自动		吸引电流在线圈额定电流的 110%～350% 范围内调节	0.1～0.3
JT4—□□S（手动）					手动		

用过电流继电器保护小容量直流电动机和绕线式转子异步电动机时，其线圈的额定电流一般可按电动机长期工作额定电流来选择；对于频繁启动的电动机的保护，继电器线圈的额定电流可选大一级。考虑到动作误差，并加上一定余量，过电流继电器的整定电流值可按电动机最大工作电流来整定。

2. 欠电流继电器

正常工作时，继电器线圈流过负载额定电流，衔铁吸合动作；当负载电流降低至继电器释放电流时，衔铁释放，带动触点复原。欠电流继电器在电路中起欠电流保护作用，常用其常开触点进行保护。当继电器欠电流释放时，常开触点断开控制电路。

在直流电路中，负载电流的降低或消失，往往会导致严重后果。如直流电动机的励磁电流过小会使电动机超速，甚至“飞车”。因此，电器产品中有直流欠电流继电器，而交流电路不需欠电流保护，也就没有交流欠电流继电器了。

直流欠电流继电器的吸合电流 $I_0=(0.3\sim0.65)I_N$，释放电流 $I_r=(0.1\sim0.2)I_N$。

1.5.6　欠电压继电器

欠电压继电器又称零电压继电器，用作交流电路的欠电压或零电压保护。常用的有 JT4P 系列，其型号的含义如下：

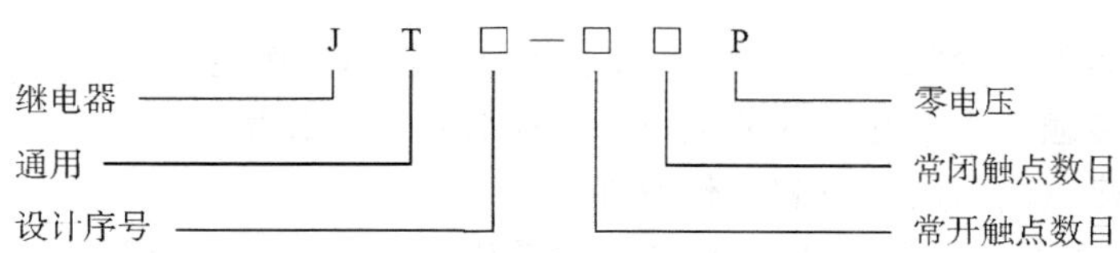

JT4P 系列欠电压继电器的外形结构及动作原理与 JT4L 过电流继电器类似，不同点是电压继电器的线圈匝数多、导线细、阻抗大，可直接并联在两相电源上。

选用欠电压继电器时，主要根据电源电压、控制线路所需触点的种类和数量来选择。

欠电压继电器的图形、文字符号如图 1-41 所示。

JT4P 系列欠电压继电器的主要技术数据见表 1-23。

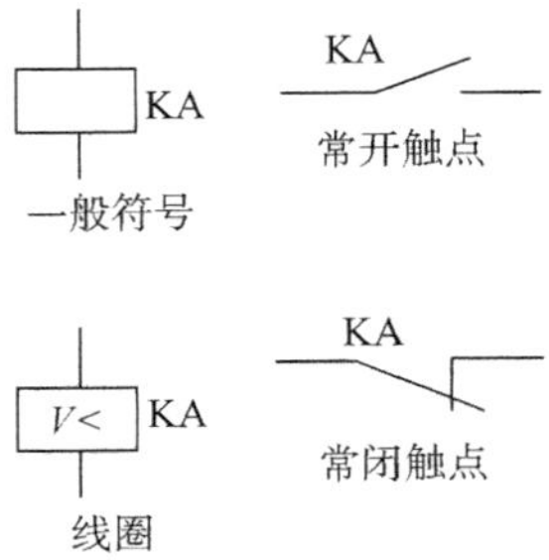

图 1-41 欠电压继电器的图形、文字符号

表 1-23 JT4P 系列欠电压继电器的主要技术数据

型 号	吸引线圈规格/V	消耗功率/W	触点数目	复位方式	动 作 电 压	返回系数
JT4P	110,127,220,380	75	2 常开 2 常闭 或 1 常开 1 常闭	自动	吸引电压在线圈额定电压的 60%～85%范围内,调节释放电压在线圈额定电压的 10%～35%	0.2～0.4

思 考 题

1.1 常用低压电器怎样分类?它们各有哪些用途?

1.2 按钮由哪几部分组成?按钮的作用是什么?

1.3 行程开关主要由哪几部分组成?它有什么作用?

1.4 凸轮控制器由哪些部件组成?简述其动作原理。

1.5 试述组合开关的主要结构及用途。

1.6 装置式、万能式自动开关主要由哪些部分构成?它的热脱扣器、失压脱扣器是怎样工作的?

1.7 简述插入式、螺旋式熔断器的基本结构及各部分作用。

1.8 交流接触器由哪几大部分组成?说明各部分的作用。

1.9 简述热继电器的组成和工作原理。

1.10 按工作原理分类,时间继电器可分为哪几种类型?各有何特点?

1.11 中间继电器由哪几部分组成?它在电路中主要起什么作用?

1.12 过电流继电器和欠电流继电器分别有什么作用?

习 题

1.1 交流接触器与直流接触器是根据什么划分的?相对交流接触器,直流接触器在结构上有哪些不同?

1.2 单相交流电磁机构为什么要设置短路环?它的作用是什么?三相交流电磁铁

要不要装设短路环？

1.3　试述通电触点在分断时电弧产生的原因和灭弧的方法。

1.4　交流接触器线圈通电后，如果衔铁长时间被卡住不能吸合，会产生什么后果？

1.5　交流电磁线圈误接入直流电源，直流电磁线圈误接入交流电源，会发生什么问题？为什么？

1.6　两个110V的交流电磁线圈能否串联接到220V的交流电源上使用？为什么？

1.7　从结构和功能上比较接触器和自动开关的区别。

1.8　在电气控制线路中，既装设熔断器，又装设热继电器，各起什么作用？能否互相代用？

1.9　分析热继电器不动作或误动作的原因有哪些？

1.10　空气阻尼式时间继电器主要由哪几部分组成？说明其延时原理。

1.11　速度继电器主要由哪几部分组成？简述其工作原理。

1.12　过电流继电器由哪几部分组成？简述其保护动作的原理。

第2章 电气控制线路的基本环节

工厂的各种生产机械，大都以电动机为动力来进行拖动，继电器—接触器控制是最常见的控制方式，称为电气控制。

电气控制线路是将各种有触点的继电器、接触器、按钮、行程开关等电器元件，按一定方式连接起来组成的控制线路。其作用是实现对电力拖动系统的启动、反向、制动和调速等运行性能的控制，实现对拖动系统的保护，满足生产工艺要求，实现生产加工自动化。

任何复杂的电气设备或系统都是由基本控制线路组成的。本章主要介绍组成电气控制线路的基本环节，由浅入深、由易到难，逐步掌握电气控制线路的分析阅读方法。

2.1 电气控制系统图

电气控制系统图包括电气原理图、电气布置图、电气安装接线图。为了表达电气控制系统的结构、原理，便于进行电器元件的安装、调整、使用和维修，绘制电气控制系统图时，应根据简明易懂的原则，使用统一规定的电气图形符号和文字符号进行绘制。

2.1.1 常用电气图形、文字符号

电气控制线路图是电气工程技术的通用语言。为了便于交流与沟通，国家标准局参照国际电工委员会(IEC)颁布的有关文件，制定了我国电气设备的有关标准，采用新的图形和文字符号及回路标号，颁布了 GB/T 4728—1996～2000《电气简图用图形符号》、GB/T 6988.1～4—2002《电气技术文件的编制》、GB/T 7159—1987《电气技术中的文字符号制定通则》、GB/T 6988.6—1993《控制系统功能图表的绘制》，并按照 GB/T 6988—1997《电气制图》要求来绘制电气控制系统图。

常用电气图形、文字符号的新旧对照表见表 2-1。

表 2-1　常用电气图形、文字符号新旧对照表

名称		新标准 图形符号	新标准 文字符号	旧标准 图形符号	旧标准 文字符号
一般三极电源开关			QS		K
低压断电器			QF		UZ
位置开关	常开触点		SQ		XK
位置开关	常闭触点		SQ		XK
位置开关	复合触点		SQ		XK
熔断器			FU		RD
按钮	启动		SB		QA
按钮	停止		SB		TA
按钮	复合		SB		AN
接触器	线圈		KM		C

名称		新标准 图形符号	新标准 文字符号	旧标准 图形符号	旧标准 文字符号
接触器	主触点		KM		C
接触器	常开辅助触点		KM		C
接触器	常闭辅助触点		KM		C
速度继电器	常开触点		KS		SDJ
速度继电器	常闭触点		KS		SDJ
时间继电器	线圈		KT		SJ
时间继电器	常开延时闭合触点		KT		SJ
时间继电器	常闭延时打开触点		KT		SJ
时间继电器	常闭延时闭合触点		KT		SJ
时间继电器	常开延时打开触点		KT		SJ
热继电器	热元件		FR		RJ

续表

名称		新标准 图形符号	新标准 文字符号	旧标准 图形符号	旧标准 文字符号
热继电器	常闭触点		FR		RJ
继电器	中间继电器线圈		KA		ZJ
	欠电压继电器线圈		KA		QYJ
	过电流继电器线圈	I>	KA		GLJ
	常开触点		相应继电器符号		相应继电器符号
	常闭触点				
	欠电流继电器线圈	I<	KA	与新标准相同	QLJ
转换开关			SA	与新标准相同	HK
制动电磁铁			YB		DT
电磁离合器			YC		CH
电位器			RP	与新标准相同	W

名称	新标准 图形符号	新标准 文字符号	旧标准 图形符号	旧标准 文字符号
桥式整流装置		VC		ZL
照明灯		EL		ZD
信号灯		HL		XD
电阻器	或	R		R
接插器		XS		CZ
电磁铁		YA		DT
电磁吸盘		YH		DX
串励直流电动机	M	M		ZD
并励直流电动机	M			
他励直流电动机	M			
复励直流电动机	M		M	
直流发电机	G	G	F	ZF
三相笼型异步电动机	M 3~	M		D

续表

名　称	新标准		旧标准	
	图形符号	文字符号	图形符号	文字符号
三相绕线转子异步电动机		M	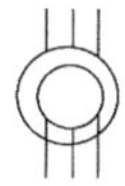	D
单相变压器	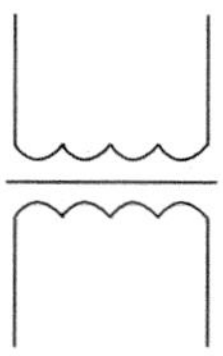	T	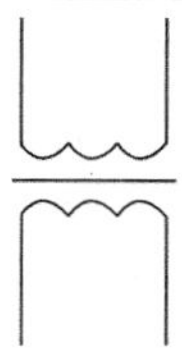	B
整流变压器				ZLB
照明变压器				ZB
控制电路电源用变压器		TC		B
三相自耦变压器	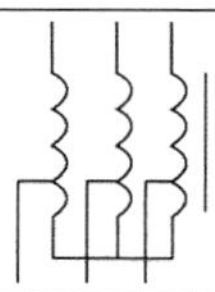	T	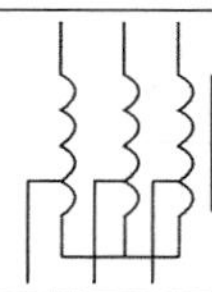	ZOB
半导体二极管	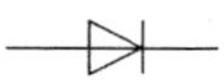	VD		D

名　称	新标准		旧标准	
	图形符号	文字符号	图形符号	文字符号
PNP 型三极管	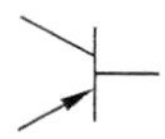	VT	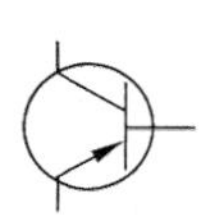	T
NPN 型三极管			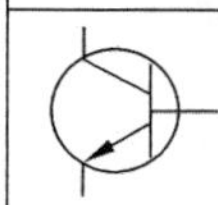	T
晶闸管（阴极侧受控）	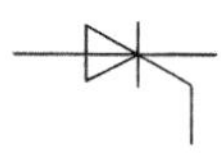		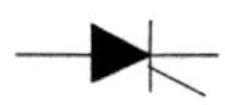	SCR

2.1.2　电气原理图

电气原理图表示电路的工作原理、各电器元件的作用和相互关系，而不考虑电路元器件的实际安装位置和实际连线情况。

绘制电气原理图时，一般应遵循以下原则：

(1) 电气控制线路分为主电路和控制电路。从电源到电动机的这部分电路为主电路，通过强电流，用粗实线绘出；由按钮、继电器触点、接触器辅助触点、线圈等组成的控制电路，通过弱电流，用细实线绘出。一般主电路画在左侧，控制电路画在右侧。

(2) 采用电器元件展开图的画法。同一电器元件的各导电部件(如线圈和触点)常常不画在一起，但需用同一文字符号标明。多个同一种类的电器元件，可在文字符号后面加上数字序号下标，如 SB_1、SB_2 等。

(3) 所有电器元件的触点均按“平常”状态绘出。对按钮、行程开关类电器，是指没有受到外力作用时的触点状态；对继电器、接触器等，是指线圈没有通电时的触点状态。

(4) 主电路标号由文字符号和数字组成。文字符号用以标明主电路中元件或线路的主要特征，数字标号用以区别电路不同线段。三相交流电源引入线采用 L_1、L_2、L_3 标号，电源开关之后的三相主电路分别标 U、V、W。如 U_{11} 表示电动机第一相的第一个接点代号，U_{21} 为第一相的第二个接点代号，依次类推。

(5) 控制电路由三位或三位以下数字组成。交流控制电路的标号一般以主要压降元件(如线圈)为分界，横排时，左侧用奇数，右侧用偶数；竖排时，上面用奇数，下面用偶数。直流控制电路中，电源正极按奇数标号，负极按偶数标号。

图 2-1 为笼型电动机启动、停止控制线路的电气原理图。

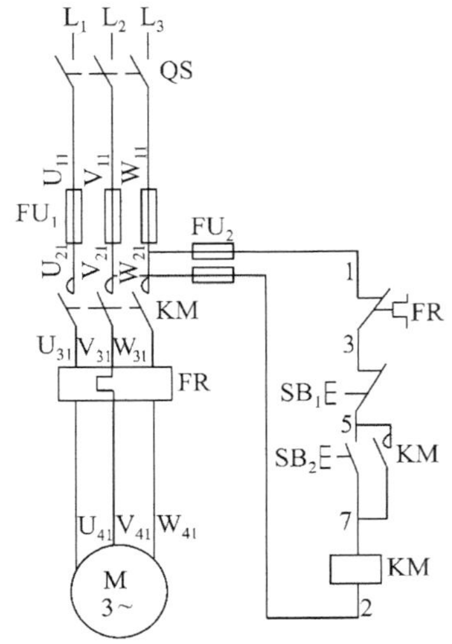

图 2-1　笼型电动机启动、停止控制线路

2.1.3　电器元件布置图

电器元件布置图表示电气原理图中各元器件的实际安装位置，按实际情况分别绘制，如电气控制箱中的电器元件布置图、控制面板图等。电器元件布置图是控制设备生产及维护的技术文件，布置电器元件应注意下面几点：

(1) 体积大和较重的元器件应安装在电器安装板的下方，发热元件应安装在电器安装板的上方。

(2) 电器元件的布置应考虑整齐、美观、对称。外形尺寸与结构类似、电路联系紧密的电器应安装在一起，以利于安装和配线。

(3) 需经常维护、检修、调整的电器元件安装位置不宜过高或过低。

(4) 电器元件布置不宜过密，应留一定间距。如用走线槽，应加大各排电器间距，以利于布线和维修。

(5) 强电、弱电应分开，弱电应有屏蔽措施，防止外界干扰。

(6) 电器元件布置图根据电器元件的外形尺寸绘出，并标明各元件间距尺寸。控制盘内电器元件与盘外电器元件的连接应经过端子排，在电器元件布置图中应画出接线端子排，并按一定顺序标出接线号。

2.1.4　电气安装接线图

电气安装接线图表示电器元件在设备中的实际安装位置和实际接线情况。各电器元件的安装位置是由设备的结构和工作要求决定的，如电动机要与被拖动的机械部件在一起，行程开关应安放在要获取信号的地方，操作元件应放在操作方便的地方，一般电器元件应放在电气控制柜内。

绘制电气安装接线图应遵循以下原则：

(1) 各电器元件用规定的图形符号绘制，同一电器元件的各部件必须画在一起。各电器元件在图中的位置，应与实际安装位置一致。

(2) 不在同一控制柜或配电屏上的电器元件的电气连接必须通过端子排进行。各电器元件的文字符号及端子排的编号应与原理图一致，并按原理图的接线进行连接。

(3) 走向相同的多根导线可用单线表示。

(4) 画连接导线时，应标明导线的规格、型号、根数和穿线管的尺寸。

笼型电动机启动、停止控制线路的安装接线图如图 2-2 所示。

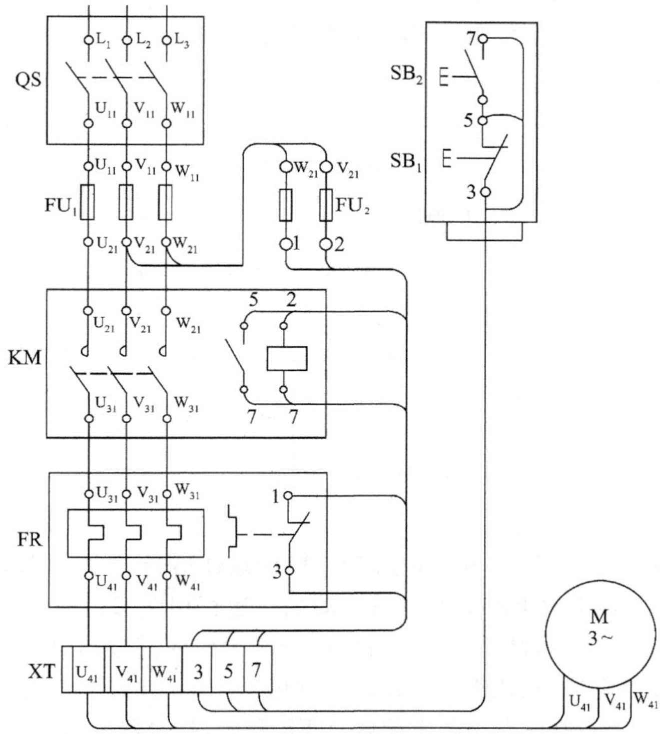

图 2-2　笼型电动机启动、停止控制线路安装接线图

2.2　三相异步电动机直接启动控制

三相异步电动机启动时，电源电压全部加在定子绕组上，这种启动方式称为全压启动，也叫直接启动。因为全压启动时，电动机的启动电流达到额定电流的 4～7 倍，容量较大的电动机的启动电流对电网具有大的冲击，影响其他用电设备的正常运行。因此，这种启动方式主要用于小容量电动机的启动。

1. 刀开关直接启动控制

图 2-3 是采用刀开关直接启动电动机的控制线路。冷却泵、小型台钻、砂轮机的电动机一般都采用这种启动控制方式。

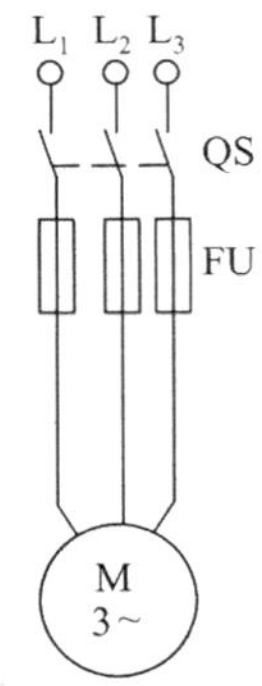

图 2-3 刀开关直接启动控制线路

2. 三相笼型电动机单向运转控制

图 2-1 所示就是一台笼型电动机的单向运转控制线路。

从图可见,这是一个具有自锁和过载保护功能的单向运转控制线路。主电路由电源隔离开关 QS、熔断器 FU_1、接触器 KM 的主触点、热继电器 FR 的发热元件、电动机 M 组成。控制电路由熔断器 FU_2、接触器 KM 的常开辅助触点和线圈、停止按钮 SB_1、启动按钮 SB_2、热继电器 FR 的常闭触点组成。

(1) 线路工作过程

① 启动

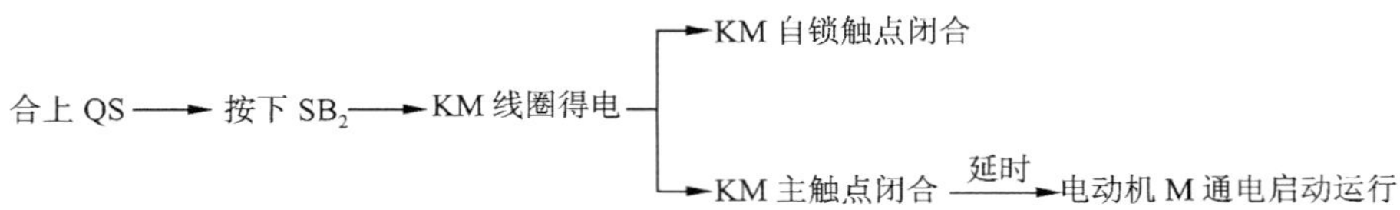

② 停止

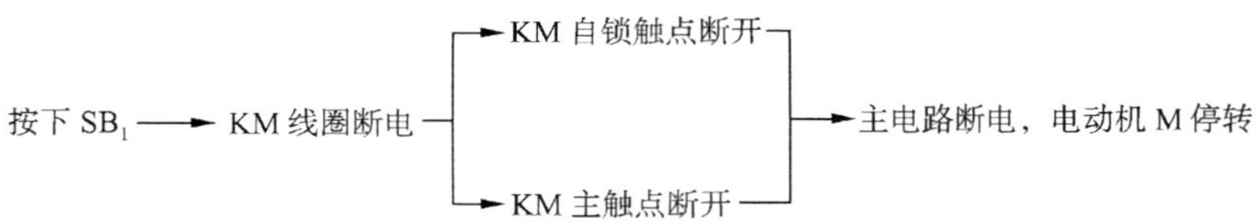

(2) 线路具有的保护功能

短路保护:由熔断器 FU 实现。短路时,FU 的熔体熔断,切断电路,起保护作用。

过载保护:由热继电器 FR 实现。当电动机在运行中负载过重,频繁启动或频繁正反转,电源缺相时,都将使通过电动机绕组的电流增大而使其过热,导致绝缘老化甚至烧毁电动机。有了热继电器,在绕组电流超过允许值时,热元件温度升高,烘烤双金属片使其弯曲变形,将串联在控制电路中的常闭触点 FR 分断,接触器线圈断电,其主触点释放,切断主电路,使电动机断电停转,从而起到过载保护作用。

欠电压、失电压保护:通过接触器 KM 的自锁环节实现。当电源电压由于某种原因而严重降低或断电时,KM 释放,电动机 M 停止转动。当电源电压恢复正常时,KM 线圈电源不能自行接通,电动机不会自行启动。只有在操作人员重新按下启动按钮后,电动机才能启动。

2.3 三相笼型电动机降压启动控制

笼型电动机直接启动控制线路简单、经济、操作方便。但对于容量较大的电动机来说,由于启动电流大,电网电压波动大,必须采用降压启动的方法,限制启动电流。

所谓降压启动,是在启动时将电源电压适当降低,再加到电动机定子绕组上,启动完毕再将电压恢复到额定值运行，以减小启动电流对电网和电动机本身的冲击。

笼型电动机的降压启动方法有：定子绕组串电阻降压启动、Y-△换接降压启动、自耦变压器降压启动、延边三角形降压启动等。

2.3.1 定子绕组串电阻降压启动

启动时，在三相定子电路上串接电阻 R，使加在电动机绕组上的电压降低，启动完成后再将电阻 R 短接，电动机加额定电压正常运行。这种启动方式利用时间继电器延时动作来控制各电器元件的先后顺序动作，称为按时间原则的控制。典型控制线路如图 2-4 所示。

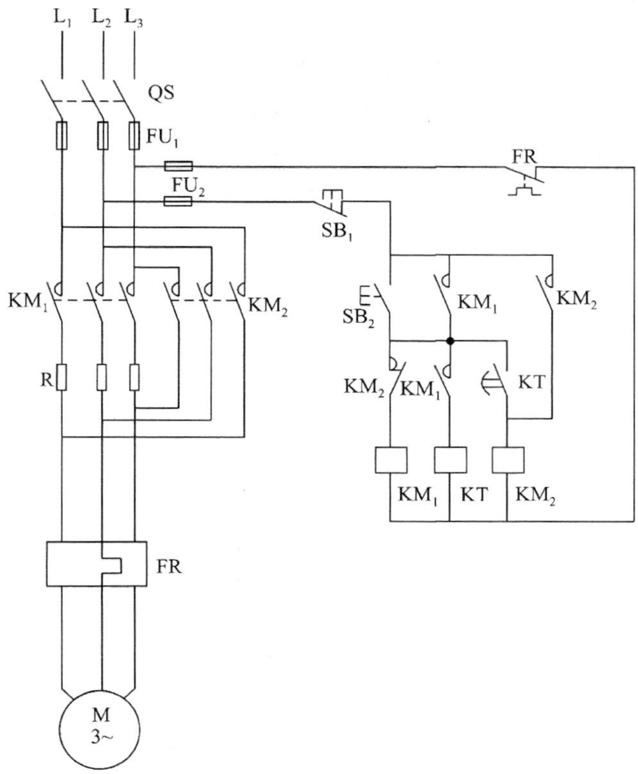

图 2-4 定子绕组串电阻启动控制线路

线路工作过程如下：

(1) 启动

合上 QS → 按下 SB_2 → KM_1 线圈得电 →
- → KM_1 自锁触点闭合
- → KM_1 主触点闭合 → 电动机串联电阻 R 后启动
- → KM_1 常开触点闭合 → KT 线圈得电 —延时→ KM_2 线圈得电 →
  - → KM_2 自锁触点闭合
  - → KM_2 主触点闭合（短接电阻 R）→ 电动机 M 全压运行
  - → KM_2 常闭触点断开 → KM_1、KT 线圈断电释放

(2) 停止

按下 SB_1 ⟶ KM_2 线圈断电释放⟶ M 断电停止

启动电阻 R 一般采用 ZX_1、ZX_2 系列铸铁电阻,功率大,能够通过较大电流;三相电路中每相所串电阻值相等。

定子绕组串电阻降压启动不受电动机接线形式限制,线路简单。中小型机床常用这种方法限制点动调整时电动机的启动电流,如 C650 型车床、T68 型卧式镗床、T612 型卧式镗床等。

2.3.2 Y-△降压启动

Y(菱形)-△(三角形)降压启动控制线路如图 2-5 所示,也是按时间原则控制。这种启动方法只适用于正常工作时定子绕组作三角形联结的电动机。启动时,先将定子绕组接成星形,使每相绕组电压为额定电压的 $1/\sqrt{3}$,启动完成再恢复成三角形接法,使电动机在额定电压下运行。它的优点是启动设备成本低,方法简单,容易操作,但启动转矩只有额定转矩的 1/3。

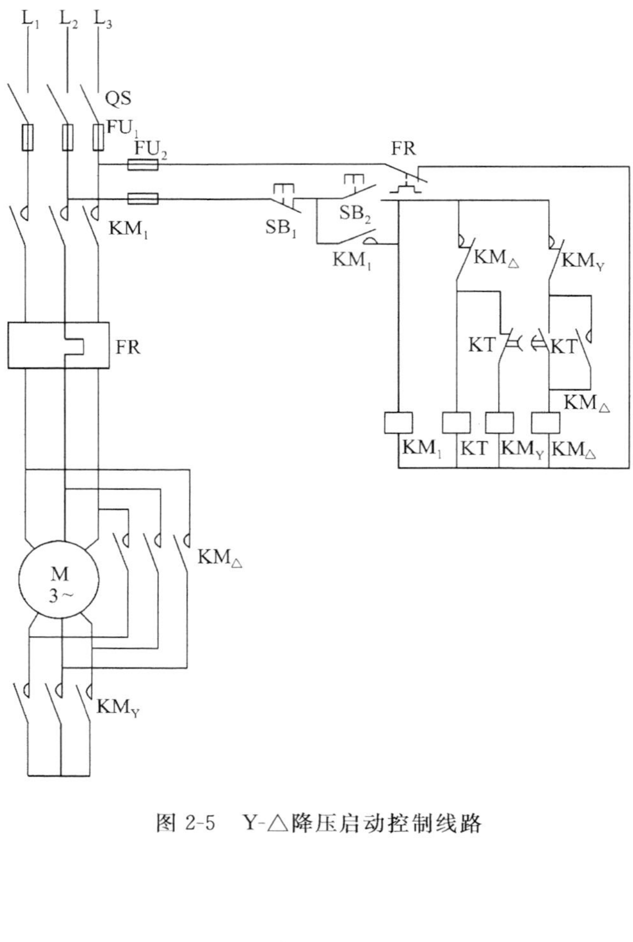

图 2-5 Y-△降压启动控制线路

线路工作过程如下：

(1) 启动

合上 QS → 按下 SB_2 → KM_1 线圈得电 →
- → KM_1 自锁触点闭合
- → KM_Y 线圈得电，主触点闭合 ┐
- → KM_1 主触点闭合 ┘ → 电动机 M 星形启动
- → KT 线圈得电 —延时→
  - → KM_Y 线圈断电
  - → $KM_\triangle$ 线圈得电 ┐
  - → KM_1 线圈仍得电 ┘

→ 电动机 M 接成三角形运行

(2) 停止

按下 SB_1 → KM_1、$KM_\triangle$ 线圈断电释放 → M 断电停止

$KM_\triangle$ 与 KM_Y 的动断触点保证接触器 $KM_\triangle$ 与 KM_Y 不能同时得电，避免电源短路。$KM_\triangle$ 的常闭触点同时使时间继电器 KT 断电。

上面介绍的是利用时间继电器实现自动控制的 Y-△降压启动控制线路，下面再介绍一种手动控制的 Y-△降压启动线路。

手动控制的 Y-△启动器电路结构简单，操作也方便。它不需控制电路，直接用手动方式扳动手柄，切换主电路达到降压启动的目的。常用手动 Y-△启动器的结构如图 2-6 所示。

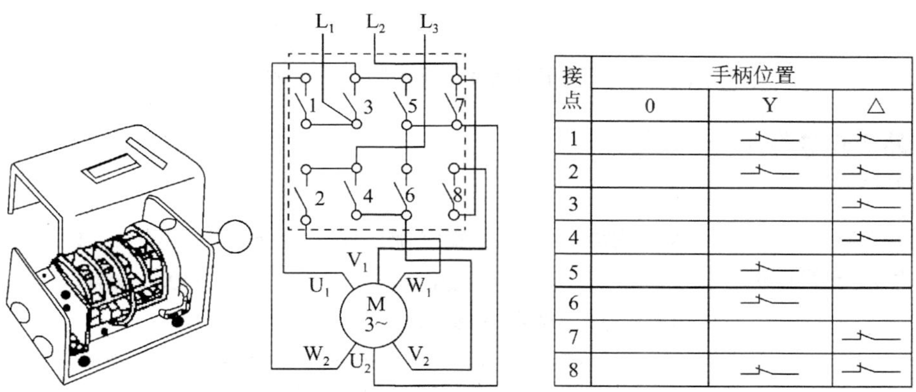

(a) 手动 Y-△开关　(b) 接线图　(c) 触点状态表

图 2-6　手动 Y-△启动器结构及控制线路

图中 L_1、L_2、L_3 分别接三相电源相线，U_1、V_1、W_1 与 U_2、V_2、W_2 分别为电动机三相绕组对应的首尾端。启动器的触点系统共有 8 副常开触点，当操作手柄置于“0”位置时，8 副常开触点全部分断，电动机绕组不通电，电动机处于停止状态。当操作手柄置于“Y”位置时，触点 1、2、5、6、8 闭合，3、4、7 断开。其中触点 1 闭合，使 U_1 接 L_1；触点 2 闭合，使 W_1 接 L_3；触点 8 闭合，使 V_1 接 L_2；触点 5、6 闭合，使 U_2、V_2、W_2 接在一点，电动机定子绕组接成 Y 形，实现降压启动。当电动机转速上升到接近额定值时，将手柄扳到“△”位置，触点 1、2、3、4、7、8 闭合，5、6 断开。其中触点 1、3 闭合，使 U_1、W_2 相连并接通 L_1；触点 7、8 闭合，使 V_1、U_2 相连并接通 L_2；触点 2、4 闭合，使 W_1、V_2 相连并接通 L_3，

电动机定子绕组接成△形全压运行。

2.3.3 自耦变压器降压启动

这种启动方式依靠自耦变压器的降压作用来限制电动机的启动电流。启动时，自耦变压器次级与电动机相连，定子绕组得到的电压是自耦变压器的二次电压，启动完毕，将自耦变压器切除，电动机直接接电源，进入全电压运行。控制线路如图 2-7 所示。

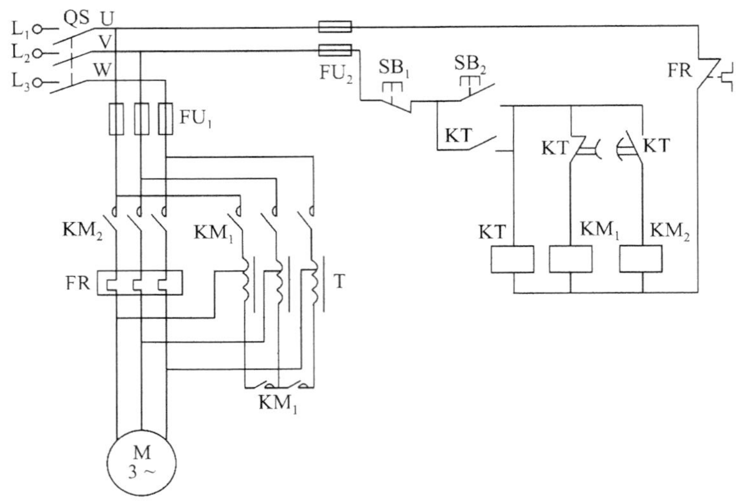

图 2-7 定子串自耦变压器降压启动控制线路

线路工作过程如下：

(1) 启动

合上 QS → 按下 SB_2 →
- → KM_1 线圈得电 → KM_1 主触点和辅助触点闭合 → M 定子串自耦变压器降压启动
- → KT 线圈得电 —延时→
  - → KT 延时断开的常闭触点断开 → KM_1 线圈断电 → 切除自耦变压器
  - → KT 延时闭合常开触点闭合 → KM_2 线圈得电 → KM_2 主触点闭合 → M 加全电压运行

(2) 停止

按下 SB_1 → KT 和 KM_2 线圈断电释放 → M 断电停止

在获取同样启动转矩的情况下，这种启动方式从电网获取的电流，相对电阻降压启动要小得多，对电网的电流冲击小，功率损耗小。但自耦变压器价格较高，主要用于容量较大、正常运行为星形接法的电动机的启动。

2.3.4 延边三角形降压启动

前面介绍的 Y-△降压启动有许多优点，不足的是启动转矩太小。如要求兼取星形联结启动电流小、三角形联结启动转矩大的优点，则可采用延边三角形降压启动。

延边三角形降压启动适用于定子绕组特别设计的电动机。这种电动机的定子每相绕组有三个端子，整个定子绕组共有 9 个出线端，其端子的联结方式如图 2-8 所示。

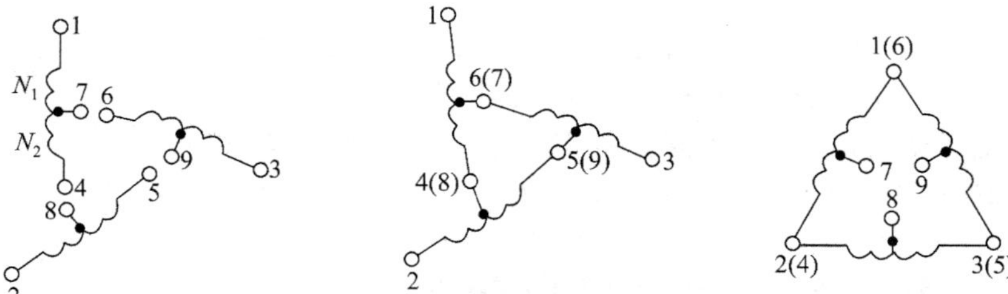

(a) 原始状态　　(b) 延边三角形联结　　(c) 三角形联结

图 2-8　延边三角形—三角形端子的联结方式

启动时，将电动机定子绕组接成延边三角形，启动结束后，再换成三角形接法，转入全电压运行。控制线路如图 2-9 所示。

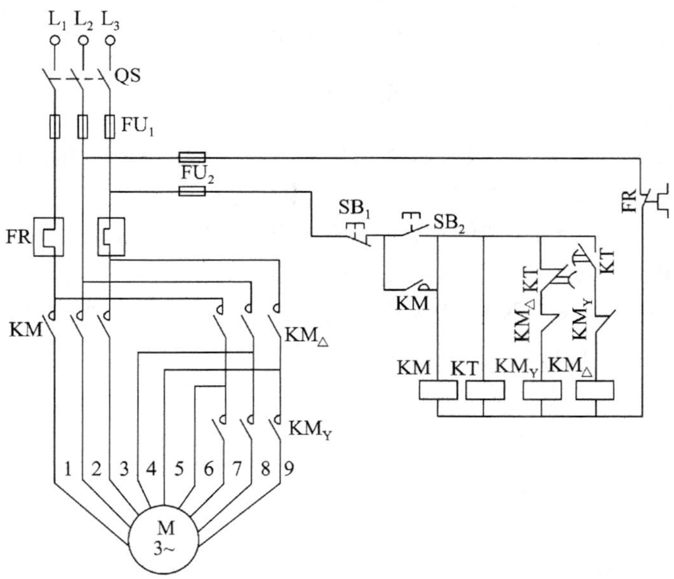

图 2-9　延边三角形降压启动控制线路

线路工作过程如下：

（1）启动

合上 QS → 按下 SB_2 →
- → KM 线圈得电并自锁 → KM 主触点闭合 → M 定子绕组端子 1、2、3 接电源
- → KM_Y 线圈得电 → KM_Y 主触点闭合 → M 绕组端子 (4-8)、(5-9)、(6-7) 相接，M接成延边三角形降压启动
- → KT 线圈得电 —延时→
  - → 延时断开的常闭触点断开 → KM_Y 线圈断电
  - → 延时闭合的常开触点闭合

  → $KM_\triangle$ 线圈得电 → $KM_\triangle$ 主触点闭合 → M 绕组端子 (1-6)、(2-4)、(3-5) 连接成三角形，全电压运行

(2) 停止

按下 SB_1 ⟶ KM、$KM_{\triangle}$、KT 线圈断电⟶ M 断电停止

延边三角形降压启动,其启动转矩大于 Y-△降压启动,不需要专门的启动设备,线路结构简单,但电动机引出线多,制造难度相对要大一些,在一定程度上限制了它的使用范围。

综合上面介绍的几种启动控制方式,均是利用时间继电器来控制线路中各电器的动作顺序,完成操作任务。这种按时间原则进行的控制,称为时间原则自动控制,简称时间控制。

2.4 三相绕线转子电动机启动控制

对于鼠笼式异步电动机来说,在容量较大且需重载启动的场合,增大启动转矩与限制启动电流的矛盾十分突出。为此,在桥式起重机等要求启动转矩较大的设备中,常采用绕线转子电动机。

绕线转子电动机可以在转子绕组中通过集电环串接外加电阻或频敏变阻器启动,达到减小启动电流、提高转子电路功率因数和增大启动转矩的目的。

2.4.1 绕线转子电动机串电阻启动控制

绕线转子电动机串电阻启动控制,常用的有按电流原则和按时间原则两种控制线路。这里仅介绍按电流原则控制的绕线转子电动机串接电阻的启动线路。

控制线路如图 2-10 所示。启动电阻接成星形,串接于三相转子电路中。启动前,启动电阻全部接入电路。启动过程中,电流继电器根据电动机转子电流大小的变化控制电阻的逐级切除。图中,KA_1~KA_3 为欠电流继电器,这 3 个继电器的吸合电流值相同,但

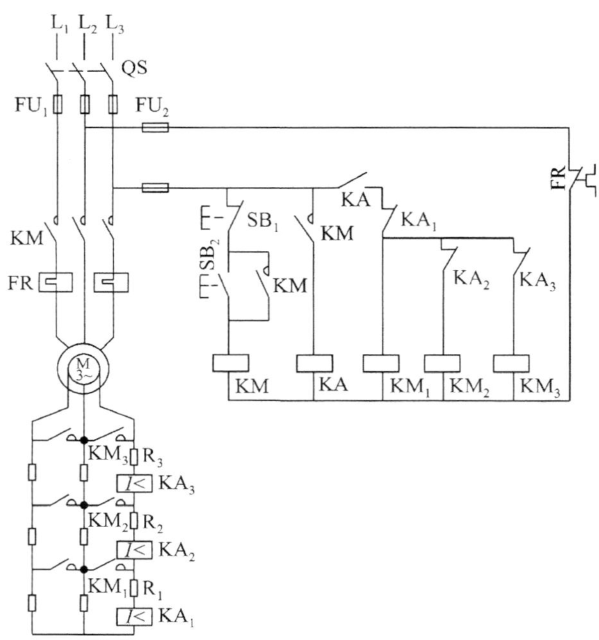

图 2-10 按电流原则控制的绕线转子电动机串电阻启动线路

释放电流不一样。KA_1 的释放电流最大，KA_2 次之，KA_3 的释放电流最小。刚启动时，启动电流较大，KA_1～KA_3 同时吸合动作，使全部电阻接入。随着转速升高，电流减小，KA_1～KA_3 依次释放，分别短接电阻，直到转子串接的电阻全部短接。

线路工作过程如下：

(1) 启动

合上 QS → 按下 SB_2 → KM 线圈得电并自锁 → KM 主触点闭合 → M 转子串接全部电阻启动；→ 中间继电器 KA 得电，为 KM_1～KM_3 通电作准备 → 随着转速升高，转子电流逐渐减小 → KA_1 最先释放，其常闭触点闭合 → KM_1 线圈得电，主触点闭合 → 短接第一级电阻 R_1 → M 转速升高，转子电流又减小 → KA_2 释放，其常闭触点闭合 → KM_2 线圈得电，主触点闭合 → 短接第二级电阻 R_2 → M 转速再升高，转子电流再减小 → KA_3 最后释放，常闭触点闭合 → KM_3 线圈得电，主触点闭合 → 短接最后一段电阻 R_3，M 启动过程结束

(2) 停止

按下 SB_1 → KM、KA、KM_1～KM_3 线圈均断电释放 → M 断电停止

中间继电器 KA 是为保证电动机启动时，转子电路串入全部电阻而设计。若无 KA，在电动机启动时，转子电流由零上升但尚未达到电流继电器的吸合电流值，KA_1～KA_3 不能吸合，接触器 KM_1～KM_3 同时通电，转子电阻全部被短接，电动机处于直接启动状态。有了 KA，从 KM 线圈得电到 KA 常开触点闭合需要一段时间，这段时间能保证转子电流达到最大值，使 KA_1～KA_3 全部吸合，其常闭触点全部断开，KM_1～KM_3 均断电，确保电动机串入全部电阻启动。

2.4.2　绕线转子电动机串接频敏变阻器启动控制

在转子串电阻启动中，由于电阻是逐级切除的，启动电流和转矩突变，产生一定的机械冲击力，而且电阻本身粗笨，体积较大，能耗大，控制线路复杂。频敏变阻器的阻抗能随着电动机转速的上升而自动平滑地减小，使电动机能平稳地启动，常用于较大容量绕线转子电动机的启动。

频敏变阻器的结构和等效电路如图 2-11 所示。

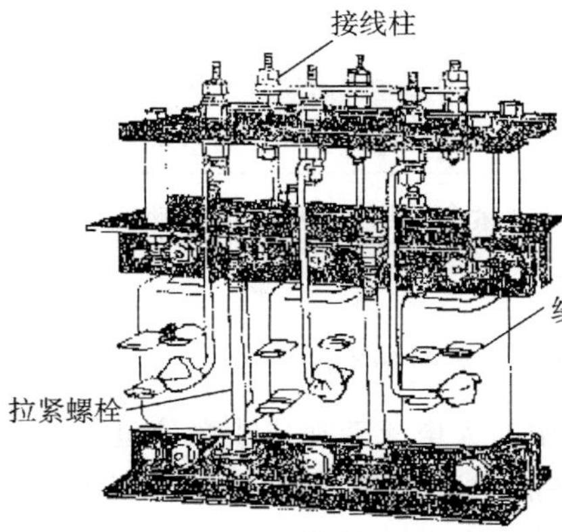

(a) 外形

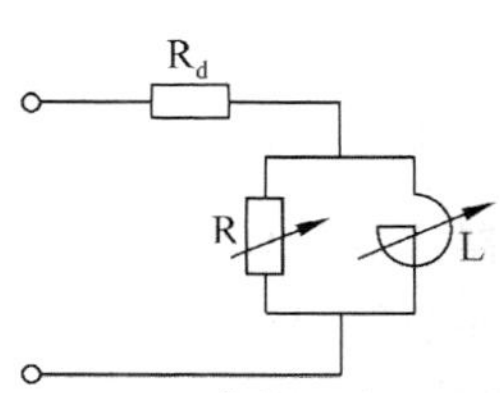

(b) 等效电路

图 2-11　频敏变阻器的结构和等效电路

频敏变阻器由铁心和绕组两个主要部分组成。一般做成三柱式,每个柱上有一个绕组,实际是一个特殊的三相铁心电抗器,通常接成星形,铁心是用几毫米到几十毫米厚的钢板焊成的。图2-11(b)是等效电路,R_d为绕组直流电阻,R为铁损等效电阻,L为等效电感,R、L值与转子电流频率有关。

在启动过程中,随着转速的变化,转子电流频率是变化的。刚启动时,转速为零,转差率$s=1$,转子电流频率f_2与电源频率f_1的关系为$f_2=sf_1$。所以,刚启动时,$f_2=f_1$,频敏变阻器的电感和电阻均为最大,转子电流受到抑制。随着电动机转速的升高,s减小,f_2下降,频敏变阻器的阻抗随之减小。可见,绕线转子电动机转子串接频敏变阻器启动时,随着电动机转速的升高,变阻器阻抗逐渐减小,实现了平滑的无级启动。

绕线转子电动机串接频敏变阻器启动控制线路如图2-12所示。

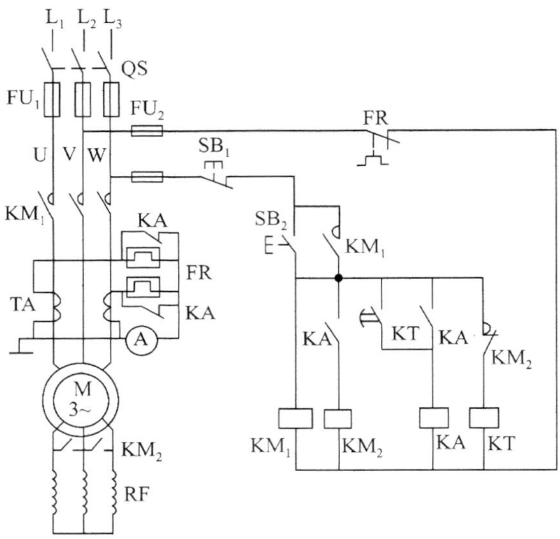

图2-12 绕线转子电动机串接频敏变阻器启动控制线路

线路工作过程如下:

(1) 启动

合上QS→按下SB_2→KM_1线圈得电并自锁→KM_1主触点闭合→M转子电路串入频敏变阻器启动
→KT线圈得电 —延时→ 延时闭合的常开触点闭合→KA得电并自锁→KM_2得电
→KM_2主触点闭合,短接频敏变阻器;同时,KM_2辅助触点断开,KT断电,启动结束

(2) 停止

按下SB_1→KM_1、KM_2、KA线圈断电释放→M断电停止

电流互感器TA的作用是将主电路中的大电流变换成小电流进行测量。为避免因启动时间较长而使热继电器FR误动作,在启动过程中,用KA的常闭触点将FR的加热元件短接,待启动结束,电动机正常运行时才将FR的加热元件接入电路。

2.5　三相异步电动机的正反转控制

在生产实际中，常常要求生产机械改变运动方向。如工作台的前进、后退，电梯的上升、下降等，这就要求电动机能实现正反转。对于三相异步电动机，利用两个接触器改变电动机定子绕组的电源相序就可实现。

2.5.1　电动机的正反转控制

电动机正反转控制线路如图 2-13 所示。图中，电动机 M 的正反转控制是通过两个同型号、同规格、同容量的接触器 KM_1、KM_2 实现的。KM_1 为正向接触器，KM_2 为反向接触器。

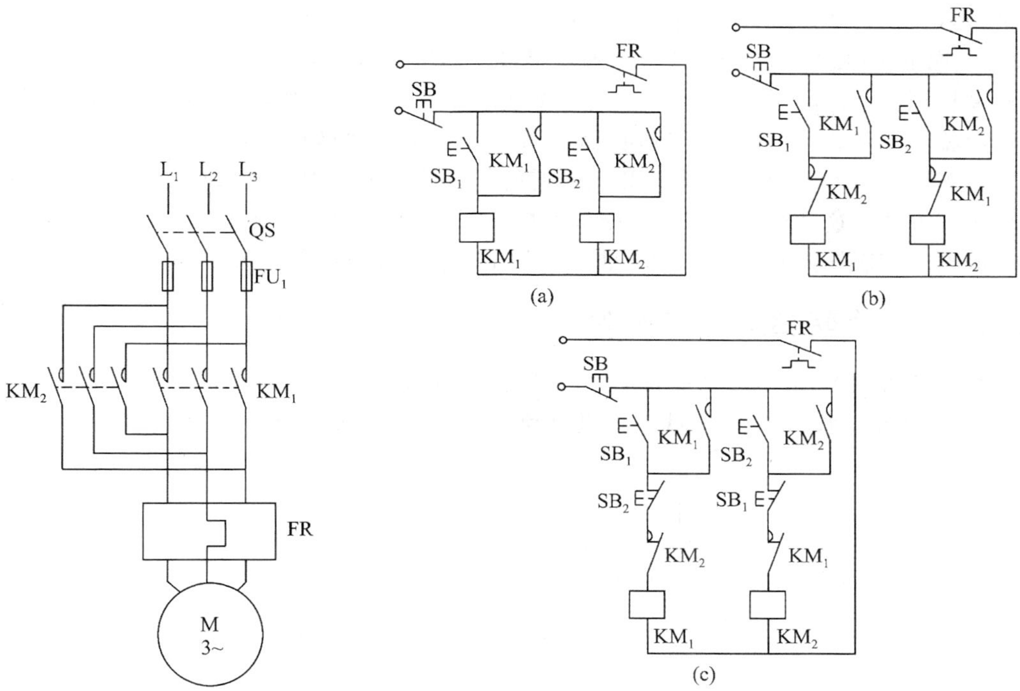

图 2-13　电动机正反转控制线路

图 2-13(a)所示线路工作过程如下：

(1) 正转

合上 QS → 按下正转按钮 SB_1 → KM_1线圈得电 → KM_1自锁触点闭合

　　　　　　　　　　　　　　　　　　　　　→ KM_1主触点闭合 → 电动机 M 正转

(2) 反转

合上 QS → 按下反转按钮 SB_2 → KM_2线圈得电 → KM_2自锁触点闭合

　　　　　　　　　　　　　　　　　　　　　→ KM_2主触点闭合 → 电动机 M 反转

(3) 停止

按下 SB ⟶ KM_1(KM_2)线圈断电,主触点释放 ⟶ M 断电停止

不难看出,如果同时按下 SB_1 和 SB_2,KM_1 和 KM_2 就会同时通电,造成主电路电源短路。为了避免正转和反转两个接触器同时动作造成电源相间短路,必须在两个接触器线圈所在的控制电路上加电气联锁,如图 2-13(b)所示。即将正转接触器 KM_1 的常闭辅助触点与反转接触器 KM_2 的线圈串联;又将反转接触器 KM_2 的常闭辅助触点与正转接触器 KM_1 的线圈串联。这样,两个接触器互相制约,使得任何情况下不会出现两个线圈同时得电的状况,起到保护作用。这种互相制约的连接关系称为联锁或互锁。

图 2-13(b)的线路只能实现"正—停—反"或者"反—停—正"控制,即必须按下停止按钮后,再反向或正向启动。这对需要频繁改变电动机运转方向的设备来说,是很不方便的。为了提高生产率,利用复合按钮组成"正—反—停"或"反—正—停"的互锁控制,如图 2-13(c)所示。复合启动按钮 SB_1、SB_2 具有机械互锁作用。SB_1 的常闭触点串接在 KM_2 线圈的供电线路上,SB_2 的常闭触点串接在 KM_1 线圈的供电线路上,这种互锁关系能自动保证一个接触器断电释放后,另一个接触器才能通电动作,从而避免因操作失误造成电源相间短路。由于采用了按钮互锁,需要改变电动机转向时,直接按正转按钮 SB_1 或反转按钮 SB_2 就可实现。按钮和接触器的复合联锁使电路更加安全,运行更加可靠,操作更加方便。这种线路常用于机床电力拖动系统中,如 Z3040 型摇臂钻床摇臂升降电动机的电气控制线路和 X62W 型万能铣床的主轴反接制动控制均采用了这种控制线路。

2.5.2 正反转自动循环控制

在生产机械中,许多部件的自动循环都是通过电动机正反转来实现的,如龙门刨工作台的前进、后退。图 2-14 所示线路就是电动机正反转自动循环控制线路。

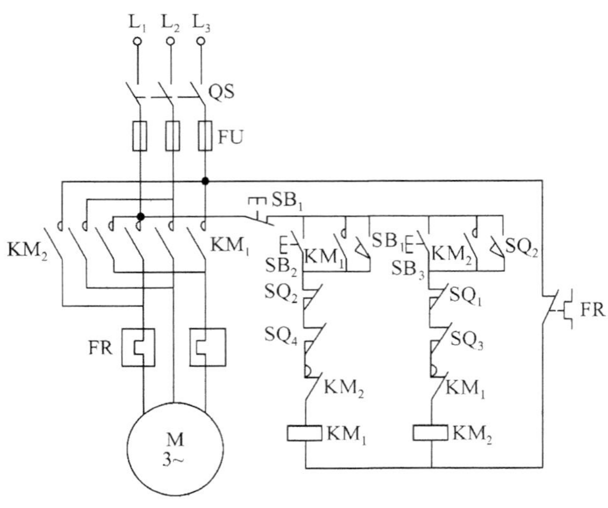

图 2-14 正反转自动循环控制线路

图中，SQ_1、SQ_2 分别为工作台后退与前进限位开关。SQ_3、SQ_4 分别为工作台后退与前进终端保护限位开关，防止 SQ_1、SQ_2 失灵时造成工作台从床身上冲出的事故。这种利用行程开关，根据生产机械运动位置变化所进行的控制，称为行程控制。

线路工作过程如下：

合上 QS→按下 SB_2→KM_1 线圈得电并自锁→KM_1 主触点闭合→M 正转，拖动工作台前进→工作台前进到预定位置，挡块压动 SQ_2
- →SQ_2 常闭触点断开→KM_1 断电→M 断电→工作台停止前进
- →SQ_2 常开触点闭合→KM_2 得电并自锁→M 改变电源相序而反转，工作台后退

→工作台退到设定位置，挡块压动 SQ_1
- →SQ_1 常闭触点断开→KM_2 断电→M停止后退
- →SQ_1 常开触点闭合→KM_1 得电

→M 又正转，工作台又前进。如此往复循环，直至按下停止按钮 SB_1→KM_1（或 KM_2）断电→M 停止转动

2.6　三相异步电动机的制动控制

当电动机定子绕组断电后，由于惯性作用，电动机不能马上停止运转。而很多生产机械，如起吊重物的行车，机床上需要迅速停车、准确定位的机构等，都要求电动机断电后立即停转。这就要求对电动机进行制动，强迫其立即停车。用机械装置强迫电动机迅速停车称为机械制动；电气制动则是使电动机的电磁转矩方向与电动机旋转方向相反，起制动作用。电气制动主要有反接制动和能耗制动，在万能铣床、卧式镗床、组合机床中时有应用。回馈制动在起重机中用到，在后面也进行简单介绍。

2.6.1　反接制动

反接制动的实质是改变异步电动机定子绕组中的三相电源相序，产生与转子转动方向相反的转矩，迫使电动机迅速停转。其控制线路有单向运行反接制动控制线路和可逆运行反接制动控制线路。

1. 单向运行反接制动控制线路

电动机单向运行反接制动控制线路如图 2-15 所示。

线路工作过程如下：

① 启动

合上 QS→按下启动按钮 SB_2→KM_1 线圈得电
- →KM_1 自锁触点闭合
- →KM_1 互锁触点断开
- →KM_1 主触点闭合→电动机 M 正转运行，KS 常开触点闭合，为停车时反接制动作好准备

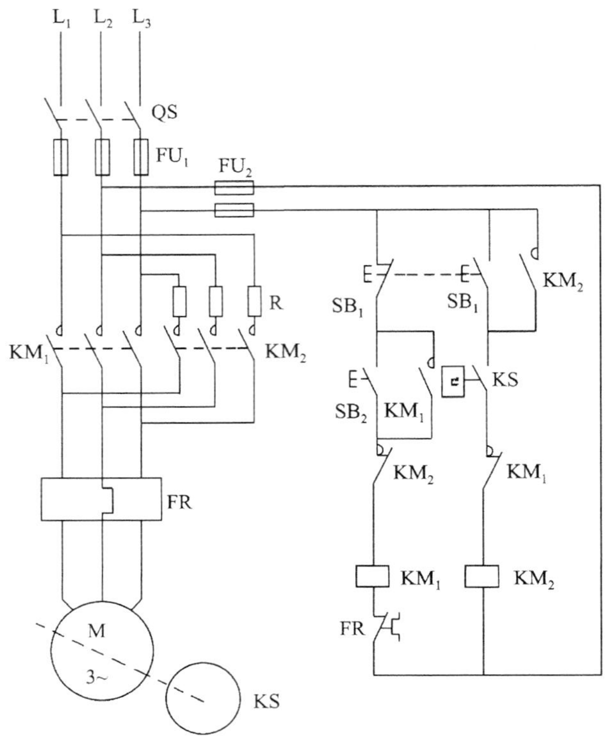

图 2-15 单向运行反接制动控制线路

② 制动停车

按下停车按钮 SB_1 —
- → KM_1 线圈断电 → KM_1 主触点释放 → M 断电，惯性运转
- → KM_2 线圈得电 —
  - → KM_2 自锁触点闭合
  - → KM_2 互锁触点断开
  - → KM_2 主触点闭合，串入电阻 R 反接制动。当电动机转速 $n\approx0$ 时，KS 复位 → KM_2 断电，制动结束

显然，速度继电器 KS 在控制中起着十分重要的作用，利用它来“判断”电动机的停与转。在结构上，速度继电器与电动机同轴连接，其常开触点串联在电动机控制电路中。当电动机转动时，速度继电器的常开触点闭合；电动机停止时，其常开触点打开。

2. 可逆运行反接制动控制线路

电动机可逆运行的反接制动控制线路如图 2-16 所示。

线路工作过程如下：

① 正向启动

合上 QS → 按下 SB_2 → KM_1 线圈得电并自锁 —
- → KM_1 主触点闭合 → M 正向启动运行
- → KM_1 互锁触点断开 → 速度继电器 KS-Z 的常闭触点断开，常开触点闭合 → 为 KM_2 线圈参加反接制动作好准备

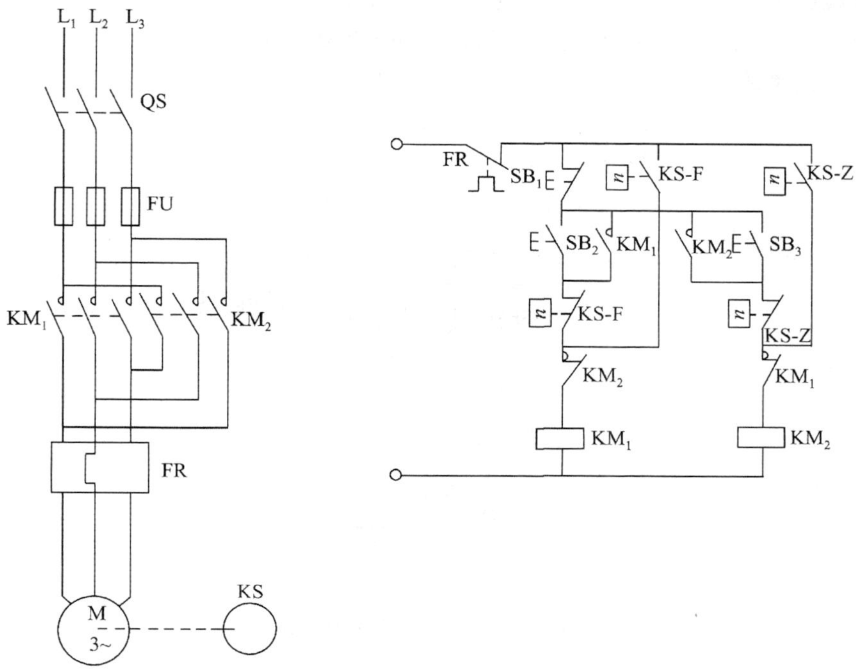

图 2-16　可逆运行的反接制动控制线路

② 正向运行时的制动

按下 SB_1 ⟶ KM_1 线圈断电释放⟶由于惯性，M 仍转动⟶ KS-Z 常开触点仍闭合⟶ KM_2 线圈得电⟶ M 定子绕组电源改变相序，M 进入正向反接制动状态⟶当 M 转速 $n\approx 0$ 时，KS-Z 的常闭触点和常开触点均复位⟶ KM_2 线圈断电，正向反接制动结束

③ 反向启动

合上 QS ⟶ 按下 SB_3 ⟶ KM_2 线圈得电并自锁 ⟶
- ⟶ KM_2 主触点闭合 ⟶ M 反向启动运行
- ⟶ KM_2 互锁触点断开 ⟶ 速度继电器 KS-F 的常闭触点断开，常开触点闭合 ⟶ 为 KM_1 线圈参加反接制动作好准备

④ 反向运行时的制动

按下 SB_1 ⟶ KM_2 线圈断电释放⟶由于惯性，M 仍转动⟶ KS-F 常开触点仍闭合⟶ KM_1 线圈得电⟶ M 定子绕组电源改变相序，进入反向反接制动状态⟶当 M 转速 $n\approx 0$ 时，KS-F 的常闭触点和常开触点均复位⟶ KM_1 线圈断电，反向反接制动结束

3. 图 2-16 线路的改进

图 2-16 中，在停车检修时，如果人为地转动电动机转子，且转速达到 100r/min 左右，KS-Z 或 KS-F 的常开触点就有可能闭合，使 KM_1 或 KM_2 得电，电动机因短时接通而引起意外事故。

改进线路如图2-17所示,中间继电器KA的加入克服了图2-16的缺点。当人为转动电动机转子时,不会因速度继电器常开触点KS-Z或KS-F的闭合导致电动机意外接通而反向启动的事故。

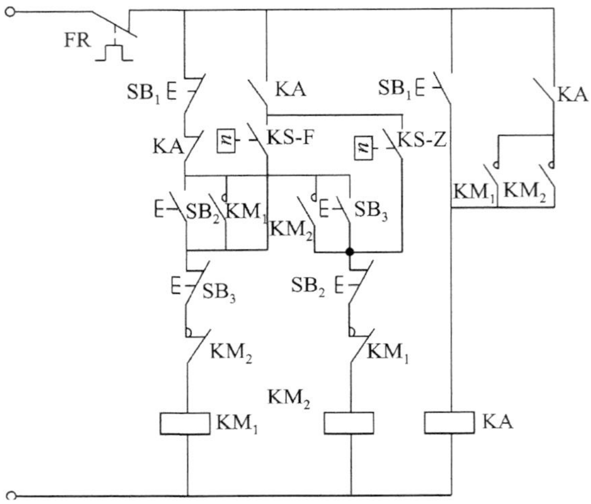

图2-17　图2-16线路的改进

反接制动的优点是制动力矩大,制动效果好。但电动机在反接制动时旋转磁场的相对速度很大,对传动部件的冲击大,能量消耗也大,只适用于不经常启动、制动的设备,如铣床、镗床、中型车床主轴等。

2.6.2　能耗制动

能耗制动是在运行中的三相异步电动机停车时,在切除三相交流电源的同时,将一直流电源接入电动机定子绕组中的任意两相,以获得大小和方向不变的恒定磁场,从而产生一个与电动机原转矩方向相反的电磁转矩以实现制动。当电动机转速下降到零时,再切除直流电源。根据制动控制的原则,有时间继电器控制与速度继电器控制两种形式。

1. 按时间原则控制的单向能耗制动控制线路

按时间原则控制的单向能耗制动控制线路如图2-18所示。图中整流装置由变压器和整流元件组成,提供制动用直流电。KM_2为制动用接触器,KT为时间继电器,控制制动时间的长短。

线路工作过程如下:

① 启动

合上QS→按下SB_2→KM_1线圈得电并自锁→
- KM_1常闭辅助触点断开
- KM_1主触点闭合→电动机M启动运行

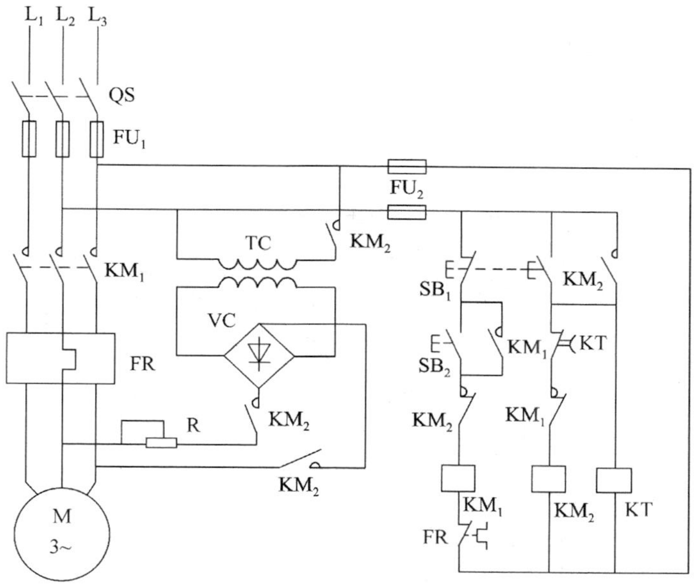

图 2-18　按时间原则控制的单向能耗制动控制线路

② 制动停车

按下 SB_1 →
- → KM_1 线圈断电 →
  - → KM_1 主触点断开 → 电动机 M 断电，惯性运转
  - → KM_2 线圈得电 → KM_2 主触点闭合 → 直流电通入 M 定子绕组 → 电动机能耗制动
- → KT 线圈得电 —延时→ KT 常闭触点延时断开 → KM_2 线圈断电 → KM_2 主触点断开，切断电动机直流电源，制动结束

2．按速度原则控制的单向能耗制动控制线路

按速度原则控制的单向能耗制动控制线路如图 2-19 所示。该线路与图 2-18 的控制线路基本相同，只不过是用速度继电器 KS 取代了时间继电器 KT。KS 安装在电动机轴的伸出端，其常开触点取代时间继电器 KT 延时断开的常闭触点。

线路工作过程如下：

① 启动

合上 QS → 按下 SB_2 → KM_1 得电并自锁 →
- → KM_1 主触点闭合 → M 启动运行
- → KM_1 互锁的常闭触点断开，KS 常开触点闭合，为能耗制动做好准备

② 制动停车

按下 SB_1 → KM_1 线圈断电 →
- → KM_1 主触点断开 → M 断开交流电源
- → KM_1 互锁触点闭合，M 由于惯性仍在旋转，KS 常开触点闭合 → KM_2 得电并自锁 → KM_2 主触点闭合 → M 定子绕组通入直流电流，进行能耗制动 → 当 M 转速 $n\approx0$ 时，KS 常开触点复位 → KM_2 断电释放，M 制动结束

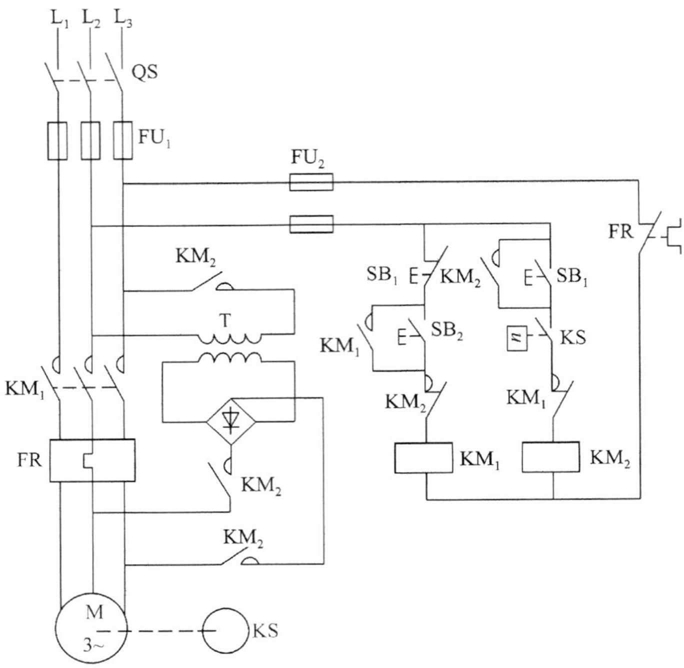

图 2-19 按速度原则控制的单向能耗制动控制线路

3. 按时间原则控制的可逆运行能耗制动控制线路

按时间原则控制的可逆运行能耗制动控制线路如图 2-20 所示。图中，接触器 KM_1、KM_2 分别控制电动机 M 的正反转。SB_2 为正向启动按钮，SB_3 为反向启动按钮，SB_1 为停止按钮。如果电动机正处于正向运行过程中，需要停止，其制动工作过程如下：

合上 QS → 按下 SB_1 →
- → KM_1 线圈断电 → KM_1 主触点释放，切断 M 三相交流电源
- → KM_3 线圈得电 → KM_3 主触点闭合 → M 定子绕组通入直流电流 → 对M进行正向能耗制动
- → KT 线圈得电 —延时→ M 转速下降到接近零，KT 延时断开的常闭触点断开 → KM_3、KT 相继断电释放 → M 制动结束

电动机处于反向运行过程时的能耗制动过程与正向运行时类同，请读者自行分析。

如果用速度继电器取代图 2-20 中的时间继电器 KT，只需对控制电路稍做改动，就可设计出一个按速度原则控制的可逆能耗制动控制线路，读者不妨一试。

4. 无变压器单相半波整流能耗制动控制线路

前面介绍的几种能耗制动控制线路均需要变压器降压、全波整流，对于较大功率的电动机甚至还要采用三相整流电路，所需设备多，投资成本高。但是，对 10kW 以下的电动机，如果制动要求不高，可采用无变压器单相半波整流能耗制动控制线路，如图 2-21 所示。

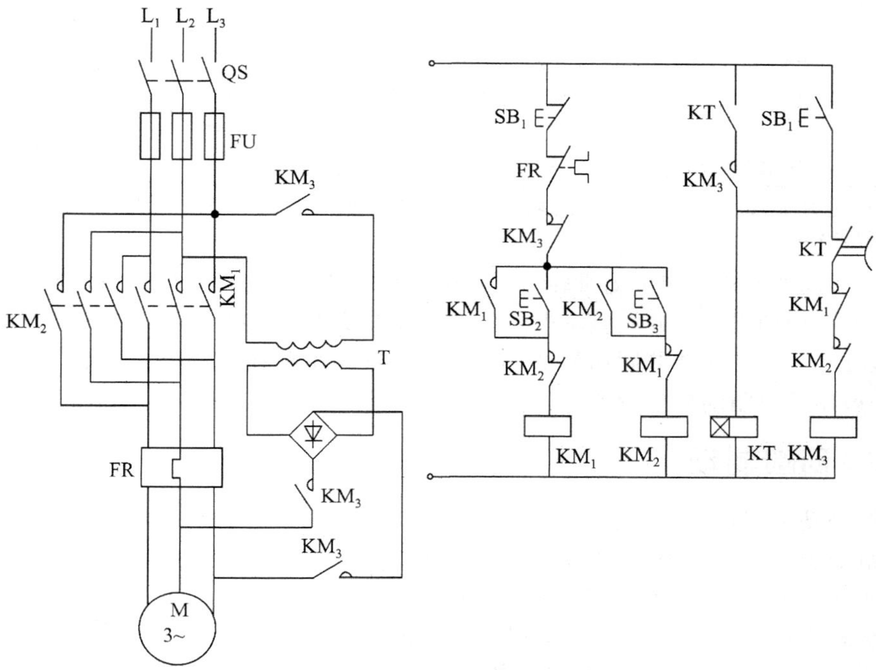

图 2-20　按时间原则控制的可逆运行能耗制动控制线路

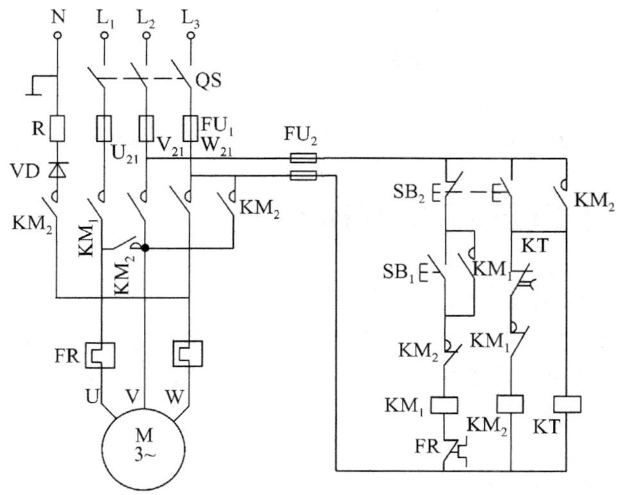

图 2-21　无变压器单相半波整流能耗制动控制线路

线路工作过程如下：

① 启动

合上 QS ——→ 按下 SB_1 ——→ KM_1 得电并自锁——→ KM_1 主触点闭合——→ M 启动运行

② 停止

按下 SB_2 → KM_1 线圈断电释放 → KM_1 主触点分断 → M 切断交流电源
→ KM_1 辅助触点闭合 → KM_2 得电并自锁 → KM_2 主触点闭合 → 直流电源接入 M 定子绕组，进行能耗制动
→ KT 线圈得电 —延时→ KT 延时断开的常闭触点断开 → KM_2、KT 线圈先后断电释放 → M 定子绕组脱离直流电源，M 制动停止

能耗制动的实质是把电动机转子储存的机械能转变成电能，又消耗在转子的制动上。显然，制动作用的强弱与通入直流电流的大小和电动机的转速有关。调节电阻 R，可调节制动电流的大小，从而调节制动强度。相对反接制动方式，它的制动准确、平稳，能量消耗较小，一般用于对制动要求较高的设备，如磨床、龙门刨床等机床的控制线路中。

2.6.3 回馈制动

回馈制动又叫再生发电制动，只适用于电动机转子转速 n 高于同步转速 n_1 的场合。

在电动机工作过程中，由于工作条件的变化，电动机的转速 n 可能超过定子绕组旋转磁场的同步转速 n_1，起重机从高处下降重物时就是一例，如图 2-22 所示。

图中电动机的转子转速 n 与定子的旋转磁场的旋转方向相同，且转子转速比旋转磁场的转速高，即 $n > n_1$。这时，转子绕组切割旋转磁场，产生的感应电流的方向与原来电动机状态相反，则电磁转矩方向也与转子旋转方向相反，电磁转矩变为制动转矩，使重物不致下降太快。这种制动方式能把电动机储存的能量(此处包含重物的势能)转换为电能反馈给电网，所以经济效果好，不足之处是应用范围较窄。

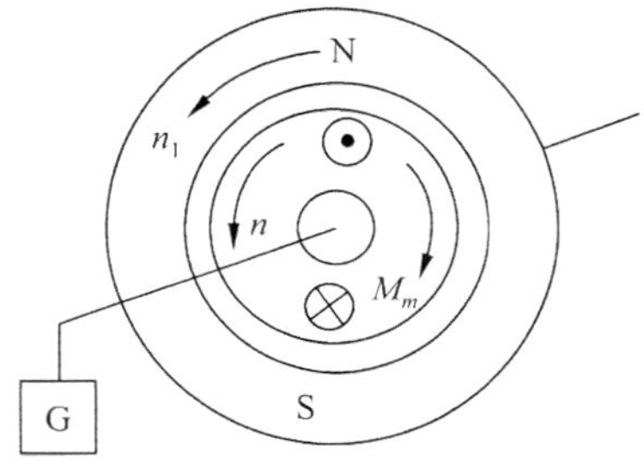

图 2-22 回馈制动原理示意图

2.7 三相异步电动机的调速控制

三相异步电动机的调速方法主要有：改变定子绕组联结方式的变极调速、改变转子电路中串联电阻调速、变频调速和串级调速等。本节介绍鼠笼式电动机改变磁极对数的调速方法、绕线转子电动机转子串电阻调速方法，以及近年来发展较快的电磁调速异步电动机的调速方法。

2.7.1 变极调速控制

在一些机床中，为了获得较宽的调速范围，采用了双速电动机，如 T68 型卧式镗床的主轴电动机，在某些车床、铣床、磨床中也有应用。也有的机床采用三速、四速电动机，以获取更宽的调速范围，其原理和控制方法基本相同。这里以双速异步电动机为例进行分析。

1. 双速异步电动机定子绕组的联结

双速异步电动机三相定子绕组△/YY 联结如图 2-23 所示。其中，图 2-23(a)为△(三角形)联结，图 2-23(b)为 YY(双星形)联结。转速的改变是通过改变定子绕组的联

结方式，从而改变磁极对数来实现的，故称为变极调速。

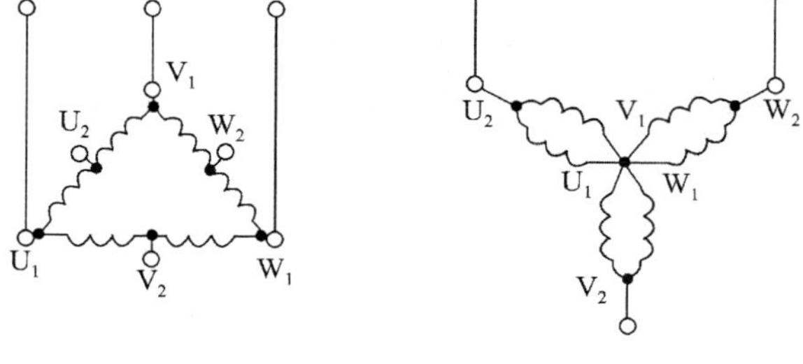

(a) △接法　　(b) YY 接法

图 2-23　双速异步电动机三相定子绕组△/YY 接线图

在图 2-23(a)中，出线端 U_1、V_1、W_1 接电源，U_2、V_2、W_2 端子悬空，绕组为三角形接法，每相绕组中两个线圈串联，成四个极，磁极对数 $p=2$，其同步转速 $n=\frac{60f}{p}=\frac{60\times50}{2}=1500\text{r/min}$，电动机为低速；在图 2-23(b)中，出线端 U_1、V_1、W_1 短接，而 U_2、V_2、W_2 接电源，绕组为双星形联结，每相绕组中两个线圈并联，成两个极，磁极对数 $p=1$，同步转速 $n=3000\text{r/min}$，电动机为高速。可见，双速电动机高速运转时的转速是低速运转时的两倍。

2. 用按钮控制的双速电动机高、低速控制线路

用按钮控制的双速电动机高、低速控制线路如图 2-24 所示，其控制电路主要由两个复合按钮和三个接触器组成。SB_2 为低速启动按钮，SB_3 为高速启动按钮。在主电路中，电动机绕组接成三角形，从三个顶角处引出 U_1、V_1、W_1，与接触器 KM_1 主触点连接；在三相绕组各自的中间抽头引出 U_2、V_2、W_2，与接触器 KM_2 的主触点连接；在 U_1、V_1、W_1 三者之间又与接触器 KM_3 主触点连接。它们的控制电路由复合按钮 SB_2、SB_3 和接触器 KM_1、KM_3 的辅助常闭触点实现复合电气联锁。

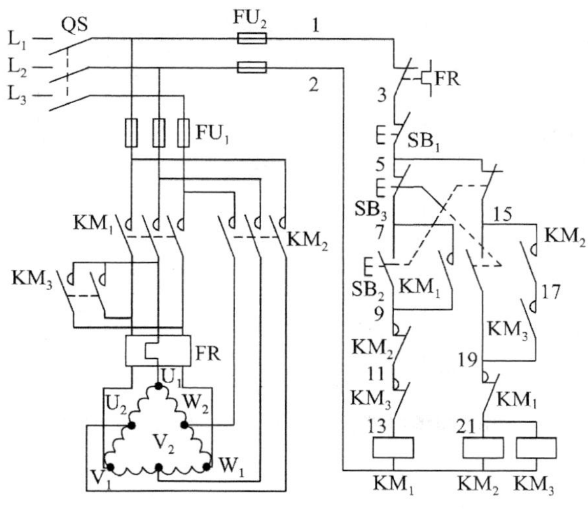

图 2-24　用按钮控制的双速电动机高、低速控制线路

线路工作过程如下：

(1) 低速运转

合上 QS → 按下 SB_2 → KM_1 线圈通电 →
- KM_1 自锁触点闭合自锁
- KM_1 主触点闭合 → 电动机绕组接成△，低速运转
- KM_1 互锁触点分断，对 KM_2、KM_3 互锁

(2) 高速运转

合上 QS → 按下 SB_3 →
- KM_1 线圈断电 →
  - KM_1 自锁触点释放断开
  - KM_1 主触点分断 → 电动机惯性运转
  - KM_1 互锁触点复位闭合
- KM_2 线圈通电 →
  - KM_2 互锁触点分断，对 KM_1 互锁
  - KM_2 主触点闭合
  - KM_2 自锁触点闭合
- KM_3 线圈通电 →
  - KM_3 自锁触点闭合
  - KM_3 主触点闭合，U_1、V_1、W_1 并成一点
  - KM_3 互锁触点分断，对 KM_1 互锁

（KM_2 主触点闭合至 KM_3 互锁触点分断）→ 电动机绕组接成 YY 形高速运行

3. 用时间继电器控制的双速电动机高、低速控制线路

用时间继电器控制的双速电动机高、低速控制线路如图 2-25 所示。

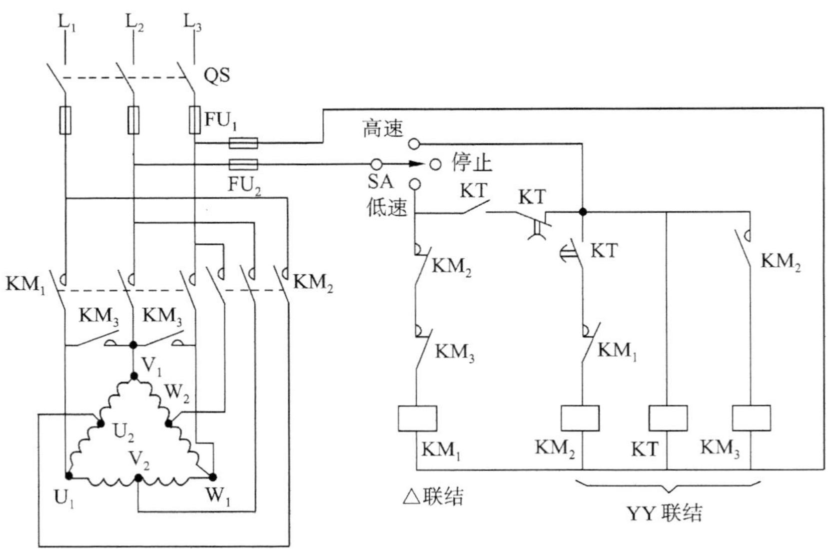

图 2-25 用时间继电器控制的双速电动机高、低速控制线路

图中用了三个接触器控制电动机定子绕组的联结方式。当接触器 KM_1 的主触点闭合，KM_2、KM_3 的主触点断开时，电动机定子绕组为三角形接法，对应“低速”挡；当接触器 KM_1 主触点断开，KM_2、KM_3 主触点闭合时，电动机定子绕组为双星形接法，对应“高速”挡。为了避免“高速”挡启动电流对电网的冲击，本线路在“高速”挡时，先以“低速”启动，待启动电流过去后，再自动切换到“高速”运行。

SA 是具有三个挡位的转换开关。当扳到中间位置时，为“停止”位，电动机不工作；当扳到“低速”挡位时，接触器 KM_1 线圈得电动作，其主触点闭合，电动机定子绕组的三个出线端 U_1、V_1、W_1 与电源相接，定子绕组接成三角形，低速运转；当扳到“高速”挡位时，时间继电器 KT 线圈首先得电动作，其瞬动常开触点闭合，接触器 KM_1 线圈得电动作，电动机定子绕组接成三角形低速启动。经过延时，KT 延时断开的常闭触点断开，KM_1 线圈断电释放，KT 延时闭合的常开触点闭合，接触器 KM_2 线圈得电动作。紧接着，KM_3 线圈也得电动作，电动机定子绕组被 KM_2、KM_3 的主触点换接成双星形，以高速运行。

2.7.2　变更转子外串电阻的调速控制

绕线转子电动机可采用转子串电阻的方法调速。随着转子所串电阻的减小，电动机的转速升高，转差率减小。改变外串电阻阻值，使电动机工作在不同的人为特性上，可获得不同的转速，实现调速的目的。

绕线转子电动机广泛用于起重机、吊车一类生产机械上，通常采用凸轮控制器进行调速控制。图 2-26 就是采用凸轮控制器控制的电动机正、反转和调速的线路。

在电动机 M 的转子电路中，串接了三相不对称电阻，在启动和调速时，由凸轮控制器的触点进行控制。定子电路电源的相序也是由凸轮控制器进行控制的。

该凸轮控制器的触点展开图如图 2-26(c)所示。列上的虚线表示“正”、“反”的 5 个挡位和中间“0”位，每一根行线对应凸轮控制器的一个触点。黑点表示该位置触点接通，没有黑点则表示不通。触点 SA_{1-1} ～SA_{1-5} 与转子电路串接的电阻相连接，用于短接电阻，控制电动机的启动和调速。

线路工作过程如下：

将凸轮控制器 SA_1 的手柄置“0”位，SA_{1-10}、SA_{1-11}、SA_{1-12} 三对触点接通。合上电源开关 QS ⟶ 按 SB_2 ⟶ KM 线圈得电并自锁 ⟶ KM 主触点闭合 ⟶ 将凸轮控制器手柄扳到正向“1”位 ⟶ 触点 SA_{1-12}、SA_{1-8}、SA_{1-6} 闭合 ⟶ M 定子接通电源，转子串入全部电阻($R_1+R_2+R_3+R_4$)正向低速启动 ⟶ 将 SA_1 手柄扳到正向“2”位 ⟶ SA_{1-12}、SA_{1-8}、SA_{1-6}、SA_{1-5} 四对触点闭合 ⟶ 切除电阻 R_1，M 转速上升 ⟶ 当 SA_1 手柄从正向“2”位依次转向“3”、“4”、“5”位时，触点 SA_{1-4} ～SA_{1-1} 先后闭合，R_2、R_3、R_4 被依次切除，M 转速逐步升高至额定转速运行

当凸轮控制器手柄由“0”位扳到反向“1”位时，触点 SA_{1-10}、SA_{1-9}、SA_{1-7} 闭合，M 电源相序改变而反向启动。将手柄从“1”位依次扳向“5”位时，M 转子所串电阻被依次切除，M 转速逐步升高。其过程与正转时相同。

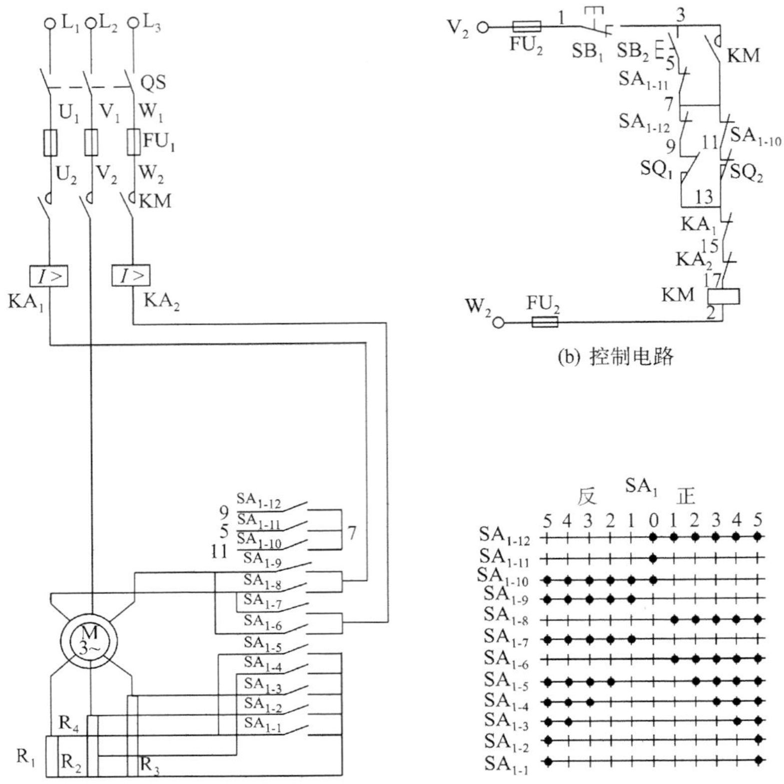

(a) 主电路　　(c) 凸轮控制器触点状态

图 2-26　凸轮控制器控制电动机正、反转和调速的线路

限位开关 SQ_1、SQ_2 分别与凸轮控制器触点 SA_{1-10}、SA_{1-12} 串接，在电动机正、反转过程中，对运动机构进行终端位置保护。

2.7.3　变频调速控制

变极调速不能实现连续平滑调速，只能得到几种特定的转速。但在很多机械中，要求转速能够连续无级调节，并且有较大的调速范围，采用交流变频调速就能实现这一要求。

1. 变频调速的原理

根据电机学知识，交流电动机的旋转磁场转速(即同步转速)表达式为

$$n_1 = \frac{60 f_1}{p} \tag{2-1}$$

式中，f_1——电动机定子绕组的供电频率；

p——电动机定子绕组的极对数。

异步电动机的转差率为

$$s = \frac{n_1 - n}{n_1} = 1 - \frac{n}{n_1} \tag{2-2}$$

异步电动机的转速为

$$n = n_1(1-s) = \frac{60f_1}{p}(1-s) \tag{2-3}$$

可见，只要均匀地改变定子绕组的供电频率 f_1，就可以平滑地改变电动机的同步转速 n_1 和实际运行转速 n，这就是变频调速。它具有效率高、调速范围宽、调速精度高等优良性能，是一种比较理想的调速方法。

为了使交流电动机的速度可调，需要有一套变频电源。电力电子器件制造技术、变流技术、控制技术以及微型计算机和大规模集成电路相结合，使变频器的制造技术获得了迅速地发展，从而研制出各种类型的变频调速装置，在工业上得到推广应用，正逐步取代传统的直流调速系统。

下面以单相交-直-交变频器、三相交-直-交变频器和恒幅脉宽调制型变频器为例，简要介绍几种变频器的工作原理。

(1) 单相交-直-交变频器

图 2-27 为单相交-直-交变频器工作原理示意图。图 2-27(a)为电气原理图，包括整流、滤波、逆变三个部分。晶闸管整流器将交流电压整流为幅值可变的整流电压 U_d，通过电容 C 滤波，减小 U_d 的波动。晶闸管开关元件 $VT_1 \sim VT_4$ 组成逆变电路，具有将直流电压变为交流电压的功能。

令晶闸管 VT_1、VT_3 和 VT_2、VT_4 轮流切换导通，在电阻负载 R 上可得到交流输出电压 U_0。例如，在 $t=0$ 时刻给晶闸管 VT_1、VT_3 加触发脉冲，使其导通，在电阻 R 上便得到极性为左正右负的电压，我们假定此时 U_0 的极性为正；在 $t=t_1$ 时刻给晶闸管 VT_2、VT_4 加触发脉冲，使其导通，同时让晶闸管 VT_1、VT_3 关断，在电阻 R 上便得到极性左负右正的电压，此时 U_0 的极性为负；在 $t=t_2$ 时刻再触发晶闸管 VT_1、VT_3 使其导通，同时关断晶闸管 VT_2、VT_4，重复 $t=0$ 时刻的过程。如此循环下去，在 R 上得到一个交变电压 u_0，如图 2-27(b)所示。u_0 的幅值由晶闸管整流器输出电压 U_d 决定，u_0 的频率由晶闸管

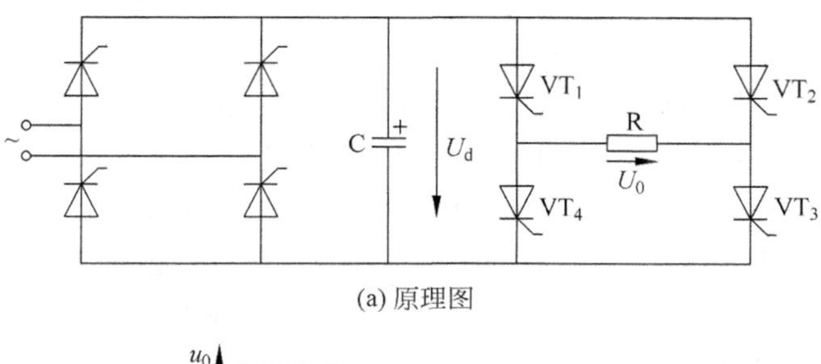

(a) 原理图

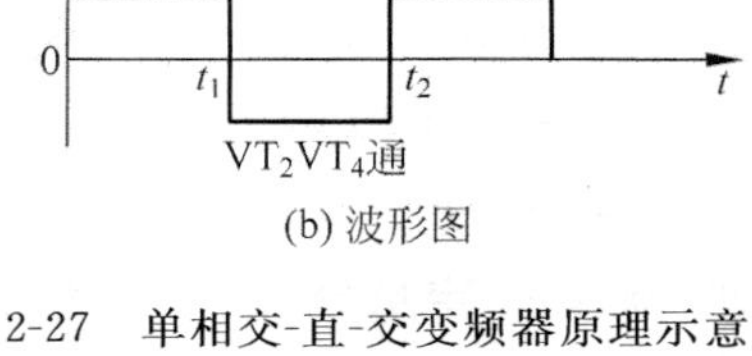

(b) 波形图

图 2-27　单相交-直-交变频器原理示意图

开关元件切换的频率所决定。开关元件切换速度快，u_0 频率高，反之 u_0 的频率低。u_0 的频率不受电源频率限制。

(2) 三相交-直-交变频器

三相交-直-交变频器的主电路如图 2-28 所示，包括整流器、滤波器、逆变器三个部分。

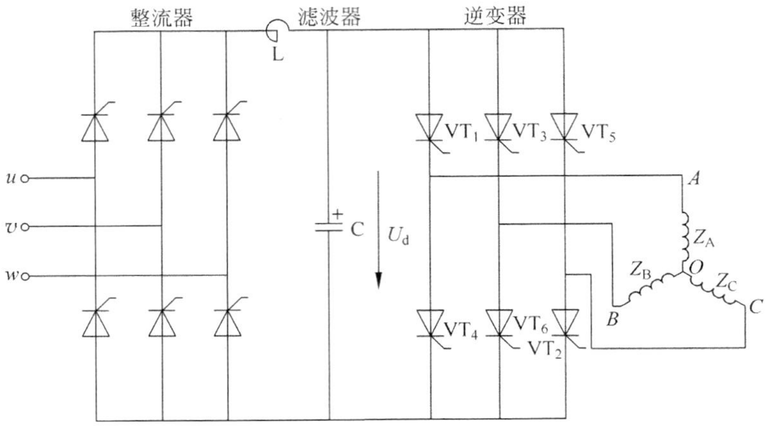

图 2-28　三相交-直-交变频器主电路原理图

整流器为晶闸管三相桥式可控整流电路，其作用是将交流电源的定压定频交流电变换为幅值可调的直流电压，作为逆变器的供电电源；滤波器由电容器或电抗器组成，其作用是对整流后的电压或电流进行滤波，减小电压或电流的波动；逆变器的作用与整流器正好相反，其作用是将直流电压变换为频率可调的交流电压，供给交流电动机使用。逆变器也是三相桥式电路，它是变频器的主要组成部分。

根据滤波器所用滤波元件不同，变频器分为两种不同类型：一种为电压型变频器，采用电容器滤波。由于电容器两端电压波动很小，逆变器输出的电压波型为一平直的矩形波。另一种为电流型变频器，采用电抗器滤波。由于流过电抗器的电流波动很小，故逆变器输出的电流波形为一平直的矩形波。

逆变器的开关元件可以是晶闸管，也可以是功率晶体管，都要求具有可靠的开通和关断能力。如果采用晶闸管，只要在阳极和阴极之间加正向电压，在控制极与阴极之间加正的触发信号，晶闸管即可导通。但要使晶闸管关断，则很不容易。因为普通晶闸管一旦触发导通，控制极就失去了控制作用，要使其由导通转为截止，必须在阳极和阴极之间加反向电压或使阳极电流小于维持电流。因此，在由普通晶闸管组成的交-直-交变频器的逆变器中，需增设专门的换流电路，以保证晶闸管准时关断，但电路结构比较复杂。为了解决这个问题，有的逆变器采用可关断晶闸管(GTO)或功率晶体管(GTR)作为开关元件。由于可以方便地控制 GTO 和 GTR 的导通和关断，在由它们组成的逆变器中不需要专门的换流电路，大大缩小了逆变器的体积，使变频器小型化。

对 180°导电型三相桥式逆变电路作定量分析，可得到三相逆变器的输出电压波形如图 2-29 所示。图中，图 2-29(a)、图 2-29(b)、图 2-29(c)所示为相电压波形，图 2-29(d)、

图 2-29(e)、图 2-29(f)为线电压波形。可以看出，三相电压波型相同，都是阶梯形交变电压，A、B、C 各相相位互差 120°。由于交流电压的频率 $f=1/T$，所以调整加到晶闸管上的触发脉冲的间隔时间，就可以改变交流电压的周期 T 的大小，从而改变逆变器输出交流电压频率的高低。触发脉冲出现的频率越高，逆变器输出电压的频率也越高。逆变器输出电压幅值的大小，则取决于整流电压 U_d，可以通过改变三相整流器中晶闸管的触发角 α 进行调整。

(3) 恒幅脉宽调制(PWM)型变频器

恒幅脉宽调制(PWM)型变频器的组成如图 2-30 所示，包括二极管整流器、滤波器和逆变器三个部分。因为是二极管整流，逆变器输入是恒定不变的直流电压，采用电容滤波，构成电压型逆变器。

通常采用功率晶体管(GTR)作逆变器的开关元件，通过逆变器调节输出电压的脉冲宽度和输出交流电压的频率，既调压又调频，变频变压均由逆变器承担。与由晶闸管组成的逆变器比较，它不用换流电路，其主电路简单，只要配上相应的控制电路就可以使用。这种 PWM 型变频器输出交流电压的幅值和频率直接由逆变器决定，具有调节速度快、系统动态性能好的特点，是目前应用较广的一种变频调速系统。若将逆变器中的开关元件换成高速元件并进行高频脉宽调制，利用中、大规模集成器件组成高性能的控制电路，可以极大地提高变频调速系统的性能，缩小装置的体积，提高效率，降低成本。这种电路采用不控整流器，系统功率因数也大大提高。

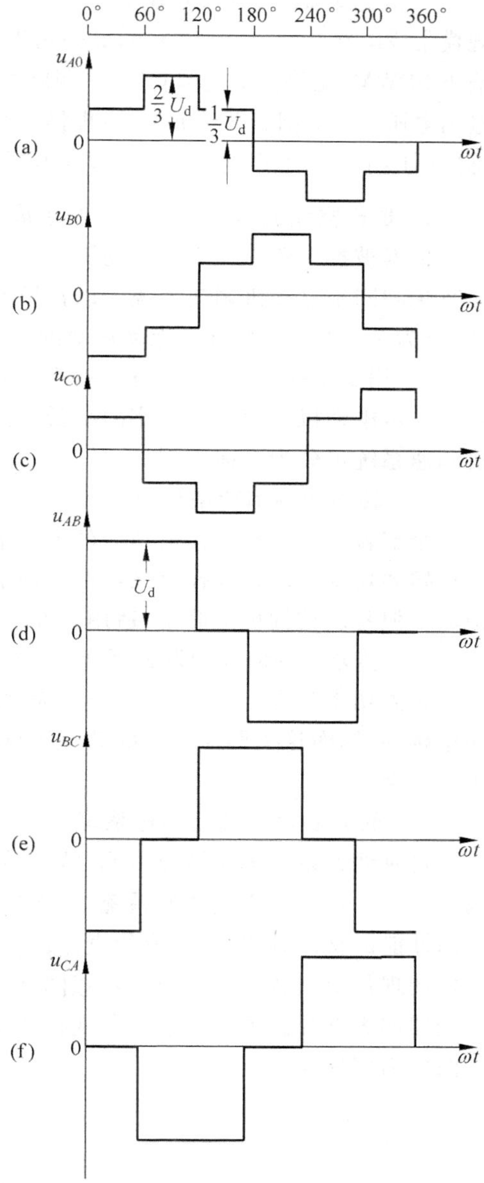

图 2-29　三相逆变器的输出电压波形

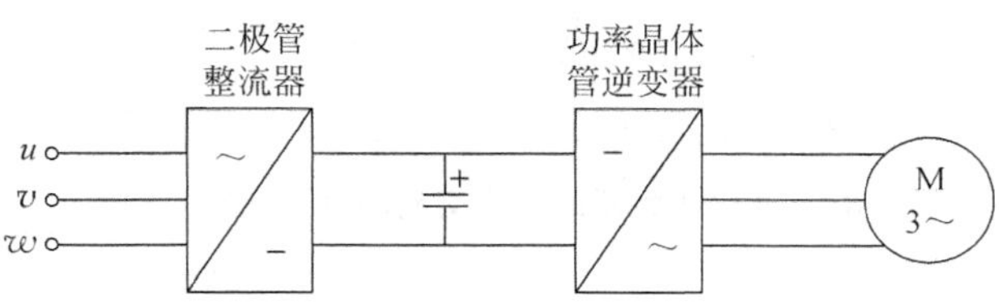

图 2-30　恒幅 PWM 型变频器组成

三相逆变器的PWM控制信号除了可以用微型计算机和模拟电路产生，还可以采用大规模集成电路芯片，如英国Mrlard公司生产的HEF4752可提供三对相位互差120°的互补输出SPWM(正弦波脉宽调制)主控制脉冲，驱动逆变器6个功率开关元件产生对称的三相输出电压。对晶闸管开关元件，可提供三对互补换流脉冲。输出频率范围为0～100Hz等；德国西门子公司生产的SLE4520，输出频率范围可达3000Hz，具有极宽的调速范围。

2. 现代交流调速系统的分类及组成

根据被控对象——交流电动机的种类不同，现代交流调速系统可分为异步电动机调速系统和同步电动机调速系统。以常用的异步电动机为例，从定子传入转子的电磁功率P_m分为两部分：一部分是拖动负载的有效功率，用$P_d[=(1-s)P_m]$表示；另一部分是转差功率，用$P_s(=sP_m)$表示，与转差率s成正比。转差功率是消耗掉还是回馈给电网，决定了异步电动机调速系统效率的高低。因此，按转差功率处理方式的不同，现代异步电动机调速系统可分为下面三类。

(1) 转差功率消耗型调速系统

全部转差功率都转换成热能的形式消耗掉，晶闸管调压调速就属于这一类。它是以增加转差功率的消耗为代价来换取转速的降低，因而在异步电动机调速系统中，它的效率最低。但系统结构也最简单，适用于要求不高的小容量场合。

(2) 转差功率回馈型调速系统

转差功率只有一小部分消耗掉，大部分通过变流装置回馈给电网。转速越低，回馈的功率越多，因而这类调速系统的效率比较高。绕线式异步电动机串级调速和双馈调速属于这一类。

(3) 转差功率不变型调速系统

这种调速系统无论转速高低，转差功率的消耗基本不变，因此效率很高，变频调速就属于此类。在现代交流调速系统中，变频调速应用最多、最广泛，用变频调速装置构成高动态性能的交流调速系统，取代直流调速，是21世纪的发展主流。图2-31所示是采用变频器的现代交流调速系统组成示意图，包括交流电动机、电力电子功率变换器、控制器和检测器四大部分。电力电子功率变换器与控制器及电量检测器集中于一体，称为变频器，如图中内部虚线框所示。

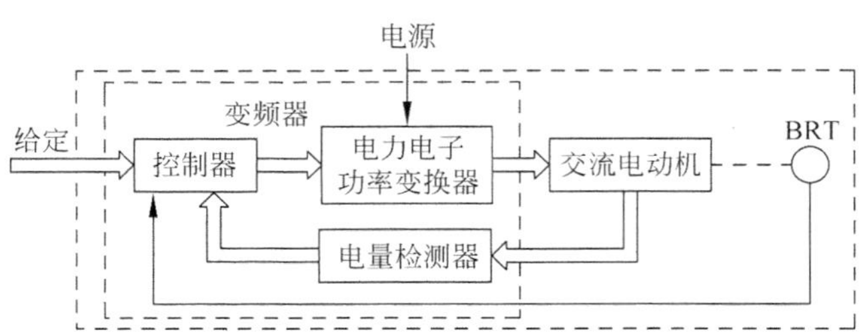

图2-31 采用变频器的现代交流调速系统组成示意图

3. 变频调速技术的发展

采用变频的方法，实现对电机转速的控制，大约已有40多年的历史。但变频调速技术的高速发展，则是近十多年的事情，主要是由下面几个因素决定的。

(1) 市场有大量需求

随着工业自动化程度的不断提高和能源全球性短缺，变频器越来越广泛地应用在冶金、机械、石油、化工、纺织、造纸、食品等各个行业，以及风机、水泵等节能场合，并取得显著的经济效益。

(2) 功率器件发展迅速

变频调速技术是建立在电力电子技术基础之上的。近年来高电压、大电流的 SCR、GTO、IGBT、IGCT 及智能模块 IPM(Intelligent Power Module)等器件的生产，以及并联、串联技术的发展应用，使高电压、大功率变频器产品的生产及应用成为现实。

在大功率交-交变频(循环变流器)调速技术方面，法国阿尔斯通已能提供单机容量达 30000kW 的电气传动设备用于船舶推进系统。在小功率变频调速技术方面，日本富士 BJT 变频器最大单机容量可达 700kVA，IGBT 变频器已形成系列产品，其控制系统也已实现全数字化。

IPM 投入应用比 IGBT 约晚两年，由于 IPM 包含了 IGBT 芯片及外围的驱动和保护电路，有的甚至还把光耦也集成于一体，是一种更为适用的集成型功率器件。目前，在模块额定电流 10～600A 范围内，通用变频器均有采用 IPM 的趋向。IPM 除了在工业变频器中被大量采用之外，经济型的 IPM 在近年内也开始在一些民用品，如家用空调变频器、冰箱变频器、洗衣机变频器中得到应用。日本三菱电机近年开发的专用智能模块 ASIPM 将不需要外接光耦，通过内部自举电路可单电源供电，并采用了低电感的封装技术，在实现系统小型化、专用化、高性能、低成本方面又推进了一步。

(3) 控制理论和微电子技术的支持

在现代自动化控制领域中，以现代控制论为基础，融入模糊控制、专家控制、神经网络控制等新的控制理论，为高性能变频调速提供了理论基础；16 位、32 位高速微处理器以及信号处理器(DSP)和专用集成电路(ASIC)技术的快速发展，则为实现变频调速的高精度、多功能提供了硬件手段。目前，变频调速装置正向主控一体化、小型化、低电磁噪音化、专用化、系统化的方向发展。

在控制原理上，交流变频调速技术经历了几次大的发展变化，至今已形成三类控制原理并存的局面。

(1) 恒压频比控制

恒压频比控制变频调速是 20 世纪 70 年代发展起来的，有转速开环和转速闭环两种变频调速方式。如东芝 TOSVERT—130 系列、FUJI(富士)FVRG5/P5 系列、SANKEN(三垦) SVF 系列等。其优点是控制结构简单、成本较低，缺点是系统性能不高。这类变频器常用于风机、水泵类节能型调速系统或对速度的动态指标要求不高的简单机械上。

(2) 矢量控制

矢量控制基于“感应电机磁场定向控制原理”和矢量系的“坐标变换”原理，出现于 20 世纪 80 年代。其基本思想是通过矢量变换和磁场定向，实现定子电流转矩分量与励磁分量的解耦，得到类似直流电机的动态数学模型，然后模拟直流电机进行控制，获得良好的静态、动态性能。

1992年开始,德国西门子开发了6SE70通用型系列,通过FC、VC、SC板可以分别实现频率控制、矢量控制、伺服控制。1994年将该系列扩展至315kW以上。这类变频器已广泛地应用在工业领域的各个行业中。

(3) 直接转矩控制

直接转矩控制是20世纪90年代推出的采用目前最先进的直接转矩控制理论(DTC,Direct Torque Control)构成的交流传动。它摒弃了大量的矢量控制中坐标系变换的计算,直接以电机的磁场和力矩为目标进行控制,其控制思路简单明了,控制性能卓越,可以实现很快的转矩响应速度和很高的速度、转矩控制精度,几乎达到了交流异步电动机调速的完美程度。这种控制方法被应用于通用变频器的设计,很快深入到工业应用的各个领域。

2.8 其他基本环节

1. 点动控制

生产机械连续不断地工作,称为长动。所谓点动,即按下按钮时,电动机启动工作;松开按钮时,电动机停止工作。如机床刀架、横梁、立柱的快速移动,机床的调整对刀都要用到点动。

实现点动控制的方法有多种。图2-32为三种不同的点动控制线路。

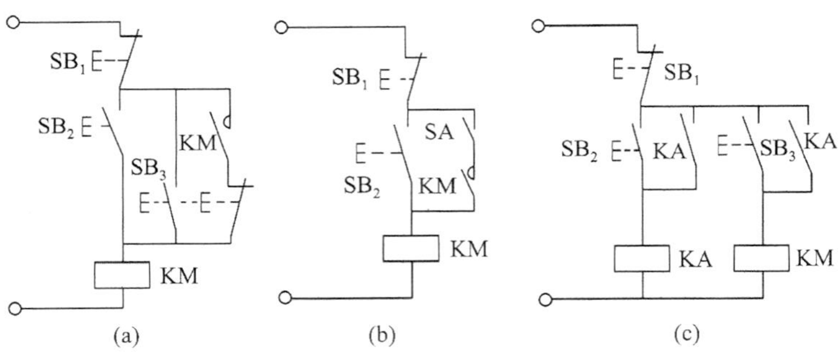

图2-32 点动控制线路

图2-32(a)、(b)、(c)分别为用按钮、开关、中间继电器实现的点动控制线路。分析可知,长动与点动的主要区别是控制电器能否自锁。

2. 多点控制

在一些大型机床设备中,为了操作方便,常要求在多个地点进行控制。如重型龙门刨床有时在固定的操作台上控制,有时需要站在机床四周用悬挂按钮盒控制。图2-33(a)将启动按钮并联连接,停止按钮串联连接,分别安装在三个地方,就可实现三地控制。

在大型压床上,为了保证操作安全,要求压下时,几个操作者都按下启动按钮,设备才能工作,可采用图2-33(b)的控制线路。

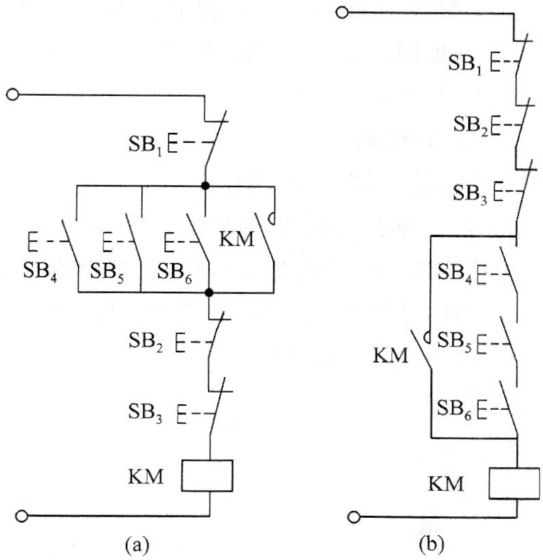

图 2-33　多点控制线路

3. 顺序启、停控制

在机床控制中，常常要求电动机按一定的顺序启、停。如龙门刨工作台移动前，导轨润滑油泵要先启动；铣床的主轴旋转后，工作台方可移动等。顺序启、停控制线路有：顺序启动、同时停止；顺序启动、顺序停止；顺序启动、逆序停止等几种控制线路。

(1) 顺序启动、同时停止控制线路

顺序启动、同时停止控制线路如图 2-34 所示。

接触器 KM_1、KM_2 分别控制电动机 M_1、M_2。由于 KM_2 线圈接在 KM_1 自锁触点后面，只有 KM_1 得电，即 M_1 启动之后，M_2 才可能启动。而按下停止按钮 SB_1，KM_1、KM_2 均断电，M_1、M_2 同时停止。

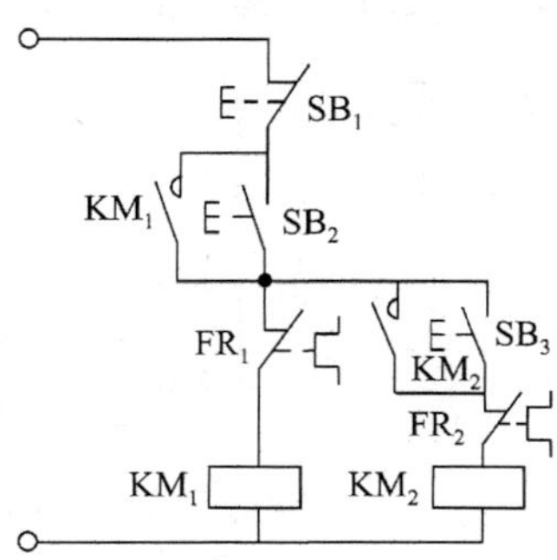

图 2-34　顺序启动、同时停止控制线路

(2) 顺序启动、顺序停止控制线路

顺序启动、顺序停止控制线路如图 2-35 所示。

接触器 KM_1、KM_2 分别控制电动机 M_1、M_2。KM_1 的一个辅助常开触点与 M_2 的启

动按钮 SB_4 串联,另一个辅助常开触点与 M_2 的停止按钮 SB_2 并联。因此,只有在 KM_1 得电吸合后,M_2 才可能启动,即 M_1 先启动,M_2 后启动。而停止时,只有 KM_1 先断电,KM_2 才能断电,即先停 M_1,再停 M_2。

(3) 顺序启动、逆序停止控制线路

顺序启动、逆序停止控制线路如图2-36所示。

从图可见,KM_1 的一个常开触点串联在 KM_2 线圈的供电线路上,KM_2 的一个常开触点并联在 KM_1 的停止按钮 SB_1 上。因此启动时,必须 KM_1 先得电,KM_2 才能得电;停止时,必须 KM_2 先断电,KM_1 才能断电。KM_1、KM_2 分别控制电动机 M_1、M_2,故启动顺序为先 M_1 后 M_2,停车顺序为先 M_2 后 M_1。

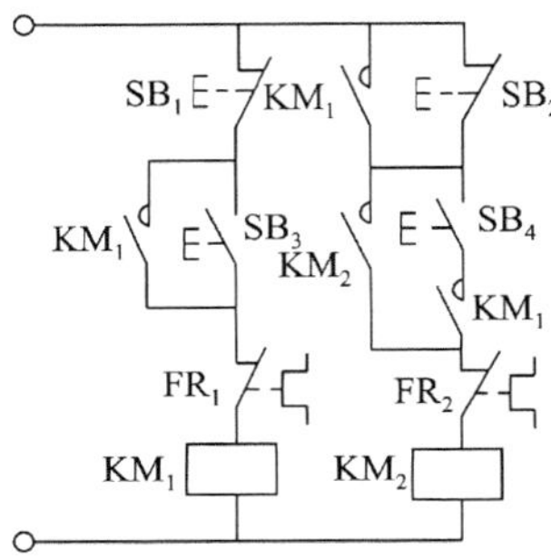

图2-35 顺序启动、顺序停止控制线路

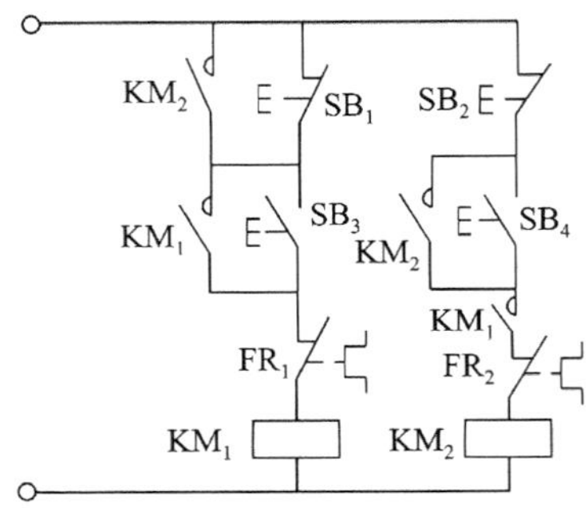

图2-36 顺序启动、逆序停止控制线路

不难发现,设计顺序启、停控制线路有规律可循:将控制电动机先启动的接触器的常开触点串联在控制后启动电动机的接触器线圈电路中,用若干个停止按钮控制电动机的停止顺序,或者将先停的接触器的常开触点与后停的停止按钮并联即可。

4. 多台电动机同时启、停控制

在组合机床中,通常采用动力头对工件进行多头多面同时加工,要求控制电路具有对多台电动机既能实现同时启动又能实现单独调整的性能。控制线路如图2-37所示。

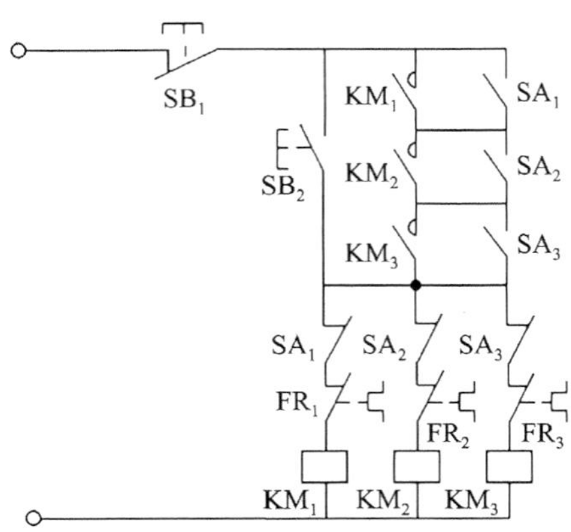

图2-37 多台电动机同时启、停控制线路

接触器 KM_1、KM_2、KM_3 分别控制 3 台电动机 M_1、M_2、M_3 的启、停，SA_1、SA_2、SA_3 分别是 3 台电动机单独调整用开关。SB_2 为启动按钮，SB_1 为停止按钮。

线路工作过程如下：

按下 SB_2 ⟶ KM_1、KM_2、KM_3 线圈得电并自锁，主触点闭合⟶ 3 台电动机同时启动

按下 SB_1 ⟶ KM_1、KM_2、KM_3 断电释放⟶ 3 台电动机同时停转

如果要对某台电动机控制的部件进行单独调整，则可扳动 SA_1～SA_3 中相应的开关。以单独调整 KM_1 所控制的部件为例，可扳动开关 SA_2、SA_3，使其常闭触点断开，常开触点闭合。再按 SB_2，则只有 KM_1 得电，使 KM_1 所控制的部件动作，实现单独调整。

思　考　题

2.1　绘制电气原理图应遵循哪些原则？

2.2　电气安装接线图与电气原理图有哪些不同？

2.3　三相异步电动机直接启动常用的方法有哪些？各有何特点？

2.4　笼型异步电动机降压启动常用的方法有哪些？各有何特点？

2.5　绕线转子异步电动机常用的启动方法有哪些？各有何特点？

2.6　什么叫自锁？什么叫联锁？什么叫互锁？

2.7　三相异步电动机电气制动常用的方法有哪几种？各有何特点？

2.8　三相异步电动机常用哪些方法调速？各有何特点？

2.9　相对其他调速方法，变频调速具有哪些优点？

2.10　电动机启动电流是额定电流的 4～7 倍，为什么电动机启动时热继电器不动作？

2.11　长动与点动的区别是什么？怎样实现点动？

2.12　设计顺序启、停控制电路有哪些规律可循？

习　　题

2.1　试分析图 2-1 所示的按钮、接触器直接启动控制线路，为什么具有零压保护和欠电压保护功能？

2.2　笼型异步电动机在什么情况下采用降压启动？

2.3　在图 2-5 所示的 Y-△降压启动控制电路中，时间继电器 KT 起什么作用？若 KT 延迟时间为零，则在操作时会出现什么问题？

2.4　在图 2-10 所示的绕线转子电动机串电阻启动线路中，中间继电器 KA 起什么作用？若 KA 线圈断线，则在操作时会发生什么现象？

2.5　试分析图 2-13 所示电路的工作原理。若没有接触器辅助触点联锁，当某个接触器主触点因电弧熔焊不能释放时，电路可能出现什么问题？

2.6　在图 2-15 所示的线路中，若不用速度继电器 KS，还可以用什么方法实现反接制动控制？

2.7　分析图2-38所示线路中，哪种线路能实现电动机正常连续运行和停止？哪种不能？为什么？

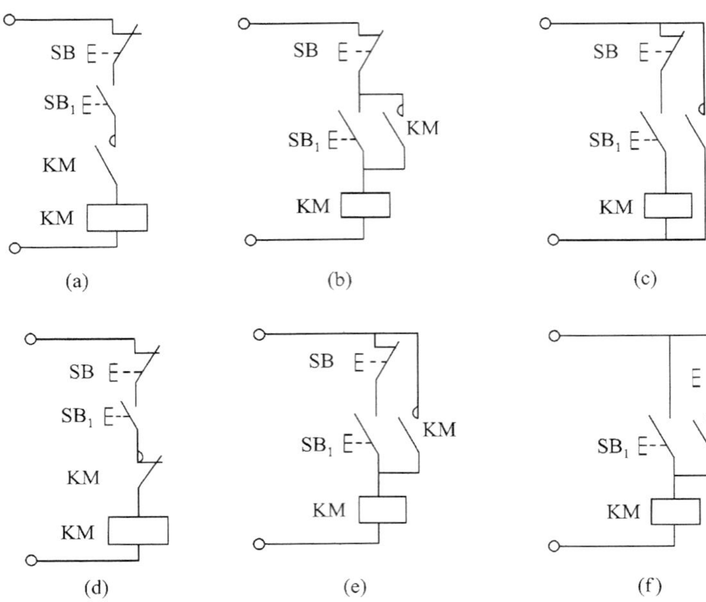

图2-38　习题2.7的图

2.8　图2-39所示线路可使一个工作机构向前移到指定位置上停一段时间，再自动返回原位。试述其工作过程和限位开关SQ_1、SQ_2的作用。

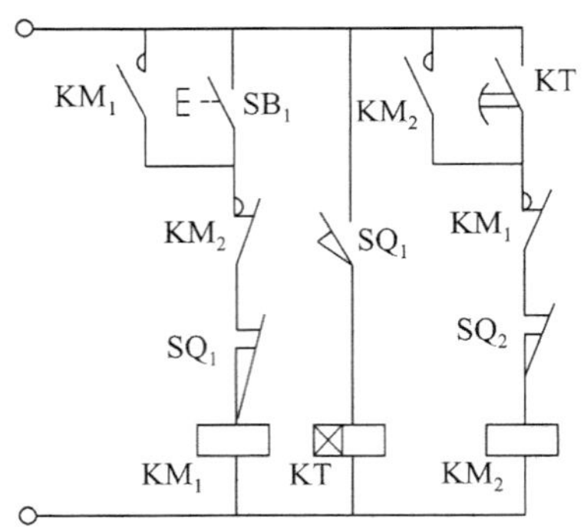

图2-39　习题2.8的图

2.9　试设计一台笼型异步电动机的控制线路，其要求如下：

(1) 能实现可逆长动控制；

(2) 能实现可逆点动控制；

(3) 有过载、短路保护。

2.10　试设计3台笼型异步电动机的启、停控制线路，其要求如下：

(1) M_1启动10s后，M_2自动启动；

(2) M_2 运行 8s 后，M_1 停止，同时 M_3 自动启动；
(3) 再运行 20s 后，M_2 和 M_3 停止。

2.11　试设计两台笼型异步电动机的顺序启、停控制线路和主电路，其要求如下：
(1) M_1 先启动，M_2 后启动；
(2) 停车时，按先 M_2 后 M_1 的顺序停止；
(3) M_1 可点动；
(4) 两台电动机均有短路和过载保护。

2.12　试设计一个按速度原则控制的可逆运行的能耗制动控制线路(含主电路)。

第3章

生产机械电气控制线路分析

电气控制系统是机械设备的重要组成部分，了解电气控制系统对于机械设备的正确安装、调整、维护与使用都是必不可少的。在这一章里，我们对一些典型生产机械电气控制线路进行分析，以期掌握阅读电气原理图的方法，培养读图能力，并通过读图分析各种生产机械的工作原理，为电气控制线路的设计、安装、调试及维护打下良好基础。

3.1 C650型卧式车床电气控制系统

车床是应用极为广泛的金属切削机床，在各种车床中，用得最多的是卧式车床。主要用于车削外圆、内圆、端面、螺纹和成形表面，也可用钻头、铰刀、镗刀等进行加工。

3.1.1 机床结构及控制特点

1. 机床结构

卧式车床主要由床身、主轴变速箱、进给箱、溜板箱、溜板与刀架、尾座、光杠、丝杠等部分组成，如图3-1所示。

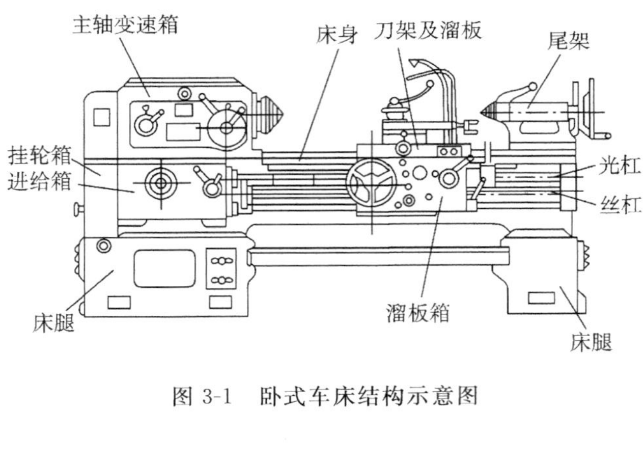

图3-1 卧式车床结构示意图

车床的主运动是主轴的旋转运动，由主轴电动机通过皮带传到主轴箱带动旋转；刀架是由溜板箱带着直线移动的，称为进给运动。进给运动也是由主轴电动机经过主轴箱输出轴、挂轮箱、传给进给箱，再通过光杠将运动传入溜板箱，溜板箱带动刀架作纵、横两个方向的进给运动。

2. 控制特点

图 3-2 是 C650 型车床的电气原理图。

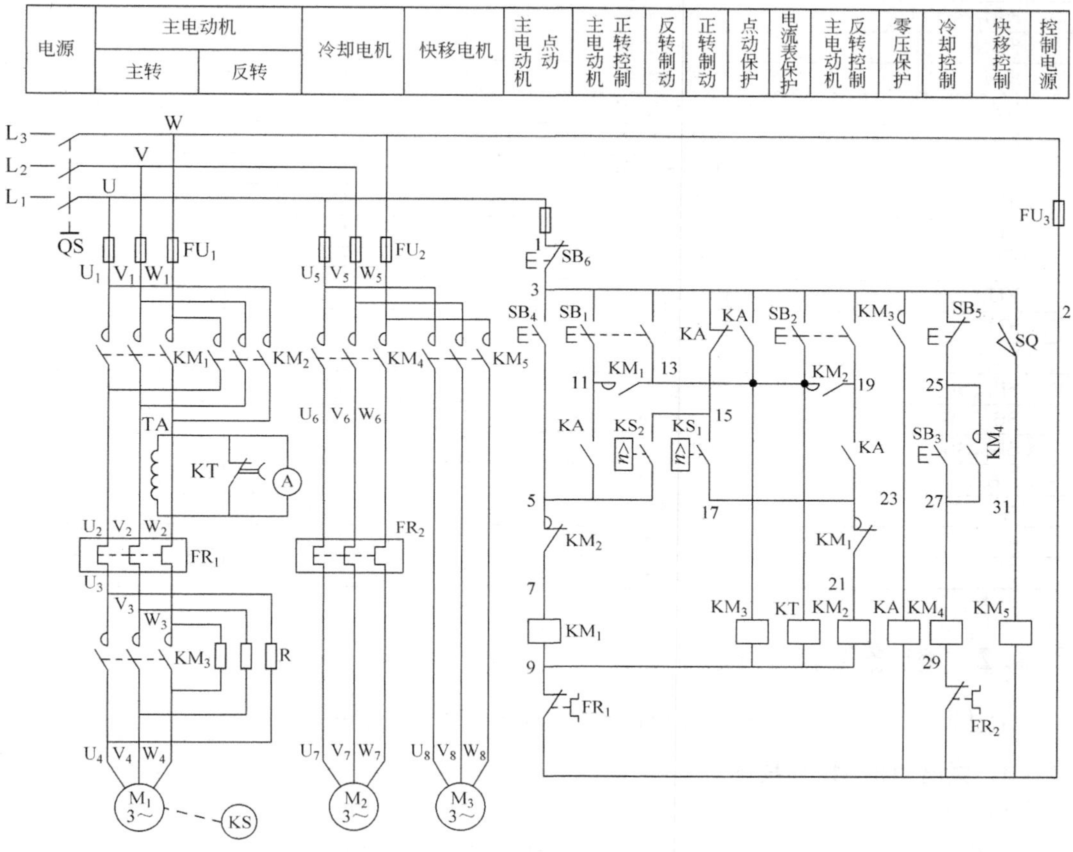

图 3-2　C650 型车床电气原理图

该车床共有三台电动机：M_1 为主电动机，功率 30kW，通过 KM_1 和 KM_2 的控制可实现正、反转。除了具有短路保护和过载装置以外，还通过电流互感器 TA 接入电流表Ⓐ监视主电动机的电流。在主回路中串联一个限流电阻 R，其作用有两点：一是在启动时，可防止因连续启动而过载，减小启动电流的连续冲击；二是在制动时，经 R 可减小制动电流。M_2 为冷却泵电动机，功率为 0.15kW，由接触器 KM_4 控制通断，也具有短路和过载保护。M_3 为溜板箱快速移动电动机，用以减轻工人劳动强度，节约辅助工作时间，功率为 2.2kW，由接触器 KM_5 控制。由于溜板箱在快速移动时连续工作时间不长，故未设过载保护。

表 3-1 为 C650 型车床的主要电器元件目录表。

表 3-1 C650 型车床主要电器元件目录表

符 号	名称及用途	数量	备 注
M_1	主电动机	1	
M_2	冷却泵电动机	1	
M_3	快移电动机	1	
KM_1～KM_3	交流接触器	3	
KM_4	交流接触器	1	
KM_5	交流接触器	1	
KA	中间继电器	1	JZ7—44
KT	时间继电器	1	JS7—A
KS	速度继电器	1	JYL
FR_1	热继电器	1	
FR_2	热继电器	1	
QS	转换开关	1	
FU_1	熔断器	3	
FU_2	熔断器	3	
FU_3	熔断器	2	
SB_1、SB_2	启动按钮	2	
SB_3、SB_4	启动按钮	2	
SB_5、SB_6	停止按钮	2	
TA	电流互感器	1	
A	电流表	1	
R	限流电阻	3	
SQ	行程开关	1	

3.1.2 电路工作原理

合上组合开关 QS,接通三相电源,电路进入工作准备状态。

1. 主电动机 M_1 的控制

(1) 点动控制

主电动机 M_1 的点动调整由点动按钮 SB_4 控制。线路中 KM_1 为 M_1 的正转接触器,KM_2 为反转接触器,KA 为中间继电器。

按下 SB_4,电路经(U-1-3-5-7-7-9-2-W)接通,KM_1 得电吸合,主触点闭合,主电动机 M_1 经电阻 R 与电源接通,电动机降压启动。在此过程,因 KA 没通电,故 KM_1 不自锁。松开 SB_4,KM_1 断电,M_1 停转。

(2) 正反转控制

① 正转

主电动机 M_1 的正转由正向启动按钮 SB_1 控制。

按下 SB_1,电路经(U-1-3-13-KM_1-9-2-W)接通,接触器 KM_3 首先得电吸合,主触点闭合,将电阻 R 短接。同时,KM_3 常开辅助触点闭合(3-23)接通,中间继电器 KA 得电吸合,常开触点(5-11)闭合,KM_1 得电吸合。KM_1 主触点闭合,M_1 在全压下启动正转。由于 KA 和 KM_1 的吸合,使电路(3-KA 常开触点-13-11)接通,KM_1 自锁,故松开 SB_1 后,M_1 仍将继续运转。

② 反转

主电动机 M_1 的反转由反向启动按钮 SB_2 控制。

工作过程与正转相类似，按下 SB_2，KM_3 首先吸合，再使 KA 吸合，后使 KM_2 吸合，KM_2 的主触点使电源相序反接，M_1 在全压下启动反转。同时，KA 和 KM_2 的常开触点闭合，使电路(3-KA 常开触点-13-19)接通，KM_2 得以自锁，故松开 SB_2 后，M_1 能连续反转。

在 KM_1 和 KM_2 的电路中，分别串接有 KM_2 和 KM_1 的常闭辅助触点，起互锁作用。

(3) 停车制动控制

C650 卧式车床采用反接制动方式。当电动机转速接近零时，用速度继电器的触点给出信号切断电动机的电源。

我们知道，速度继电器与被控电动机是同轴连接的。当电动机正转时，速度继电器的正转常开触点 KS_1(15-17)闭合；电动机反转时，速度继电器的反转常开触点 KS_2(15-5)闭合。

① 正转制动

当电动机正转时，接触器 KM_1 和 KM_3、继电器 KA 都处于得电动作状态，速度继电器的正转常开触点 KS_1 闭合，为电动机正转时的反接制动做好了准备。

停车时，按下停止按钮 SB_6，接触器 KM_1 和 KM_3 均断电释放，电动机电源被切断，此时 M_1 惯性旋转，KS_1 仍闭合。在 KM_1 和 KM_3 断电的同时，KA 也释放，即(3-15)接通；当松开 SB_6 时，电路经(U-1-3-15-17-21-9-2-W)接通，KM_2 得电吸合，M_1 经 KM_2 主触点和电阻 R 接通反相序电源，电动机在反接制动作用下，惯性旋转速度迅速下降。当转速下降到接近于零($n\approx100$r/min)时，速度继电器的正转常开触点 KS_1 断开，切断了 KM_2 的通电回路，电动机脱离电源停止。

② 反转制动

电动机反转时的制动与正转时的制动相似。当电动机反转时，速度继电器的反转常开触点 KS_2 闭合，为反转时的反接制动做好了准备。

停车时，按下 SB_6，接触器 KM_2 和 KM_3 断电释放，KA 也释放，电动机断电，M_1 惯性旋转，KS_2 仍闭合。松开 SB_6，电路经(U-1-3-15-5-7-9-2-W)接通，KM_1 得电吸合，主电动机 M_1 经 KM_1 主触点和电阻 R 接通反接制动电源，对电动机进行反接制动。当转速下降到接近于零($n\approx100$r/min)时，速度继电器的反转常开触点 KS_2 断开，切断 KM_1 的通电回路，电动机断电停止。

2. 冷却泵电动机 M_2 的控制

M_2 的控制采用典型的电动机单向启、停控制电路。启动时，按下启动按钮 SB_3，KM_4 得电吸合，主触点闭合，M_2 启动运转。停车时，按下停止按钮 SB_5 即可实现停车。

3. 刀架快速移动电动机 M_3 的控制

刀架的快速移动通过转动刀架手柄压动行程开关 SQ 来实现。当手柄压下 SQ 时，KM_5 得电，其主触点闭合，M_3 启动，带动刀架快速移动。因 KM_5 无自锁，只要松开刀架手柄，SQ 断开，M_3 即停止。在这里，SQ 的作用相当于一个点动按钮。

4. 其他辅助电路

为了监视主电动机的工作电流，在 M_1 的主电路中，经电流互感器接入一只电流表Ⓐ。为防止电动机在点动和制动时大电流对电流表的冲击，将时间继电器 KT 延时断开的常闭触点与电流表相并联。M_1 启动时，其启动电流很大，电流互感器副边电流也很大。此时 KT 线圈通电，但触点尚未动作，冲击电流经过该延时触点构成闭合回路，电流表无电流通过。电动机启动运行后，KT 延时断开的常闭触点已打开，电流表指示电动机的正常工作电流，避免了启动电流对电流表的冲击。

3.2 Z3040 型摇臂钻床电气控制系统

钻床是一种应用较广泛的孔加工机床，可进行钻孔、扩孔、铰孔、镗孔和攻螺纹等加工。按结构形式，可分为台式钻床、摇臂钻床、深孔钻床、立式钻床、卧式钻床等。摇臂钻床操作方便、灵活、适用范围广，多用于单件或中、小批量生产中带有多孔大型工件的孔加工。

3.2.1 机床结构及控制特点

1. 机床结构

摇臂钻床的结构如图 3-3 所示，主要由底座、内外立柱、摇臂、主轴箱和工作台等组成。内立柱固定在底座的一端，在它外面套有外立柱，摇臂可连同外立柱绕内立柱回转。摇臂的一端为套筒，套装在外立柱上，借助丝杠的正反转可沿外立柱作上下移动。

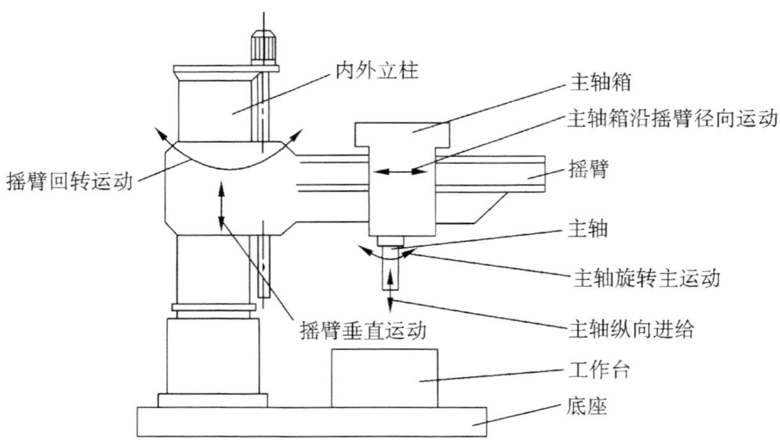

图 3-3 摇臂钻床结构示意图

主轴箱安装在摇臂的水平导轨上，可通过手轮操作使其在水平导轨上沿摇臂移动。加工时，根据工件高度的不同，借助于丝杠，摇臂可带着主轴箱沿外立柱上下升降。当达到所需位置时，摇臂自动夹紧在立柱上。

钻床的主运动是主轴带着钻头做旋转运动，进给运动是钻头的上下移动，辅助运动是主轴箱沿摇臂水平移动，摇臂沿外立柱上下移动，和摇臂与外立柱一起绕内立柱的回转运动。

2. 控制特点

图 3-4 是 Z3040 型摇臂钻床电气控制原理图，表 3-2 是主要电气元件目录表。

表 3-2　Z3040 型摇臂钻床主要电气元件目录表

符　号	名　称	型 号 规 格	用　　途	数量
M_1	电动机	Y100L2—4 3kW	驱动主轴及进给	1
M_2	电动机	Y90L—4 1.5kW	驱动摇臂升降	1
M_3	电动机	Y802—4 0.75kW	摇臂、立柱和主轴箱松开、夹紧	1
M_4	电动机	AOB—25 90W	驱动冷却泵	1
KM_1	交流接触器	CJ0—20B	主轴电动机启、停	1
KM_2	交流接触器	CJ0—10B	摇臂升降电动机正转	1
KM_3	交流接触器	CJ0—10B	摇臂升降电动机反转	1
KM_4	交流接触器	CJ0—10B	液压泵电动机正转	1
KM_5	交流接触器	CJ0—10B	液压泵电动机反转	1
KT_1	时间继电器	JJSK2—4	控制摇臂升降	1
KT_2	时间继电器	JJSK2—4	控制立柱和主轴箱松紧	1
KT_3	时间继电器	JJSK2—2	控制立柱和主轴箱松紧	1
KA_1	中间继电器	JZ7—44	总电源通断	1
SQ_1	限位开关	LX5—11	摇臂升降限位保护	1
SQ_2	限位开关	LX5—11	控制摇臂松开	1
SQ_3	限位开关	LX5—11	控制摇臂夹紧	1
SQ_4	限位开关	LK3—11K	立柱与主轴箱松紧指示	1
QF_1	自动开关	DZ5—50/500,15A	总电源输入	1
QF_2	自动开关	DZ5—20/380,4.5A	除主电动机外的其他电源控制	1
QF_3	自动开关	DZ5—10,2A	控制线路电源开关	1
QF_4	自动开关	DZ5—10,2A	指示灯电路电源开关	1
QF_5	自动开关	DZ5—10,2A	照明灯电路电源开关	1
YA_1	电磁铁	MFJ1—3	主轴箱松紧	1
YA_2	电磁铁	MFJ1—3	立柱松紧	1
QS_1	组合开关	HZ5—10/1.7	冷却泵电动机启、停	1
SA_1	转换开关	LW6—2/BO>1	照明灯控制	1
SA_2	转换开关	LW6—2/BO>1	立柱、主轴箱松紧控制	1
FR_1	热继电器	JR0—20/3,11.5A	主轴电机过载保护	1
FR_2	热继电器	JR0—20/3,1.5A	液压泵电机过载保护	1
TC_1	变压器	BK—150　380/110—24—6	控制、指示电路电源	1
TC_2	变压器	BK—50　380/24	照明	1
SB_1	按钮(红色)	LA19—11J	总停	1
SB_2	按钮	LA19—11	总启动	1
SB_3	按钮	LA19—11	主轴电机停止	1
SB_4	按钮	LA19—11D	主轴电机启动	1
SB_5	按钮	LA19—11	摇臂上升	1
SB_6	按钮	LA19—11	摇臂下降	1
SB_7	按钮	LA19—11D	立柱、主轴箱松开	1
SB_8	按钮	LA19—11D	立柱、主轴箱夹紧	1
EL_1	照明灯	JC—25,40W	安全照明	1
HL_1～HL_4	指示灯	XD1		4

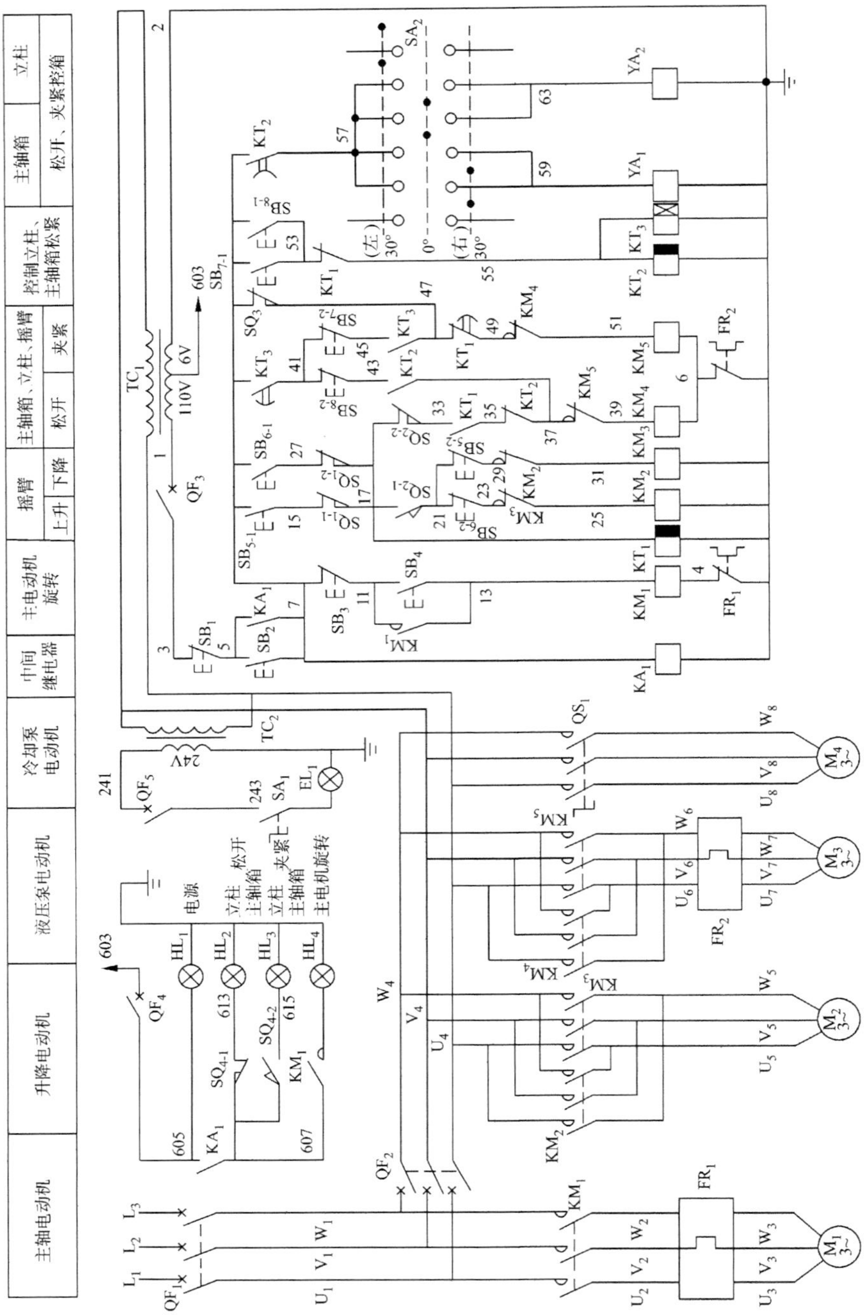

图 3-4 Z3040 型摇臂钻床电气控制原理图

Z3040 型摇臂钻床是经过系列更新的产品，采用 4 台电动机拖动：主电动机 M_1、摇臂升降电动机 M_2、液压泵电动机 M_3 和冷却泵电动机 M_4。其控制特点如下：

(1) 主轴电动机 M_1 担负主轴的旋转运动和进给运动，由接触器 KM_1 控制，只能单方向旋转。主轴的正反转、制动停车、空挡、主轴变速和变速系统的润滑，都是通过操纵机构液压系统实现的。热继电器 FR_1 做 M_1 的过载保护。

(2) 摇臂升降电动机 M_2 由接触器 KM_2、KM_3 实现正反转控制。摇臂的升降由 M_2 拖动，摇臂的松开、夹紧则通过夹紧机构液压系统来实现(电气—液压配合实现摇臂升降与放松、夹紧的自动循环)。因 M_2 为短时工作，故不设过载保护。

(3) 液压泵电动机 M_3 受接触器 KM_4、KM_5 控制，M_3 的主要作用是供给夹紧装置压力油，实现摇臂的松开与夹紧、立柱和主轴箱的松开与夹紧。热继电器 FR_2 为 M_2 的过载保护电器。

(4) 冷却泵电动机 M_4 功率很小，由组合开关 QS_1 直接控制其启停，不设过载保护。

(5) 主电路、控制线路、信号(指示)灯线路、照明线路的电源引入开关分别采用自动开关 QF_1～QF_5，自动开关中的电磁脱扣器作为短路保护电器取代了熔断器，并具有零压保护和欠压保护功能。

(6) 摇臂升降与其夹紧机构动作之间插入时间继电器 KT_1，使得摇臂升降完成，升降电动机电源切断后，需延时一段时间，才能使摇臂夹紧，避免了因升降机构惯性造成间隙，再次启动摇臂升降时产生的抖动。

(7) 本机床立柱顶上没有汇流环装置，消除了因汇流环接触不良带来的故障。

(8) 设置了明显的指示装置，如主轴箱、立柱松开指示、夹紧指示、主轴电动机旋转指示等。

3.2.2 电路工作原理

开车之前，先将自动开关 QF_2～QF_5 接通，再将电源总开关 QF_1 扳到“接通”位置，引入三相交流电源。电源指示灯 HL_1 点亮，表示机床电气线路已处于带电状态。按下总启动按钮 SB_2，中间继电器 KA_1 线圈得电并自锁，为主轴电动机及其他电动机的启动做好准备。

1. 主轴旋转的控制

主轴的旋转运动由主轴电动机 M_1 拖动，M_1 由主轴启动按钮 SB_4、停止按钮 SB_3、接触器 KM_1 实现单方向启动、停止控制。指示灯 HL_4 为主轴电动机旋转指示。

启动时，按启动按钮 SB_4 ⟶ KM_1 得电并自锁 ⟶ 主触点闭合 ⟶ M_1 转动

停车时，按停止按钮 SB_3 ⟶ KM_1 断电释放 ⟶ M_1 断电，由液压系统控制使主轴制动停车

必须指出，主轴的正、反转运动是液压系统和正、反转摩擦离合器配合共同实现的。

2. 摇臂升降的控制

摇臂的上升、下降分别由按钮 SB_5、SB_6 点动控制。以下以摇臂上升为例介绍。

按上升按钮 SB_5，时间继电器 KT_1 得电吸合，KT_1 的常开触点(33-35)闭合，接触器 KM_4 得电吸合，液压泵电动机 M_3 启动供给压力油。压力油经分配阀体进入摇臂松开油腔，推动活塞使摇臂松开。与此同时，活塞杆通过弹簧片压动限位开关 SQ_2，其常闭触点

SQ_{2-2}断开,接触器 KM_4 线圈断电释放,液压泵电动机 M_3 停止运转。而 SQ_2 的常开触点 SQ_{2-1}闭合,接触器 KM_2 的线圈通电,其主触点接通摇臂升降电动机 M_2 的电源,M_2 启动正向旋转,带动摇臂上升。

如果摇臂没有松开,SQ_2 的常开触点 SQ_{2-1}就不能闭合,KM_2 就不能通电,M_2 不能旋转,保证了只有在摇臂可靠松开后才能使摇臂上升。

当摇臂上升到所需位置时,松开按钮 SB_5,接触器 KM_2 和时间继电器 KT_1 的线圈同时断电,摇臂升降电动机 M_2 断电停止,摇臂停止上升。延时 1~3s 后,KT_1 延时闭合的常闭触点(47-49)闭合,接触器 KM_5 的线圈经(1-3-5-7-47-49-51-6-2)线路通电吸合,液压泵电动机 M_3 反向启动旋转,压力油经分配阀进入摇臂的夹紧油腔,反方向推动活塞,使摇臂夹紧。同时,活塞杆通过弹簧片使限位开关 SQ_3 的常闭触点(7-47)断开,接触器 KM_5 断电释放,液压泵电动机 M_3 停止旋转,完成了摇臂的松开—上升—夹紧动作。

摇臂的下降过程与上升基本相同,它们的夹紧和放松电路完全一样。所不同的是按下降按钮 SB_6 时为接触器 KM_3 线圈通电,摇臂升降电动机 M_2 反转,带动摇臂下降。

时间继电器 KT_1 的作用是控制 KM_5 的吸合时间,使 M_2 停止运转后,再夹紧摇臂。KT_1 的延时时间应视摇臂在 M_2 断电至停转前的惯性大小调整,应保证摇臂停止上升(或下降)后才进行夹紧,一般调整在 1~3s。

行程开关 SQ_1 担负摇臂上升或下降的极限位置保护。SQ_1 有两对常闭触点,触点 SQ_{1-1}(15-17)是摇臂上升时的极限位置保护,触点 SQ_{1-2}(27-17)是摇臂下降时的极限位置保护。

行程开关 SQ_3 的常闭触点(7-47)在摇臂可靠夹紧后断开。如果液压夹紧机构出现故障,或 SQ_3 调整不当,将使液压泵电动机 M_3 过载。为此,采用热继电器 FR_2 进行过载保护。

3. 立柱和主轴箱的松开、夹紧控制

立柱和主轴箱的松开及夹紧控制可单独进行,也可同时进行,由转换开关 SA_2 和复合按钮 SB_7(或 SB_8)进行控制。SA_2 有 3 个位置:中间位(零位)时,立柱和主轴箱的松开或夹紧同时进行;左边位为立柱的夹紧或放松;右边位为主轴箱的夹紧或放松。复合按钮 SB_7、SB_8 分别为松开、夹紧控制按钮。

以主轴箱的松开和夹紧为例:先将 SA_2 扳到右侧,触点(57-59)接通,(57-63)断开。当要主轴箱松开时,按松开按钮 SB_7,时间继电器 KT_2、KT_3 的线圈同时得电,KT_2 是断电延时型时间继电器,它的断电延时断开的常开触点(7-57)在通电瞬间闭合,电磁铁 YA_1 通电吸合。经 1~3s 延时后,KT_3 的延时闭合常开触点(7-41)闭合,接触器 KM_4 线圈经(1-3-5-7-41-43-37-39-6-2)线路通电,液压泵电动机 M_3 正转,压力油经分配阀进入主轴箱油缸,推动活塞使主轴箱放松。活塞杆使行程开关 SQ_4 复位,触点 SQ_{4-1}闭合,SQ_{4-2}断开,指示灯 HL_2 亮,表示主轴箱已松开。主轴箱夹紧的控制线路及工作原理与松开时相似,只要把松开按钮 SB_7 换成夹紧按钮 SB_8,接触器 KM_4 换成 KM_5,M_3 由正向转动变成反向转动,指示灯 HL_2 换成 HL_3 即可。

当把转换开关 SA_2 扳到左侧时,触点(57-63)接通,(57-59)断开。按松开按钮 SB_7或夹紧按钮 SB_8时,电磁铁 YA_2 通电,此时,立柱松开或夹紧;SA_2 在中间位时,触点(57-59)、

(57-63)均接通。按 SB_7 或 SB_8，电磁铁 YA_1、YA_2 均通电，主轴箱和立柱同时进行松开或夹紧。其他动作过程与主轴箱松开和夹紧时完全相同，不再赘述。

由于立柱和主轴箱的松开与夹紧是短时间的调整工作，故采用点动控制方式。

3.3　X62W 型万能铣床电气控制系统

铣床可用来加工平面、斜面、沟槽，装上分度头可以铣切直齿齿轮和螺旋面，装上圆工作台还可铣切凸轮和弧形槽。所以，铣床在金属切削机床中占有很大比重，使用数量仅次于车床。按结构形式和加工性能不同，可分为卧式铣床、立式铣床、龙门铣床、仿形铣床及各种专用铣床。本节以 X62W 型万能铣床为例进行分析。

3.3.1　机床结构及控制特点

1. 机床结构

X62W 型万能铣床的结构如图 3-5 所示。它主要由底座、床身、悬梁、刀杆支架、工作台、溜板、升降台等几部分组成。床身固定在底座上，内装主轴传动机构和变速机构，床身顶部有水平导轨，悬梁可沿导轨水平移动。刀杆支架装在悬梁上，可在悬梁上水平移动。升降台可沿床身前面的垂直导轨上下移动。溜板在升降台的水平导轨上可做平行于主轴轴线方向的横向移动。工作台安装在溜板的水平导轨上，可沿导轨做垂直于主轴轴线的纵向移动。此外，溜板可绕垂直轴线左右旋转 45°，故工作台还能在倾斜方向进给，以加工螺旋槽。

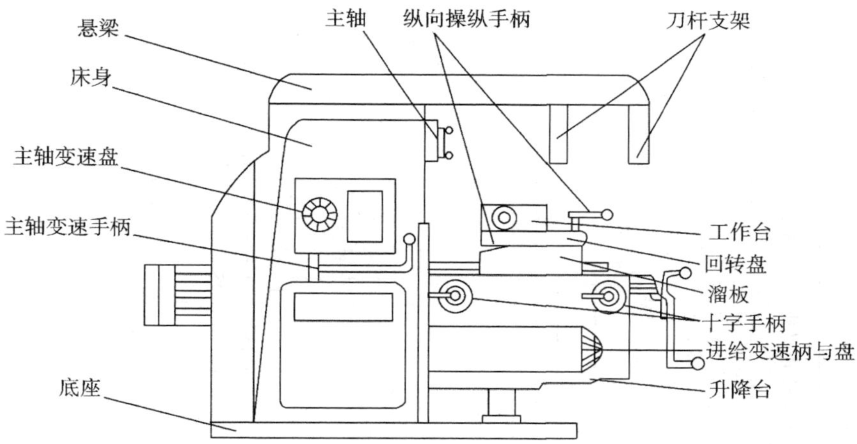

图 3-5　X62W 型万能铣床结构简图

铣床的主运动为主轴带动刀具的旋转运动，进给运动为工件相对铣刀的移动。

2. 控制特点

X62W 型万能铣床电气控制线路的形式较多，图 3-6 所示电路是 1982 年以后改进的线路，适合于 X62W 卧式和 X53K 立式两类万能铣床。表 3-3 为该铣床各开关位置及其动作说明，表 3-4 为主要电器元件目录表。该铣床电路具有如下特点。

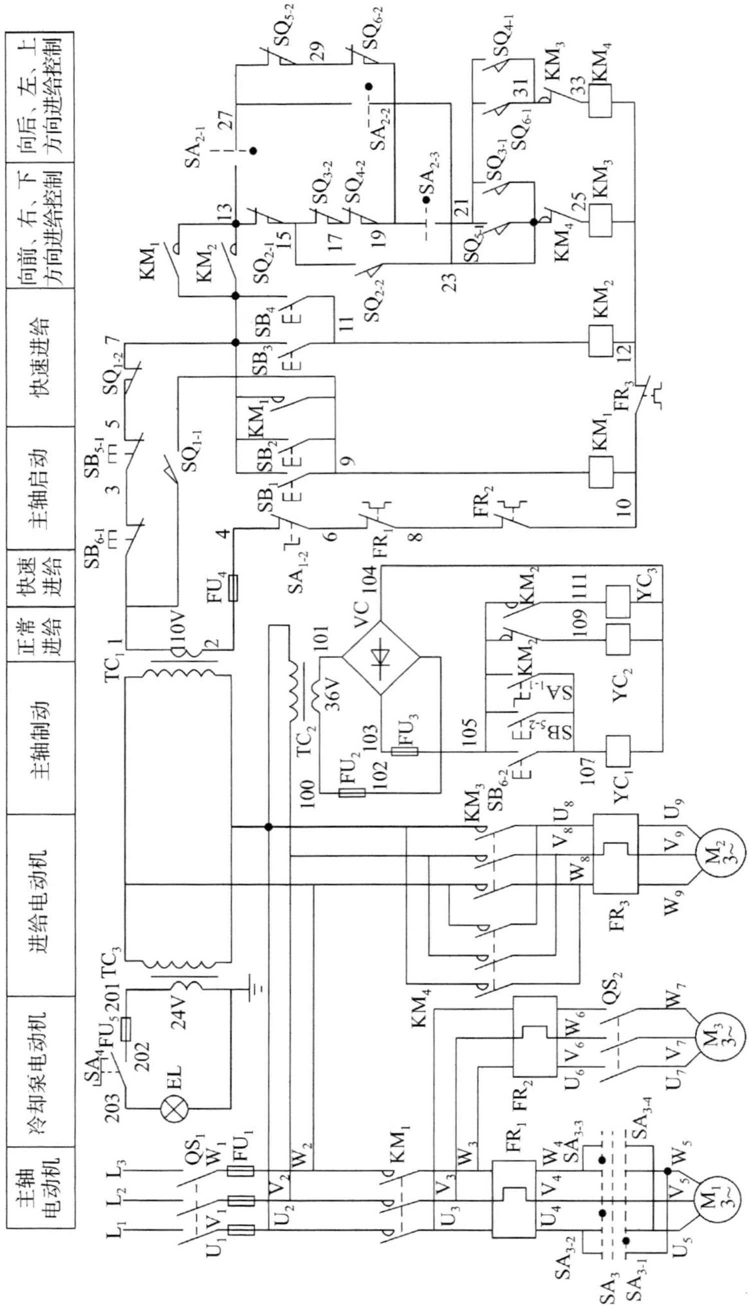

图 3-6 X62W 型万能铣床电气原理图

表 3-3　X62W 万能铣床各开关位置及其动作说明

主轴换向转换开关

触点	位置		
	正转	停止	反转
SA_{3-1}	—	—	+
SA_{3-2}	+	—	—
SA_{3-3}	+	—	—
SA_{3-4}	—	—	+

工作台纵向进给开关

触点	位置		
	左	停	右
SQ_{5-1}	—	—	+
SQ_{5-2}	+	+	—
SQ_{6-1}	+	—	—
SQ_{6-2}	—	+	+

工作台垂直与横向进给开关

触点	位置		
	前、下	停	后、上
SQ_{3-1}	+	—	—
SQ_{3-2}	—	+	+
SQ_{4-1}	—	—	+
SQ_{4-2}	+	+	—

圆形工作台转换开关

触点	位置	
	接通	断开
SA_{2-1}	—	+
SA_{2-2}	+	—
SA_{2-3}	—	+

主轴换刀制动开关

触点	位置	
	接通	断开
SA_{1-1}	+	—
SA_{1-2}	—	+

注：表中“＋”号表示触点接通；“－”号表示触点断开。

表 3-4 X62W 万能铣床主要电器元件目录表

符 号	名 称	型 号 规 格	用 途	数量
M_1	电动机	JO2—51—4,7.5kW,1450r/min	驱动主轴	1
M_2	电动机	JO2—22—4,1.5kW,1410r/min	驱动进给	1
M_3	电动机	JCB—22,0.125kW,2790r/min	驱动冷却泵	1
QS_1	开关	HZ1—60/3J,60A,500V	电源总开关	1
QS_2	开关	HZ1—10/3J,10A,500V	冷却泵开关	1
SA_1	开关	HZ1—10/3J,10A,500V	换刀制动开关	1
SA_2	开关	HZ1—10/3J,10A,500V	圆工作台开关	1
SA_3	开关	HZ3—60/3J,60A,500V	M_1 换相开关	1
FU_1	熔断器	RL1—60,60A	电源总保险	3
FU_2	熔断器	RL1—15,5A	整流电源保险	1
FU_3	熔断器	RL1—15,5A	直流电路保险	1
FU_4	熔断器	RL1—15,5A	控制回路保险	1
FU_5	熔断器	RL1—15,1A	照明保险	1
FR_1	热继电器	JR0—60/3,16A	M_1 过载保护	1
FR_2	热继电器	JR0—20/3,0.5A	M_3 过载保护	1
FR_3	热继电器	JR0—20/3,1.5A	M_2 过载保护	1
TC_1	变压器	BK—150,380/110V	控制回路电源	1
TC_2	变压器	BK—100,380/36V	整流电源	1
TC_3	变压器	BK—50,380/24V	照明电源	1
VC	整流器	42ZC	电磁离合器电源	1
KM_1	接触器	CJ0—20,20A,110V	主轴启动	1
KM_2	接触器	CJ0—10,10A,110V	快速进给	1
KM_3	接触器	CJ0—10,10A,110V	M_2 正转	1
KM_4	接触器	CJ0—10,10A,110V	M_2 反转	1
SB_1、SB_2	按钮	LA2	M_1 启动	2
SB_3、SB_4	按钮	LA2	快速进给点动	2
SB_5、SB_6	按钮	LA2	停止、制动	2
YC_1	电磁离合器	定做	主轴制动	1
YC_2	电磁离合器	定做	正常进给	1
YC_3	电磁离合器	定做	快速进给	1
SQ_1	行程开关	LX1—11K	主轴冲动开关	1
SQ_2	行程开关	LX3—11K	进给冲动开关	1
SQ_3、SQ_4、SQ_5、SQ_6	行程开关	LX2—131	M_2 正、反转及联锁	4

(1) 该铣床由 3 台异步电动机拖动,M_1 为主轴电动机,担负主轴的旋转运动; M_2 为进给电动机,机床的进给运动和辅助运动均由 M_2 拖动; M_3 为冷却泵电动机,将冷却液输送到机床切削部位,进行冷却。

(2) 主轴电动机 M_1 由接触器 KM_1 控制。为了进行顺铣和逆铣加工,要求主轴正、反转。由于工作过程中不需要改变电动机旋转方向,故 M_1 的正、反转采用组合开关 SA_3 改变电源的相序来实现。

(3) 进给电动机 M_2 由接触器 KM_3、KM_4 控制其正、反转。因 6 个方向的进给运动同时只能有一种运动产生，本机床采用了机械操纵手柄和行程开关相配合的方法实现6个方向进给运动的互锁。

(4) 主轴运动和进给运动采用变速孔盘进行速度选择。为保证变速齿轮进入良好的啮合状态，两种运动分别通过行程开关 SQ_1 和 SQ_2 实现变速后的瞬时点动。

(5) 主轴电动机、冷却泵电动机和进给电动机共用熔断器 FU_1 做短路保护，过载保护则分别由热继电器 FR_1、FR_2、FR_3 来实现。当主轴电动机或冷却泵电动机有一个过载时，控制电路全部切断。但进给电动机过载时，只切断进给控制电路。

(6) 为了更换铣刀方便、安全，设置了换刀专用开关 SA_1。换刀时，一方面将主电动机的轴制动，使主轴不能自由转动。另一方面，将控制电路切断，避免人身事故发生。

(7) 本铣床电路是经过改进的 X62W 卧铣和 X53K 立铣的通用电路。它与旧铣床的主要差别是主轴制动和快速进给的控制方法不同。旧铣床主轴制动用反接制动，快速进给用电磁铁改变齿轮传动链。本铣床则一律用电磁离合器控制，其中 YC_1 为主轴制动，YC_2 用于工作进给，YC_3 用于快速进给，解决了速度继电器和牵引电磁铁容易损坏的问题。同时，采用了多片式电磁离合器，具有传递转矩大，体积小，易于安装在机床内部，并能在工作中接入和切除，便于实现自动化等优点。

3.3.2 电路工作原理

1. 主轴电动机 M_1 的控制

(1) 主轴电动机的启动

本机床采用两地控制方式，启动按钮 SB_1 和停止按钮 $SB_{5\text{-}1}$ 为一组；启动按钮 SB_2 和停止按钮 $SB_{6\text{-}1}$ 为一组。分别安装在工作台和机床床身上，以方便操作。

启动前，先选择好主轴转速，并将主轴换向的转换开关 SA_3 扳到所需转向上。然后，按下启动按钮 SB_1 或 SB_2，接触器 KM_1 通电吸合并自锁，主电动机 M_1 启动。KM_1 的辅助常开触点(7-13)闭合，接通控制电路的进给线路电源，保证了只有先启动主轴电动机，才可启动进给电动机，避免损坏工件或刀具。

(2) 主轴电动机的制动

为了使主轴停车准确，且减少电能损耗，主轴采用电磁离合器制动。该电磁离合器安装在主轴传动链中与电动机轴相连的第一根传动轴上。当按下停车按钮 SB_5 或 SB_6 时，接触器 KM_1 断电释放，电动机 M_1 失电。与此同时，停止按钮的常开触点 $SB_{5\text{-}2}$ 或 $SB_{6\text{-}2}$ 接通电磁离合器 YC_1，离合器吸合，将摩擦片压紧，对主轴电动机进行制动。直到主轴停止转动，才可松开停止按钮。主轴制动时间不超过 0.5s。

(3) 主轴变速冲动

主轴变速是通过改变齿轮的传动比进行的。当改变了传动比的齿轮组重新啮合时，因齿之间的位置不能刚好对上，若直接启动，有可能使齿轮打牙。为此，本机床设置了主轴变速瞬时点动控制线路。变速时，先将变速手柄拉出，再转动蘑菇形变速手轮，调到所需转速上，然后，将变速手柄复位。就在手柄复位的过程中，压动了行程开关 SQ_1，SQ_1 的常闭触点(5-7)先断开，常开触点(1-9)后闭合，接触器 KM_1 线圈瞬时通电，主轴电动机作瞬时点动，使齿轮系统抖动一下，达到良好啮合。当手柄复位后，SQ_1 复位，断开主轴瞬时点动线路。若瞬时点动一次没有实现齿轮良好啮合,可重复上述动作。

(4) 主轴换刀控制

在主轴上刀或换刀时,为避免人身事故,应将主轴置于制动状态。为此,控制线路中设置了换刀制动开关 SA_1。只要将 SA_1 拨到"接通"位置,其常开触点 SA_{1-1} 接通电磁离合器 YC_1,将电动机轴抱住,主轴处于制动状态。同时,常闭触点 SA_{1-2} 断开,切断控制回路电源。保证了上刀或换刀时,机床没有任何动作。当上刀、换刀结束后,应将 SA_1 扳回"断开"位置。

2. 进给运动的控制

工作台的进给运动分为工作进给和快速进给。工作进给只有在主轴启动后才可进行,快速进给是点动控制,即使不启动主轴也可进行。工作台的左、右、前、后、上、下 6 个方向的运动都是通过操纵手柄和机械联动机构带动相应的行程开关使进给电动机 M_2 正转或反转来实现的。行程开关 SQ_5、SQ_6 控制工作台的向右和向左运动,SQ_3、SQ_4 控制工作台的向前、向下和向后、向上运动。

进给拖动系统用了两个电磁离合器 YC_2 和 YC_3,都安装在进给传动链中的第 4 根轴上。当左边的离合器 YC_2 吸合时,连接上工作台的进给传动链;当右边的离合器 YC_3 吸合时,连接上快速移动传动链。

(1) 工作台的纵向(左、右)进给运动

工作台的纵向运动由纵向进给手柄操纵。当手柄扳向右边时,联动机构将电动机的传动链拨向工作台下面的丝杠,使电动机的动力通过该丝杠作用于工作台。同时,压下行程开关 SQ_5,常开触点 SQ_{5-1} 闭合,常闭触点 SQ_{5-2} 断开,接触器 KM_3 线圈通过(13-15-17-19-21-23-25)路径得电吸合,进给电动机 M_2 正转,带动工作台向右运动。

当纵向进给手柄扳向左边时,行程开关 SQ_6 受压,SQ_{6-1} 闭合,SQ_{6-2} 断开,接触器 KM_4 通电吸合,进给电动机反转,带动工作台向左运动。

SA_2 为圆工作台控制开关,其状态见表 3-3。这时的 SA_2 处于断开位置,SA_{2-1}、SA_{2-3} 接通,SA_{2-2} 断开。

(2) 工作台的垂直(上、下)与横向(前、后)进给运动

工作台的垂直与横向运动由垂直与横向进给手柄操纵。该手柄有 5 个位置:即上、下、前、后、中间。当手柄向上或向下时,机械机构将电动机传动链和升降台上下移动丝杠相连;向前或向后时,机械机构将电动机传动链与溜板下面的丝杠相连;手柄在中间位时,传动链脱开,电动机停转。

以工作台向下(或向前)运动为例,将垂直与横向进给手柄扳到向下(或向前)位,手柄通过机械联动机构压下行程开关 SQ_3,常开触点 SQ_{3-1} 闭合,常闭触点 SQ_{3-2} 断开,接触器 KM_3 线圈经(13-27-29-19-21-23-25)路径得电吸合,进给电动机 M_2 正转,带动工作台做向下(或向前)运动。

若将手柄扳到向上(或向后)位,行程开关 SQ_4 被压下,SQ_{4-1} 闭合,SQ_{4-2} 断开,接触器 KM_4 线圈经(13-27-29-19-21-31-33)路径得电,进给电动机 M_2 反转,带动工作台做向上(或向后)运动。

(3) 进给变速冲动

在改变工作台进给速度时,为使齿轮易于啮合,也需要使进给电动机瞬时点动一下。

其操作顺序是：先将进给变速的蘑菇形手柄拉出，转动变速盘，选择好速度。然后，将手柄继续向外拉到极限位置，随即推回原位，变速结束。就在手柄拉到极限位置的瞬间，行程开关 SQ_2 被压动，SQ_{2-1} 先断开，SQ_{2-2} 后接通，接触器 KM_3 经(13-27-29-19-17-15-23-25)路径得电，进给电动机瞬时正转。在手柄推回原位时，SQ_2 复位，进给电动机只瞬动一下。由 KM_3 的通电路径可知，进给变速只有各进给手柄均在零位时才可进行。

(4) 工作台的快速移动

工作台 6 个方向的快速移动也是由进给电动机 M_2 拖动的。当工作台工作进给时，按下快移按钮 SB_3 或 SB_4(两地控制)，接触器 KM_2 得电吸合，其常闭触点(105-109)断开电磁离合器 YC_2，常开触点(105-111)接通电磁离合器 YC_3。KM_2 的吸合，使进给传动系统跳过齿轮变速链，电动机直接拖动丝杠套，工作台快速进给，进给方向仍由进给操纵手柄决定。松开 SB_3 或 SB_4，KM_2 断电释放，快速进给过程结束，恢复原来的进给传动状态。

由于在主轴启动接触器 KM_1 的常开触点(7-13)上并联了 KM_2 的一个常开触点，故在主轴电动机不启动的情况下，也可实现快速进给。

3. 圆工作台的控制

当需要加工螺旋槽、弧形槽和弧形面时，可在工作台上加装圆工作台。圆工作台的回转运动也是由进给电动机 M_2 拖动的。

使用圆工作台时，先将控制开关 SA_2(功能见表 3-3)扳到“接通”位，这时，SA_{2-2} 接通，SA_{2-1} 和 SA_{2-3} 断开。再将工作台的进给操纵手柄全部扳到中间位，按下主轴启动按钮 SB_1 或 SB_2，主轴电动机 M_1 启动，接触器 KM_3 线圈经(13-15-17-19-29-27-23-25)路径得电吸合，进给电动机 M_2 正转，带动圆工作台做旋转运动。

可见，圆工作台只能沿一个方向做回转运动。由于启动电路途经 SQ_3～SQ_6 4 个行程开关的常闭触点，故扳动工作台任一进给手柄，都会使圆工作台停止工作，保证了工作台进给运动与圆工作台工作不可能同时进行。

4. 冷却泵电动机的控制与工作照明

由主电路可以看出，只有在主轴电动机启动后，冷却泵电动机 M_3 才有可能启动。另外，M_3 还受开关 QS_2 的控制。

变压器 TC_3 将 380V 交流电变为 24V 的安全电压，供给照明灯，用转换开关 SA_4 控制。

5. 控制电路的联锁与保护

(1) 进给运动与主轴运动的联锁

进给拖动的控制电路接在主轴启动接触器 KM_1 常开触点(7-13)之后，故只有在主轴启动之后，工作台的进给运动才能进行。

由于 KM_1 常开触点(7-13)上并联了 KM_2 的常开触点，因此，在主轴未启动情况下，也可实现快速进给。

(2) 工作台 6 个运动方向的联锁

电路上有两条支路：一条是与纵向操纵手柄联动的行程开关 SQ_5 和 SQ_6 的两个常闭触点串联支路(27-29-19)；另一条是和垂直与横向操纵手柄联动的行程开关 SQ_3、SQ_4 的两个常闭触点串联支路(15-17-19)。这两条支路是接触器 KM_3 或 KM_4 线圈通电的必经之路。因此，只要两个操纵手柄同时扳动，进给电路立即切断，实现了工作台各向进给的联锁控制。

(3) 工作台进给与圆工作台的联锁

使用圆工作台时,必须将两个进给操纵手柄都置于“中间”位置。否则,圆工作台就不能运行。

(4) 进给运动方向上的极限位置保护

采用机械和电气相结合的方式,由挡块确定各进给方向上的极限位置。当工作台运动到极限位置时,挡块碰撞操纵手柄,使其返回中间位置。电气上使得相应进给方向上的行程开关复位,切断了进给电动机的控制电路,进给运动停止。

3.4 M7120 型磨床电气控制系统

磨床是用砂轮的周边或端面进行加工的精密机床。磨床的种类很多,按其工作性质可分为外圆磨床、内圆磨床、平面磨床、工具磨床及一些专用磨床等。其中以平面磨床应用最为普遍,本节以 M7120 型卧轴矩台平面磨床为例进行分析。

3.4.1 机床结构及控制特点

1. 机床结构

图 3-7 所示为卧轴矩台平面磨床结构示意图,主要由床身、工作台、电磁吸盘、砂轮箱(又称磨头)、滑座、立柱等部分组成。

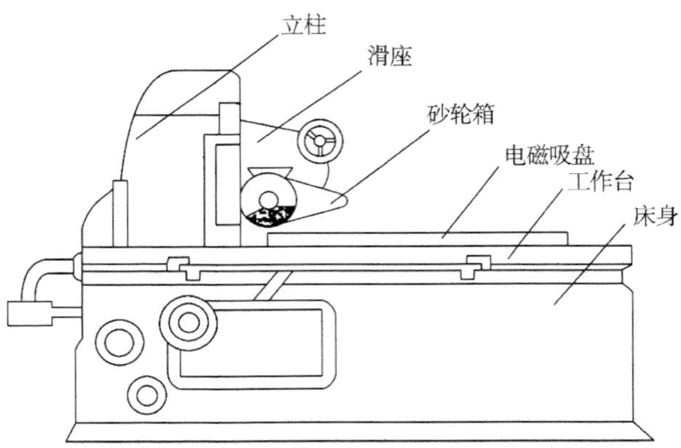

图 3-7 卧轴矩台平面磨床结构图

平面磨床的主运动是砂轮的旋转运动,进给运动为工作台和砂轮的往复运动,辅助运动为砂轮架的快速移动和工作台的移动。工作台在床身的水平导轨上做往复(纵向)直线运动,采用液压传动,换向则靠工作台上的撞块碰撞床身上的液压换向开关来实现。立柱可在床身的横向导轨上做横向进给运动,可由液压传动,也可用手轮操作。砂轮箱可在立柱导轨上做垂直运动,以实现砂轮的垂直进给运动。

2. 控制特点

M7120 型平面磨床的控制电路如图 3-8 所示。表 3-5 是其电气元件目录表,其控制特点如下。

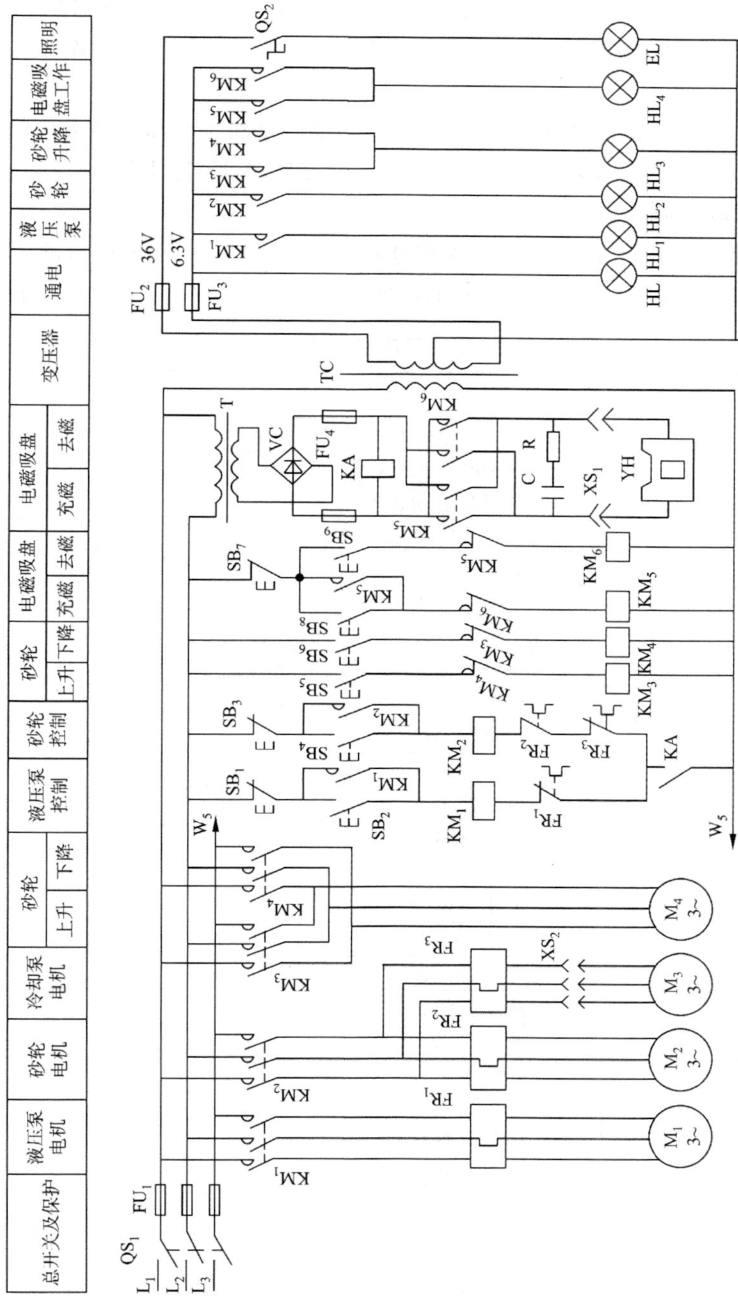

图 3-8　M7120 型平面磨床电气控制原理图

(1) 主电路用了4台电动机。其中M_1是液压泵电动机,M_2是砂轮电动机,M_3是冷却泵电动机,M_4是砂轮升降电动机。

(2) 电源由总开关QS_1引入,熔断器FU_1作整个电气线路的短路保护。热继电器FR_1、FR_2、FR_3分别作电动机M_1、M_2、M_3的过载保护。冷却泵电动机M_3通过插头插座XS_2接通电源。

(3) 液压泵电动机M_1、砂轮电动机M_2和冷却泵电动机M_3都只要求单向旋转,分别由接触器KM_1、KM_2控制。砂轮升降电动机M_4由接触器KM_3、KM_4控制其正反转,因是短时间工作,不设过载保护。

(4) 采用电磁吸盘固定加工工件。为防止电磁吸盘吸力不足或吸力消失时,工件被砂轮打飞而发生人身和设备事故,使用欠电压继电器KA作电磁吸盘欠压保护。

表3-5 M7120型平面磨床电气元件目录表

符　号	名称及用途	数量
M_1	液压泵电动机 1.1kW 1410r/min	1
M_2	砂轮电动机 3kW 2860r/min	1
M_3	冷却泵电动机 0.12kW	1
M_4	砂轮升降电动机 0.75kW	1
QS_1	电源开关	1
QS_2	照明灯开关	1
KM_1	接触器,液压泵电动机用	1
KM_2	接触器,砂轮电动机及冷却泵电动机用	1
KM_3、KM_4	接触器,砂轮升降电动机用	2
KM_5、KM_6	接触器,电磁吸盘用	2
FR_1~FR_3	热继电器	3
FU_1~FU_4	熔断器	7
VC	硅整流器	1
YH	电磁吸盘	1
KA	欠压继电器	1
T	整流变压器	1
TC	照明变压器	1
SB_1	液压泵停止按钮	1
SB_2	液压泵启动按钮	1
SB_3	砂轮停止按钮	1
SB_4	砂轮启动按钮	1
SB_5、SB_6	砂轮升降按钮	2
SB_7~SB_9	电磁吸盘控制按钮	3
XS_1	电磁吸盘用插头插座	2
XS_2	冷却泵电动机插头插座	3
R、C	保护用电阻电容	各1
HL	电源指示灯	1
HL_1~HL_4	电动机工作指示灯	4
EL	照明灯	1

3.4.2　电路工作原理

控制电路采用交流 380V 供电，在欠电压继电器 KA 通电后，其常开触点闭合，为液压泵电动机 M_1、砂轮电动机 M_2 及冷却泵电动机 M_3 的启动做好准备。

1. 液压泵电动机 M_1 的控制

液压泵电动机 M_1 由接触器 KM_1 控制，SB_2 是启动按钮，SB_1 是停止按钮，热继电器 FR_1 作过载保护。

按下 SB_2 ⟶ KM_1 线圈得电并自锁⟶主触点闭合⟶ M_1 启动运行
按下 SB_1 ⟶ KM_1 断电释放⟶ M_1 断电停止

2. 砂轮电动机 M_2 及冷却泵电动机 M_3 的控制

砂轮电动机 M_2 及冷却泵电动机 M_3 由接触器 KM_2 控制，SB_4 为启动按钮，SB_3 为停止按钮，热继电器 FR_2、FR_3 分别作 M_2、M_3 的过载保护。

按下 SB_4 ⟶ KM_2 得电并自锁⟶主触点闭合⟶ M_2、M_3 同时启动运行
按下 SB_3 ⟶ KM_2 断电释放⟶ M_2、M_3 断电停止

3. 砂轮升降电动机 M_4 的控制

砂轮升降电动机 M_4 分别由接触器 KM_3、KM_4 控制其正、反转。SB_5 为上升（正转）按钮，SB_6 为下降（反转）按钮。

按下 SB_5 ⟶ KM_3 得电⟶主触点闭合⟶ M_4 正转，砂轮上升
松开 SB_5 ⟶ KM_3 断电⟶ M_4 断电，砂轮停止上升
按下 SB_6 ⟶ KM_4 得电⟶主触点闭合⟶ M_4 反转，砂轮下降
松开 SB_6 ⟶ KM_4 断电⟶ M_4 断电，砂轮停止下降

可见，砂轮升降属于点动控制。为防止操作失误，KM_3、KM_4 同时通电造成电源相间短路，在 KM_3 控制电路中串联了 KM_4 的辅助常闭触点，在 KM_4 控制电路中串联了 KM_3 的辅助常闭触点，以实现互锁。

4. 电磁吸盘的控制

电磁吸盘是利用线圈通电时产生磁场的特性吸牢铁磁材料工件的一种工具。相对机械夹紧装置，它具有夹紧迅速、工作效率高、在磨削中工件发热时能自由伸缩等优点。

电磁吸盘控制电路由整流装置、控制装置、保护装置等部分组成。

(1) 整流装置

由整流变压器 T、桥式整流器 VC 组成整流电路，输出 110V 直流电压供给吸盘线圈，避免交流供电时工件振动及铁心发热的缺点。

(2) 控制装置

电磁吸盘的充磁由接触器 KM_5 控制，SB_8 为充磁按钮，SB_7 为充磁停止按钮。

按下 SB_8 ⟶ KM_5 得电并自锁 ⟶ KM_5 主触点闭合 ⟶ 110V 直流对吸盘线圈 YH 充磁，将工件吸牢
　　　　　　　　　　　　　　└⟶ KM_5 辅助常闭触点打开，实现与 KM_6 的互锁

按下 SB_7 ⟶ KM_5 线圈断电释放 ⟶ 停止充磁

由于吸盘和工件在停止充磁后仍有剩磁，故还需对吸盘和工件进行去磁。去磁操作由 KM_6 控制，给吸盘线圈通以一个反方向电流，SB_9 为去磁按钮。为防止反向磁化，采用点动控制。

按下 SB_9 ⟶ KM_6 线圈得电 ⟶ 主触点闭合 ⟶ 110V 直流给 YH 提供一个反向去磁电流
　　　　　　　　　　　　　└⟶ 辅助常闭触点打开 ⟶ 实现与 KM_5 的互锁

松开 SB_9 ⟶ KM_6 断电释放 ⟶ 去磁结束

(3) 保护装置

将欠电压继电器 KA 与吸盘线圈并联，防止电源电压过低时，吸盘吸力不足，导致加工过程中工件飞离吸盘的事故。当电源电压过低时，KA 串联在 KM_1、KM_2 线圈控制电路中的动合触点断开，使 KM_1、KM_2 线圈断电，液压泵电动机 M_1、砂轮电动机 M_2 停止工作，避免事故发生。

此外，在吸盘线圈两端并联的电阻 R 和电容 C，形成过电压吸收回路，可以消除线圈两端产生的感应电压的影响。

5. 照明、指示电路

从变压器 TC 副边获得 36V、6.3V 两组输出电压：其中 36V 供给照明灯 EL 作安全照明；6.3V 供给电源指示灯 HL、液压泵运行指示灯 HL_1、砂轮电动机运行指示灯 HL_2、砂轮升降电动机运行指示灯 HL_3、电磁吸盘工作指示灯 HL_4。

3.4.3 电磁吸盘充、退磁电路的改进

图 3-8 中的电磁吸盘采用手动操作退磁，不但操作不便，退磁效果也不够理想。因此，有些工件在加工完毕后还需在退磁器上退磁，方可完全消除剩磁，增加了工序，降低了生产效率。下面介绍一个能够克服上述缺点的电磁吸盘自动充、退磁电路。

1. 自动退磁原理

充磁时，电磁吸盘由初始零状态($I=0$，$B=0$)开始充磁，随着激磁电流的增大，吸盘磁感应强度沿起始磁化曲线不断增大，激磁电流增至 I_m 时，磁感应强度增至 B_m。退磁时，激磁电流减小至 0，磁感应强度并不会减为 0，而是有剩余磁感应强度 B_r，需通以反向激磁电流 I_c，磁感应强度才减小至 0。如反向激磁电流继续增大，吸盘则被反向磁化，激磁电流达到 $-I_m$，磁感应强度达到 $-B_m$。如激磁电流在 $-I_m \sim I_m$ 之间反复变化，则形成一个磁滞回线，如图 3-9 所示。从图可见，随着激磁电流正负交替变化，且最大值不断衰减，磁滞回线的面积逐渐缩小。当激磁电流最大值衰减到 0 时，磁滞回线面积也缩小到 0，剩磁感应强度也减小至 0，也就达到了消磁的目的。

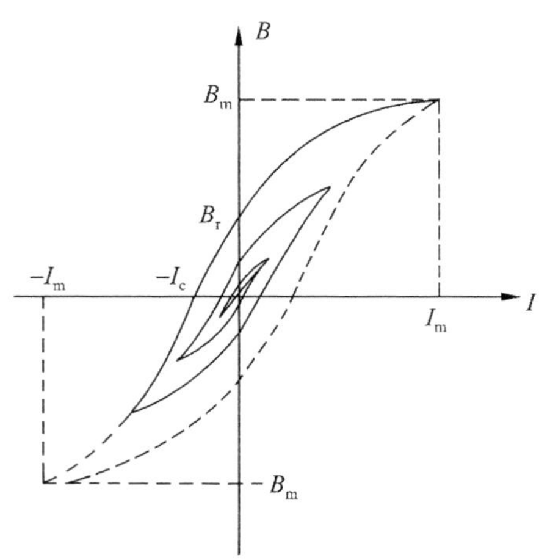

图 3-9 退磁过程中的磁化曲线

2. 电路分析

晶闸管无触点自动充、退磁电路如图 3-10 所示，它由主电路、控制电路、多谐振荡器等部分组成。SB_2 是充磁启动按钮，SB_1 是停止充磁、启动退磁按钮。

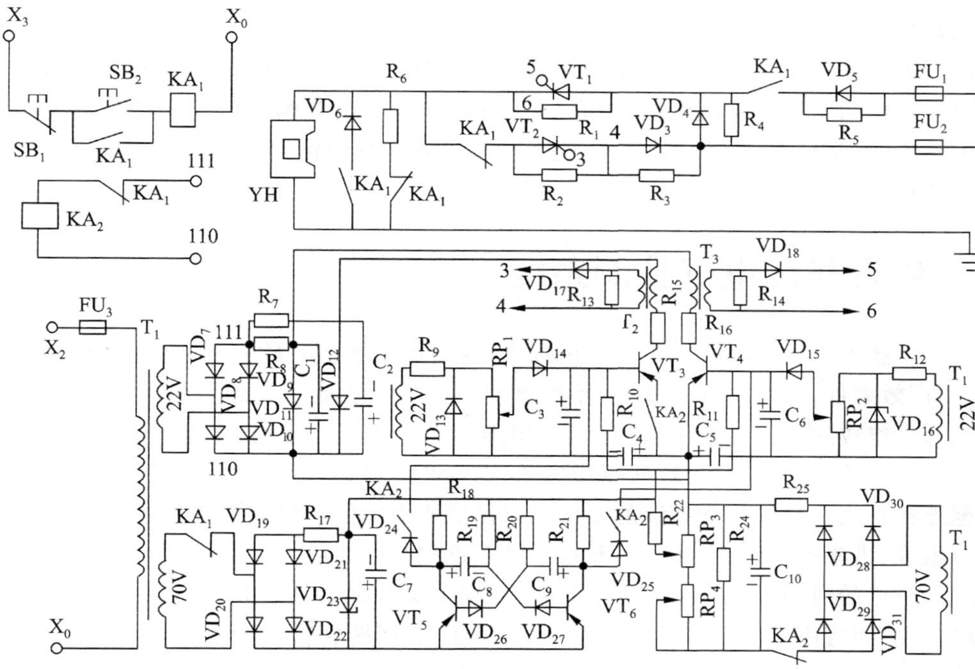

图 3-10　晶闸管充磁退磁电路原理图

(1) 主电路

由反向并联的晶闸管 VT_1、VT_2 组成两相零式整流电路。充磁时，按下 SB_2，KA_1 得电并自锁，接通充磁控制电路。此时，晶闸管 VT_1 导通，可以通过调节电位器 RP_3 改变给定电压，从而改变 VT_1 的导通角，使电磁吸盘获得 0～110V 连续可调的直流电压。退磁时，按下 SB_1，KA_1 断电释放，KA_2 得电动作，接通退磁工作电路。此时，VT_1、VT_2 交替导通，并不断改变 VT_1、VT_2 的导通角，使电磁吸盘获得正负交替变化的衰减电流，从而达到自动消磁的目的。

(2) 触发电路

由晶体三极管 VT_3、VT_4 构成两个锯齿波发生器，作为 VT_1、VT_2 的触发电路。充磁时，VT_3 发射极开路，只有 VT_4 工作，使晶闸管 VT_1 导通，保证电磁吸盘获得稳定的直流电压。退磁时，VT_3、VT_4 在控制电路及多谐振荡器共同控制下交替工作，从而使 VT_1、VT_2 轮流导通。

(3) 控制电路

由 VD_{28}～VD_{31} 4 个二极管组成的桥式整流电路将 70V 交流电压整流，经 R_{25} 及 C_{10} 滤波，再由电位器 RP_3 分压，取出给定电压叠加到 VT_3、VT_4 两个三极管的基极。改变给定电压即可改变三极管由截止转为导通的时间，从而改变晶闸管的导通角。充磁时，调整

电位器 RP_3 即可改变给定电压,从而改变电磁吸盘上的直流电压。退磁时,继电器 KA_2 通电,其常闭触点断开,电容器 C_{10} 通过 R_{24} 放电,由 RP_3 取出的给定电压不断减小,使 VT_3、VT_4 的导通时间后移,VT_1、VT_2 的导通角逐渐减小,从而使激磁电流逐渐衰减到0,达到自动消磁的目的。

(4) 多谐振荡器

由晶体三极管 VT_5、VT_6 组成的多谐振荡器在退磁时开始工作。从两个三极管集电极引出的相位相反的方波,叠加到 VT_3、VT_4 的基极,使两个锯齿波发生器交替工作,控制晶闸管 VT_1、VT_2 轮流导通。这样,电磁吸盘得到交替变化且自动衰减的激磁电流,电流变化的频率与多谐振荡器的振荡频率相等。

3.5 组合机床电气控制系统

前面所述的金属切削机床均为通用机床,在通用机床上只能一道工序一道工序进行加工,生产效率低,加工质量不稳定,操作频繁,工人劳动强度大。组合机床是由通用部件和专用部件组成的工序集中的高效率专用机床,能实现多刀、多面、多工序、多工位同时加工。其控制系统大都采用机械、液压或气动、电气相结合的控制方式,其中电气控制又起着中枢连接作用。电气控制系统的基本电路是由通用部件的典型控制电路和一些基本控制环节组成,再根据加工、操作要求和自动循环过程综合而成。

组合机床的通用部件包括:动力部件(如动力头和动力滑台)、支承部件(如滑座、床身、立柱及中间底座)、输送部件(如回转分度工作台、回转鼓轮、自动线工作回转台及零件输送装置)、控制装置(如液压元件、控制板、按钮台及电气挡铁)等。

动力头和动力滑台是组合机床最主要的通用部件,是完成刀具切削运动和进给运动的部件。其中动力头能同时完成切削运动及进给运动,动力滑台只能完成进给运动。

3.5.1 机械动力滑台控制线路

机械动力滑台由滑台、滑座及双电机传动装置三部分组成,滑台的自动工作循环由机械传动及电气控制完成。图3-11是具有正反向工作进给的机械滑台的控制电路。

图中,M_1 为进给电动机,M_2 为快速电动机,接触器 KM_1、KM_2 控制两台电动机的正反转,KM_3 控制 M_2 电源的通断。SQ_1 为原位行程开关,SQ_2 为快进转工进或工退转快退行程开关,SQ_3 为工作进给终点行程开关,KM 为主轴电动机接触器常开触点,YB 为制动电磁铁。

线路工作过程如下:

在主轴电动机启动情况下,按下滑台向前启动按钮 SB_1,KM_1 线圈得电并自锁;同时,KM_3 得电吸合,YB 通电,M_1、M_2 正向启动旋转,滑台以快进速度加上工进速度向前移动。当快进到位,挡铁压下 SQ_2 时,KM_3 断电释放,YB 断电,快速电动机 M_2 停转并制动,滑台仅以工进速度继续向前。此时,SQ_2 系由长挡铁压下,直至加工结束,SQ_3 压下,KM_1 断电释放,KM_2 通电吸合,工进电动机 M_1 反转,滑台以工进速度后退,后退至长挡铁松开 SQ_2,KM_3 再次通电吸合,YB 通电,快速电动机 M_2 反向启动,滑台以快退速度加

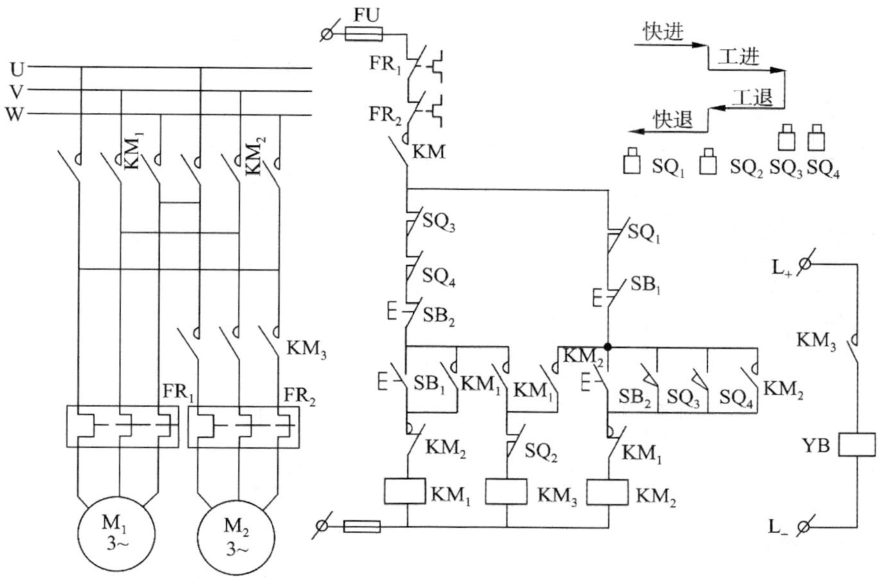

图 3-11　具有正反向工作进给的机械滑台控制电路

上工退速度快速退回原位，压下 SQ_1，KM_2、KM_3 断电释放，M_1、M_2 同时停转，YB 对 M_2 进行制动，滑台停在原位。

SB_2 是停止向前并反向后退的按钮。SQ_4 为超行程限位开关，若正向工进超过预定行程，则 SQ_4 被压下，KM_2、KM_3、YB 相继通电，滑台先反向工退，然后快退至原位，起到超行程保护作用。

3.5.2　液压动力滑台控制线路

液压动力滑台的进给运动是借助压力油通入液压缸的前腔和后腔来实现的。液压动力滑台由滑台、滑座、液压缸三部分组成。液压缸驱动滑台在滑座上移动，由于它自身不带液压泵、油箱等装置，需单独设置专门的液压站与其配套，它是由电动机拖动液压泵送出压力油，经电气、液压元件的控制，推动液压缸中的活塞来驱动滑台工作的。滑台的工作速度通过调节节流阀进行无级调速。

1. 一次工作进给的液压动力滑台电气控制线路

液压动力滑台一次工进液压系统及控制线路如图 3-12 所示。其工作循环是：滑台快进──►工作进给──►快速退回至原位。适用于要求工作进给速度不变的情况。

(1) 原位停止

电磁铁 YA_1、YA_2、YA_3 均为断电状态，滑台停在原位，挡铁压下行程开关 SQ_1，其常开触点接通，常闭触点断开。

(2) 快进

将转换开关 SA 扳至“1”位，按下 SB_1 按钮，中间继电器 KA_1 得电并自锁，电磁铁 YA_1、YA_3 通电，电磁换向阀 YV_1 阀芯推向右端，此时进油路为：

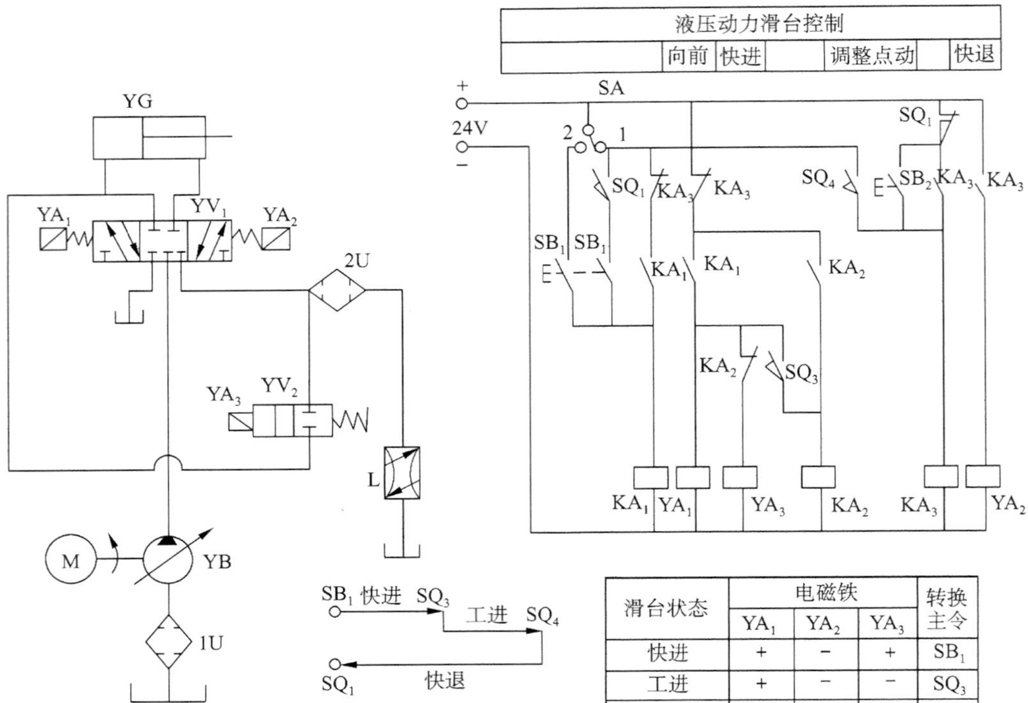

滑台状态	电磁铁			转换主令
	YA_1	YA_2	YA_3	
快进	+	−	+	SB_1
工进	+	−	−	SQ_3
快退	−	+	−	SQ_4
停止	−	−	−	SQ_1

图 3-12　液压动力滑台一次工进液压系统及控制线路图

滤油网 1U ⟶ 油泵 YB ⟶ 换向阀 YV_1 ⟶ 油缸 YG 左腔

电磁换向阀 YV_2 推向右端,此时回油路为:

油缸 YG 右腔 ⟶ 换向阀 YV_1 ⟶ 换向阀 YV_2 ⟶ 油缸 YG 左腔

这时油路为差动连接,滑台快速前进。

(3) 工进

滑台快进到位时,挡铁压动行程开关 SQ_3,其常开触点闭合,中间继电器 KA_2 得电并自锁,KA_2 常闭触点断开,电磁铁 YA_3 断电,YV_2 复位,回油不再进入油缸左腔,滑台变为工进。

(4) 快退

滑台工进到终点,挡铁压动行程开关 SQ_4,中间继电器 KA_3 得电并自锁,KA_3 常闭触点断开,电磁铁 YA_1 断电,YA_2 通电,换向阀 YV_1 阀芯左移,滑台停止工进,并快速退回。

进油路为:

滤油网 1U ⟶ 油泵 YB ⟶ 换向阀 YV_1 ⟶ 油缸右腔

回油路为:

油缸左腔 ⟶ 换向阀 YV_1 ⟶ 油箱

当滑台退回原位时，压下行程开关 SQ_1，其常闭触点断开，中间继电器 KA_3 断电，电磁铁 YA_2 断电，换向阀 YV_1 回到中间位置，滑台原位停止。

(5) 点动调整

将转换开关 SA 扳至“2”位，按下 SB_1，继电器 KA_1 得电，电磁铁 YA_1、YA_3 通电，换向阀 YV_1、YV_2 都推向右端，油路与滑台快进时相同，滑台向前快进。松开 SB_1，滑台停止。

当滑台不在原位需快退时，按下 SB_2，继电器 KA_3 通电，电磁铁 YA_2 通电，滑台快退。当滑台退至原位时，压下 SQ_1，KA_3 断电，滑台原位停止。

2. 二次工进的液压动力滑台电气控制线路

液压动力滑台二次工进液压系统及控制线路如图 3-13 所示，其工作循环：快进⟶一工进⟶二工进⟶快退。

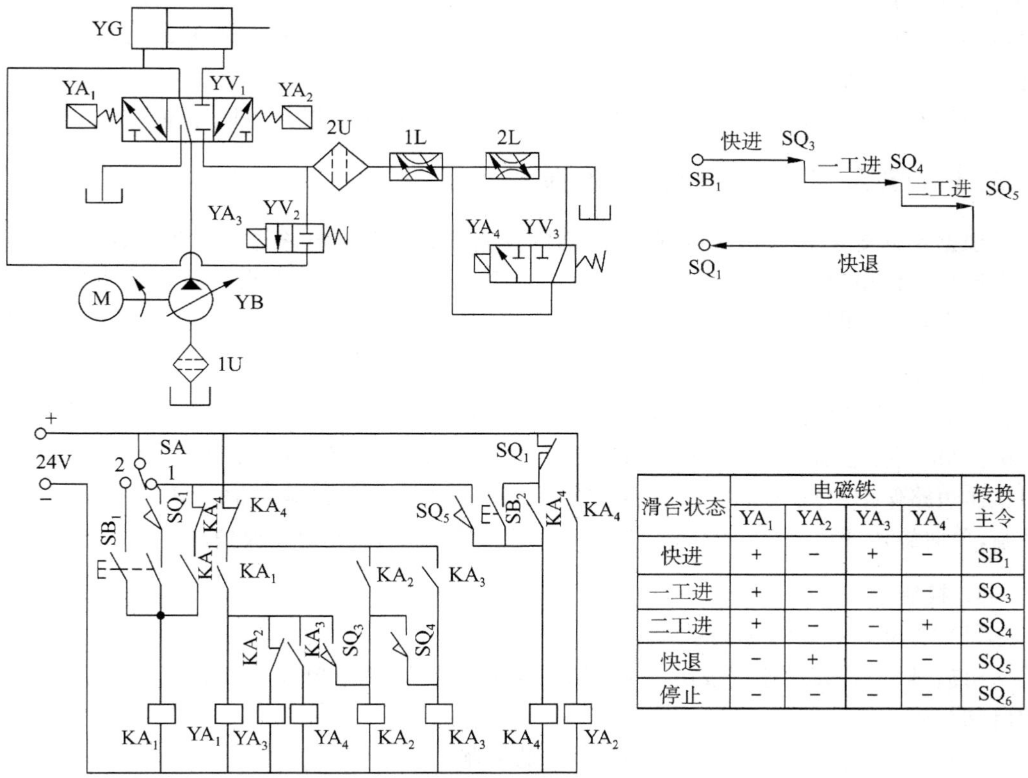

滑台状态	电磁铁				转换主令
	YA_1	YA_2	YA_3	YA_4	
快进	+	−	+	−	SB_1
一工进	+	−	−	−	SQ_3
二工进	+	−	−	+	SQ_4
快退	−	+	−	−	SQ_5
停止	−	−	−	−	SQ_6

图 3-13　液压动力滑台二次工进液压系统及控制线路

(1) 原位停止

电磁铁 YA_1～YA_4 均断电，电磁换向阀 YV_1～YV_3 如图示位置，油泵 YB 打出的压力油经 YV_1 流回油箱，油缸 YG 不动，滑台停在原位，SQ_1 被压下。

(2) 快进

将转换开关 SA 扳至“1”位，按下 SB_1，中间继电器 KA_1 得电，电磁铁 YA_1、YA_3 随之通电，压力油经 YV_1 进入油缸左腔，油缸回油经 YV_2 又回到油缸左腔，油缸以差动方式工作，滑台快速向前。

(3) 一工进

快进到位，挡铁压动 SQ_3，KA_2 得电并自锁，YA_3 断电，油缸右腔的回油只能经节流阀 1L 及换向阀 YV_3 流回油箱，滑台由快进变为一工进，进给速度由节流阀 1L 调节。

(4) 二工进

一工进到位，挡铁压下行程开关 SQ_4 时，KA_3 得电并自锁，YA_4 通电，油缸回油经节流阀 1L 和 2L 流回油箱，滑台由一工进转为二工进，其速度比一工进慢，可通过节流阀 1L、2L 进行调节。

(5) 快退

二工进到位，压动行程开关 SQ_5，继电器 KA_4 得电并自锁，进给线路被切断。同时，KA_4 的常开触点接通 YA_2 电路，压力油经换向阀 YV_1 进入油缸右腔，回油经 YV_1 进入油箱，滑台快速后退。当滑台退至原位时，压动行程开关 SQ_1，KA_4 断电，YA_2 断电，YV_1 复位，滑台原位停止。

若转换开关扳至"2"位，可用 SB_1 点动调整，按 SB_2 可使滑台退回原位。

3.5.3 组合机床控制线路举例

根据不同要求，将组合机床的通用部件控制电路和基本电路进行适当组合，可构成组合机床单机的电气控制线路。本节以图 3-14 所示具有左、右动力头的液压动力滑台组合机床为例，分析单机电气控制线路的工作原理。

1. 主电路

本机床主电路有三台电动机：M_1 为液压泵电动机，M_2、M_3 分别为左、右铣削动力头电动机。M_1 由接触器 KM_1 控制，单向旋转，FR_1 作过载保护，M_1 与变压器 T_1、T_2 一次侧共用 FU_1 作短路保护。M_2 由接触器 KM_2 控制，单向旋转，FR_2 作过载保护。M_3 由接触器 KM_3 控制，单向旋转，FR_3 作过载保护。M_2、M_3 共用熔断器 FU_2 作短路保护。

2. 控制电路

(1) 液压泵电动机 M_1 的控制

由启动按钮 SB_2、停止按钮 SB_1、接触器 KM_1 构成 M_1 单向旋转控制电路，实现 M_1 的启动与停止。

(2) 左、右铣削动力头电动机 M_2、M_3 的控制

开关 SA_1 为机床"半自动工作"与"调整工作"的选择开关。当 SA_1 置于"A"位置时，机床处于半自动工作状态。此时，SA_{1-1} 接通，SA_{1-2} 断开，由液压动力滑台压下行程开关来实现电动机 M_2、M_3 的启动与停止。当滑台移动到位，压下行程开关 SQ_2、SQ_3 时，接触器 KM_2、KM_3 得电吸合并自锁，M_2、M_3 分别启动旋转。当加工到达终点时，滑台压下终点行程开关 SQ_4，KM_2、KM_3 断电释放，M_2、M_3 停止旋转。

(3) 液压动力滑台的电气控制

液压泵电动机 M_1 启动之后，按下滑台前进按钮 SB_3，中间继电器 KA_1 得电吸合并自锁，电磁阀线圈 YV_1 通电，控制液压油路实现液压动力滑台的快速趋近。当滑台压下行

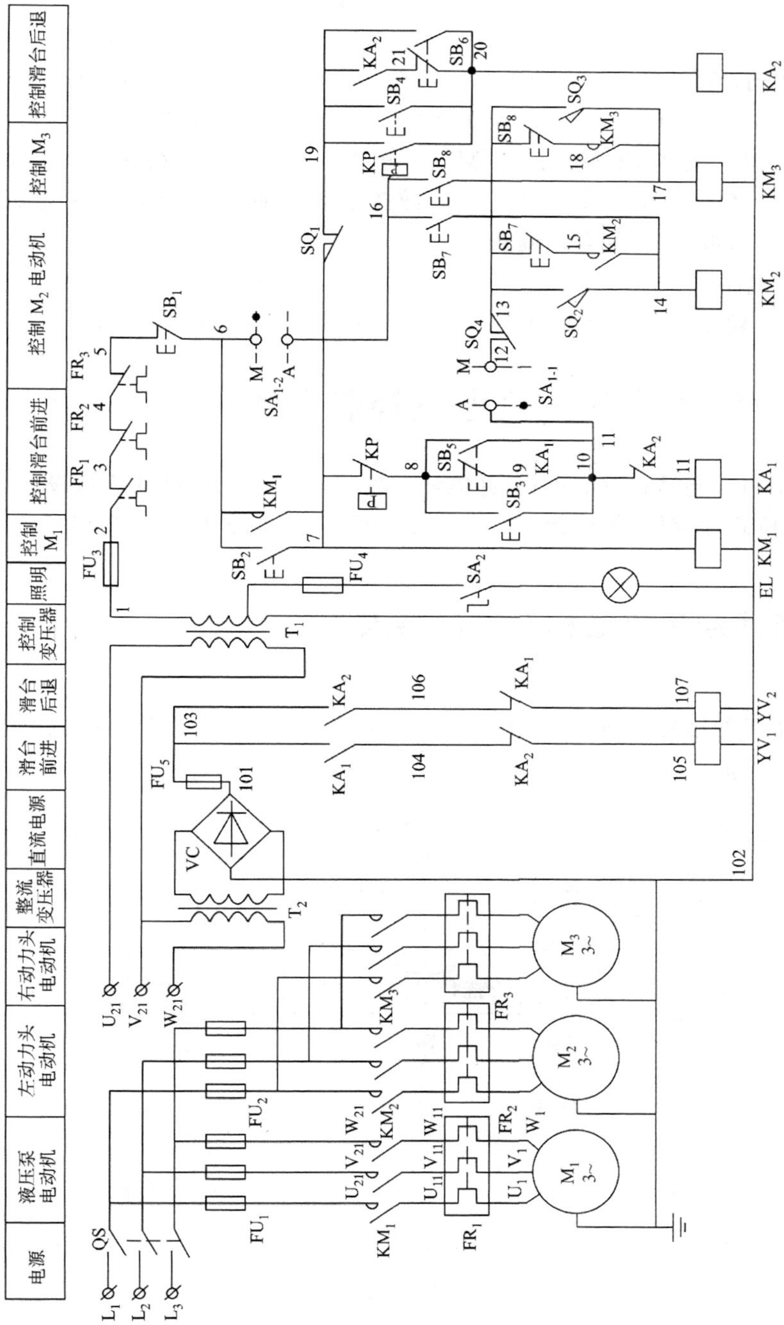

图 3-14　组合机床电气控制原理图

程阀时,滑台转为工作进给。工作进给至终点,碰到死挡铁停下来,进油路油压升高,使压力继电器 KP 动作,KA_1 断电释放,YV_1 断电。同时,KA_2 通电吸合,YV_2 通电,滑台快速退回至原位,压下原位开关 SQ_1,KA_2、YV_2 相继断电,滑台原位停止,一个工作循环结束。

当 SA_1 置于"M"位时,机床处于调整状态。此时,SA_{1-1} 断开,SA_{1-2} 接通。分别按下点动调整按钮 SB_7、SB_8,可实现左、右动力头的点动对刀调整;SB_5、SB_6 分别为滑台前进、后退的点动按钮。此时,因 SA_1 置于"M"位,断开了 KM_2、KM_3 线圈供电电路,使滑台移动到压下 SQ_2、SQ_3 时,M_2、M_3 不能启动。故按下 SB_5 或 SB_6,只能使 KA_1 或 KA_2 通电吸合,进行滑台前进、后退的点动调整。

(4) 照明电路

变压器 T_1 输出交流 24V 电压,供电给机床照明灯 EL,由开关 SA_2 控制其通断。

3.6 30t/5t 桥式起重机电气控制系统

起重机是用来起吊和放下重物,并能使重物短距离水平移动的机械设备。起重机的类型很多,有桥式起重机(俗称行车)、塔式起重机、门式起重机等,其中以桥式起重机应用最为广泛。

3.6.1 桥式起重机结构及控制特点

1. 结构

桥式起重机的结构如图 3-15 所示,主要由桥架、小车及大车移动机构和装在小车上的提升机构等组成。

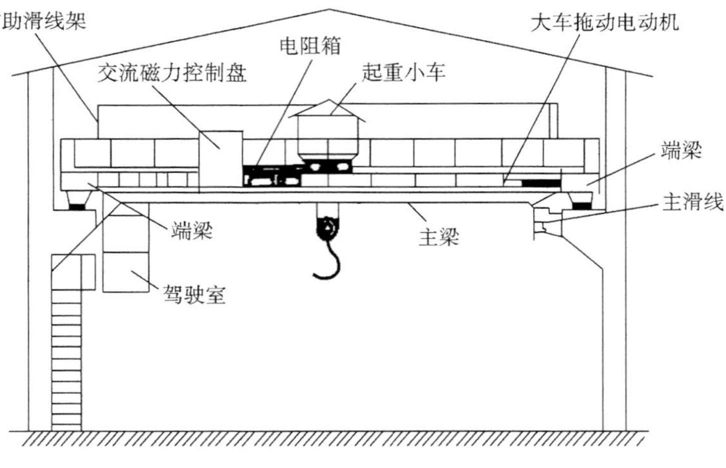

图 3-15 桥式起重机结构示意图

(1) 桥架

桥架是起重机的主体,由主梁、端梁、走道等部分组成。主梁横跨在车间上空,其两端有端梁，组成箱式桥架，两侧有走道。在主梁一端的下方安有驾驶室，驾驶室一侧的走道上安装有大车移行机构，使桥架可在沿车间长度方向的导轨上移动。另一侧走道上装有辅助滑线和小车电气设备，主梁上铺有小车移动轨道，供小车在其上移动。

(2) 大车

大车移行机构由大车电动机、制动器、传动机构、车轮等组成。大车的移动可用一台电动机经减速装置拖动两个主动轮实现，也可用两台电动机经减速装置分别拖动两个主动轮实现。

(3) 小车

小车又称跑车，由小车架、提升机构、小车移动机构、限位开关等组成，安装在桥架导轨上，可沿车间宽度方向移动。15t 以上的桥式起重机有主钩、副钩两套提升机构。

2. 控制特点

桥式起重机由交流电网供电。由于必须经常移动，小型起重机(10t 以下)常采用软电缆供电；中、大型起重机(20t 以上)采用滑线和电刷供电，车间电源连接到三根主滑线上(涂有黄、绿、红三色)，通过电刷将电源引入起重机电气设备。

起重机工作条件恶劣，负载性质属于重复短时工作制，经常处于频繁带载启动、制动、正反转状态，需要承受较大的过载和机械冲击。因此，对拖动和控制有如下要求：

(1) 由于启动频繁，电动机启动电流要小，通常采用绕线式异步电动机拖动，转子回路串电阻启动。

(2) 由于起重机为重复短时工作制，允许电动机短时过载运行。

(3) 具有电气和机械抱闸双重制动。

(4) 具有必要的零位、短路、过载和终端保护。

(5) 具有一定的调速范围，普通起重机的调速范围为 2～3。

3.6.2　30t/5t 桥式起重机电路工作原理

30t/5t 桥式起重机电气原理图如图 3-16 所示，它有两个提升机构，主钩额定起重量为 30t，副钩额定起重量为 5t，分别用 M_1、M_2 传动，大车采用 M_4、M_5 分别传动，小车由 M_3 传动。主钩升降电动机由于功率较大，采用磁力控制盘和主令控制器操纵，其他电动机均用凸轮控制器操纵。整个电路可分为三部分：保护电路；由 PQR10 磁力控制盘构成的主钩升降电动机 M_1 的控制系统；由凸轮控制器控制的副钩升降电动机 M_2、小车电动机 M_3 和大车电动机 M_4、M_5 的电路。

1. 保护电路

为确保使用安全、可靠，各种起重机电气控制系统中都设置了自动保护和联锁环节。本设备中，各电动机电源通过接触器 KM 控制。由接触器 KM 线圈和电动机的过电流保护、凸轮控制器的零位保护、各运动方向的行程限位保护和舱盖、栏杆安全开关及紧急断电保护等组成控制柜保护电路。电动机启动前，必须将主令控制器 SA_1 和各凸轮控制器 SA_2、SA_3、SA_4 均放在“零位”，才能接通交流电源。各控制器的触点状态如表 3-6～表 3-9 所示。

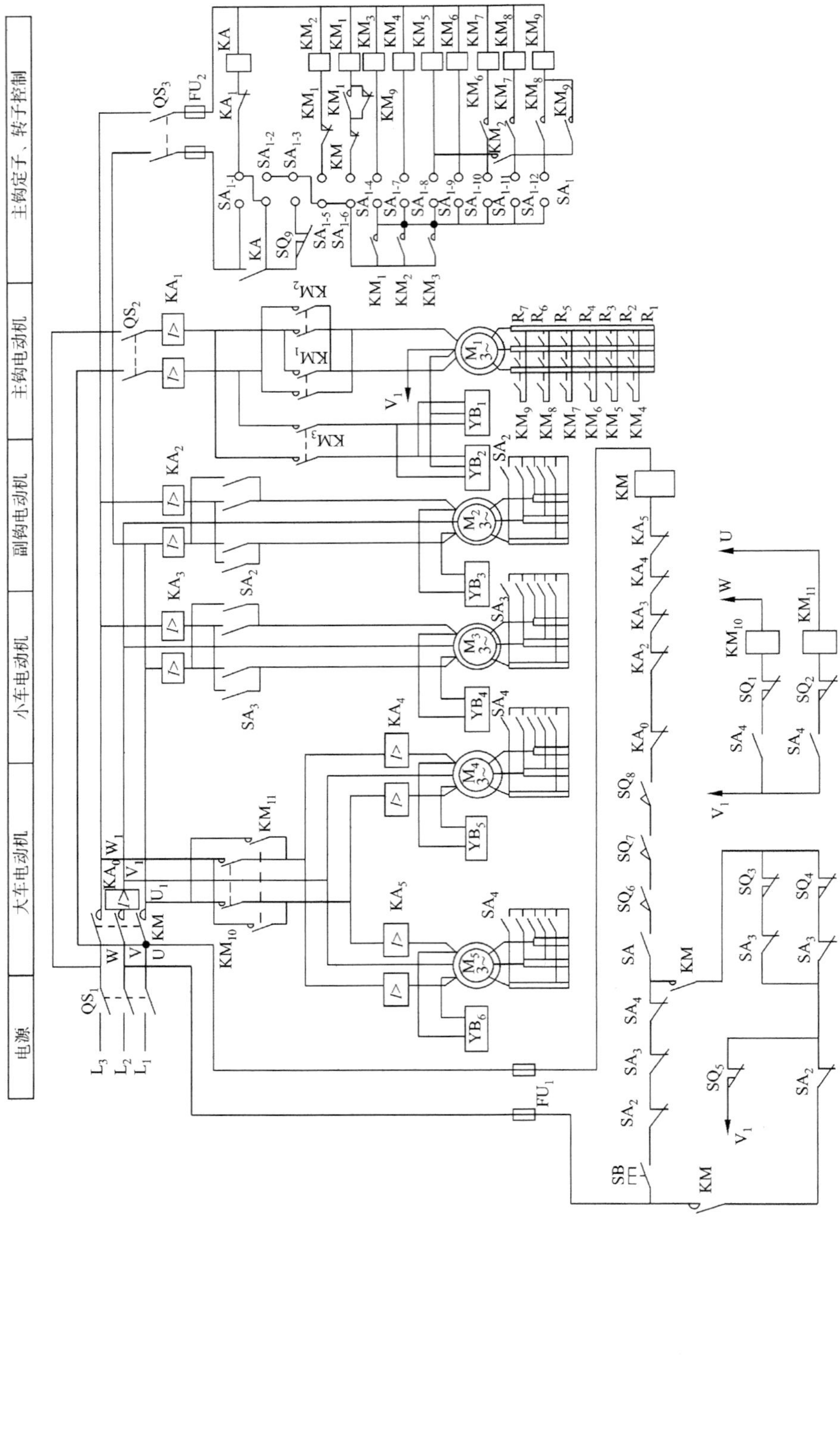

图 3-16 30t/5t 桥式起重机电气原理图

表 3-6　主钩升降主令控制器 SA_1 触点状态表

触点	下降						零位	上升					
	强力			制动									
	5	4	3	2	1	C	0	1	2	3	4	5	6
K_1							×						
K_2	×	×	×										
K_3				×	×	×		×	×	×	×	×	×
K_4	×	×	×	×	×			×	×	×	×	×	×
K_5	×	×	×										
K_6				×	×	×		×	×	×	×	×	×
K_7	×	×	×		×	×		×	×	×	×	×	×
K_8	×	×	×			×			×	×	×	×	×
K_9	×	×								×	×	×	×
K_{10}	×										×	×	×
K_{11}	×											×	×
K_{12}	×												×

表 3-7　副钩升降凸轮控制器 SA_2 触点状态表

触点	上升					零位	下降				
	5	4	3	2	1	0	1	2	3	4	5
K_0						×					
K_1						×	×	×	×	×	×
K_2	×	×	×	×	×	×					
K_3							×	×	×	×	×
K_4	×	×	×	×	×						
K_5							×	×	×	×	×
K_6	×	×	×	×	×						
K_7	×	×	×	×				×	×	×	×
K_8	×	×	×						×	×	×
K_9	×	×								×	×
K_{10}	×										×
K_{11}	×										×

表 3-8 小车凸轮控制器 SA_3 触点状态表

触点	向后					零位	向前				
	5	4	3	2	1	0	1	2	3	4	5
K_0						×					
K_1						×	×	×	×	×	×
K_2	×	×	×	×	×	×					
K_3							×	×	×	×	×
K_4	×	×	×	×	×						
K_5							×	×	×	×	×
K_6	×	×	×	×	×						
K_7	×	×	×	×				×	×	×	×
K_8	×	×	×						×	×	×
K_9	×	×								×	×
K_{10}	×										×
K_{11}	×										×

表 3-9 大车凸轮控制器 SA_4 触点状态表

触点	向左					零位	向右				
	5	4	3	2	1	0	1	2	3	4	5
K_0						×					
K_1						×	×	×	×	×	×
K_2	×	×	×	×	×	×					
K_3							×	×	×	×	×
K_4	×	×	×	×	×						
K_5							×	×	×	×	×
K_6	×	×	×	×	×						
K_7	×	×	×	×				×	×	×	×
K_8	×	×	×						×	×	×
K_9	×	×								×	×
K_{10}	×										×
K_{11}	×										×
K_{12}	×	×	×	×				×	×	×	×
K_{13}	×	×	×						×	×	×
K_{14}	×	×								×	×
K_{15}	×										×
K_{16}	×										×

从图 3-16 可见，电源电路采用过电流继电器 KA_0 实现过电流保护，电动机 M_1、M_2～M_5 均设置了过电流保护，分别采用过电流继电器 KA_1、KA_2～KA_5 实现，其中 KA_1 的保护触点放在主钩定子、转子控制电路中，未与 KM 线圈串联；限位开关 SQ_6～SQ_8 分别是操作室门上安全开关及起重机端梁栏杆门上的安全开关，任何一个门没关好，电动机都不能启动；紧急开关 SA 用来在紧急情况下切断电源；小车限位开关 SQ_3、SQ_4 及副钩位置开关 SQ_5 串接于 KM 的自锁电路中。当小车行至极限位置或副钩升降机构上升至规定的高度时，相应的限位开关常闭触点被压动而断开，接触器 KM 断电，保证起重机安全工作。要使机构退出极限位置，必须将手柄都退至"零位"，这时自锁电路中常闭触点 SA_2、SA_3 都闭合，可以启动接触器 KM，操纵凸轮控制器，使机构反方向运动，退出极限位置。

桥架限位开关 SQ_1、SQ_2 分别串联在大车电动机正反向接触器 KM_{10}、KM_{11} 电路中，在左行极限位置压动 SQ_1，切断左行接触器 KM_{10}，左行停止，但允许右行接触器 KM_{11} 通电，控制大车向右退回；同样，在右行极限位置 SQ_2 动作，限制右行，可以左行退回。

2. 主钩升降机构电气控制

主钩升降机构由主令控制器与 PQR10 控制盘组成的磁力控制器控制，其控制线路如图 3-17 所示。

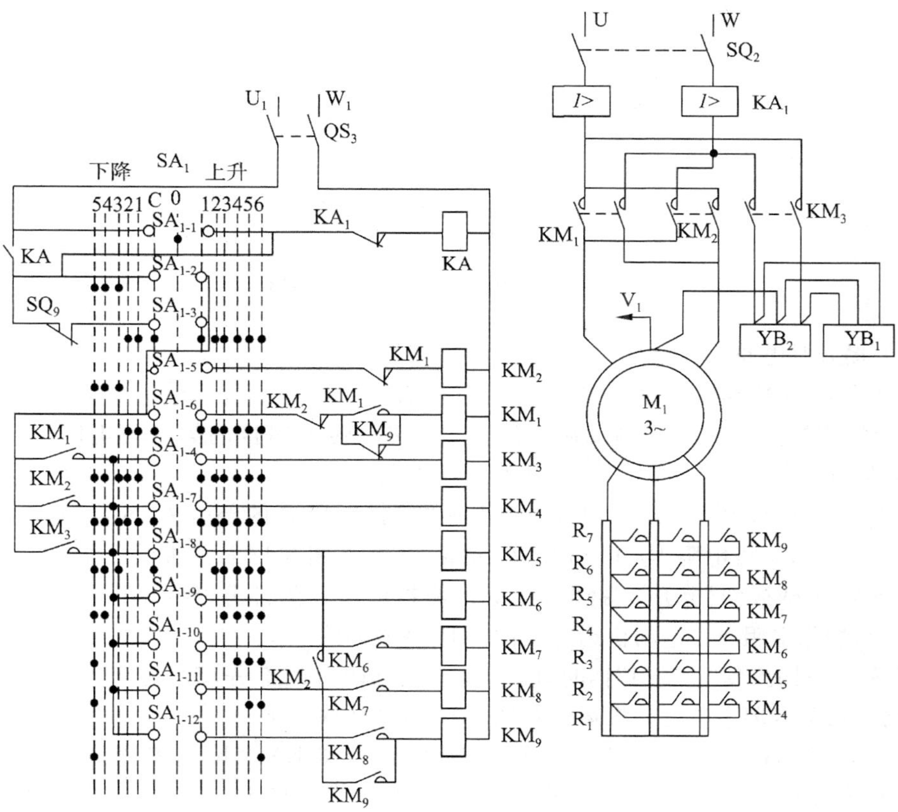

图 3-17　主钩升降机构电气控制原理图

(1) 电机启动前的准备

合上刀开关 QS_2、QS_3，将主令控制器 SA_1 手柄置于“0”位，SA_{1-1} 接通，零电压继电器 KA 线圈得电并自锁，接通控制电路电源。

上升限位开关 SQ_9 串接于控制电路的电源中，若 SQ_9 常闭触点断开，则切断所有接触器电源，起到上升极限保护的作用。主钩升降电动机的机械特性如图 3-18 所示。

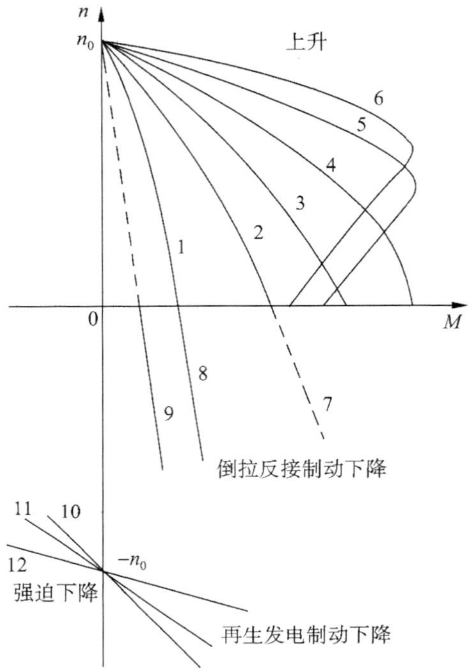

图 3-18 主钩升降电动机的机械特性

(2) 提升时电路工作情况

当主令控制器 SA_1 手柄扳到“上升 1”时，SA_{1-3}、SA_{1-4}、SA_{1-6}、SA_{1-7} 触点闭合，接触器 KM_1、KM_3、KM_4 得电，松开制动闸 YB_1、YB_2，切除转子串接的第一段电阻 R_1，电动机 M_1 正向启动，运行在图 3-18 所示的特性曲线 1 上。

当 SA_1 手柄扳到“上升 2”挡时，除上述“1”挡已闭合的部分外，SA_{1-8} 闭合，接触器 KM_5 通电吸合，短接电阻 R_2，电动机 M_1 加速，运行在图 3-18 特性曲线 2 上。

当 SA_1 手柄扳到“上升 3”挡时，除上述两挡已闭合的部分，SA_{1-9} 闭合，接触器 KM_6 通电吸合，切除电阻 R_3，电动机运行在图 3-18 特性曲线 3 上。

当 SA_1 手柄扳到“上升 4”挡时，除上述 3 挡已闭合的部分，SA_{1-10} 闭合，接触器 KM_7 通电吸合，切除电阻 R_4，电动机运行在图 3-18 特性曲线 4 上。

当 SA_1 手柄扳到“上升 5”、“上升 6”挡时，接触器 KM_8、KM_9 相继通电吸合，分别短接电阻 R_5、R_6，电动机分别运行在图 3-18 特性曲线 5 与 6 上。在“上升 6”挡，电动机转子各相电路中仅保留一段为软化特性而固定接入的电阻 R_7，这时电动机可获得最大转速。

(3) 下降时电路工作情况

主钩下降也分为 6 挡。在前 3 个位置(C、1、2),电动机相序接法与上升时相同,但在转子中串入较大的外加电阻。在一定位能转矩负载下,电动机运行在速度反向的倒拉反接制动状态,从而得到较小的下降速度。若重力负载较轻,电动机提升的电磁转矩大于重力转矩时,重物不但不下降,反而被提升；在后 3 个位置(3、4、5),电动机按下降方向运转,得到强力下放重物。

当主令控制器 SA_1 手柄置于“下降 C”挡时,SA_{1-1} 断开,KA 通过自锁电路保持吸合。SA_{1-3} 触点接通电源,SA_{1-6} 触点闭合使接触器 KM_1 通电,电动机按正转提升方向产生转矩。由于 SA_{1-4} 断开,接触器 KM_3 不通电,电磁抱闸抱住制动轮,电动机只能向提升方向产生转矩而不能运转。这一挡是为下降做准备,防止所吊重物突然快速运动,使机械受到损失。该挡实际是齿轮等连接部件啮合的准备挡,由于受制动器的限制,操作时,停留时间不应过长。

在“下降 C”挡,SA_{1-7}、SA_{1-8} 触点也闭合,接触器 KM_4、KM_5 通电吸合,短接电阻情况与“上升 2”挡时相同,机械特性应为“上升 2”机械特性向第四象限的延伸,如图 3-18 中的 7 段。

当 SA_1 手柄扳至“下降 1”挡时,SA_{1-3} 触点仍接通电源。SA_{1-4} 触点闭合,KM_3 通电吸合,电磁抱闸松开,电动机可以自由运转。SA_{1-6} 触点使 KM_1 通电,电动机与电源接法和上升时相同。SA_{1-7} 接通 KM_4 电源,短接电阻 R_1,电动机转子电阻串入情况与“上升 1”位时相同。由于转子串入电阻比“下降 C”挡时增加了,电动机电磁转矩减小。如果重物的重力转矩大于电动机的电磁转矩,将使电动机处于倒拉反接制动状态,电动机运行在图 3-18 上升特性 1 向第四象限延伸的曲线 8 上,从而获得较为低速的下放。若重力转矩小于电动机的电磁转矩,则重物不但不下降反而被提起,电动机运行到图 3-18 上升特性 1 上。这时,必须迅速将控制器手柄推到下一挡。

当 SA_1 手柄扳至“下降 2”挡时,SA_{1-3}、SA_{1-4}、SA_{1-6} 继续闭合,SA_{1-7} 断开,转子外接电阻全部接入,电动机电磁转矩进一步减小,若此时重力转矩大于电磁转矩,则获得低速下降,电动机在图 3-18 特性曲线 9 上运行。若重物过轻或空钩,重力转矩小于电动机电磁转矩,电动机将运行在图 3-18 特性曲线 9 向第一象限的延伸段上,重物不但不下降,反而被提起。这时,应立即将手柄推到“下降 3”挡。

当 SA_1 手柄置于“下降 3”挡时,SA_{1-6} 断开,接触器 KM_1 断电释放。SA_{1-5} 闭合,接触器 KM_2 通电吸合。同时,SA_{1-3} 断开,SA_{1-2} 闭合,电动机由下降“C”、“1”、“2”位时的上升方向运转变为下降方向的运转。SA_{1-7}、SA_{1-8} 的闭合,使接触器 KM_4、KM_5 通电吸合,短接并切除转子电阻 R_1、R_2,转子电阻接入情况与“上升 2”位时相同。由于电动机工作在反转下降电动状态,故电动机运行在图 3-18 第三象限特性曲线 10 上。控制器手柄在此位置是强迫下放,所以下放速度与重力负载大小有关。若重物较轻,电动机处于反转电动状态；若重物较重,则下降速度将超过电动机同步转速,而进入再生发电制动状态,电动机运行在图 3-18 特性曲线 10 向第四象限延伸的曲线上,成为高速下放,且重物越重,下降速度越快。此时应立即将手柄推向“下降 4”挡。

当 SA_1 手柄置于“下降 4”挡时,除上一挡已闭合的触点,SA_{1-9} 触点也闭合,接触器 KM_6 通电吸合,短接电阻 R_3,电阻接入情况与“上升 3”挡时相同,电动机运行在图 3-18 特性曲线 11 上。若重物较轻或空钩,电动机处于反转电动状态,获得低速下降；若重物较重,电动机处于再生发电制动状态,下降速度超过电动机同步转速,且重物越重,下降速度越快,但下降速度比上一挡时小多了。这时,应立即将手柄扳到“下降5”挡。

当SA_1手柄置于“下降5”挡时,除上述已闭合的触点外,$SA_{1\text{-}10}$、$SA_{1\text{-}11}$、$SA_{1\text{-}12}$触点也闭合,接触器KM_7、KM_8、KM_9相继通电吸合,转子电阻R_4、R_5、R_6依次短接并切除,电动机转子只剩下一段常串电阻R_7,电动机运行在图3-18特性曲线12上。此时,若为轻载或空钩下放,电动机工作在反转电动状态,获得低速下降,但下降速度比“下降3”、“下降4”挡时要高;若为重载,电动机运行在再生发电制动状态,以高于电动机同步转速下降,但下降速度比手柄置于前两挡时小多了。

综上所述,重载下降时,若SA_1手柄置于下降“C”、“1”、“2”挡,其中“C”挡为准备挡,“1”、“2”两挡可获得重载低速下降,电动机处于倒拉反接制动状态,但“2”挡下降速度比“1”挡速度要快;若SA_1手柄置于下降“3”、“4”、“5”挡,可获得超过电动机同步转速的高速下降,且“3”挡速度最快,“4”挡次之,“5”挡最小。下降重物越重,下降速度越快。这时,“3”、“4”两挡下降速度太快,很不安全,只能选在“5”挡工作。此时,电动机工作在再生发电制动状态。

若是轻载或空钩下降,在SA_1手柄置于下降“1”、“2”挡时,由于重力转矩太小,比电动机电磁转矩还小,重物不但不下降,反而上升,电动机工作在正转电动状态。此时,应立即将手柄推过下降“1”、“2”挡位;在SA_1手柄置于下降后3个挡位时,重物将强迫下降,电动机工作在反转电动状态,且后一挡下降速度比前一挡为高。

(4) 电路联锁与保护

① 为保证上升与下降的6个挡位按一定顺序短接转子电阻,在每个接触器线圈电路中都串有前一个接触器的常开触点,以保证转子电阻逐级切除,特性较平滑地过渡。

② 在“下降5”挡位置下放重载物体时,如欲降低速度,应将主令控制器SA_1扳回“下降2”挡或“下降1”挡。为避免经过“下降4”挡及“下降3”挡时速度过高,在“下降5”挡KM_9通电吸合时,利用KM_9的常开触点与KM_2的常开触点串联,形成自锁。这样,在经过“下降4”挡及“下降3”挡时,其电路状态与在“下降5”挡时相同,不会产生更高的下降速度。

③ 用一个KM_9的常闭触点与KM_1线圈串联,保证只有在KM_9释放后,KM_1才能通电吸合。这样,就可保证在反接过程中转子串接有一定阻值的电阻,防止过大的电流冲击。

④ KM_3常开触点与KM_1、KM_2常开触点并联,以保证“下降2”挡与“下降3”挡互换时,KM_3因自锁而继续通电,电磁抱闸仍然松开,防止产生强烈的机械振动。

3. 副钩升降机构电气控制

副钩升降机构采用凸轮控制器SA_2操纵,正向与反向控制对称。

当凸轮控制器SA_2从“0”位扳至上升(或下降)某一位置时,接通电源,电动机正转(或反转),拖动副钩升降机构上升(或下降)。在不同挡位,副钩升降电动机M_2转子串接电阻的段数不同。在电动机通电的同时,电磁制动器YB_3工作,抱闸松开,允许副钩升降机构运动。

4. 大车、小车电气控制

大车移行机构由电动机 M_4、M_5 分别拖动，共用 1 台凸轮控制器 SA_4 控制转子电阻的短接。小车移行机构由凸轮控制器 SA_3 控制，除“0”位置外，向前（正转）和向后（反转）各有 5 挡工作位置，12 对触点。在“0”位置时，有 3 对常闭触点，9 对常开触点。其中 3 对常闭触点用在保护电路中，4 对常开触点用于控制电动机的正反转，5 对常开触点用于短接转子电阻，控制电动机的转速。

3.7 继电器—接触器控制线路故障分析与检查

前面分析可知，生产机械电气控制线路大都采用继电器—接触器控制。线路发生故障时，先要对故障现象进行调查，了解故障前后的异常现象。如电动机、变压器线圈是否发热、冒烟，有关电器元件的连线是否松动脱落，熔断器的熔体是否熔断等，从而找出简单故障的部位及元件。对较为复杂的故障，也可确定故障的大致范围。

寻找故障点往往需要进行仔细的检查。常用的故障检查方法有电压法、电阻法、短接法。下面以一段有代表性的控制电路为例，说明这几种方法的具体应用。

3.7.1 电压测量法

图 3-19 为测量示意图。接通电源，按下启动按钮 SB_2，正常时，KM_1 吸合并自锁。将万用表拨到交流 500V 挡，对电路进行测量。这时电路中点(1-2)、点(2-3)、点(3-4)、点(4-5)各段电压均应为 0，点(5-6)电压应为 380V。

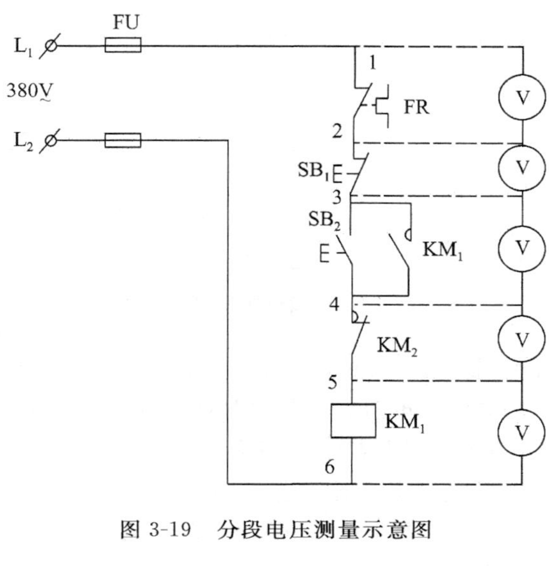

图 3-19　分段电压测量示意图

1. 触点故障

按下按钮 SB_2，若 KM_1 不吸合，可用万用表测量点(1-6)之间的电压，若测得电压为 380V，说明电源电压正常，熔断器是好的。可接着测量点(1-5)之间各段电压，如点(1-2)之间电压为380V,则热继电器FR保护触点已动作或接触不良,应检查FR所保护的电动机是否过载或FR整定电流是否调得太小,触点本身是否接触不好或连线松脱;如点(4-5)之间电压为380V,则KM_2触点或连接导线有故障,依此类推。

2. 线圈故障

若点(1-5)之间各段电压均为0,点(5-6)之间的电压为380V,而KM_1不吸合,则故障是KM_1线圈或连接导线断开。

除了分段测量法,还有分阶测量法和对地测量法。分阶测量法一般是将电压表的一根表笔固定在线路的一端(如图3-19中的6点),另一根表笔由下而上依次接到5、4、3、2、1各点,正常时,电表读数为电源电压。若无读数,则表笔逐级上移,当移至某点读数正常,说明该点以前触点或接线完好,故障一般是此点后第一个触点(即刚跨过的触点)或连线断路。因为这种测量方法像上台阶一样,故称为分阶测量法。对地测量法适用于机床电气控制线路接220V电压且零线直接接于机床床身的电路检修,根据电路中各点对地电压来判断确定故障点。

3.7.2 电阻测量法

电阻测量法分为分段测量法和分阶测量法,图3-20为分段电阻测量示意图。

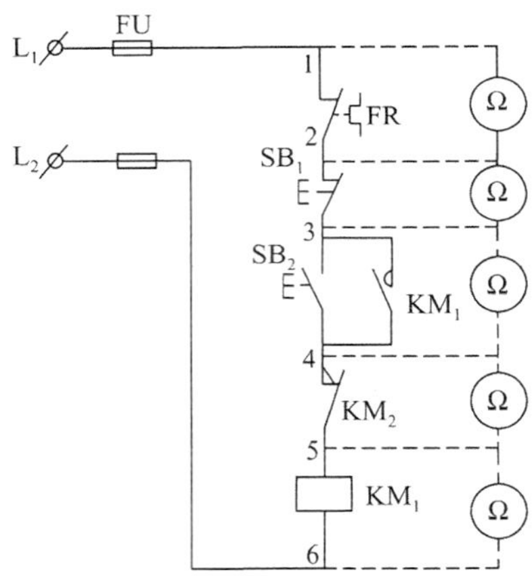

图3-20 分段电阻测量示意图

检查时,先断开电源,把万用表拨到电阻挡,然后逐段测量相邻两标号点(1-2)、点(2-3)、点(3-4)、点(4-5)之间的电阻。若测得某两点间电阻很大,说明该触点接触不良或导线断路;若测得点(5-6)间电阻很大(无穷大),则线圈断线或接线脱落;若电阻接近零,则线圈可能短路。必须注意:用电阻测量法检查故障一定要断开电路电源,否则会烧坏万用表;所测电路如果并联了其他电路,所测电阻值就不准确,易产生误导。因此,测量时必须将被测电路与其他电路断开。最后一点要注意的是选择好万用表的量程,如测量触点电阻时,量程不要放得太高;否则,可能掩盖触点接触不良的故障。

3.7.3　短接法

继电器—接触器控制线路的故障多为断路故障，如导线断路、虚连、虚焊、触点接触不良、熔断器熔断等。对这类故障，用短接法查找往往比用电压法和电阻法更为快捷。检查时，只需用一根绝缘良好的导线将所怀疑的断路部位短接。当短接到某处，电路接通，说明故障就在该处。

1. 局部短接法

局部短接法的示意图如图 3-21 所示。

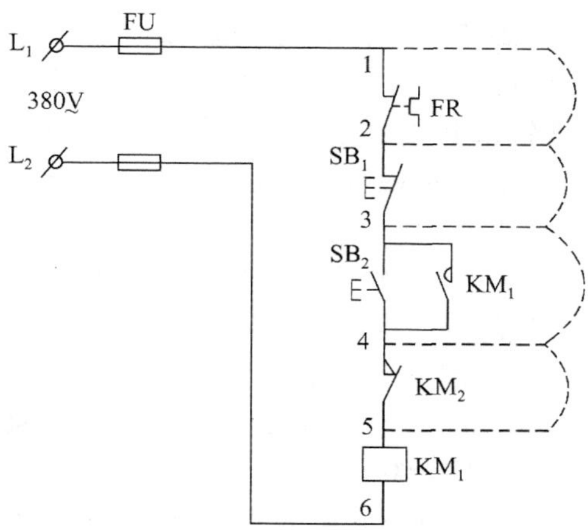

图 3-21　局部短接示意图

按下启动按钮 SB_2 时，若 KM_1 不吸合，说明电路中存在故障，可运用局部短接法进行检查。检查前，先用万用表测量(1-6)两点间电压，电压不正常，不能用短接法检查。在电压正常的情况下，按下启动按钮 SB_2 不放，用一根绝缘良好的导线，分别短接标号相邻的两点，如(1-2)、(2-3)、(3-4)、(4-5)。当短接到某两点时，KM_1 吸合，说明这两点间存在断路故障。注意：万万不可将(5-6)两点短接！否则，会将电源短路。

2. 长短接法

长短接法是用导线一次短接两个或多个触点查找故障的方法。

相对局部短接法，长短接法有两个重要作用和优点。一是在两个以上触点同时接触不良时，局部短接法很容易造成判断错误，而长短接法可避免误判。以图 3-21 为例，先用长短接法将(1-5)点短接，如果 KM_1 吸合，说明(1-5)这段电路有断路故障，然后再用局部短接法或电压法、电阻法逐段检查，找出故障点。二是使用长短接法，可把故障压缩到一个较小的范围。如先短接(1-3)点，KM_1 不吸合，再短接(3-5)点，KM_1 能吸合，说明故障在(3-5)点之间电路中，再用局部短接法即可确定故障点。

必须注意：首先，短接法是带电操作，因此要切实注意安全。短接前要看清电路，防止错接，烧坏电器设备。二是短接法只适用于检查连接导线及触点一类的断路故障，对线圈、绕组、电阻等断路故障，不能采用此法。三是对机床等设备的某些重要部位，最好不要使用短接法,以免考虑不周,造成事故。

思 考 题

3.1 C650型卧式车床电气控制具有哪些保护?它们是通过哪些电器元件实现的?

3.2 C650型卧式车床主轴的正反转是怎样实现的?

3.3 Z3040型摇臂钻床的上升、下降动作分为哪三个步骤?

3.4 Z3040型摇臂钻床主轴的正、反转是如何实现的?

3.5 在Z3040型摇臂钻床电气控制电路中,行程开关SQ_1~SQ_4各起什么作用?

3.6 X62W型万能铣床具有哪几种形式的进给运动?

3.7 在X62W型万能铣床中,圆工作台是由主电动机还是进给电动机拖动的?

3.8 在X62W型万能铣床电气控制线路中,行程开关SQ_1~SQ_6的作用各是什么?

3.9 在平面磨床中为何采用电磁吸盘来吸持工件?电磁吸盘为何要用直流供电而不能采用交流供电?

3.10 在M7120型平面磨床中,砂轮的上升、下降是怎样实现的?

3.11 M7120型平面磨床具有哪些保护环节?它们是通过哪些电器元件来实现的?

3.12 组合机床上的动力头和动力滑台各具有什么功能?

3.13 在图3-14所示组合机床电气控制线路中,行程开关SQ_1~SQ_4各起什么作用?

3.14 桥式起重机一般由哪些部分组成?

3.15 在桥式起重机中,为什么采用电磁抱闸制动?有什么优点?

习 题

3.1 分析C650型车床电气控制线路,说明当电路出现下面的问题时,会出现什么故障现象。

(1) 熔断器FU_1烧断一根;

(2) 时间继电器KT线圈断线。

3.2 如果将C650型车床电气原理图中的KS_1和KS_2触点的位置对调,还有没有反接制动作用?为什么?

3.3 分析Z3040型摇臂钻床电气控制线路,说明:

(1) 摇臂升降与松开、夹紧的自动过程;

(2) 时间继电器KT_1、KT_2的作用是什么?

(3) 电路在安全保护方面有什么特色?

3.4 如果Z3040型摇臂钻床的主轴电动机M_1不能启动,可能的故障有哪些?

3.5 在X62W铣床电气控制线路中,电磁离合器YC_1、YC_2、YC_3各起什么作用?

3.6 分析X62W型万能铣床电气控制线路,说明:

(1) 主轴制动采用什么方式,有什么特点?

(2) 主轴和进给变速冲动的作用是什么?如何控制变速冲动?

(3) 进给控制中有哪些联锁？

3.7 分析 X62W 型万能铣床电气控制线路，判断下列故障的原因。

(1) 主轴电动机 M_1 能启动，但扳动进给操纵手柄至任一方向，工作台均不能进给；

(2) 垂直与横向进给控制正常，但纵向进给无法控制。

3.8 分析 M7120 型平面磨床电气控制线路，说明：

(1) 电磁吸盘为什么要设置欠压保护？如何实现欠压保护？

(2) 砂轮升降电动机控制电路为什么不设自锁？

(3) 控制电路中采取了哪些电气联锁措施？

3.9 分析图 3-11 所示机械动力滑台控制线路工作原理，说明各行程开关的作用。

3.10 在具有一次工进液压动力滑台的工作循环中，如何实现由快进到工进的转换？说明快进与工进的油路有什么变化？

3.11 分析图 3-14 所示组合机床电气控制线路，说明液压动力滑台前进、后退的点动调整工作过程。

3.12 在 30t/5t 桥式起重机控制电路中，为什么不采用熔断器和热继电器作短路和过载保护，而采用过电流继电器？

3.13 分析 30t/5t 桥式起重机控制线路，说明控制柜保护电路的工作原理。

3.14 分析 30t/5t 桥式起重机控制线路，说明主钩升降机构在“上升”挡的工作过程。

3.15 分析图 3-17 控制线路中，主令控制器 SA_1 分别在重载与轻载下，手柄置于下降“C”、“1”、“2”、“3”、“4”、“5”六个位置时，电动机所处的工作状态，并用机械特性曲线配合说明。

第 4 章

电气控制线路的设计及元器件选择

在学习电动机的启动、调速、制动等控制线路及一些生产机械的控制线路后，不仅应掌握继电器—接触器控制线路的典型环节，具备一般生产机械电气控制线路的分析能力，而且应具备一般生产机械电气控制线路的设计能力。本章介绍继电器—接触器电气控制线路的设计方法，包括电气控制线路设计的内容、一般程序、设计原则、设计方法和步骤，以及电气控制系统的安装、调试方法，并列举了实例。

4.1 电气控制线路设计的主要内容

电气控制线路设计的基本任务是根据控制要求，设计和编制设备制造和使用维修过程中所必需的图纸、资料，包括电气原理线路图、电器元件布置图、电气安装接线图、电气箱图及控制面板等，编制外购件目录、单台消耗清单、设备说明书等资料。

由此可见，电气控制线路的设计包括原理设计和工艺设计两部分，现以电力拖动控制系统为例说明两部分的设计内容。

1. 原理设计内容

(1) 拟定电气设计任务书(技术条件)；

(2) 确定电力拖动方案(电气传动形式)及控制方案；

(3) 选择电动机，包括电动机的类型、电压等级、容量及转速，并选择具体型号；

(4) 设计电气控制的原理框图，包括主电路、控制电路和辅助控制电路，确定各部分之间的关系，拟定各部分的技术要求；

(5) 设计并绘制电气原理图，计算主要技术参数；

(6) 选择电器元件，制定电机和电器元件明细表，以及装置易损件及备用件的清单；

(7) 编写设计说明书。

2. 工艺设计内容

工艺设计的主要目的是便于组织电气控制装置的制造，实现电气原理设计所要求的各项技术指标，为今后的设备使用、维修提供必要的图纸资料。

工艺设计的主要内容包括：

(1) 根据已设计完成的电气原理图及选定的电器元件，设计电气设备的总体配置，绘制电气控制系统的总装配图及总接线图。总图应反映出电动机、执行电器、电气箱各组件、操作台布置、电源及检测元件的分布状况和各部分之间的接线关系与连接方式，这一部分的设计资料供总体装配调试及日常维护使用。

（2）按照电气原理框图或划分的组件，对总原理图进行编号，绘制各组件原理电路图，列出各组件的元件目录表，并根据总图编号标出各组件的进出线号。

（3）根据各组件的原理电路及选定的元件目录表，设计各组件的装配图（包括电器元件的布置图和安装图）、接线图，图中主要反映各电器元件的安装方式和接线方式，这部分资料是各组件电路的装配和生产管理的依据。

（4）根据组件的安装要求，绘制零件图纸，并标明技术要求，这部分资料是机械加工和对外协作加工所必需的技术资料。

（5）设计电气箱，根据组件的尺寸及安装要求，确定电气箱结构与外形尺寸，设置安装支架，标明安装尺寸，安装方式，各组件的连接方式，通风散热及开门方式，在这一部分的设计中，应注意操作维护的方便与造型的美观。

（6）根据总原理图、总装配图及各组件原理图等资料，进行汇总，分别列出外购件清单、标准件清单，以及主要材料消耗定额，这部分是生产管理和成本核算所必须具备的技术资料。

（7）编写使用说明书。

在实际设计过程中，根据生产机械设备的总体技术要求和电气系统的复杂程度，可对上述步骤作适当的调整及修正。

4.2　电气控制线路的设计

4.2.1　电气控制线路设计的原则

一般说来，当生产机械的电力拖动方案和控制方案已经确定以后，即可着手进行电气控制线路的具体设计。对于不同的设计人员，由于其自身知识的广度、深度不同，导致所设计的电气控制线路的形式灵活多变。因此，若要设计出满足生产工艺要求的最合理的方案，就要求电气设计人员必需不断地扩展自己的知识面，开阔思路，总结经验。电气控制系统的设计一般应遵循以下原则。

1. 最大限度满足生产机械和工艺对电气控制系统的要求

电气控制系统是为整个生产机械设备及其工艺过程服务的。因此，在设计之前，首先要弄清楚生产机械设备需满足的生产工艺要求，对生产机械设备的整个工作情况作全面、细致的了解。同时深入现场调查研究，收集资料，并结合技术人员及现场操作人员的经验，以此作为设计电气控制线路的基础。

2. 在满足生产工艺要求的前提下，力求使控制线路简单、经济

（1）尽量选用标准电器元件，尽量减少电器元件的数量，尽量选用相同型号的电器元件以减少备用品的数量。

（2）尽量选用标准的、常用的或经过实践考验的典型环节或基本电气控制线路。

（3）尽量减少不必要的触点，以简化电气控制线路。在满足生产工艺要求的前提下，使用的电器元件越少,电气控制线路中所涉及的触点的数量也越少,因而控制线路就越简单。同时还可以提高控制线路的工作可靠性,降低故障率。

减少触点数目的方法通常有下面几种:

① 合并同类触点。在图 4-1 中(a)、(b)实现的控制功能一致,但(b)比(a)少了一对触点。合并同类触点时应注意所用的触点的容量应大于两个线圈电流之和。

② 利用转换触点的方式。利用具有转换触点的中间继电器将两对触点合并成一对转换触点,如图 4-2 所示。

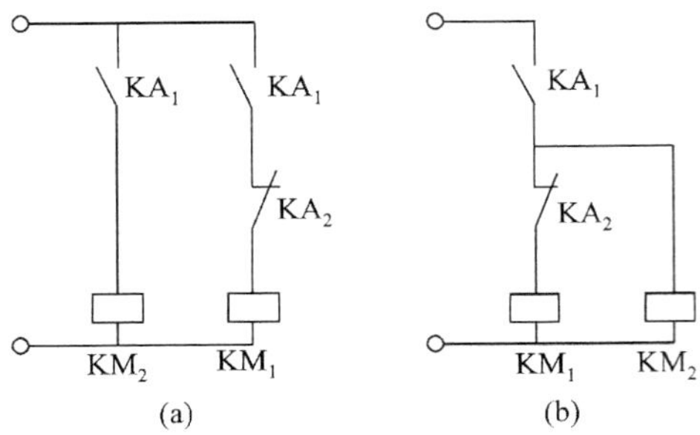

图 4-1 同类触点合并

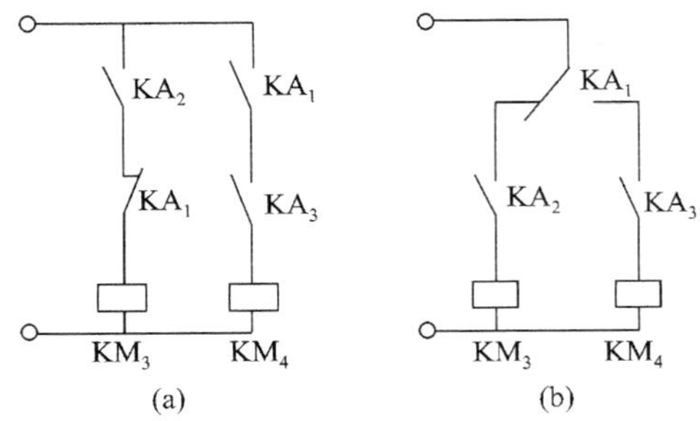

图 4-2 具有转换触点的中间继电器的应用

③ 利用半导体二极管的单向导电性减少触点的数目。如图 4-3 所示,利用二极管的单向导电性可减少一个触点。这种方法只适用于控制电路所用电源为直流电源的场合,在使用中还要注意电源的极性。

④ 利用逻辑代数的方法来减少触点的数目。如图 4-4 中(a)所示,图中含有的触点数目为 5 个,其逻辑表达式为

$$K = A\bar{B} + A\bar{B}C$$

经逻辑化简后,$K = A\bar{B}$,这样就可以将原图简化为只含有两个触点的电路,如图 4-4(b)所示。

(4) 尽量缩短连接导线的数量和长度。在设计电气控制线路时,应根据实际环境情况,合理考虑并安排各种电气设备和电器元件的位置及实际连线,以保证各种电气设备和电器元件之间连接导线的数量最少,导线的长度最短。

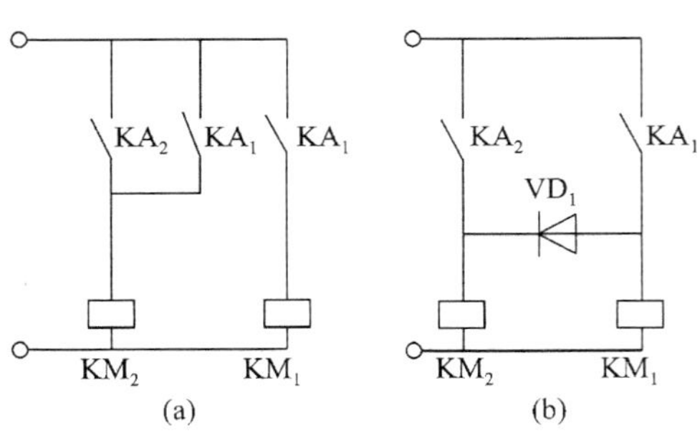

图 4-3 利用二极管简化控制电路

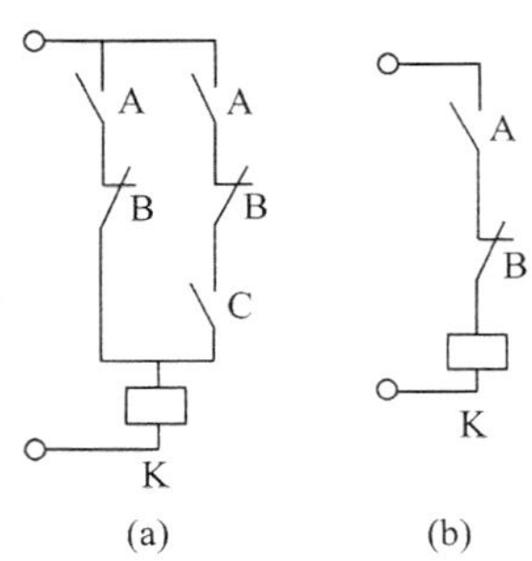

图 4-4 利用逻辑代数减少触点

如图 4-5 所示，仅从控制线路上分析，没有什么不同，但若考虑实际接线，图 4-5(a)中的接线就不合理。因为按钮安装在操作台上，接触器安装在电气柜内，按图 4-5(a)的接法从电气柜到操作台需引 4 根导线。图 4-5(b)中的接线合理，因为它将启动按钮和停止按钮直接相连，从而保证了两个按钮之间的距离最短，导线连接最短。此时，从电气柜到操作台只需引出 3 根导线。所以，一般都将启动按钮和停止按钮直接连接。

特别要注意，同一电器的不同触点在电气线路中应尽可能具有更多的公共连接线。这样，可减少导线段数和缩短导线长度，如图 4-6 所示。行程开关安装在生产机械上，继电器安装在电气柜内。图 4-6(a)中用 4 根长导线连接，而图 4-6(b)中只需用 3 根长导线。

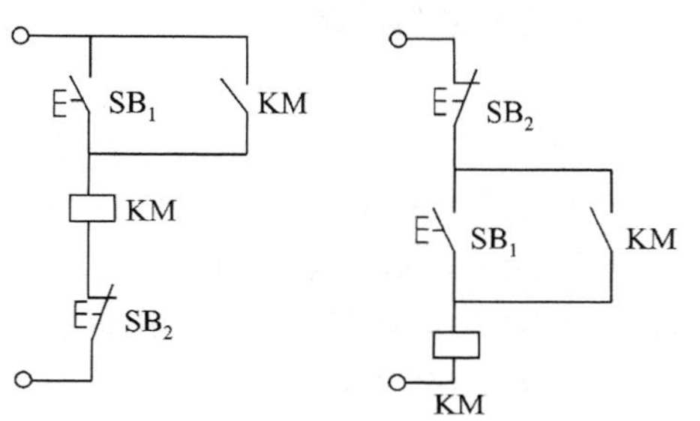

(a) 不合理　(b) 合理

图 4-5　电器的连接图

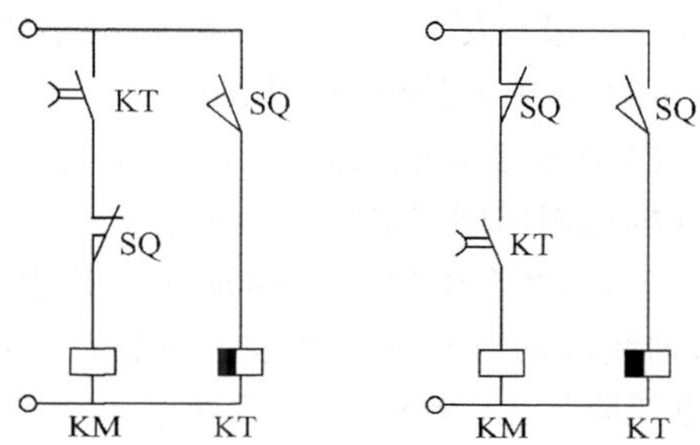

(a)　(b)

图 4-6　节省连接导线的方法

(5) 控制线路在工作时，除必要的电器元件必须通电外，其余的电器元件尽量不通电以节约电能。如图 4-7(a)所示，在接触器 KM_2 得电后，接触器 KM_1 和时间继电器 KT 就失去了作用，不必继续通电。若控制线路部分改成图 4-7(b)，KM_2 得电后，切断了 KM_1 和 KT 的电源，节约了电能，延长了该电器元件的寿命。

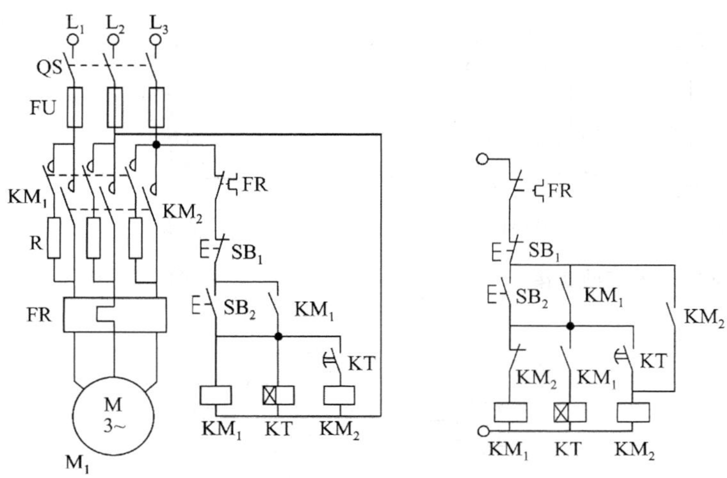

(a)　(b)

图 4-7　减少通电电器的线路

3. 保证电气控制线路工作的可靠性

保证电气控制线路工作的可靠性,最主要的是选择可靠的电器元件。同时,在具体的电气控制线路设计上要注意以下几点:

(1) 正确连接电器元件的触点。同一电器元件的常开和常闭触点靠得很近,如果分别接在电源的不同相上,如图4-8(a)所示的限位开关SQ的常开和常闭触点,常开触点接在电源的一相,常闭触点接在电源的另一相,当触点断开产生电弧时,可能在两触点间形成飞弧造成电源短路。如果改成图4-8(b)的形式,由于两触点间的电位相同,则不会造成电源短路。因此,在控制线路设计时,应使分布在线路不同位置的同一电器触点尽量接到同一个极或尽量共接同一等电位点,以避免在电器触点上引起短路。

(2) 正确连接电器的线圈。

① 在交流控制线路中,即使外加电压是两个线圈额定电压之和,也不允许两个电器元件的线圈串联,如图4-9(a)所示。这是因为每个线圈上所分配到的电压与线圈的阻抗成正比,而两个电器元件的动作总是有先有后,不可能同时动作。若接触器KM_1先吸合,则线圈的电感显著增加,其阻抗比未吸合的接触器KM_2的阻抗大,因而在该线圈上的电压降增大,使KM_2的线圈电压达不到动作电压,此时,KM_1线圈电流增大,有可能将线圈烧毁。因此,若需要两个电器元件同时工作,其线圈应并联连接,如图4-9(b)所示。

② 两电感量相差悬殊的直流电压线圈不能直接并联,如图4-10(a)所示。YA为电感量较大的电磁铁线圈,KA为电感量较小的继电器线圈,当KM触点断开时,由于电磁铁YA线圈电感量较大,产生的感应电势加在电压继电器KA的线圈上,流经KA线圈上的电流有可能达到其动作值,从而使继电器KA重新吸合,过一段时间KA又释放。这种情况显然是不允许的。为此,应在KA的线圈电路中单独串接KM的常开触点,如图4-10(b)所示。

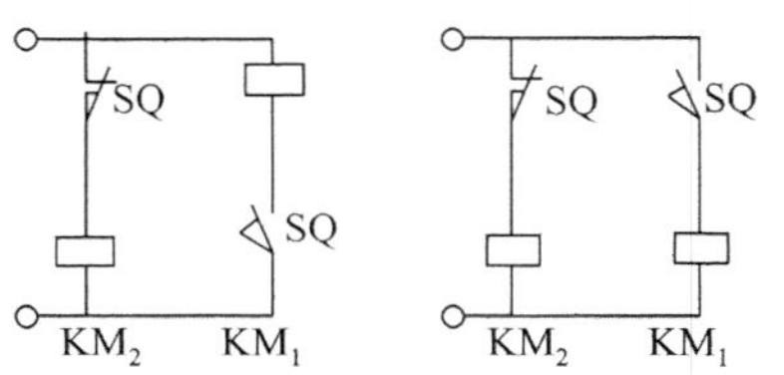

(a) 正确　(b) 错误

图4-8　触点的连接

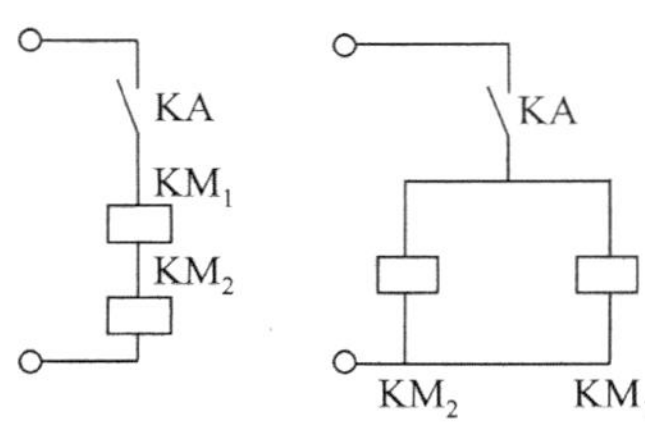

(a) 错误　(b) 正确

图4-9　线圈的连接

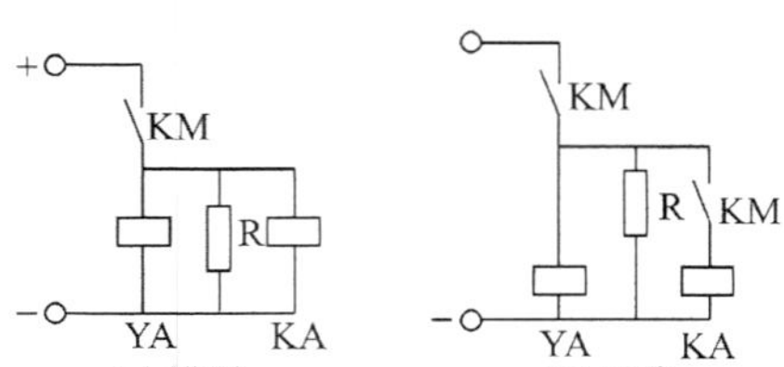

(a) 错误　(b) 正确

图4-10　电磁铁与继电器线圈的连接

(3) 避免出现寄生电路。在电气控制线路的动作过程中，发生意外接通的电路称为寄生电路。寄生电路将破坏电器元件和控制线路的工作顺序或造成误动作。图 4-11(a)所示是一个具有指示灯和过载保护的电动机正反向控制电路。正常工作时，能完成正反向启动、停止和信号指示。但当热继电器 FR 动作时，产生寄生电路，电流流向如图中虚线所示，使正向接触器 KM_1 不能释放，起不了保护作用。如果将指示灯与其相应的接触器线圈并联，则可防止寄生电路，如图 4-11(b)所示。

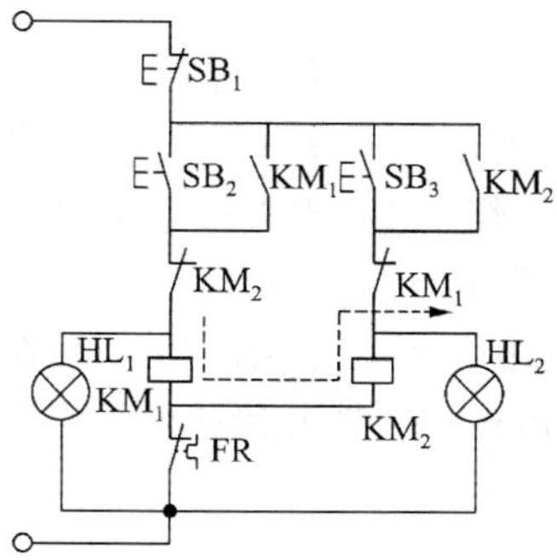

(a) 错误

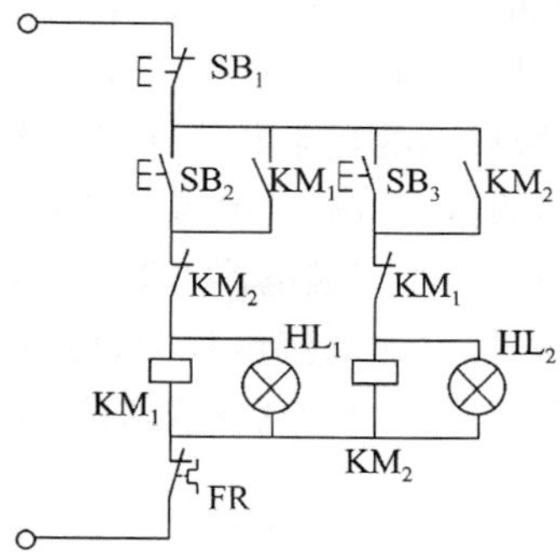

(b) 正确

图 4-11　防止寄生电路

(4) 在电气控制线路中，应尽量避免许多电器元件依次动作才能接通另一个电器元件的现象。

(5) 在频繁操作的可逆线路中，正反向接触器之间要有电气联锁和机械联锁。

(6) 设计的电气控制线路应能适应所在电网的情况，并据此来决定电动机的启动方式是直接启动还是间接启动。

(7) 在设计电气控制线路时，应充分考虑继电器触点的接通和分断能力。若要增加接通能力，可用多触点并联；若要增加分断能力，可用多触点串联。

4. 保证电气控制线路工作的安全性

电气控制线路应具有完善的保护环节，来保证整个生产机械的安全运行，消除在其工作不正常或误操作时所带来的不利影响，避免事故的发生。电气控制线路中常设的保护环节有短路、过流、过载、失压、弱磁、超速、极限保护等。

(1) 短路保护

众所周知，在电路发生短路时，强大的短路电流容易引起各种电气设备和电器元件的绝缘损坏及机械损坏。因此，当电路发生短路时，应迅速而可靠地切断电源。图 4-12 所示为采用熔断器作短路保护的电路，当主电动机容量较小时，控制电路不需另设熔断器 FU_2，主电路中的熔断器也可兼作控制电路的短路保护。当主电动机容量较大时，则在控制电路中必须单独设置短路保护。也可以采用断路器(自动开关)作短路保

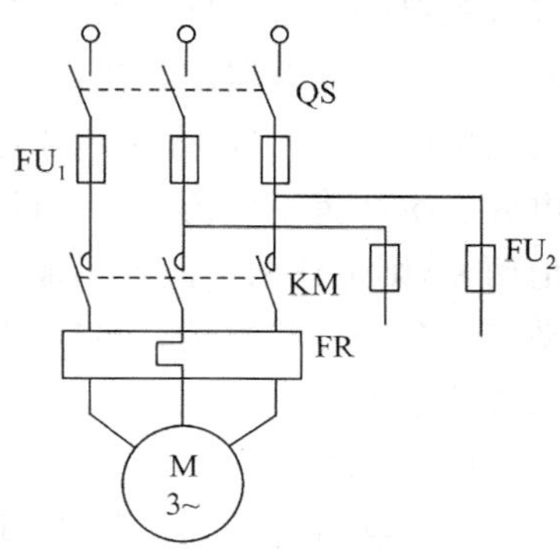

图 4-12　熔断器短路保护

护,它既可以作为短路保护,又可以作为过载保护。当线路出现故障时,断路器动作,事故处理完毕重新合上开关,线路则重新运行工作。

(2) 过电流保护

在电动机运行过程中,有各种各样的原因,会引起电动机产生很大的电流,从而造成电动机或生产机械设备的损坏。例如,不正确的启动和过大的负载会引起电动机很大的过电流;过大的冲击负载会引起电动机过大的冲击电流,损坏电动机的换向器;过大的电动机转矩会使生产机械的机械传动部分受到损坏。因此,为保护电动机的安全运行,在这种情况下,有必要设置过电流保护。如图 4-13 所示,(a)图为采用过电流继电器的过电流保护电路,通常用于限流启动的直流电动机和绕线式异步电动机的过流保护,其继电器的动作值一般整定为 1.2 倍的电动机启动电流。(b)图为用于笼型电动机直接启动时的过电流保护电路,当电动机启动时,时间继电器 KT 延时断开的常闭触点未断开,过电流继电器的线圈不能接入电路。这时,启动电流虽很大,但过电流继电器不起作用。当启动结束后,KT 的常闭触点经延时已断开,常开触点经延时已闭合,过电流继电器开始起保护作用。

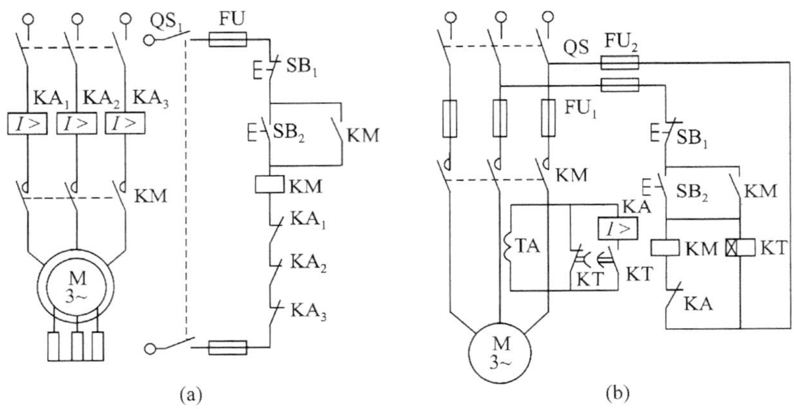

图 4-13 过电流保护

(3) 过载保护

如果电动机长期过载运行,其绕组的温升将超过允许值,从而损坏电动机。此时应设置过载保护环节。这种保护多采用具有反时限特性的热继电器作保护环节,同时装有熔断器或过流继电器配合使用。在图 4-14 所示的电路中,(a)图适用于电动机出现三相均衡过载的保护。(b)图适用于电动机出现任一相断线或三相均衡过载的保护。但当三相电源发生严重不均衡或电动机内部短路,绝缘不良等故障时,有可能使某一相电流高于其他两相,则上述两电路就不能可靠地进行保护。(c)图为三相保护,它可以可靠地保护电动机的各种过载情况。在(b)图和(c)图中,当电动机定子绕组为三角形连接时,应采用差动式热继电器。

(4) 失压保护

在电动机正常工作时,由于电源电压消失,电动机停转。当电源电压恢复后,有时电动机会自行启动,从而造成人身伤亡和设备毁坏的事故。防止电压恢复时电动机自行启动的保护称为失压保护。一般通过并联在启动按钮上的接触器的常开触点(如图 4-15(a)所示),或通过并联在主令控制器的零位常开触点上的零压继电器的常开触点(如图 4-15(b)所示)来实现失压保护。

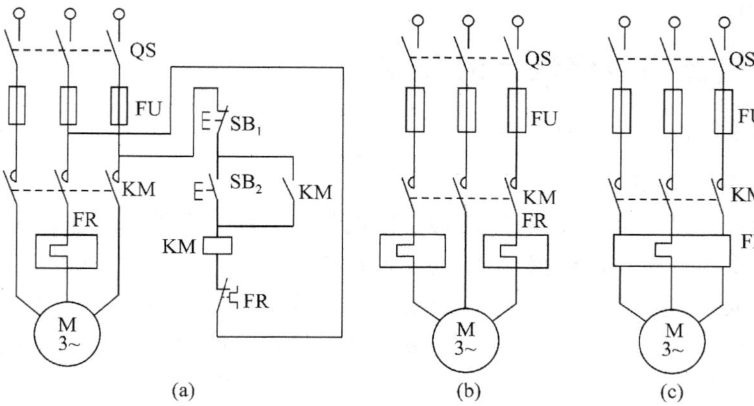

图 4-14　过载保护

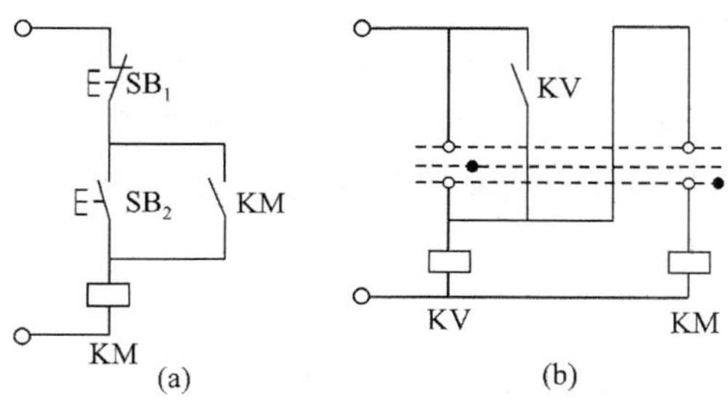

图 4-15　失压保护

(5) 弱磁保护

直流并励电动机、复励电动机在励磁磁场减弱或消失时,会引起电动机的“飞车”现象。此时,有必要在控制线路中采用弱磁保护环节。一般用弱磁继电器,其吸合值整定为额定励磁电流的 0.8 倍。

(6) 极限保护

对于做直线运动的生产机械常设有极限保护环节,如上、下极限,前、后极限保护等。一般通过行程开关的常闭触点来实现。

(7) 其他保护

除以上保护之外,可按生产机械在其运行过程中的不同工艺要求和可能出现的各种现象,根据实际情况来设置,如温度、水位、欠压等保护环节。

5. 应力求使操作、维护、检修方便

电气控制线路对电气控制设备而言应力求维修方便,使用简单。为此,在具体进行电气控制线路的安装与配线时,电器元件应留有备用触点,必要时留有备用元件;为检修方便,应设置电气隔离,避免带电检修;为调试方便,控制方式应操作简单,能迅速实现从一种控制方式到另一种控制方式的转换,如从自动控制转换到手动控制等;设置多点控制,便于在生产机械旁进行调试;操作回路较多时,如要求正反向运转并调速,应采用主令控制器,不要采用许多按钮。

4.2.2 电气控制线路设计的程序

电气控制系统的设计一般按如下程序进行。

1. 拟定设计任务书

电气控制系统设计的技术条件,通常是以电气设计任务书的形式加以表达的,电气设计任务书是整个系统设计的依据,拟定电气设计任务书,应聚集电气、机械工艺、机械结构三方面的设计人员,根据所设计的机械设备的总体技术要求,共同商讨,拟定认可。

在电气设计任务书中,应简要说明所设计的机械设备的型号、用途、工艺过程、技术性能、传动要求、工作条件、使用环境等。除此之外,还应说明以下技术指标及要求:

① 控制精度,生产效率要求;

② 有关电力拖动的基本特性,如电动机的数量、用途、负载特性、调速范围以及对反向、启动和制动的要求等;

③ 用户供电系统的电源种类、电压等级、频率及容量等要求;

④ 有关电气控制的特性,如自动控制的电气保护、联锁条件、动作程序等;

⑤ 其他要求,如主要电气设备的布置草图、照明、信号指示、报警方式等;

⑥ 目标成本及经费限额;

⑦ 验收标准及方式。

2. 电力拖动方案与控制方式的选择

电力拖动方案的选择是以后各部分设计内容的基础和先决条件。

电力拖动方案是指根据生产工艺要求、生产机械的结构、运动部件的数量、运动要求、负载特性、调速要求及投资额等条件,来确定电动机的类型、数量、拖动方式,并拟定电动机的启动、运行、调速、转向、制动等控制要求,作为电气控制原理图设计及电器元件选择的依据。

3. 电动机的选择

根据已选择的拖动方案,就可以进一步选择电动机的类型、数量、结构形式,以及容量、额定电压、额定转速等。

电动机选择的基本原则如下:

① 电动机的机械特性应满足生产机械提出的要求,要与负载特性相适应,以保证生产过程中的运行稳定性并具有一定的调速范围与良好的启动、制动性能。

② 电动机的结构形式应满足机械设计提出的安装要求,并适应周围环境的工作条件。

③ 根据电动机的负载和工作方式,正确选择电动机的容量。选择电动机的容量时可以按以下4种类型进行。

- 对于恒定负载长期工作制的电动机，其容量的选择应保证电动机的额定功率等于或大于负载所需要的功率；
- 对于变动负载长期工作制的电动机，其容量的选择应保证当负载变到最大时，电动机仍能给出所需要的功率，同时电动机的温升不超过允许值；
- 对于短时工作制的电动机，其容量的选择应按照电动机的过载能力来选择；
- 对于重复短时工作制的电动机，其容量的选择原则上可按照电动机在一个工作循环内的平均功耗来选择。

④ 电动机电压的选择应根据使用地点的电源电压来决定，常用为 380V、220V。

⑤ 在没有特殊要求的场合，一般均采用交流电动机。

在本书后面的附录 A 中，给出了部分 Y 系列三相异步电动机的型号及技术数据，设计时可供选择。

4. 电气控制方案的确定

在几种电路结构及控制形式均可以达到同样的控制技术指标的情况下，到底选择哪一种控制方案，往往要综合考虑各个控制方案的性能、设备投资、使用周期、维护检修、发展等因素。

选择电气控制方案的主要原则如下：

① 自动化程度与国情相适应。根据现代科学技术的发展，电气控制方案尽可能选用最新科学技术，同时又要与企业自身的经济实力及各方面的人才素质相适应。

② 控制方式应与设备的通用及专用化相适应。对于工作程序固定的专用机械设备，使用中并不需要改变原有程序，可采用继电器—接触器控制系统，控制线路在结构上连接成“固定”式的；对于要求较复杂的控制对象或者要求经常变换工序和加工对象的机械设备，可以采用可编程序控制器控制系统。

③ 控制方式随控制过程的复杂程度而变化。在生产机械控制自动化中，随控制要求及控制过程的复杂程度不同，可以采用分散控制或集中控制的方案，但是各台单机的控制方式和基本控制环节则应尽量一致，以便简化设计和制造过程。

④ 控制系统的工作方式，应在经济、安全的前提下，最大限度地满足工艺要求。此外，控制方案的选择，还应考虑采用自动、半自动循环，工序变更、联锁、安全保护、故障诊断、信号指示、照明等。

5. 设计电气控制原理图

设计电气控制原理线路图，并合理选择元器件，编制元器件目录清单。

6. 设计电气设备的施工图

设计电气设备制造、安装、调试所必需的各种施工图纸，并以此为依据编制各种材料的定额清单。

7. 编写说明书

4.2.3　电气控制线路设计的步骤与方法

电气控制线路的设计方法有两种：一是分析设计法，二是逻辑设计法。下面对两种方法分别加以阐述。

1. 分析设计法

分析设计法又称为经验设计法、一般设计法，是根据生产机械的工艺要求和生产过程，选择适当的基本环节(单元电路)或典型电路综合而成的电气控制线路。它要求设计人员必须熟悉和掌握大量的基本环节和典型电路，具有丰富的实际设计经验。

一般不太复杂的(继电接触式)电气控制线路都可以按照这种方法进行设计。这种方法易于掌握，便于推广。但在设计的过程中需要反复修改设计草图以得到最佳设计方案，因此设计速度慢，且必要时还要对整个电气控制线路进行模拟实验。

(1) 分析设计法的基本步骤

一般的生产机械电气控制线路设计包含主电路、控制电路和辅助电路等设计。

① 主电路设计：主要考虑电动机的启动、点动、正反转、制动和调速。

② 控制电路设计：包括基本控制线路和控制线路特殊部分的设计，以及选择控制参量和确定控制原则。主要考虑如何满足电动机的各种运转功能和生产工艺要求。

③ 连接各单元环节，构成满足整机生产工艺要求，实现生产过程自动或半自动及调整的控制电路。

④ 联锁保护环节设计：主要考虑如何完善整个控制线路的设计，包含各种联锁环节及短路、过载、过流、失压等保护环节。

⑤ 线路的综合审查：反复审查所设计的控制线路是否满足设计原则和生产工艺要求。在条件允许的情况下，进行模拟实验，逐步完善整个电气控制线路的设计，直至满足生产工艺要求。

(2) 分析设计法的基本方法

① 根据生产机械的工艺要求和工作过程，适当选用已有的典型基本环节，将它们有机地组合起来加以适当的补充和修改，综合成所需要的电气控制线路。

② 若选择不到适合的典型基本环节，则根据生产机械的工艺要求和生产过程自行设计，边分析边画图，将输入的主令信号经过适当转换，得到执行元件所需的工作信号。随时增减电器元件和触点，以满足所给定的工作条件。

(3) 分析设计法举例

下面以皮带运输机的电气控制线路为例来说明分析设计法的设计过程。

皮带运输机是一种连续平移运输机械，常用于粮库、矿山等的生产流水线上，将粮食、矿石等从一个地方运到另一个地方。一般由多条皮带机组成，可以改变运输的方向和斜度。

皮带运输机属长期工作制，不需调速，没有特殊要求，也不需反转。因此，其拖动电机多采用笼型异步电动机。若考虑事故情况下可能有重载启动，需要的启动转矩大，可以由双笼型异步电动机或绕线型异步电动机拖动，也有的是二者配合使用。

本例以3条皮带运输机为例，其示意图如图4-16所示。

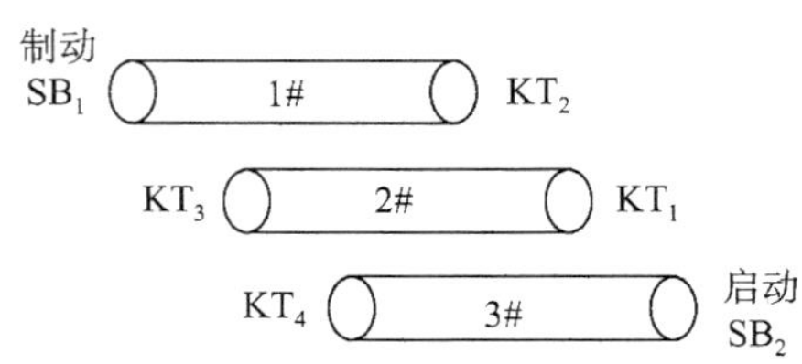

图4-16 皮带运输机工作示意图

① 皮带运输机的工艺要求

- 启动时，顺序为3#、2#、1#，并要有一定的时间间隔，以免货物在皮带上堆积，造成后面皮带重载启动。
- 停车时，顺序为1#、2#、3#，以保证停车后皮带上不残存货物。
- 不论2#或3#哪一个出现故障，1#必须停车，以免继续进料，造成货物堆积。
- 必要的保护。

② 主电路设计

3条皮带运输机由3台电动机拖动，均采用笼型异步电动机。由于电网容量相对于电动机容量来讲足够大，而且3台电动机又不同时启动，所以不会对电网产生较大的冲击。因此，采用直接启动。由于皮带运输机不经常启动、制动，对于制动时间和停车准确度也没有特殊要求，制动时采用自由停车。3台电动机都用熔断器作短路保护，用热继电器作过载保护。由此，设计出的主电路如图4-17所示。

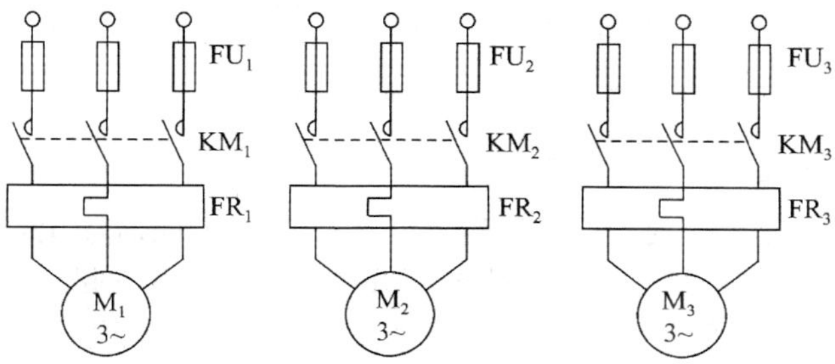

图4-17 皮带运输机主电路图

③ 基本控制电路设计

3台电动机由3个接触器控制其启、停。启动时，顺序为3#、2#、1#，可用3#接触器的常开(动合)触点控制2#接触器的线圈，用2#接触器的常开触点控制1#接触器的线圈。制动时，顺序为1#、2#、3#，用1#接触器的常开触点与控制2#接触器的按钮的常闭(动断)触点并联，用2#接触器的常开触点与控制3#接触器的按钮的常闭触点并联，其基本控制线路如图4-18所示。由图可见，只有KM_3动作后，按下SB_3，KM_2线圈才能通电动作，然后按下SB_1、KM_1线圈通电动作，这样就实现了电动机的顺序启动。同理，只有KM_1断电释放，按下SB_4，KM_2线圈才能断电，然后按下SB_6，KM_3线圈断电，这样实现了电动机的顺序停车。

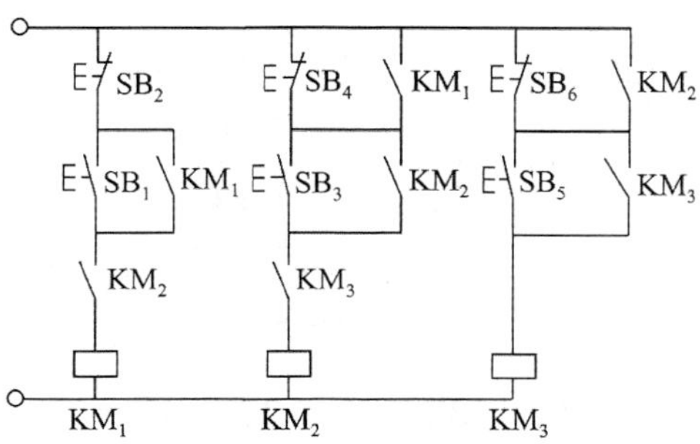

图4-18 控制电路的基本部分

④ 控制线路特殊部分的设计

图4-18所示的控制线路显然是手动控制，为了实现自动控制，皮带运输机的启动和停车过程可以用行程参量或时间参量加以控制。由于皮带是回转运动，检测行程比较困难，而用时间参量比较方便，所以，常采用以时间为变化参量，利用时间继电器作为输出器件的控制信号。以通电延时的常开触点作为启动信号，以断电延时的常开触点作为停车信号。为了使3条皮带能自动地按顺序进行工作，采用中间继电器KA，其线路如图4-19所示。

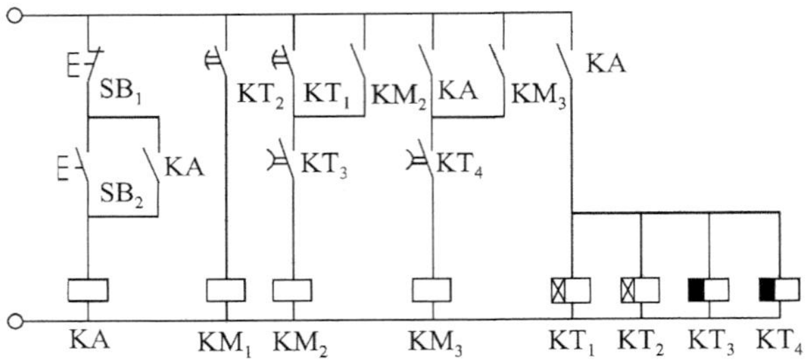

图4-19 控制电路的联锁部分

⑤ 设计联锁保护环节

按下 SB_1 发出停车指令时，KT_1、KT_2、KT_3、KT_4、KA同时断电，KA常开触点瞬时断开，接触器 KM_2、KM_3 若不加自锁，则 KT_3、KT_4 的延时将不起作用，KM_2、KM_3 线圈将瞬时断电，电动机不能按顺序停车，所以需加自锁环节。3个热继电器的保护触点均串联在KA的线圈电路中，这样，无论哪一号皮带机发生过载，都能按1#、2#、3#顺序停车。线路的失压保护由继电器KA实现。

⑥ 线路的综合审查

完整的控制线路如图4-20所示。

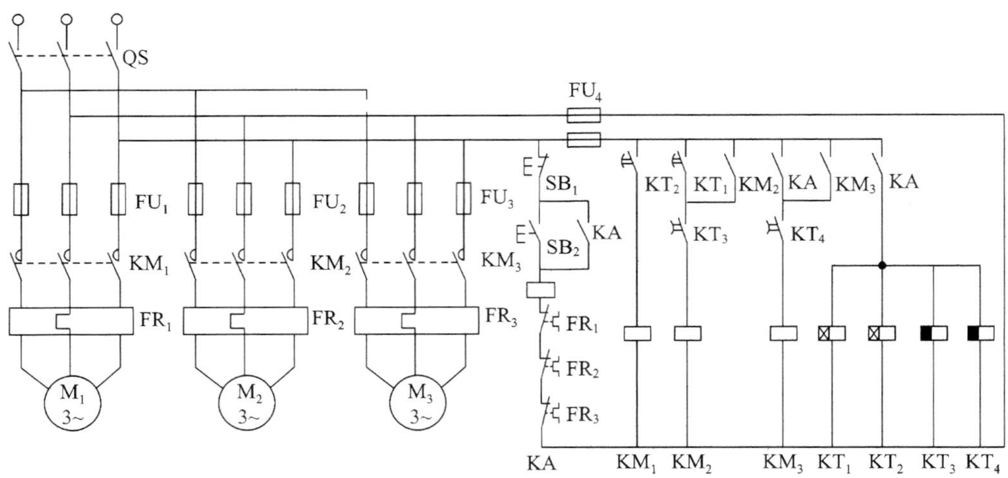

图4-20 完整的电路图

线路工作过程：按下启动按钮 SB_2，继电器KA通电吸合并自锁，KA的一个常开触点闭合，接通时间继电器 KT_1～KT_4，其中 KT_1、KT_2 为通电延时型时间继电器，KT_3、

KT_4 为断电延时型时间继电器，所以 KT_3、KT_4 的常开触点立即闭合，为接触器 KM_2 和 KM_3 的线圈通电准备条件。KA 的另一个常开触点闭合，与 KT_4 一起接通接触器 KM_3，使电动机 M_3 首先启动，经过一段时间，达到 KT_1 的整定时间，则时间继电器 KT_1 的常开触点闭合，使 KM_2 通电吸合，电动机 M_2 启动，再经过一段时间，达到 KT_2 的整定时间，则时间继电器 KT_2 的常开触点闭合，使 KM_1 通电吸合，电动机 M_1 启动。

按下停止按钮 SB_1，继电器 KA 断电释放，4 个时间继电器同时断电，KT_1、KT_2 的常开触点立即断开，KM_1 失电，电动机 M_1 停车。由于 KM_2 自锁，所以，只有达到 KT_3 的整定时间，KT_3 断开，使 KM_2 断电，电动机 M_2 停车。最后，达到 KT_4 的整定时间，KT_4 的常开触点断开，使 KM_3 线圈断电，电动机 M_3 停车。

2. 逻辑设计法

所谓逻辑设计法，就是利用逻辑代数这一数学工具来设计电气控制线路。即从机械设备的生产工艺要求出发，将控制线路中的接触器、继电器等电器元件线圈的通电与断电，触点的闭合与断开，以及主令元件触点的接通与断开等，均看成是逻辑变量。配合生产工艺过程，考虑控制线路中各逻辑变量之间所要满足的逻辑关系，用逻辑函数关系式表示它们之间的逻辑关系，按照一定的方法和步骤设计出符合生产工艺要求的电气控制线路。

(1) 逻辑代数基础

① 逻辑代数中的逻辑变量和逻辑函数。逻辑代数又称布尔代数或开关代数。

(a) 逻辑变量

在逻辑代数中，将具有两种互为对立的工作状态的物理量称为逻辑变量。如作为电气控制的继电器、接触器等电器元件线圈的通电与失电，触点的断开与闭合等，这里的线圈和触点都相当于一个逻辑变量，其对立的两种工作状态可采用逻辑“0”和逻辑“1”表示。而且逻辑代数规定，应明确逻辑“0”和逻辑“1”所代表的物理意义。因此，在继电接触器电气控制线路中明确规定：继电器、接触器等电器元件的线圈、常开(动合)触点为原变量；常闭(动断)触点为反变量。即

电器元件的线圈通电为“1”状态，失电为“0”状态；

常开触点闭合为“1”状态，断开为“0”状态；

常闭触点闭合为“$\overline{0}$”状态，断开为“$\overline{1}$”状态；

电器元件 KA_1，KA_2，…的常开触点分别用 KA_1，KA_2，…表示；常闭触点则分别用 $\overline{KA_1}$，$\overline{KA_2}$，…表示。

(b) 逻辑函数

在继电接触器电气控制线路中，把表示触点状态的逻辑变量称为输入逻辑变量；把表示接触器、继电器线圈等受控元件的逻辑变量称为输出逻辑变量。输出逻辑变量与输入逻辑变量之间所满足的相互关系称为逻辑函数关系，简称为逻辑关系。

② 逻辑代数的运算法则

(a) 逻辑与——触点串联

能够实现逻辑与运算的电路如图 4-21 所示。

逻辑表达式：$K=A\cdot B$（“·”为逻辑与运算符号）；

表达式的含义：只有当触点 A 与 B 都闭合时，线圈 K 才得电。

(b) 逻辑或——触点并联

能够实现逻辑或运算的电路如图 4-22 所示。

逻辑表达式：K＝A＋B（“＋”为逻辑或运算符号）；

表达式的含义：触点 A 与 B 只要有一个闭合时，线圈 K 就可以得电。

(c) 逻辑非——动断触点

能够实现逻辑非运算的电路如图 4-23 所示。

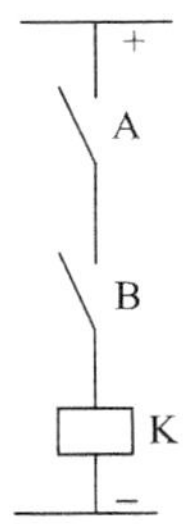

图 4-21　逻辑与运算电路

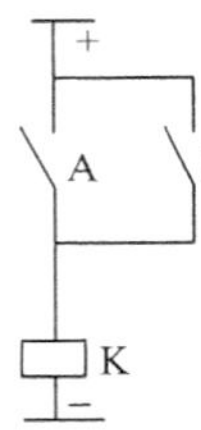

图 4-22　逻辑或运算电路

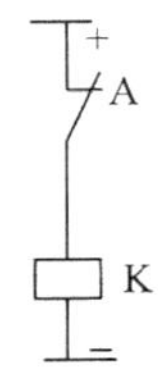

图 4-23　逻辑非运算电路

逻辑表达式：$K=\overline{A}$（“—”为逻辑非运算符号）；

表达式的含义：触点 A 不动作，则线圈 K 通电。

③ 逻辑代数的基本定理

(a) 交换律　$A\cdot B=B\cdot A$，$A+B=B+A$

(b) 结合律　$A\cdot(B\cdot C)=(A\cdot B)\cdot C$，$A+(B+C)=(A+B)+C$

(c) 分配律　$A\cdot(B+C)=A\cdot B+A\cdot C$，$A+(B\cdot C)=(A+B)\cdot(A+C)$

(d) 重叠律　$A\cdot A=A$，$A+A=A$

(e) 吸收律　$A+AB=A$，$A\cdot(A+B)=A$

$A+\overline{A}B=A+B$，$\overline{A}+AB=\overline{A}+B$

(f) 非非律　$\overline{\overline{A}}=A$

(g) 反演律　$\overline{A+B}=\overline{A}\cdot\overline{B}$，$\overline{A\cdot B}=\overline{A}+\overline{B}$

以上定理的证明请参考逻辑代数有关章节，读者也可自行证明。

④ 逻辑代数的化简

一般说来，从满足机械设备的工艺要求出发而列出的原始逻辑表达式都较为繁琐，涉及的变量较多，据此做出的电气控制线路图也较为繁琐。因此，在保证逻辑功能(生产工艺要求)不变的前提下，可运用逻辑代数的定理和法则将原始的逻辑表达式进行化简，以得到较为简化的电气控制线路图。

化简时经常用到的常量和变量的关系为：

$A+0=A$　$A\cdot 0=0$

$A+1=1$　$A\cdot 1=A$

$A+\overline{A}=1$　$A\cdot\overline{A}=0$

化简时经常用到的方法有：

(a) 合并项法　利用 $AB+A\overline{B}=A$，将两项合为一项。

例：$AB\overline{C}+ABC=AB$

(b) 吸收法　利用 $A+AB=A$ 消去多余的因子。

例：$B+ABDF=B$

(c) 消去法　利用 $A+\overline{A}B=A+B$ 消去多余的因子。

例：$\overline{A}+AB+DEF=\overline{A}+B+DEF$

(d) 配项法　利用逻辑表达式乘以一个“1”和加上一个“0”，其逻辑功能不变来进行化简，即利用 $A+\overline{A}=1$ 和 $A\cdot\overline{A}=0$。

⑤ 继电接触器开关的逻辑函数

继电接触器开关的逻辑电路，是以检测信号、主令信号、中间单元及输出逻辑变量的反馈触点作为输入变量，以执行元件作为输出变量而构成的电路。以下通过两个简单的线路说明组成继电接触器开关的逻辑函数的规律，图 4-24(a)和(b)为启、停自锁电路。

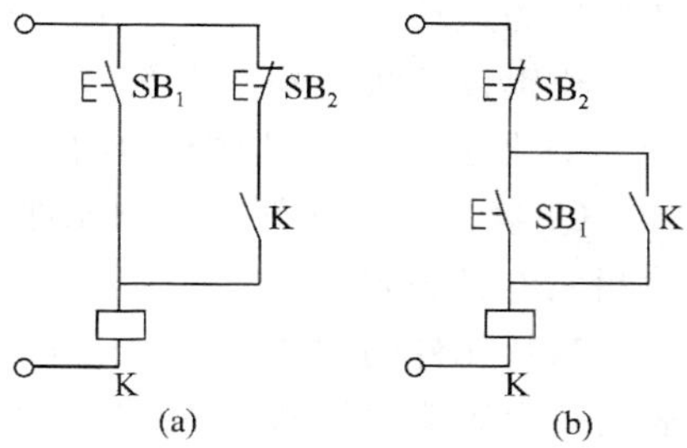

图 4-24　启、停自锁电路

对于图 4-24(a)，其逻辑函数为

$$F_K=SB_1+\overline{SB_2}\cdot K$$

其一般形式为

$$F_K=X_{开}+X_{关}\cdot K \tag{4-1}$$

对于图 4-24(b)，其逻辑函数为

$$F_K=\overline{SB_2}\cdot(SB_1+K)$$

其一般形式为

$$F_K=X_{关}(X_{开}+K) \tag{4-2}$$

式(4-1)和式(4-2)中的 $X_{开}$ 代表开启信号，$X_{关}$ 代表关闭信号。

实际启动、停止、自锁的线路，一般都有许多联锁条件，即控制一个线圈通、断电的条件往往都不止一个。对开启信号，当开启信号不止一个主令信号，还必须具有其他条件才能开启时，则开启主令信号用 $X_{开主}$ 表示，其他条件称为开启约束信号，用 $X_{开约}$ 表示。可见，只有当条件都具备时，开启信号才能开启，则 $X_{开主}$ 与 $X_{开约}$ 是逻辑与的关系，用 $X_{开主}\cdot X_{开约}$ 去代替式(4-1)和式(4-2)中的 $X_{开}$。

当关断信号不止一个主令信号，还必须具有其他条件才能关断时，则关断主令信号用 $X_{关主}$ 表示，其他条件称关断约束信号，用 $X_{关约}$ 表示。可见，只有当信号全为“0”时，信号才能关断，则 $X_{关主}$ 与 $X_{关约}$ 是逻辑或的关系，用 $X_{关主}+X_{关约}$ 去代替式(4-1)、式(4-2)中的 $X_{关}$。因此，启动、停止、自锁线路的扩展公式为

$$F_K=X_{开主}X_{开约}+(X_{关主}+X_{关约})K \tag{4-3}$$

$$F_K=(X_{关主}+X_{关约})(X_{开主}X_{开约}+K) \tag{4-4}$$

(2) 逻辑设计法的基本步骤

电气控制线路的组成一般有输入电路、输出电路和执行元件等。输入电路主要由主

令元件、检测元件组成。主令元件包括按钮、开关、主令控制器等，其功能是实现开机、停机及发生紧急情况下的停机等控制。这里，主令元件发出的信号称为主令信号。检测元件包含行程开关、压力继电器、速度继电器等各种继电器元件，其功能是检测物理量，作为程序自动切换时的控制信号，即检测信号。主令信号、检测信号、中间元件发出的信号、输出变量反馈的信号组成控制线路的输入信号。输出电路由中间记忆元件和执行元件组成。中间记忆元件即继电器，其基本功能是记忆输入信号的变化，使得按顺序变化的状态(以下称为程序)两两相区分。

执行元件分为有记忆功能的和无记忆功能的两种。有记忆功能的执行元件有接触器、继电器。无记忆功能的执行元件有电磁阀、电磁铁等。执行元件的基本功能是驱动生产机械的运动部件满足生产工艺要求。

逻辑设计法的基本步骤如下：

① 根据生产工艺要求，作出工作循环示意图。

② 确定执行元件和检测元件，并根据工作循环示意图作出执行元件的动作节拍表和检测元件状态表。

执行元件的动作节拍表由生产工艺要求决定，是预先提供的。执行元件的动作节拍表实际上表明接触器、继电器等电器线圈在各程序中的通电、断电情况。

检测元件状态表根据各程序中检测元件状态变化编写。

③ 根据主令元件和检测元件状态表写出各程序的特征数，确定待相区分组，增设必要的中间记忆元件，使待相区分组的所有程序区分开。

程序特征数，即由对应程序中所有主令元件和检测元件的状态构成的二进制数码的组合数。例如当一个程序有两个检测元件时，根据状态取值的不同，该程序可能有4个不同的特征数。

当两个程序中不存在相同的特征数时，这两个程序是相区分的；否则，是不相区分的。将具有相同特征数的程序归为一组，称为待相区分组。

对待相区分组可设置必要的中间记忆元件，通过中间记忆元件的不同状态将各待相区分组区分开。

④ 列出中间记忆元件的开关逻辑函数和执行元件的逻辑函数。

⑤ 根据逻辑函数式建立电气控制线路图。

⑥ 进一步检查、化简、完善电路，增加必要的保护和联锁环节。

(3) 逻辑设计法举例

例 4-1 用逻辑设计法设计皮带运输机的电气控制线路。

① 皮带运输机的工作循环示意图如图 4-16 所示。

按生产工艺要求，当启动信号给出后，3＃皮带机立即启动，经一定时间间隔，由控制元件——时间继电器 KT_1 发出启动 2＃皮带机的信号，2＃皮带机启动；再经一定时间间隔，由控制元件——时间继电器 KT_2 发出启动 1＃皮带机的信号，1＃皮带机启动。当发出停止信号时，1＃皮带机立即停车，经一定时间间隔，由控制元件——时间继电器 KT_3 发出停止 2＃皮带机的信号，2＃皮带机停车；再经一定时间间隔，由控制元件——时间继电器 KT_4 发出停止 3＃皮带机的信号，3＃皮带机停车。

② 作出执行元件的动作节拍表和检测元件的状态表。

确定执行元件为接触器 KM_1、KM_2、KM_3；检测元件为时间继电器 KT_1、KT_2、KT_3、KT_4。其中 KT_1 和 KT_2 为启动用时间继电器，用于通电延时；KT_3 和 KT_4 为停止用时间继电器，用于断电延时。

主令元件为启动按钮 SB_2 和停止按钮 SB_1。接触器和时间继电器线圈状态见表 4-1，时间继电器及按钮触点状态见表 4-2。表中的“1”代表线圈通电或触点闭合，“0”代表线圈断电或触点断开。

表 4-1 接触器和时间继电器线圈状态表

程序	状态	元件线圈状态						
		KM_1	KM_2	KM_3	KT_1	KT_2	KT_3	KT_4
0	原位	0	0	0	0	0	0	0
1	3#启动	0	0	1	1	1	1	1
2	2#启动	0	1	1	1	1	1	1
3	1#启动	1	1	1	1	1	1	1
4	1#停车	0	1	1	0	0	0	0
5	2#停车	0	0	1	0	0	0	0
6	3#停车	0	0	0	0	0	0	0

表 4-2 时间继电器及按钮触点状态表

程序	状态	检测或控制元件触点状态						转换主令信号
		KT_1	KT_2	KT_3	KT_4	SB_1	SB_2	
0	原位	0	0	0	0	1	0	
1	3#启动	0	0	1	1	1	1/0	SB_2 KT_3 KT_4
2	2#启动	1	0	1	1	1	0	KT_1
3	1#启动	1	1	1	1	1	0	KT_2
4	1#停车	0	0	1	1	0/1	0	SB_1 KT_1 KT_2
5	2#停车	0	0	0	1	1	0	KT_3
6	3#停车	0	0	0	0	1	0	KT_4

表中的 1/0 和 0/1 表示短信号。例如，当按下按钮 SB_2 时，常开触点闭合；松开时，触点即断开。所以，称其产生的信号为短信号，在表中用 1/0 表示。

③ 决定待相区分组，设置中间记忆元件。根据控制或检测元件状态表得到程序特征数，具体数值见表 4-3。

表 4-3 程序特征数

0 程序特征数	000010	4 程序特征数	001100,001110
1 程序特征数	001111,001110	5 程序特征数	000110
2 程序特征数	101110	6 程序特征数	000010
3 程序特征数	111110		

只有“1”程序和“4”程序有相同特征数 001110，但 SB_2 为短信号，需加自锁。因此，“1”程序和“4”程序就属于可区分组了。因为没有待相区分组，所以不需要设置中间记忆元件。

④ 列出输出元件的逻辑函数式。

KM_3 的工作区间是程序1～5,程序0、1间转换主令信号是SB_2,由0→1取$X_{开主}$为SB_2,程序5、6间转换主令信号是KT_4,由1→0,所以,取$X_{关主}$为KT_4,且SB_2为短信号,需自锁。故

$$KM_3=(SB_2+KM_3)KT_4$$

KM_2 的工作区间是程序2～4,程序1、2间转换主令信号是KT_1,由0→1取$X_{开主}$为KT_1,程序4、5间转换主令信号是KT_3,由1→0,取$X_{关主}$为KT_3,但在开关边界内$X_{开主}\cdot X_{关主}$不全为1(由于KT_1、KT_3分别为通电延时型和断电延时型,所以在线路通电或断电时,二者不能同时闭合),需自锁。故

$$KM_2=(KT_1+KM_2)KT_3$$

KM_1 的工作程序是程序3,程序2、3间转换主令信号是KT_2,由0→1取$X_{开主}$为KT_2,程序3、4间转换主令信号是SB_1,由1→0→1,取$X_{关主}$为$\overline{SB_1}$,故

$$KM_1=\overline{SB_1}\cdot KT_2$$

KT_1～KT_4 的工作区间是程序1～3,程序0、1间转换主令信号是SB_2,由0→1,且SB_2是短信号,需加自锁,取$X_{开主}$为SB_2。程序3、4间转换主令信号是SB_1,由1→0→1,取$X_{关主}$为SB_1,故

$$KT_1=(SB_2+KT_1)\overline{SB_1} \qquad KT_2=(SB_2+KT_2)\overline{SB_1}$$

$$KT_3=(SB_2+KT_3)\overline{SB_1} \qquad KT_4=(SB_2+KT_4)\overline{SB_1}$$

以上4个公式可以用一个公式代替,由于KT_1～KT_4线圈的通、断电信号相同,所以自锁信号用KT_1的瞬动触点来代替,则KT_1～$KT_4=(SB_2+KT_1)\overline{SB_1}$。

⑤ 按逻辑函数式画出电气控制线路图。

按以上的逻辑函数式画出的电气控制线路图如图4-25所示,考虑$\overline{SB_1}$、SB_2需两常开、两常闭,数量太多,对按钮来说难以满足要求,改用$KA=(SB_2+K)\overline{SB_1}$和$KT_1$～$KT_4=KA$,即是利用$SB_2$和$SB_1$控制中间继电器KA的线圈,再由KA的常开触点控制$KT_1$～$KT_4$的线圈,由此可画出图4-26所示的电路。

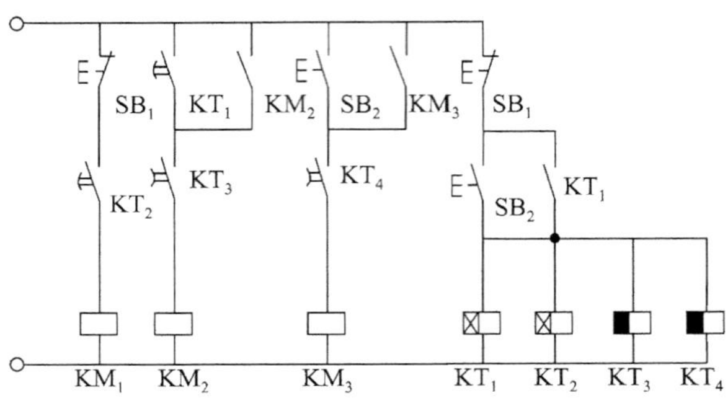

图4-25 按逻辑函数画出的控制线路

⑥ 进一步完善电路,增加必要的联锁和保护环节。经过进一步检查和完善,最后可画出与图4-20相同的电路。

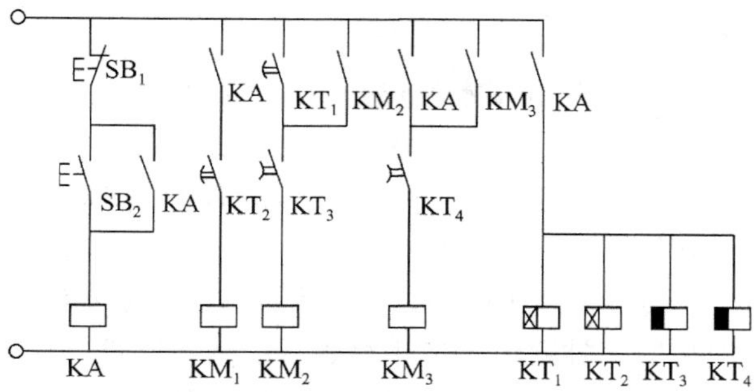

图 4-26　完善的控制线路

例 4-2　用逻辑设计法设计异步电动机串电阻降压启动、可逆运行、反接制动控制线路。

① 分析异步电动机串电阻降压启动、可逆运行、反接制动的主电路和工作流程图

在图 4-27(a)的主电路中，KM_1、KM_2 为可逆运行和反接制动接触器，R 为降压启动和反接制动时串联的电阻，KM_3 为电阻切除用接触器。

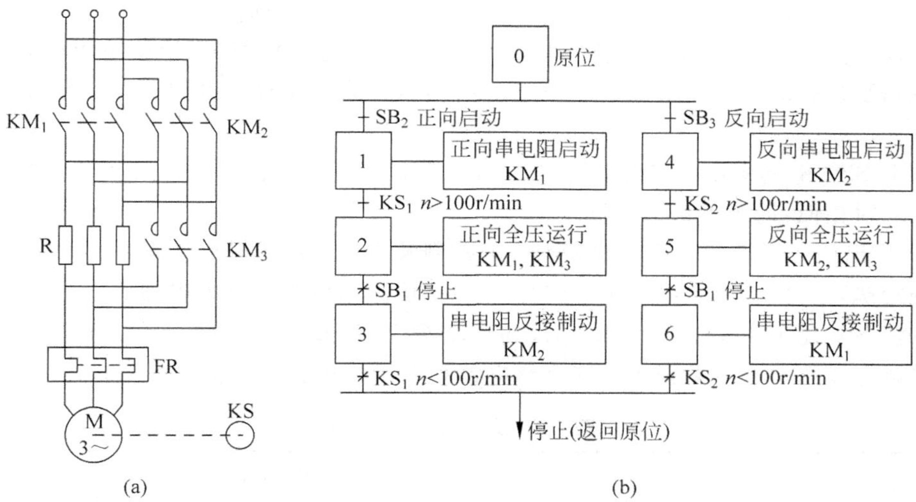

图 4-27　异步电动机串电阻降压启动、可逆运行、反接制动的主电路和工作示意图

图 4-27(b)为用功能表图描述主电路控制过程的工作流程图。图中，SB_1 为停止按钮，SB_2 和 SB_3 分别为正向和反向启动按钮，KS_1 和 KS_2 分别为速度继电器 KS 的正向和反向常开触点。

为了清晰描述控制过程，可以使用功能表图形式表达。由若干工步、转换和有向线段组成的整体，就是功能表图。图 4-28 是功能表图的一般形式。矩形框表示生产过程的一个工步；框内的 i 代表第 i 工步的状态，$X_i=1$ 就执行旁边框内规定的动作，$X_i=0$，就不执行；带箭头的有向线段表示状态转移的路线(按习惯从上向下、从左向右转移时可省去箭头)；有向线段中间的短划线称为转换，旁

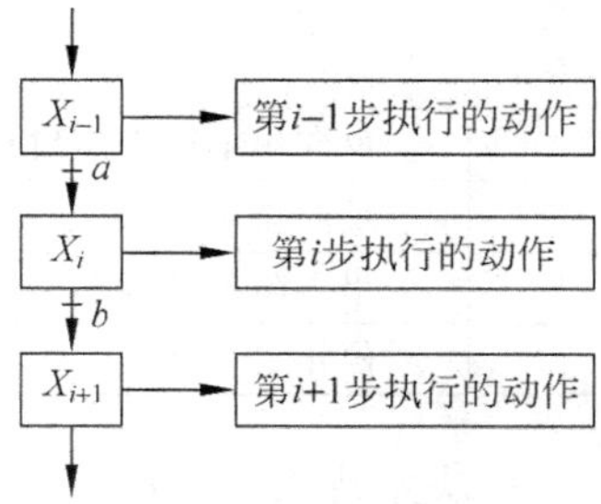

图 4-28　功能表图的组成

边的文字 a、b 表示转换条件。

使用功能表图描述控制过程的基本特点是：各工步按顺序执行，上一工步执行结束，转换信号出现时，立即开通下一工步，同时关断上一工步。图4-28中，$X_{i-1}=1$ 是第 i 步开通的前导信号，待转换条件满足时($a=1$)，第 i 步立即开通(X_i 由0变1)，同时关断前一工步(使 $X_{i-1}=0$)。转换条件 a 称为切换主令。

根据工步与工步之间进展的不同情况，功能表图有三种基本结构：

(a) 单序列　反映按顺序排列的工步相继激活的结构形式，见图4-28。

(b) 选择序列　一个活动工步之后，紧接着有几个后续工步可供选择的结构形式。

(c) 并行序列　当转换的实现导致几个分支同时激活时，采用并行序列。

在图4-27(b)的工作流程图中，0工步为原位。接下来为选择序列，即选择正向或反向，由于正向启动按钮 SB_2 与反向启动按钮 SB_3 之间为互锁关系，因此二者只能选其一。

按下 SB_2，开通1工步，KM_1 接通，电动机正向串电阻降压启动，电动机转速 n 上升。当 $n>100r/min$ 时，速度继电器KS的正向触点 KS_1 闭合，开通2工步，同时关断1工步。在2工步中，KM_1 保持接通，KM_3 接通切除电阻R，电动机正向全压运行。当按下停止按钮 SB_1 时，开通3工步，同时关断2工步。在3工步中，KM_2 接通，电动机串电阻反接制动，电动机转速 n 下降。当 $n<100r/min$ 时，KS_1 断开，电动机停止，返回原位(即0工步)。

按下 SB_3，电动机反向串电阻降压启动。反向全压运行和串电阻反接制动的工作流程与正向时相似，请读者自行分析。

② 作出执行元件的动作节拍表和检测控制及主令元件的触点状态表

确定执行元件为接触器 KM_1、KM_2、KM_3；检测元件为速度继电器KS；主令元件为停止按钮 SB_1，正向启动按钮为 SB_2，反向启动按钮为 SB_3。

接触器线圈状态表见表4-4，速度继电器和按钮的触点状态表见表4-5。

表4-4　接触器线圈状态表

程序	状　　态	元件线圈状态		
		KM_1	KM_2	KM_3
0	原位	0	0	0
1	正向串电阻降压启动	1	0	0
2	正向全压运行	1	0	1
3	串电阻反接制动	0	1	0
0	停止	0	0	0
4	反向串电阻降压启动	0	1	0
5	反向全压运行	0	1	1
6	串电阻反接制动	1	0	0
0	停止	0	0	0

③ 决定待相区分组，设置中间记忆元件

根据检测控制及主令元件触点状态表，可以得出程序特征数见表4-6。

表 4-5　速度继电器和按钮触点状态表

程序	状　　态	检测控制或主令元件触点状态					转换信号
		KS_1	KS_2	SB_1	SB_2	SB_3	
0	原位	0	0	1	0	0	
1	正向串电阻降压启动	0	0	1	1/0	0	SB_2
2	正向全压运行	1	0	1	0	0	KS_1
3	串电阻反接制动	1	0	0/1	0	0	SB_1
0	停止	0	0	1	0	0	KS_1
4	反向串电阻降压启动	0	0	1	0	1/0	SB_3
5	反向全压运行	0	1	1	0	0	KS_2
6	串电阻反接制动	0	1	0/1	0	0	SB_1
0	停止	0	0	1	0	0	KS_2

表 4-6　程序特征数

0 程序特征数	00100		
1 程序特征数	00110,00100	4 程序特征数	00101,00100
2 程序特征数	10100	5 程序特征数	01100
3 程序特征数	10000,10100	6 程序特征数	01000,01100

由表 4-6 可见，0 程序与 1 程序有相同的特征数 00100，0 程序与 4 程序也有相同的特征数 00100。由表 4-4 可知，KM_1 在正向流程 1 程序、2 程序和反向流程 6 程序中均处于工作状态，KM_2 在反向流程 4 程序、5 程序和正向流程 3 程序中也处于工作状态，因此启动短信号 SB_2、SB_3 不能用 KM_1、KM_2 来保持。所以 0 程序与 1 程序、0 程序与 4 程序为待相区分组，需增加中间记忆元件中间继电器 KA_1、KA_2 来分别保持正向启动信号和反向启动信号。

2 程序与 3 程序有相同的特征数 10100，5 程序与 6 程序有相同的特征数 01100，这两组程序均为待相区分组。因此需增加中间记忆元件中间继电器 KA_3、KA_4，分别用于保持 KS_1、KS_2 发出的正向全压运行和反向全压运行信号。

增加中间记忆元件后，执行元件的动作节拍表和检测控制及主令元件的触点状态表见表 4-7 和表 4-8。

表 4-7　接触器和中间继电器线圈状态表

程序	状　　态	元 件 线 圈 状 态						
		KM_1	KM_2	KM_3	KA_1	KA_2	KA_3	KA_4
0	原位	0	0	0	0	0	0	0
1	正向串电阻降压启动	1	0	0	1	0	0	0
2	正向全压运行	1	0	1	1	0	1	0
3	串电阻反接制动	0	1	0	0	0	1	0
0	停止	0	0	0	0	0	0	0
4	反向串电阻降压启动	0	1	0	0	1	0	0
5	反向全压运行	0	1	1	0	1	0	1
6	串电阻反接制动	1	0	0	0	0	0	1
0	停止	0	0	0	0	0	0	0

表 4-8 速度继电器、中间继电器和按钮触点状态表

程序	状态	检测控制及主令元件触点状态									转换信号
		KS_1	KS_2	KA_1	KA_2	KA_3	KA_4	SB_1	SB_2	SB_3	
0	原位	0	0	0	0	0	0	1	0	0	
1	正向串电阻降压启动	0	0	1	0	0	0	1	1/0	0	SB_2
2	正向全压运行	1	0	1	0	1	0	1	0	0	KS_1
3	串电阻反接制动	1	0	0	0	1	0	0/1	0	0	SB_1
0	停止	0	0	0	0	0	0	1	0	0	KS_1
4	反向串电阻降压启动	0	0	0	1	0	0	1	0	1/0	SB_3
5	反向全压运行	0	1	0	1	0	1	1	0	0	KS_2
6	串电阻反接制动	0	1	0	0	0	1	0/1	0	0	SB_1
0	停止	0	0	0	0	0	0	1	0	0	KS_2

由表 4-8 可见，增加中间记忆元件 $KA_1 \sim KA_4$ 后，各程序的特征数各不相同，不再有待相区分组。

④ 列出输出元件的逻辑函数式

(a) 先列出中间继电器的逻辑函数式

由表 4-7 和表 4-8 知，KA_1 的工作区间是程序 1～2，程序 0、1 间转换主令信号是 SB_2，由 0→1 取 $X_{开主}$ 为 SB_2，程序 2、3 间转换主令信号是 SB_1，由 1→0，所以，取 $X_{关主}$ 为 SB_1，且 SB_2 为短信号，需自锁。故

$$KA_1 = \overline{SB_1}(SB_2 + KA_1)$$

KA_2 的工作区间是程序 4～5，程序 0、4 间转换主令信号是 SB_3，由 0→1 取 $X_{开主}$ 为 SB_3，程序 5、6 间转换主令信号是 SB_1，由 1→0，所以，取 $X_{关主}$ 为 SB_1，且 SB_3 为短信号，需自锁。故

$$KA_2 = \overline{SB_1}(SB_3 + KA_2)$$

KA_3 的工作区间是程序 2～3，程序 1、2 间转换主令信号是 KS_1，由 0→1 取 $X_{开主}$ 为 KS_1，程序 3、0 间转换主令信号也是 KS_1，由 1→0，所以，取 $X_{关主}$ 为 KS_1，即 KA_3 的开启信号和关闭信号为同一主令信号 KS_1，KA_3 的开启必须在 KA_1 动作之后，所以取 $X_{开约}$ 为 KA_1。故

$$KA_3 = KS_1(KS_1 \cdot KA_1 + KA_3) = KS_1(KA_1 + KA_3)$$

KA_4 的工作区间是程序 5～6，程序 4、5 间转换主令信号是 KS_2，由 0→1 取 $X_{开主}$ 为 KS_2，程序 6、0 间转换主令信号也是 KS_2，由 1→0，所以，取 $X_{关主}$ 为 KS_2，即 KA_4 的开启信号和关闭信号为同一主令信号 KS_2，KA_4 的开启必须在 KA_2 动作之后，所以取 $X_{开约}$ 为 KA_2。故

$$KA_4 = KS_2(KS_2 \cdot KA_2 + KA_4) = KS_2(KA_2 + KA_4)$$

(b) 接触器的逻辑函数式

由于增加了中间记忆元件，$KM_1 \sim KM_3$ 的逻辑函数式为 $KA_1 \sim KA_4$ 的组合逻辑关系。KM_1 的工作区间是程序 1～2 和程序 6，在这些区间工作的中间继电器为 KA_1 和

KA_4，因 KM_1 与 KM_2 必须互锁，故 KM_1 的组合逻辑为

$$KM_1 = (KA_1 + KA_4)\overline{KM_2}$$

KM_2 的工作区间是程序 4～5 和程序 3，在这些区间工作的中间继电器为 KA_2 和 KA_3，因 KM_2 与 KM_1 必须互锁，故 KM_2 的组合逻辑为

$$KM_2 = (KA_2 + KA_3)\overline{KM_1}$$

KM_3 的工作区间是程序 2 和程序 5，在程序 2 工作的中间继电器为 KA_1 和 KA_3，在程序 5 工作的中间继电器为 KA_2 和 KA_4，故 KM_3 的组合逻辑为

$$KM_3 = (KA_1 \cdot KA_3) + (KA_2 \cdot KA_4)$$

⑤ 按逻辑函数式画出电气控制线路图

按以上的逻辑函数式画出的电气控制线路图如图 4-29 所示。

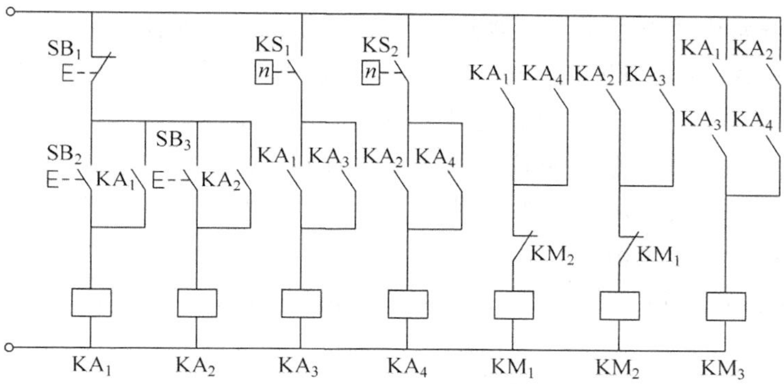

图 4-29　按逻辑函数式画出的电气控制线路图

⑥ 进一步完善电路，增加必要的联锁和保护环节

对图 4-29 电气控制线路进行优化完善，增加过载保护环节及 KA_1 与 KA_2 之间的互锁，完善的电气控制线路如图 4-30 所示。

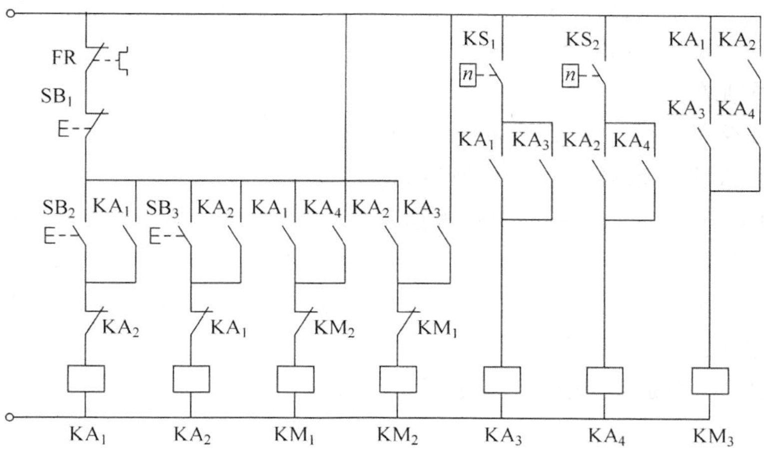

图 4-30　完善的电气控制线路

综合以上分析设计法和逻辑设计法可以看出,其基本设计思路是一样的。对于一般不太复杂的电气控制线路可按照分析设计法进行设计,而且,如果设计人员具有丰富的设计经验和设计技巧,掌握较多的典型基本环节,则对所进行的设计大有益处。对于较为复杂的电气控制线路,则宜采用逻辑设计法进行设计(见例4-2),既可以使设计的电气控制线路更加简单化,又可以充分利用电器元件,得到更加简化、更为合理的电气控制线路。

4.3 常用电器元件的选择

电气控制系统的电路设计完成之后,就应着手进行有关电器元件的选择。一个大型的自动控制系统常由成百上千个元器件组成,若其中某一个元器件失灵,就会影响整个控制系统的正常工作,或出现故障,或使生产停产。因此,正确、合理地选用控制电器,是控制电路安全、可靠工作的重要保证。电器元件选择的基本原则如下:

① 按对电器元件的功能要求确定电器元件的类型。

② 确定电器元件承载能力的临界值及使用寿命。根据电器控制的电压、电流及功率的大小确定电器元件的规格。

③ 确定电器元件预期的工作环境及供应情况,如防油、防尘、防水、防爆及货源情况。

④ 根据电器元件在应用中所要求的可靠性进行选择。

⑤ 确定电器元件的使用类别。

电器元件的使用类别见表4-9。其中AC—11、DC—11是IEC(国际电工委员会)337—1中的使用类别,而AC—12～AC—15、DC—12～DC—14是IEC标准修订草案中的使用类别,后者正逐渐取代前者。

对于IEC158—1的使用类别DC—2、DC—4,由于在使用上有许多不便的地方,根据国际发展趋势将被取消,故GB—1985标准中未采用。GB—1985标准中还采用了新发展起来的使用类别AC—5～AC—8。

对于断路器,IEC157—1的新动向中采用按使用类别A和B的分类方法,即非选择型的断路器称A类断路器;选择型的断路器称B类断路器。对于B类断路器还规定了短延时时间不小于0.05s,以及至少必须达到的短时耐受电流值。在分组顺序试验中对A类和B类断路器做了不同的规定。由于这一分类抓住了断路器的最大特征,是一种比IEC157—1正式版本中P—1、P—2更为合理的分类法,所以在《低压断路器》JB 1284—1985中给予采用。

熔断器的使用类别G是用于"一般用途",M是用于电动机回路中。

表 4-9 低压电器常见使用类别及其代号

使用类别代号	典型用途举例	给出试验参数的标准名称	使用类别代号	典型用途举例	给出试验参数的标准名称
AC—1 (JK0)	无感或微感负载，电阻炉	JB 2455—1985《低压接触器》JB 2458·1—1985《低压电动机的启动器》	AC—11	控制交流电磁铁负载	JB 4013·1—1985《控制电路电器和开关元件》；GB 1497—1985《低压电器基本标准》
AC—2 (JK1+JK2)	线绕式电动机的启动、分断		AC—12	控制电阻性负载和发光二极管隔离的固态负载	
AC—3 (JK3)	鼠笼型异步电动机的启动、运转中分断		AC—13	控制变压器隔离的固态负载	
AC—4 (JK4)	鼠笼型异步电动机的启动、反接制动与反向、点动		AC—14	控制容量(闭合状态下)不大于 72VA 的电磁铁负载	
AC—5a	控制放电灯的通断		AC—15	控制容量(闭合状态)大于 72VA 的电磁铁负载	
AC—5b	控制白炽灯的通断		DC—1	无感或微感负载，电阻炉	JB 2455—1985《低压接触器》
AC—6a	变压器的通断		DC—3 (ZK1+ZK2)	并励电动机的启动、反接制动、点动	
AC—6b	电容器组的通断		DC—5 (ZK3+ZK4)	串励电动机的启动、反接制动、点动	
AC—7a	家用电器中的微感负载和类似用途		DC—6	白炽灯的通断	
AC—7b	家用电动机负载		DC—11	控制直流电磁铁负载	JB 4013·1—1985《控制电路电器开关元件》；GB 1497—1985《低压电器基本标准》
AC—8a	密封制冷压缩机中的电动机控制(过载继电器手动复位式)		DC—12	控制电阻负载和发光二极管隔离的固态负载	
AC—8b	密封制冷压缩机中的电动机控制(过载继电器自动复位式)		DC—14	控制电路中有经济电阻的直流电磁铁负载	

注：括号内的使用类别代号为对应的 GB 1797—1979 的代号。

4.3.1 按钮、开关类电器的选择

1. 按钮

按钮主要根据所需要的触点数、使用场合、颜色标注以及额定电压、额定电流进行选择。

按钮颜色及其含义。国标 GB 5226—1985《机床电气设备通用技术条件》对按钮的颜色做了如下规定。

① “停止”和“急停”按钮必须是红色。当按下红色按钮时，必须使设备停止工作或断电。

② “启动”按钮的颜色是绿色。

③ “启动”与“停止”交替动作的按钮必须是黑色、白色或灰色，不得用红色和绿色。

④ “点动”按钮必须是黑色。

⑤ “复位”按钮(如保护继电器的复位按钮)必须是蓝色。当复位按钮还有停止的作用时，则必须是红色。

按钮颜色的含义及应用见表 4-10，表中规定与《指示灯和按钮的颜色》IEC73(1975 年第二版)一致。表 4-11 为 LA38 系列按钮的主要技术参数。

表 4-10 按钮的颜色、含义及应用(摘录 GB 5226—1985)

颜色	颜色的含义	典型应用
红	急情出现时动作	急停
	停止或断开	总停 停止一个或几个电动机 停止机床的一部分 停止循环(如果操作者在循环期间按此按钮,机床在有关循环完成后停止) 断开开关装置 兼有停止作用的复位
黄	干预	排除反常情况或避免不希望出现的变化。如当循环尚未完成,把机床部件返回到循环起始点按下黄色按钮可以超越预选的其他功能
绿	启动或接通	总启动 开动一个或几个电动机 开动机床的一部分 开动辅助功能 闭合开关装置 接通控制电路
蓝	红、黄、绿三种颜色未包括的任何特定含义	红、黄、绿色含义未包括的特殊情况,可以用蓝色复位(如保护继电器的复位按钮)
黑、灰、白	未赋予特定含义	除停止按钮外,黑、灰、白色可用于任何功能,如黑色用于点动,白色用于控制与工作循环无直接关系的辅助功能等

表 4-11 LA38 系列按钮主要技术参数(摘自江阴长江电器有限公司产品手册)

型号			LA38—□□/209□ LA38—□□/229□ LA38—□□/409□	LA38—□□/208□ LA38—□□/228□ LA38—□□/408□	LA38—□□/207□ LA38—□□A/207□
额定绝缘电压/V			380		
额定工作电流/A(额定工作电压 V)	AC—15	220V	5.5	6.5	1.5
		380V	4	4.3	1.2
	DC—13	110V	1	1.2	—
		220V	0.45	0.55	—
约定发热电流/A			10		
机械寿命/次$\times 10^4$			100		
电寿命/次$\times 10^4$			50		
颜色			红、绿、黄、白、蓝、黑		
符合标准			IEC947,GB/T 14048 • 1—1993,GB 14048 • 5—1993,JB/T 3907—1999,JB 8975—1999 等		

2. 行程开关

行程开关主要根据机械设备运动方式与安装位置,如挡铁的形状、工作速度、工作力、工作行程、触点数量,以及额定电压、额定电流来选择。

3. 万能转换开关

万能转换开关根据控制对象的接线方式、触点形式与数量、动作顺序和额定电压、额定电流等参数进行选择。

4. 电源引入开关的选择

机械设备引入电源的控制开关常选用刀开关、组合开关和断路器等。

(1) 刀开关与铁壳开关的选用

刀开关与铁壳开关适用于接通或断开有电压而无负载电流的电路，用于不频繁接通与断开，且长期工作的机械设备的电源引入。根据电源种类、电压等级、电动机的容量及控制的极数进行选择。用于照明电路时，刀开关或铁壳开关的额定电压、额定电流应等于或大于电路最大工作电压与工作电流。用于电动机的直接启动时，刀开关与铁壳开关的额定电压为 380V 或 500V、额定电流应等于或大于电动机额定电流的 3 倍。

(2) 组合开关的选用

组合开关主要用于电源的引入。根据电流种类、电压等级、所需触点数量及电动机容量进行选择。当用于控制 7kW 以下电动机的启动、停止时，组合开关的额定电流应等于电动机额定电流的 3 倍。若不直接用于启动和停机时，其额定电流只需稍大于电动机的额定电流即可。

(3) 断路器的选用

包括正确选用开关的类型、容量等级和保护方式。在选用之前，必须对被保护对象的容量、使用条件及要求进行详细调查，通过必要的计算后，再对照产品使用说明书的数据进行选用。

① 断路器的额定电压和额定电流应不小于电路的正常工作电压和工作电流。

② 热脱扣器的整定电流应与所控制的电动机的额定电流或负载额定电流一致。

③ 电磁脱扣器的瞬时脱扣整定电流应大于负载电路正常工作时的峰值电流。对于电动机来说，断路器电磁脱扣器的瞬时脱扣整定电流值 I 可按下式计算

$$I \geqslant K \cdot I_{ST} \tag{4-5}$$

式中，K——安全系数，可取 $K=1.7$；

I_{ST}——电动机的启动电流。

4.3.2 熔断器的选择

选择熔断器，首先应确定熔体的额定电流，其次根据熔体的规格，选择熔断器的规格，再根据被保护电路的性质，选择熔断器的类型。

1. 熔体额定电流的选择

熔体的额定电流与负载性质有关。

① 负载较平稳，无尖峰电流，如照明电路、信号电路、电阻炉电路等。

$$I_{FUN} \geqslant I \tag{4-6}$$

式中，I_{FUN}——熔体额定电流；

I——负载额定电流。

② 负载出现尖峰电流，如笼型异步电动机的启动电流为4～7倍I_{ed}(I_{ed}为电动机额定电流)。

单台不频繁启动、停机，且长期工作的电动机：

$$I_{FUN}=(1.5\sim2.5)I_{ed} \tag{4-7}$$

单台频繁启动、长期工作的电动机：

$$I_{FUN}=(3\sim3.5)I_{ed} \tag{4-8}$$

多台长期工作的电动机共用熔断器：

$$I_{FUN}\geqslant(1.5\sim2.5)I_{e\max}+\sum I_{ed} \tag{4-9}$$

或

$$I_{FUN}\geqslant I_m/2.5 \tag{4-10}$$

式中，$I_{e\max}$——容量最大的一台电动机的额定电流；

$\sum I_{ed}$——其余电动机的额定电流之和；

I_m—— 电路中可能出现的最大电流。

当几台电动机不同时启动时，电路中的最大电流：

$$I_m=7I_{e\max}+\sum I_{ed} \tag{4-11}$$

③ 采用降压方法启动的电动机：

$$I_{FUN}\geqslant I_{ed} \tag{4-12}$$

2. 熔断器规格的选择

熔断器的额定电压必须大于电路工作电压，额定电流必须等于或大于所装熔体的额定电流。

3. 熔断器类型的选择

熔断器的类型应根据负载保护特性的短路电流大小及安装条件来选择。

4.3.3 交流接触器的选择

接触器分交流与直流两种。应用最多的是交流接触器。选择时主要考虑主触点的额定电压与额定电流、辅助触点的数量、吸引线圈的电压等级、使用类别、操作频率等。选择交流接触器，其主触点的额定电流应等于或大于负载或电动机的额定电流。

1. 额定电压与额定电流

主要考虑接触器主触点的额定电压与额定电流。

$$U_{KMN}\geqslant U_{CN} \tag{4-13}$$

$$I_{KMN}\geqslant I_N=\frac{P_{MN}\times10^3}{KU_{MN}} \tag{4-14}$$

式中，U_{KMN}——接触器的额定电压；

U_{CN}——负载的额定线电压；

I_{KMN}——接触器的额定电流；

I_N——接触器主触点电流；

P_{MN}——电动机功率；

U_{MN}——电动机额定线电压；

K——经验常数，$K=1\sim1.4$。

按照接触器的工作制、安装及散热条件的不同，其额定电流使用值也不同。接触器触点通电持续率大于或等于 40%时，额定电流值可降低 10%～20%使用；接触器安装在控制柜内，其冷却条件较差时，额定电流值应降低 10%～20%使用；接触器在重复短时工作制，且通电持续率不超过 40%时，其允许的负载额定电流可提高 10%～25%；若接触器安装在控制柜内，允许的负载额定电流仅提高 5%～10%。

也可按照接触器的使用类别，查阅生产厂家提供的技术参数来确定。表 4-12 为 CJX1 系列交流接触器的部分技术参数。

表 4-12　CJX1(3TF)系列交流接触器主要技术参数

(摘自苏州市华信机床电器厂产品手册)

型号		3TF30	3TF31	3TF32	3TF33	3TF34	3TF35	3TF46	3TF47	3TF48	3TF49	3TF50
额定绝缘电压/V		690										
额定工作电流(380V)/A	AC—3	9	12	16	22	32	38	45	63	75	85	110
	AC—4	3.3	4.3	7.7	8.5	15.6	18.5	24	28	34	42	54
可控电机功率/kW AC—3	230/220V	2.4	3.3	4	5.5	8.5	11	15	18.5	22	26	37
	400/380V	4	5.5	7.5	11	15	18.5	22	30	37	45	55
可控电机功率/kW AC—4	400/380V	1.4	1.9	3.5	4	7.5	9	12	14	17	21	27
机械寿命/次×10^6		15				10						
电寿命/次×10^6	AC—3	1.2										
	AC—4	0.2										
操作频率/(次/h)	AC—3	1000		750			600	1200	1000		850	1000
	AC—4	250		250			200	400	300		250	300
吸引线圈工作电压范围		$(0.8\sim1.1)U_N$										
吸引线圈功率消耗(AC)	保持/VA	10				12.1		17		32		39
	功率因数	0.29				0.28		0.29		0.29		0.24
	吸合/VA	68				101		183		330		550
	功率因数	0.82				0.83		0.6		0.6		0.45
约定发热电流/A		20	20	30	30	55	55	80	90	100	100	160
辅助触点约定发热电流/A		10										
辅助触点额定绝缘电压/V		690										
辅助触点额定工作电流/A	AC—15 380/220V	4/6						4/6				
	DC—13 110/220V	0.8/0.2						1.14/0.48				
符合标准		IEC947，VDE0660，GB1408 等										

2. 吸引线圈的电流种类及额定电压

对于频繁动作的场合，宜选用直流励磁方式，一般情况下采用交流控制。线圈额定电压应根据控制电路的复杂程度，维修、安全要求，设备所采用的控制电压等级来综合考虑。此外，有时还应考虑车间乃至全厂所使用控制电路的电压等级，以确定线圈额定电压。

3. 其他方面

① 考虑辅助触点的额定电流、种类和数量。

② 根据使用环境选择有关系列接触器或特殊用的接触器。

③ 随着电子技术的发展,计算机、微机、PLC的应用,在控制电路中,有时电器的固有动作时间应加以考虑。除此之外,还应考虑电器的使用寿命和操作频率。

4.3.4 继电器的选择

1. 电磁式通用继电器

选用时首先考虑的是交流类型或直流类型,而后根据控制电路的需要,确定采用电压继电器还是电流继电器,或是中间继电器。作为保护用时,应考虑是过电压(或过电流)、欠电压(或欠电流)继电器的动作值和释放值,中间继电器触点的类型和数量,以及选择励磁线圈的额定电压或额定电流值。

2. 时间继电器

根据时间继电器的延时方式、延时精度、延时范围、触点形式及数量、工作环境等因素确定采用何种形式的时间继电器,然后再选择线圈的额定电压。

3. 热继电器

热继电器结构形式的选择主要决定于电动机绕组接法及是否要求断相保护。

热继电器热元件的整定电流可按下式选取:

$$I_{FRN} = (0.95 \sim 1.05)\ I_{ed} \tag{4-15}$$

式中,I_{FRN}——热元件整定电流。

对于工作环境恶劣、启动频繁的电动机则按下式选取:

$$I_{FRN} = (1.15 \sim 1.5)\ I_{ed} \tag{4-16}$$

对于过载能力较差的电动机,热元件的整定电流为电动机额定电流的60%~80%。

对于重复短时工作制的电动机,其过载保护不宜选用热继电器,而应选用温度继电器。

4. 速度继电器

根据机械设备的安装情况及额定工作转速,选择合适的速度继电器型号。

4.3.5 控制变压器的选择

控制变压器用来降低辅助电路的电压,以满足一些电器元件的电压要求,保证控制电路安全、可靠地工作。控制变压器的选择原则如下:

① 控制变压器一、二次侧电压应与交流电源电压、控制电路和辅助电路电压相等。

② 应能保证接于变压器二次侧的交流电磁器件在启动时可靠地吸合。

③ 电路正常运行时,变压器温升不应超过允许值。

控制变压器容量的近似计算公式为

$$P_T \geqslant 0.6 \sum P_q + 0.25 \sum P_{Kj} + 0.125 K_L \sum P_{Km} \tag{4-17}$$

式中,P_T——控制变压器功率(V·A);

P_q——电磁器件的吸持功率(V·A)；

P_{Kj}——接触器、继电器启动功率(V·A)；

P_{Km}——电磁铁启动功率(V·A)；

K_L——电磁铁工作行程 L_P 与额定行程 L_N 之比的修正系数：

当 $L_P/L_N=0.5\sim0.8$ 时，$K_L=0.7\sim0.8$；

当 $L_P/L_N=0.85\sim0.9$ 时，$K_L=0.85\sim0.9$；

当 $L_P/L_N=0.9$ 以上时，$K_L=1$。

满足上式时，既可保证已吸合的电器在启动其他电器时仍能保持吸合状态，又能保证启动电器可靠地吸合。

控制变压器的容量也可按变压器长期运行的允许温升来确定，这时控制变压器的容量应大于或等于最大工作负载的功率。

$$P_T \geqslant K_f \sum P_q \tag{4-18}$$

式中，K_f——变压器容量的储备系数，$K_f=1.1\sim1.25$。

控制变压器的实际容量应由以式(4-17)和式(4-18)中所算出的最大容量来确定。

4.3.6 笼型异步电动机有关电阻的计算

1. 笼型异步电动机启动电阻的计算

在电动机降压启动方式中，定子回路串联的限流电阻 R_q 可按下式近似计算：

$$R_q=\frac{220}{I_{ed}K_q}\sqrt{\frac{K_q}{K_{qr}}-1}(\Omega) \tag{4-19}$$

式中，R_q——每相启动限流电阻的阻值(Ω)；

I_{ed}——电动机的额定电流(A)；

K_q——不加电阻时电动机的启动电流与额定电流之比(有手册可查)；

K_{qr}——加入启动限流电阻后，电动机的启动电流与额定电流之比，可根据需要选取。

若只在电动机的两相中串入限流电阻，R_q 的值可取计算值的 1.5 倍，加入限流电阻后，其启动转矩 M_{qr} 可由下式估算：

$$M_{qr}=\left(\frac{K_{qr}}{K_q}\right)^2 M_q=\left(\frac{K_{qr}}{K_q}\right)^2 K_m M_e \tag{4-20}$$

式中，M_q——电动机在不加启动电阻时的启动转矩；

M_e——电动机的额定转矩；

K_m——电动机的启动转矩与额定转矩之比(可由手册上查出)。

2. 笼型异步电动机反接制动电阻的计算

为了限制反接制动电流，在电动机定子回路中接入限流电阻。反接制动的限流电阻 R_{zr} 由下式计算：

$$R_{zr}=\frac{110}{I_{ed}}\frac{\sqrt{4(K_q/K_{zr})-3}-0.5}{K_q}(\Omega) \tag{4-21}$$

式中，K_{zr}——接入限流电阻后，反接制动电流与额定电流之比。

若只在电动机的两相中串联制动限流电阻 R_{zr}，则 R_{zr} 可取计算值的1.5倍。

电动机转速在反接制动到零的瞬间，其制动转矩 M_{zr} 可估算为

$$M_{zr}=(K_{zr}/K_q)^2M_q=(K_{zr}/K_q)^2K_mM_e \tag{4-22}$$

思　考　题

4.1　电气控制设计应遵循的原则是什么？设计内容包括哪些方面？

4.2　如何根据设计要求选择拖动方案与控制方式？

4.3　正确选择电动机容量有什么重要意义？

4.4　电气原理图的设计方法有哪几种？常用的方法有哪些？

4.5　分析设计法的内容是什么？如何应用分析设计法？

4.6　逻辑电路的数学基础是什么？为什么要建立电路与逻辑函数的关系？

4.7　逻辑函数与逻辑电路在任何情况下都是一一对应的吗？

4.8　在电气控制线路中，常用的保护环节有哪些类型？各种保护的作用是什么？

4.9　安装电器元件之前，为什么必须进行检查？检查的主要内容有哪些？

习　　题

4.1　分析下面的说法是否正确，在括号中用√和×分别表示正确和错误。

(1) 在电气控制线路中，应将所有电器的联锁触点接在线圈的下端。(　　)

(2) 设计控制线路时，应使分布在线路不同位置的同一电器触点接到电源的同一相上。(　　)

(3) 在控制线路中，如果两个常开触点并联连接，则它们是“与”逻辑关系。(　　)

(4) 继电器开关的逻辑电路是以执行元件作为逻辑函数的输出变量。(　　)

4.2　分析题意，从若干个答案中选择一个正确答案。

(1) 现有两个交流接触器，它们的型号相同，额定电压相同，则在电气控制线路中其线圈应该(　　)。

A. 串联连接　　B. 并联连接　　C. 既可串联也可以并联连接

(2) 现有两个交流接触器，它们的型号相同，额定电压相同，如在电气控制线路中将其线圈串联连接，则在通电时(　　)。

A. 都不能吸合　　B. 有一个吸合，另一个不能吸合

C. 都能吸合正常工作

(3) 电气控制线路在正常工作或事故情况下，发生意外接通的电路称为(　　)。

A. 振荡电路　　B. 寄生电路　　C. 自锁电路　　D. 上述都不对

(4) 电压等级相同、电感较大的电磁阀与电压继电器在电路中(　　)。

A. 可以直接并联　　B. 不可以直接并联

C. 不能同在一个控制电路中　　D. 只能串联

4.3　某电动机要求只有在继电器 KA_1、KA_2、KA_3 中任何一个或两个动作时才能运转，而在其他条件下都不运转，试用逻辑设计法设计其控制线路。

4.4　按下列要求分别设计用按钮和接触器控制电动机 M_1 和 M_2 的控制电路。要求：

(1) 能同时控制两台电动机的启动和停止；

(2) 能分别控制 M_1 或 M_2 的启动和停止。

4.5　要求某机床液压泵电动机 M_1 和主电动机 M_2 的运行情况如下：

(1) 必须先启动 M_1，然后才能启动 M_2；

(2) M_2 可以单独停转；

(3) M_1 停转时，M_2 也应自动停转。

试设计出满足上述要求的控制电路。

4.6　将图 4-31 中的线路进行简化。

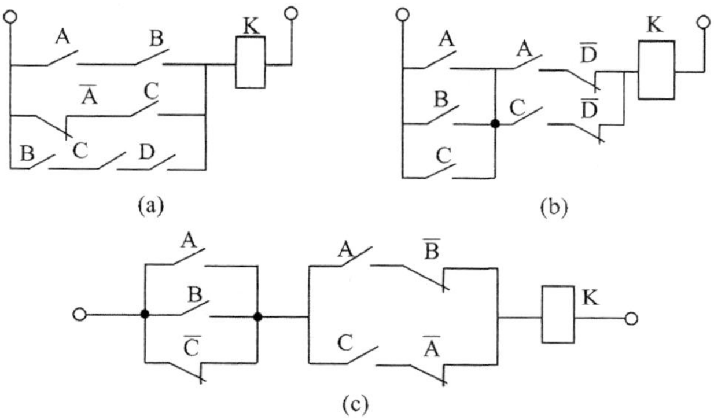

图 4-31　习题 4.6 的图

4.7　在一般情况下，不能用中间继电器和接触器的常闭触点作为允许另一回路工作的联锁，而应该用其常开触点进行联锁。试比较图 4-32 中(a)与(b)有何不同。

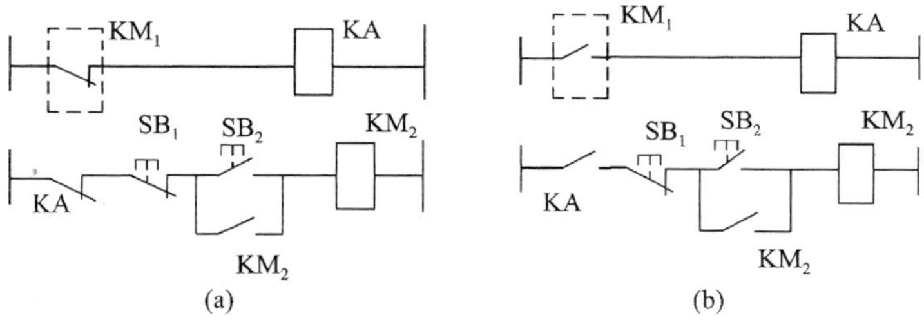

图 4-32　习题 4.7 的图

4.8　写出图 4-33 中接触器 KM 的逻辑函数式。

4.9　图 4-34 是钻削加工时刀架自动循环示意图，试设计其自动循环控制线路。具体要求如下：

(1) 自动循环。即刀架能自动地由位置 1 移动到位置 2 进行钻削，并自动退回到位置 1。

(2) 无进给切削。即刀具到达位置 2 时不再进给，钻头继续进行无进给切削以提高精度。切削一段时间后，再自动退到位置1(提示：利用时间继电器)。

(3) 快速停车。即当刀架退到位置1时，自动快速停车(提示：利用速度继电器)。

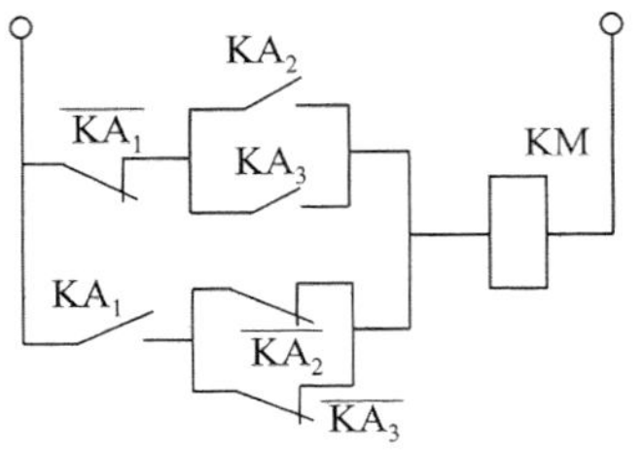

图4-33 习题4.8的图

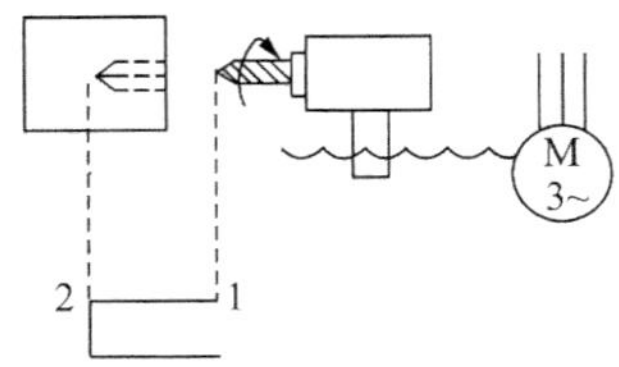

图4-34 刀架自动循环示意图

第 2 篇

可编程控制器

第5章 可编程控制器的组成及工作原理

5.1 概述

可编程控制器是20世纪60年代开始发展起来的一种新型工业控制装置,用于取代传统的继电器控制系统,实现逻辑控制、顺序控制、定时、计数等功能。高档PLC还能实现数字运算、数据处理、模拟量调节,以及联网通信。它具有通用性强、可靠性高、指令系统简单、编程简单易学、易于掌握、体积小、维修工作少、现场连接安装方便等优点。广泛应用于冶金、采矿、建材、石油、化工、机械制造、汽车、电力、造纸、纺织、装卸、环保等领域,尤其在机械加工、机床控制上应用广泛。在自动化领域,它与CAD/CAM、工业机器人并称为加工业自动化的三大支柱。

可编程控制器的诞生是生产发展需要与技术进步结合的产物。在它诞生之前,生产过程及各种生产机械的控制主要是继电器控制系统。继电器控制简单、实用,但由于使用机械触点,可靠性不高;当生产工艺流程改变时,需要改变大量的硬件接线,甚至重新设计系统,周期长、成本高,不能适应激烈的市场竞争;而且它的体积庞大,功能只限于一般的布线逻辑、定时等。

生产发展迫切需要使用方便灵活、性能完善、功能可靠的新一代生产过程自动控制系统。

基于此,美国通用汽车公司(GM)于1968年提出了公开招标研制新型工业控制器的设想。第二年,美国数字设备公司(DEC)就研制出了世界上第一台可编程序控制器。它虽然采用了计算机的设计思想,但实际上只能完成顺序控制,仅有逻辑运算、定时、计数等顺序控制功能。所以,人们把它称为PLC(Programmable Logic Controller),即可编程序逻辑控制器。随后,有哥德(GOULD)、爱伦—布瑞德雷(A-B)公司以及德国、日本的公司相继推出自己的产品,适应激烈竞争的生产需要。

随着微处理器技术日趋成熟,可编程控制器的处理速度大大提高,功能不断完善,性能不断提高,不但能进行逻辑运算、处理开关量,还能进行数字运算、数据处理、模拟量调节,体积缩小,实现了小型化。因此,美国电气制造协会NEMA(National Electrical Manufacturers Association)将之正式命名为PC(Programmable Controller)。为了避免与个人计算机PC(Personal Computer)混淆,在很多文献中及人们习惯上仍将可编程控制器称为PLC。

可编程控制器的品种繁多,按其结构形式可分为整体箱式和模块组合式两种:

① 整体箱式。PLC的各组成部分安装在几块印制电路板上,与电源一起装配在一个机壳内,形成一个整体。特点是结构简单、体积小,多为小型PLC或低挡PLC。其I/O点数固定且较少,使用不很灵活。如果I/O点数不够用,可增加扩展箱扩充点数。含CPU主板的部分称为主机箱,主机箱与扩展箱之间由信号电缆连接。

② 模块组合式。将PLC分成相对独立的几部分制成标准尺寸模块。主要有CPU模块(含存储器)、输入模块、输出模块、电源模块等几种类型的模块,组装在一个机架内,构成一个PLC系统。这种结构形式可按用户需要灵活配置,现场应变能力强,维修方便。

PLC的总点数称为PLC的容量。按I/O点数多少,可分为小型、中型、大型3类。

① 小型:其I/O点数少于256点。

② 中型:其I/O点数在256～2048点之间。

③ 大型:其I/O点数多于2048点。

各类PLC的性能有差异,如CPU的个数,一般小型PLC为单个,中型PLC为两个,大型PLC有多个;在扫描速度上,中型优于小型,大型优于中型;大、中型PLC有智能I/O;大、中型PLC的指令及功能、联网能力均优于小型。编程语言除梯形图外,还有流程图、语句表、图形语言、BASIC等高级语言。

1. 可编程控制器的特点

(1) 使用灵活、通用性强

可编程控制器用程序代替了布线逻辑,生产工艺流程改变时,只需修改用户程序,不必重新安装布线,十分方便。结构上采用模块组合式,可像搭积木那样扩充控制系统规模,增减其功能,容易满足系统要求。

(2) 编程简单、易于掌握

可编程控制器采用专门的编程语言,指令少,简单易学。通用的梯形图语言,直观清晰,对于熟悉继电器线路的工程技术人员和现场操作人员很容易掌握。对熟悉计算机的人还有语句表编程语言,类似于计算机的汇编语言,使用非常方便。

(3) 可靠性高、能适应各种工业环境

可编程控制器面向工业生产现场,采取了屏蔽、隔离、滤波、联锁等安全防护措施,可有效地抑制外部干扰,能适应各种恶劣的工业环境,具有极高的可靠性;其内部处理过程不依赖于机械触点,所用元器件都经过严格筛选,其寿命几乎不用考虑;在软件方面有故障诊断与处理功能。以三菱F1、F2系列PLC为例,其平均无故障时间可达30万小时,A系列的可靠性又比之高几个数量级。多机冗余系统和表决系统的开发,更进一步提高了可靠性。这是继电器控制系统无法比拟的。

(4) 接口简单、维护方便

可编程控制器的输入、输出接口设计成可直接与现场强电相接,有24V、48V、110V、220V交流、直流等电压等级产品,组成系统时可直接选用。接口电路一般为模块式,便于维修更换。有的PLC的输入、输出模块可带电插拔,实现不停机维修,大大缩短了故障修复时间。

2. 可编程控制器的发展趋势

可编程控制器是针对工业顺序控制发展而研制的。经过 30 多年的迅速发展，现在的 PLC 不仅能进行开关量控制，还能进行模拟量控制、位置控制、联网通信。特别是通信网络技术的发展，给 PLC 提供了更广阔的发展空间。从单机控制向多机控制，从集中控制向多层次分布式控制系统发展，形成了满足各种需要的 PLC 应用系统。

PLC 的主要应用领域是自动化。美国一家公司曾经对美国石油化工、冶金、机械、食品、制药等行业 400 多家工厂企业进行调查，结果表明，PLC 的需求量占各类自动化仪表或自动化控制设备之首，有 82%的厂家使用 PLC。业内专家认为，PLC 已成为工业控制领域中占主导地位的基础自动化设备。从我国目前正在开展的以高新技术带动传统产业发展形势来看，不仅要大力发展适合于大、中型企业的高水准的 PLC 网络系统，也要发展适合小型企业技术改造的性能价格比高的小型 PLC 控制系统。目前，PLC 及其控制系统的发展主要体现在下面几个方面。

(1) 小型、廉价、高性能

小型化、微型化、高性能、低成本是可编程控制器的发展方向。作为控制系统的关键设备，小型、超小型 PLC 的应用日趋增多。据统计，美国机床行业应用超小型 PLC 几乎占据了市场的 1/4。许多 PLC 厂家都在积极研制开发各种小型、微型 PLC。如日本三菱公司的 FX_{2N}-16M 能提供 8 个输入点、8 个输出点，既可单机运行，也可联网实现复杂的控制。德国西门子公司生产的 LOGO! 能提供 6 个输入点、4 个输出点，尺寸仅为 72mm×90mm×55mm，跟继电器的大小差不多。毋庸置疑，PLC 正朝着体积更小、速度更快、功能更强、价格更低的方向发展。

(2) 大型、多功能、网络化

多层次分布式控制系统与集中型相比，具有更高的安全性和可靠性，系统设计、组态也更为灵活方便，是当前控制系统发展的主流。为适应这种发展，各 PLC 生产厂家不断研制开发功能更强的 PLC 网络系统。这种网络一般是多级的，最底层是现场执行级，中间是协调级，最上层为组织管理级。

现场执行级通常由多台 PLC 或远程 I/O 工作站所组成，中间级由 PLC 或计算机构成，最上层一般由高性能的计算机组成。它们之间采用工业以太网、MAP 网和工业现场总线相连构成一个多级分布式控制系统。这种多级分布式控制系统除了控制功能外，还可以实现在线优化、生产过程的实时调度、统计管理等功能，是一种多功能综合系统。

(3) 与智能控制系统相互渗透和结合

可编程控制器与计算机的结合，使它不再是一个单独的控制装置，而成为控制系统中的一个重要组成部分。随着微电子技术和计算机技术的进一步发展，PLC 将更加注重与其他智能控制系统的结合。PLC 与计算机的兼容，可以充分利用计算机现有的软件资源。通过采用速度更快、功能更强的 CPU，容量更大的存储器，可以更充分地利用计算机资源。PLC 与工业控制计算机、集散控制系统、嵌入式计算机等系统将进一步渗透与结合，进一步拓宽 PLC 的应用领域和空间。

5.2 可编程控制器的组成

可编程控制器是专为工业生产过程控制而设计的控制器，实际上就是一种工业控制专用计算机。不同厂家的产品有不同的结构，但都包含硬件和软件两部分，本节以三菱FX_{2N}系列PLC为例进行介绍。

5.2.1 可编程控制器的硬件组成

可编程控制器的核心是一台单板机，其外围配置了相应的接口电路(硬件)，内部配置了监控程序(软件)。组成框图如图5-1所示。

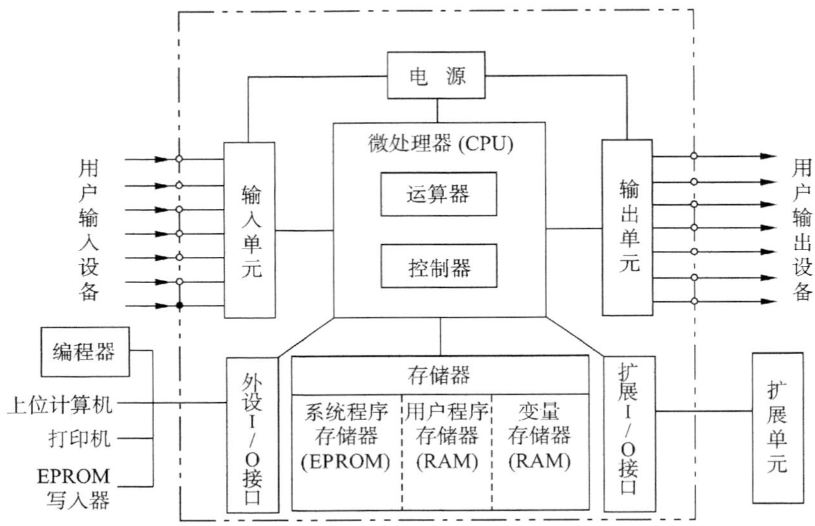

图5-1 可编程控制器结构框图

PLC的硬件包括基本组成部分、I/O扩展部分和外部设备三大部分。基本组成部分是构成PLC的最小系统，包括CPU、存储器及后备电池、I/O接口、电源等。各部件功能如下。

1. CPU

CPU即微处理器，实际就是一台单片机，上面除了CPU，还有存储器、并行接口、串行接口、时钟。CPU是PLC的核心部件，其作用是对整个PLC的工作进行控制，是PLC的运算、控制中心，实现逻辑运算、算术运算，并对整机进行协调、控制，按系统程序赋予的功能工作包括：

① 对系统进行管理，如自诊断、查错、信息传送、时钟、计数、刷新等；

② 进行程序解释，根据用户程序执行输入、输出操作等。

CPU的芯片随机型不同而有所不同。如：F1、F2系列为8031；K系列为8085；A系列为8086；A系列的高速系统A3H中包含一片80286及一片48位三菱专用逻辑处理芯片。PLC 的运算速度越高，信息处理量越大，CPU 的位数也越多，速度也越快。随着超大规模集成电路制造技术的提高，PLC 的芯片越来越高档。以 FX_{2N}系列为例，大部分芯片都采用表面封装技术，CPU 板上有两片超大规模集成电路（双 CPU）。因此，无论在速度、集成度等方面，FX_{2N}都极高。

串行接口与并行接口用于 CPU 与接口器件交换信息，其数量取决于系统规模的大小。

定时器/计数器（CTC）用于产生系统时钟及用户时钟信息。在一台单片机中，CTC 的数量很有限，经过系统监控程序的处理，可产生几十个，甚至数百个相对独立的计数器和定时器，供用户编程时调用。

2. 存储器

PLC 的存储器有两种：一是单片机上带的存储器，主要用于存储系统监控程序及系统工作区间，生成用户环境。二是用户程序存储器，通常都是 CMOS 型的 RAM，存储用户程序及参数，用锂电池作后备，调试起来也方便。还可用 EPROM 或 EEPROM。

3. 输入/输出接口电路

输入/输出接口电路是 PLC 与被控对象（机械设备或生产过程）联系的桥梁。现场信息经输入接口传送给 CPU，CPU 的运算结果、发出的命令经输出接口送到有关设备或现场。输入/输出信号分为开关量、模拟量、数字量，这里仅对开关量进行介绍。

（1）输入接口电路

开关量输入模块的作用是将现场各种开关量信号（如按钮、选择、行程、限位、接近等开关）转换成 PLC 内部统一的标准信号电平，传送到内部总线的输入接口模块。按输入回路电流种类，可分为直流输入和交流输入两种。

直流输入的单元电路如图 5-2 所示，24V 直流电源由 PLC 内部提供。交流输入单元电路如图 5-3 所示，由 PLC 外部提供交流电源。由于一次电路与二次电路间通过光电耦合器隔离，可防止输入触点抖动和输入线混入的噪声所引起的误动作。

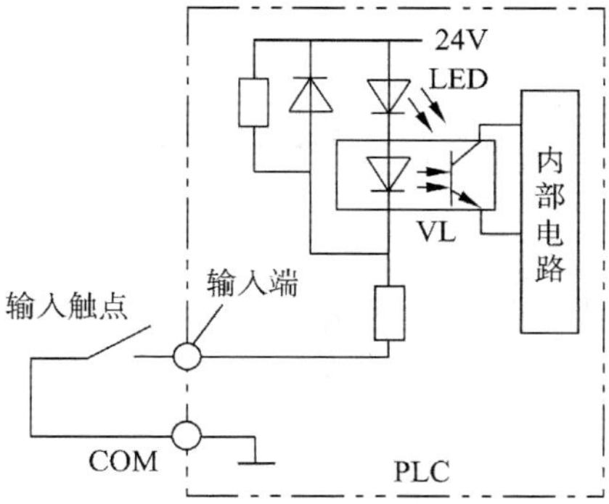

图 5-2　直流输入单元电路

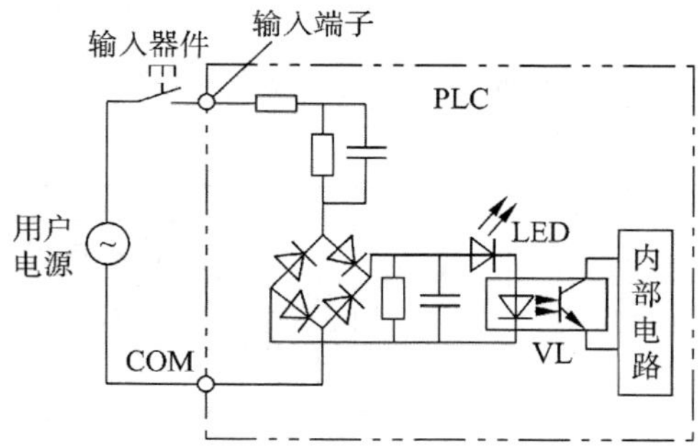

图 5-3　交流输入单元电路

由于光电耦合器初、次级间无电路的直接联系，电路的绝缘电阻很大，且可耐高压（>1500V），能将生产现场信号转换成 PLC 内部逻辑电平信号，并将生产现场与 PLC 内部电路隔离开，大大提高了 PLC 工作的可靠性。

按PLC输入模块与外部用户设备的接线,可分为汇点输入接线和独立输入接线两种基本形式。汇点输入接线可用于直流,也可用于交流输入模块,如图5-4所示。各输入元件共用一个公共端(汇集端)COM,可以是全部输入点为一组,共用一个公共端和一个电源,如图5-4(a)所示;也可将全部输入点分为若干组,每组有一个公共端和一个电源,如图5-4(b)所示。直流输入模块的电源一般由PLC内部提供,交流输入模块的电源通常由用户提供。

独立输入接线如图5-5所示。每一个输入元件有两个接线端(注:图中的COM端在PLC中是彼此独立的,后面不再说明),由用户提供的一个独立电源供电,控制信号通过用户输入设备的触点输入。

(2) 输出接口电路

按输出开关器件的种类来分,PLC通常有3种形式的输出电路:

- 继电器输出方式的电路如图5-6所示。图中仅画出一个输出点的电路,其他输出点的电路与此相同。由CPU控制继电器KA的线圈,KA的一个常开触点控制外部负载。它可带交流也可带直流负载,属于交、直流输出方式,电源由用户提供。

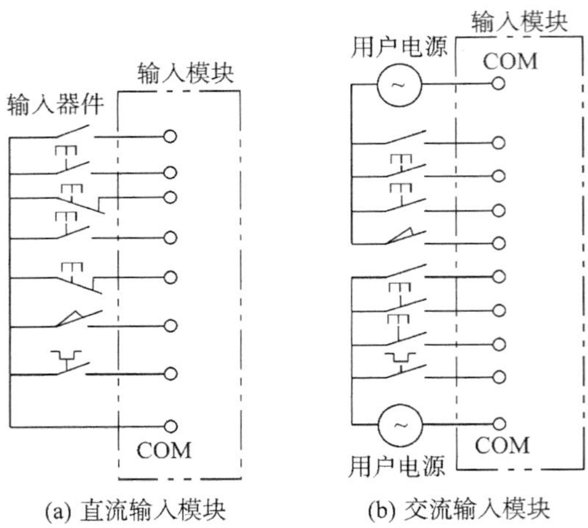

图5-4 汇点输入接线示意图

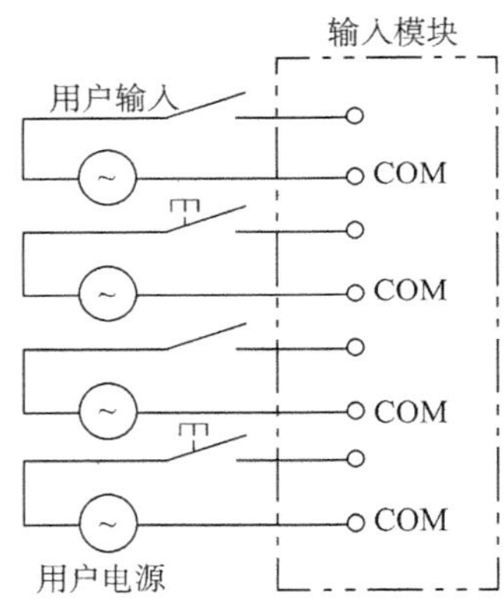

图5-5 独立输入接线示意图

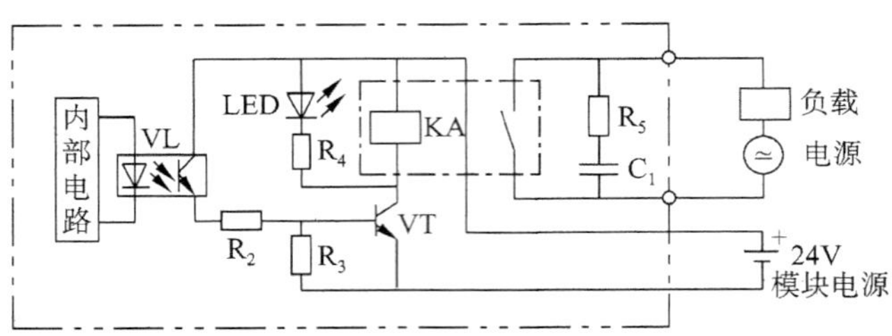

图5-6 继电器输出电路

- 晶体管输出方式的电路如图5-7所示,通过光耦合使开关晶体管VT通断以控制外部电路。它只能带直流负载,属于直流输出方式,直流电源由用户提供。

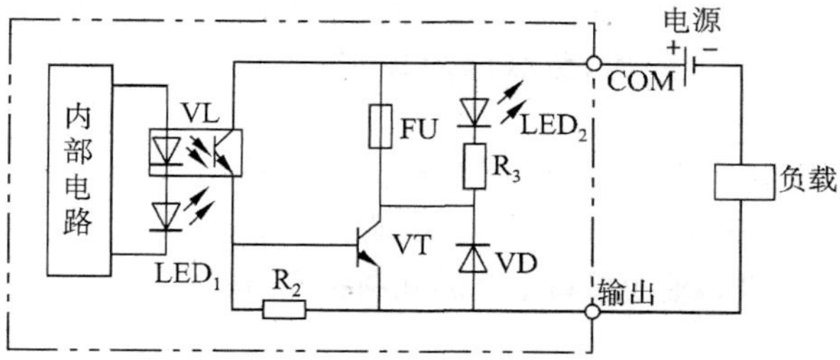

图 5-7　晶体管输出电路

- 晶闸管输出方式的电路如图 5-8 所示。由光电耦合器中的双向光敏二极管控制双向晶闸管 VT 的通断，从而控制外部负载。这种输出方式只能带交流负载，属于交流输出方式，交流电源由用户提供。

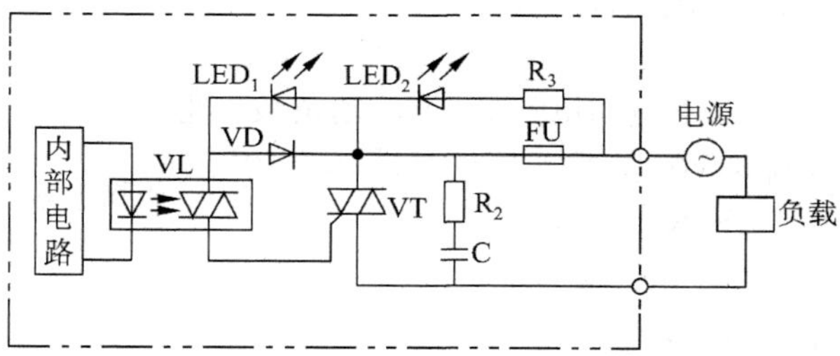

图 5-8　双向晶闸管输出电路

按输出模块与外部用户输出设备的接线，可分为汇点输出和独立输出两种接线形式。汇点输出的接线如图 5-9 所示。(a)图为全部输出点汇集成一组，共用一个公共端 COM 和一个电源；(b)图为将输出点分成若干个组，每组一个公共端 COM 和一个独立电源。两种形式的电源均由用户提供，根据实际情况确定选用直流或交流。

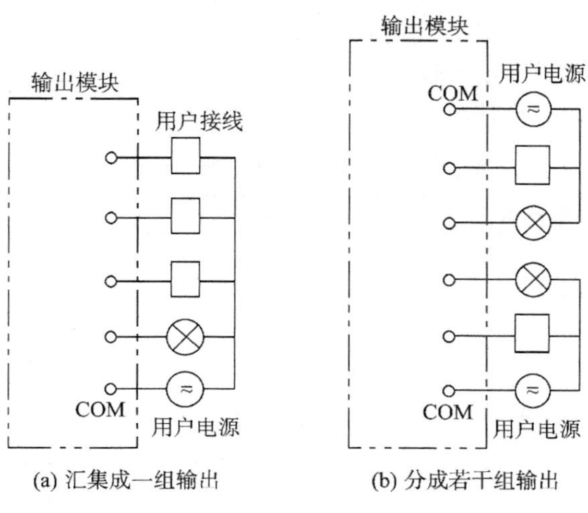

图 5-9　汇点输出接线示意图

独立输出的接线如图5-10所示。每个输出点构成一个独立的回路，由用户单独提供一个电源，各个输出点间相互隔离，负载电源按实际情况可选用直流也可选用交流。

在FX_{2N}系列PLC中，FX_{2N}—16M型全部为独立输出，其他机型的输出均为每4～8点共用一个公共端。

下面介绍FX_{2N}系列PLC输出接口电路的几项技术指标。

① 响应时间

继电器型响应速度最慢，从输出继电器线圈通电或断电到输出触点ON或OFF的响应时间均为10ms；晶体管型响应速度最快，从光电耦合器动作(或关断)到晶体管ON(或OFF)的时间在0.2ms以下；晶闸管型响应速度介于前两种之间，从光电晶闸管驱动(或断开)到输出双向晶闸管开关元件ON(或OFF)的时间在1ms以下。

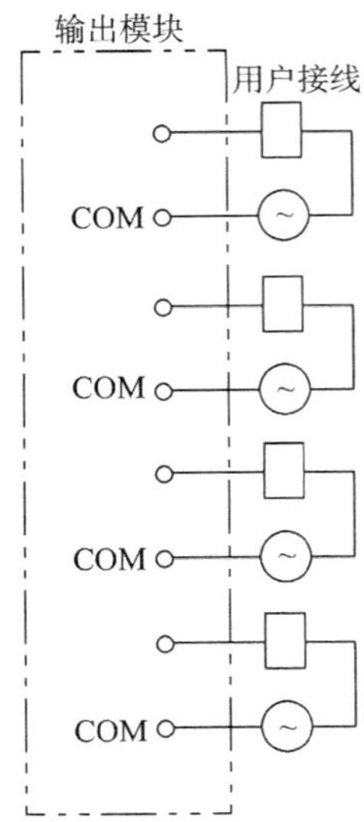

图5-10 独立输出接线示意图

② 输出电流

继电器型在AC250V以下电路电压时，可驱动负载：纯电阻2A/1点；感性负载80VA以下(AC100V或AC200V)；灯负载100W以下(AC100V或AC200V)。

对于感性负载，容量越大，触点寿命越短。直流感性负载要并联续流二极管，最大电压不超过DC30V。

晶闸管型驱动电阻负载时，每点的输出电流最大为0.3A，考虑温度上升因素，每4点的总电流必须在0.8A以下(每点平均0.2A)。浪涌电流大的负载开关频繁时，电流有效值要小于0.2A。

晶体管型驱动电阻负载时，每点电流可达0.5A，考虑温度上升因素，每4点输出总电流不得超过0.8A(每点平均0.2A)。

③ 开路漏电流

继电器型无开路漏电流；晶闸管型的开路漏电流较大(1mA/AC100V，2mA/AC200V)，可能引起微小电流负载的误动作，所以负载应在0.4VA/AC100V，1.6VA/AC200V以上；晶体管型的开路漏电流在100μA以下。

三种输出形式的部分性能指标见表5-1。

表5-1 三种输出形式主要性能指标

项目		继电器型输出	晶闸管型输出	晶体管型输出
外部电源		AC250V； DC30V以下	AC85～242V	DC5～30V
最大负载	电阻负载	2A/1点； 8A/4点(公用)； 8A/8点(公用)	0.3A/1点； 0.8A/4点	0.5A/1点； 0.8A/4点； 1.6A/8点(Y0、Y1以外)； 0.3A/1点(Y0、Y1)
	感性负载	80VA	15VA/AC100V； 30VA/AC200V	12W/DC24V(Y0、Y1以外)； 7.2W/DC24V(Y0、Y1)
	灯负载	100W	30W	1.5W/DC24V(Y0、Y1以外)； 0.9W/DC24V(Y0、Y1)

续表

项　目		继电器型输出	晶闸管型输出	晶体管型输出
开路漏电流		—	1mA/AC100V； 2mA/AC200V	0.1mA/DC30V
最小负载		DC5V，2mA 参考值	0.4VA/AC100V； 1.6VA/AC200V	—
响应时间	OFF→ON	约 10ms	1ms 以下	0.2ms 以下
	ON→OFF	约 10ms	最大 10ms	0.2ms 以下*
回路隔离		继电器隔离	光电晶闸管隔离	光电耦合器隔离
动作显示		继电器通电时 LED 灯亮	光电晶闸管驱动时 LED 灯亮	光电耦合器驱动时 LED 灯亮

*：响应时间 0.2ms 是在条件为 24V，200mA 时，实际所需时间为电路切断负载电流到电流为 0 的时间，可用并联续流二极管的方法改善响应时间。如果希望响应时间短于 0.5ms，应保证电源为 24V，60mA。

4. 电源

电源是 PLC 整机的能源供给中心。PLC 系统中有两种电源：一种是内部电源，是 PLC 主机内部电路的工作电源，要求性能稳定、工作可靠，一般使用开关稳压电源。与普通稳压电源相比，具有如下优点：

① 体积小、重量轻；

② 功耗低、发热少；

③ 能适应较大范围内的电压波动，稳压效果好；

④ 具有良好的自动保护功能，且保护动作灵敏、可靠；

⑤ 电路集成化，外部元件少、成本低。

另一种是外部电源(或称用户电源)，用于传送现场信号或驱动现场执行机构，通常由用户另备。

5. 扩展接口

用于系统扩展输入、输出点数。这种扩展接口实际为总线形式，可配接开关量的 I/O 单元，也可配置如模拟量、高速脉冲等单元，以及通信适配器等。如 I/O 点离主机较远，可设置一个 I/O 子系统将这些 I/O 点归纳到一起，通过远程 I/O 接口与主机相连。

6. 存储器接口

可根据使用需要扩展存储器，内部与总线相连，可扩展用户程序存储区、数据参数存储区。

7. 外设接口

外设接口实际上是 PLC 的通信口，可与手持式编程器、计算机或其他外围设备相连，以实现编程、调试、运行、监视、打印和数据传送等功能。一般的 PLC 至少有一个通信口；若有两个通信口，一个可用于与编程器相连，另一个用于与上位计算机相连。

编程器是 PLC 必不可少的重要外围设备，主要用于输入、检查、调试和修改用户程序，也可用来监视 PLC 的运行状态。

5.2.2　可编程控制器的软件组成

PLC 的软件是其工作所用各种程序的集合，包括系统监控程序和用户程序。

1. 监控程序

系统监控程序是由生产厂家编制，用于管理、协调PLC各部分工作，充分发挥系统硬件功能，方便用户使用的通用程序。监控程序通常固化在ROM中，一般具有如下功能：

① 系统配置登记及初始化：系统程序在PLC上电或复位时先对各模块进行登记、分配地址、作初始化，为系统管理及运行做好准备。

② 系统自诊断：对CPU、存储器、I/O模块、电源进行故障诊断测试，发现异常则停止执行用户程序，显示故障代码。

③ 命令识别与处理：系统程序不断地监视键盘，接收操作命令并加以解释，按指令完成相应的操作，并显示结果。

④ 用户程序编译：系统编译程序对用户编写的工作程序进行翻译，变成CPU可识别执行的指令码程序，存入用户程序存储器；对用户输入的程序作语法检查，发现错误便返回并提示。

⑤ 模块化子程序及调用管理：厂家为方便用户编程提供了一些子程序模块，需要时只需按调用条件调用。

2. 用户程序

用户程序又称为应用程序，由用户根据控制需要用PLC的编程语言(梯形图、指令表、高级语言、汇编语言等)编制而成。

同一厂家生产的同一型号的PLC，其监控程序相同。但不同用户、不同的控制对象其用户程序不同。

软件系统与硬件系统结合就构成了PLC系统。

3. 用户环境

用户环境是由监控程序生成的，包括用户数据结构、用户元件区分配、用户程序存储区、用户参数、文件存储区等。

(1) 用户数据结构

用户数据结构主要有以下三类：

第一类为bit数据，属于逻辑量，其值为"0"或"1"。用它表示触点的通、断，线圈的通、断，标志的ON、OFF状态等。最原始的PLC处理的就是这类数据，现在仍有不少低档PLC只能作这类处理。

第二类为字数据，其数制、位长有多种形式。为使用方便，通常采用BCD码形式。FX_{2N}系列和A系列中为4位BCD，双字为8位BCD码。书写时，若为十进制数前面加K(例如K789)；若为十六进制数前面加H(例如H789)。实际处理时还可用八进制、十六进制、ASCII码的形式。在FX_{2N}系列内部，常数都是以原码二进制形式存储的，所有四则运算(+、-、×、÷)和加1/减1指令等在PLC中全部按BIN运算。因此，BCD码数字开关的数据输入PLC时，要用BCD→BIN转换传送指令。向BCD码的七段数码管或其他显示器输出时，要用BIN→BCD转换传送指令。但用功能指令如FNC72(DSW)、FNC74(SEGL)、FNC75(ARWS)时，BCD/BIN的转换由指令自动完成。

也有的PLC开始采用浮点数，可大大提高数据运算的精度。

第三类为字与 bit 的混合，即同一元件既有 bit 元件，又有字元件。例如 T(定时器)和 C(计数器)，它们的触点为 bit。

(2) 元件

用户使用的每一个输入、输出端子及内部的存储单元都称为元件，每个元件有其固定的地址。元件的数量由监控程序规定，它的多少决定 PLC 整个系统的规模及数据处理能力。

4. PLC 的内部等效电路

PLC 是专为工业控制设计的专用计算机，包含了 CPU、存储器、I/O 接口等硬件。但就电路作用而言，可看作是由一般继电器、定时器、计数器等元件组成，可用图 5-11 所示的内部等效电路表示。它是由许多用编程软件实现的“软线圈”、“软接线”、“软触点”等部件构成的。

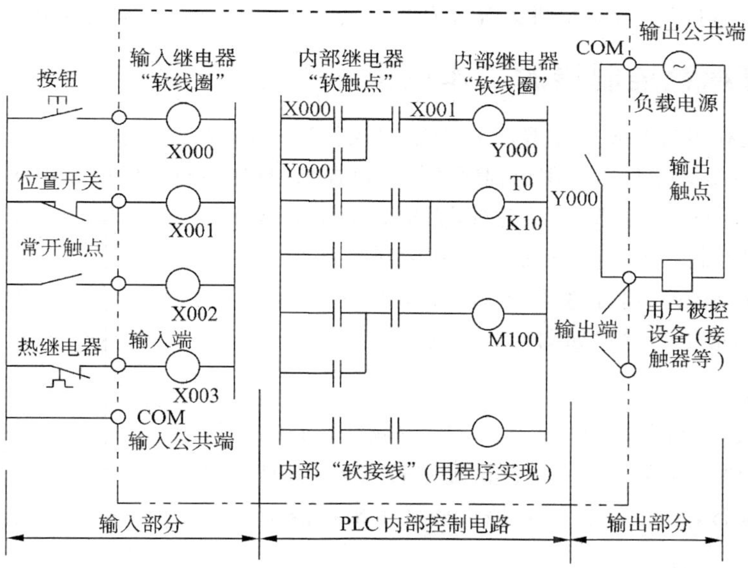

图 5-11　PLC 的内部等效电路

PLC 的输入端与用户输入设备(按钮、位置开关、传感器等)连接，内连输入继电器 X 线圈，作用是收集被控设备的信息或操作指令。输入接线有汇点输入和独立输入两种接线方式，图中采用的是汇点输入，公共端 COM 是机内直流电源负端，通常为 24V。

PLC 的输出端外接用户输出设备(接触器、电磁阀、信号灯等)，内连输出继电器 Y 的接点，作用是驱动外部负载。输出接线有汇点输出和独立输出两种接线方式，公共端 COM 接机外负载电源，共用一个电源的负载的公共端可连接到一起。

内部控制电路的作用是对从输入部分得到的信息进行运算、处理，发出输出指令。

内部各种继电器(输入继电器、输出继电器、辅助继电器、定时器、计数器等)称为 PLC 的内部元素，每种元素包含若干可供使用的电子常开、常闭触点，供编程时调用。

内部继电器的线圈、触点及接线均由用户程序实现，称为“软接线”。

5.3 可编程控制器的工作原理

5.3.1 扫描的概念

所谓扫描,就是CPU依次对各种规定的操作项目进行访问和处理。PLC运行时,用户程序中有许多操作需要执行,但CPU每一时刻只能执行一个操作而不能同时执行多个操作。因此,CPU只能按程序规定的顺序依次执行各个操作,这种需要处理多个作业时依次按顺序处理的工作方式称为扫描工作方式。

由于扫描是周而复始、不断循环的,每扫描一个循环所用的时间称为扫描周期。

循环扫描工作方式是PLC的基本工作方式。具有简单直观、方便用户程序设计,先扫描的指令执行结果马上可被后面扫描的指令利用,可通过CPU设置定时器监视每次扫描时间是否超过规定,避免进入死循环等优点,为PLC的可靠运行提供了保证。

5.3.2 可编程控制器的工作过程

PLC的工作过程基本上就是用户程序的执行过程,是在系统软件的控制下,依次扫描各输入点状态(输入采样),按用户程序解算控制逻辑(程序执行),然后顺序向各输出点发出相应的控制信号(输出刷新)。除此外,为提高工作可靠性和及时接收外部控制命令,每个扫描周期还要进行故障自诊断(自诊断),处理与编程器、计算机的通信请求(与外设通信)。

PLC的扫描工作过程如图5-12所示。

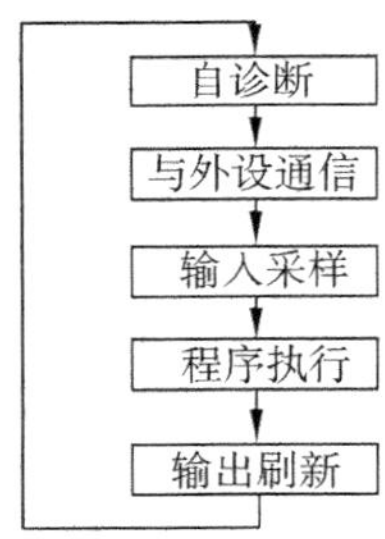

图5-12 PLC的扫描工作过程

1. 自诊断

PLC每次扫描用户程序前,对CPU、存储器、I/O模块等进行故障诊断,发现故障或异常情况则转入处理程序,保留现行工作状态,关闭全部输出,停机并显示出错信息。

2. 与外设通信

在自诊断正常后,PLC对编程器、上位机等通信接口进行扫描,如有请求便响应处理。以与上位机通信为例,PLC将接收上位机发来的指令并进行相应操作,如把现场的I/O状态、PLC的内部工作状态、各种数据参数发送给上位机,以及执行启动、停机、修改参数等命令。

3. 输入采样

完成前两步工作后,PLC扫描各输入点,将各点状态和数据(开关的通/断、A/D转换值、BCD码数据等)读入到寄存输入状态的输入映像寄存器中存储,这个过程称为采样。在一个扫描周期内,即使外部输入状态已发生改变,输入映像寄存器中的内容也不改变。

4. 程序执行

PLC从用户程序存储器的最低地址(0000H)开始顺序扫描(无跳转情况),并分别从输入映像寄存器和输出映像寄存器中获得所需的数据进行运算、处理,再将程序执行的结果写入输出映像寄存器中保存，但这个结果在全部程序执行完毕之前不会送到输出端口上。

5. 输出刷新

在执行完用户所有程序后，PLC 将输出映像寄存器中的内容送到寄存输出状态的输出锁存器中，再去驱动用户设备，称为输出刷新。

PLC 重复执行上述 5 个步骤，按循环扫描方式工作，实现对生产过程和设备的连续控制。直至接收到停止命令、停电、出现故障等才停止工作。

设上述 5 步操作所需时间分别为 T_1、T_2、…、T_5，则 PLC 的扫描周期为 5 步操作之和，用 T 表示：

$$T = T_1 + T_2 + T_3 + T_4 + T_5$$

不同型号的 PLC，各步工作时间不同，根据使用说明书提供的数据和具体的应用程序可计算出扫描时间。

5.3.3　可编程控制器的元件

前面提到，可编程控制器元件的种类和数量都是由系统监控程序规定的。下面以 FX_{2N}系列 PLC 为例，介绍部分元件的功能。

1. 输入继电器(X000～X027)

PLC 的输入继电器专门用于接收从外部开关或敏感元件传来的信号，其线圈与输入端相连，可提供多对电子常开、常闭触点，供编程时调用。

FX_{2N}系列的输入继电器最多可达 64 个，FX_{2N}—48MR 型为 24 个(X000～X007；X010～X017；X020～X027)。输入继电器电路如图 5-13 所示。

必须注意，输入继电器只能由外部信号驱动，不能由内部指令驱动。

2. 输出继电器(Y000～Y027)

PLC 的输出继电器用于将输出信号传递给外部负载，其输出接点连接到 PLC 的输出端子，接点的通、断由程序执行结果决定。

输出继电器只能由程序内部指令驱动，它提供一个外部输出触点带负载，另外提供多对电子常开、常闭触点供编程时使用。FX_{2N} 系列的输出继电器最多可达 64 个，FX_{2N}—48MR 型为 24 个(Y000～Y007；Y010～Y017；Y020～Y027)。输出继电器电路如图 5-14 所示。

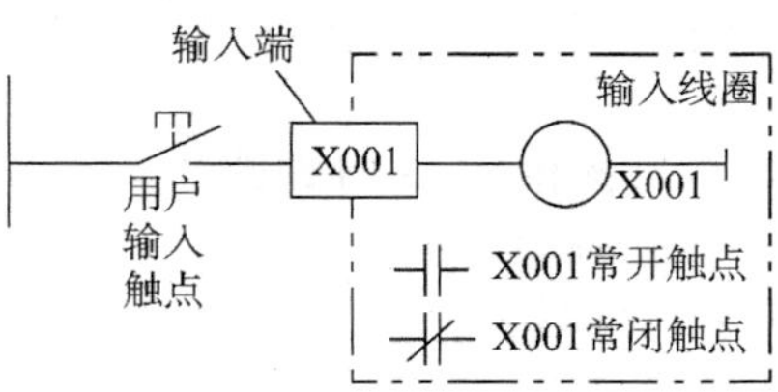

图 5-13　输入继电器电路示意图

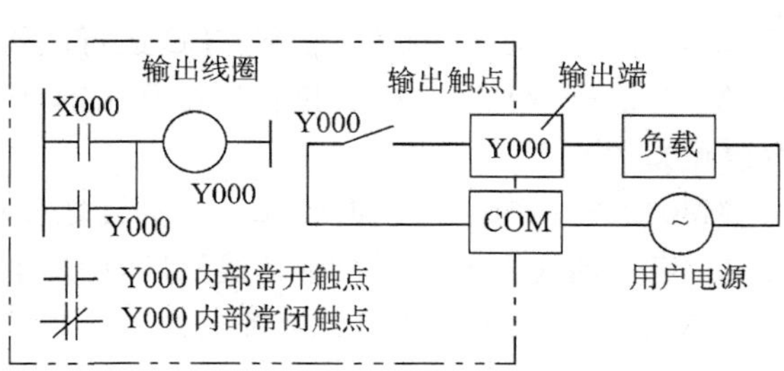

图 5-14　输出继电器电路示意图

3. 辅助继电器(M)

PLC中有许多辅助继电器,它只能由PLC内各软元件的触点驱动,有多对电子常开、常闭触点,供编程时使用。辅助继电器不能直接驱动外部负载,相当于继电器线路中的中间继电器,其电路如图5-15所示。

辅助继电器又分为通用型辅助继电器、掉电保护型辅助继电器和特殊辅助继电器三种,均用十进制数编号。

(1) 通用型辅助继电器

通用型辅助继电器有500点,编号为M0～M499,没有后备电池支持。

(2) 掉电保护型辅助继电器

掉电保护型辅助继电器采用锂电池作后备电源,用于运行中突然掉电时,保持中断前控制状态,将某些状态或数据(如计数器、定时器等)存储起来。

掉电保护型辅助继电器有2572点,编号为M500～M3071。

失电数据保持电路如图5-16所示。

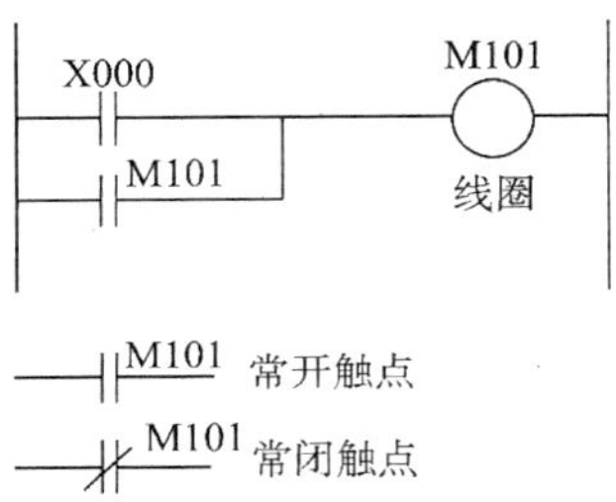

图5-15 辅助继电器电路示意图

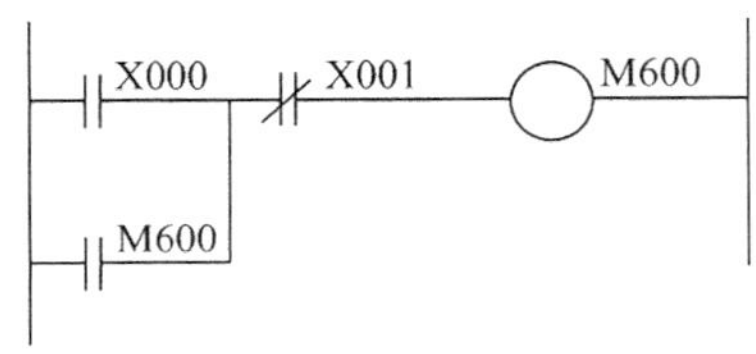

图5-16 失电数据保持电路

在该电路中,当X000接通时,M600动作。其后,即使X000再断开,M600的状态也能保持。因此,如果X000因停电断开,再运行时M600也能保持动作。但X001的常闭触点若断开,M600就复位。

(3) 特殊辅助继电器

特殊辅助继电器有256点,编号为M8000～M8255,每一个均具有特定功能,分为两大类:

① 线圈由PLC自己驱动,用户只能利用其触点。例如:

M8000——运行(RUN)监控,PLC运行时接通。

M8002——初始化脉冲,仅在运行开始瞬间接通,用于计数器、移位寄存器等的初始化(复位)。

M8012——产生0.1s时钟脉冲。如计数器用于计时,可提供0.1s时钟脉冲。

② 可驱动线圈型。用户驱动线圈后,PLC作特定动作。例如:

M8030——使BATT LED(锂电池欠压指示灯)熄灭。

M8033——PLC停止时,输出保持。

M8034——禁止全部输出。M8034接通时,所有输出继电器Y的输出自动断开。

M8039——定时扫描。

各种特殊辅助继电器的功能见附录 B。

4. 状态器(S)

状态器是步进顺控程序编程中重要的软元件,与步进顺控指令 STL 组合使用。编号为 S0～S999,共 1000 点。每个均可提供多个电子常开、常闭触点,供编程使用。不用步进顺控指令时,状态器可作为辅助继电器在程序中使用。状态器有下面 5 种类型:

① 初始化用:S0～S9,共 10 点;

② 回原点用:S10～S19,共 10 点;

③ 通用:S20～S499,共 480 点;

④ 掉电保持用:S500～S899,共 400 点;

⑤ 报警用:S900～S999,共 100 点。

下面以机械手抓取工件的运动为例,说明状态器的功能和作用。机械手抓取工件要完成三个动作:下降→夹紧→上升,是典型的步进顺序控制,其动作流程如图 5-17 所示。

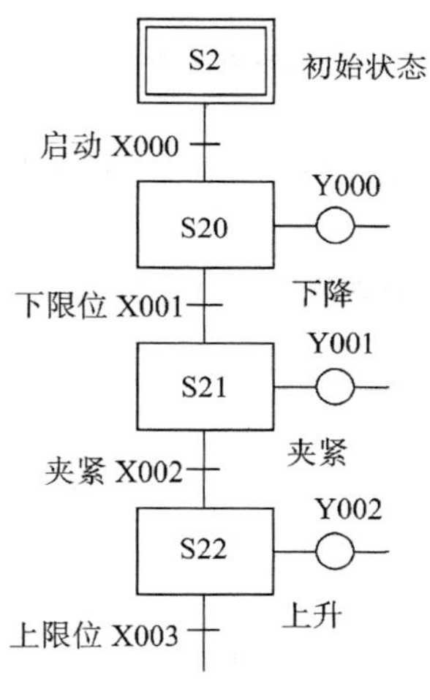

图 5-17　机械手抓取工件步进顺控流程图

工作过程如下:

① 机械手处于原点(初始状态),当启动信号 X000 接通时,状态器 S20 置位(ON),Y000 接通,下降电磁阀动作;

② 机械手下降到位,下限开关 X001 为 ON,状态器 S21 置位(ON),S20 复位(OFF),Y001 接通,夹紧电磁阀动作,夹起工件;

③ 工件可靠夹紧后,夹紧确认开关 X002 为 ON,状态器 S22 置位(ON),S21 复位(OFF), Y002 接通,上升电磁阀动作,机械手抓起工件向上运动。

随着状态动作的转移,原来的状态自动复位(OFF),系统中只有一个状态器处于置位(ON)状态。

可见,状态器是用来存储机械工作过程的各种状态,有序地控制机械设备动作的一种器件。

状态元件 S900～S999 可用作外部故障诊断输出。通过监控特殊数据寄存器 D8049 的内容将显示 S900～S999 中已置位(接通)的状态元件中序号最小的元件。当各种故障发生时,相应的状态就为 ON。当有多个故障同时发生时,最小元件号的故障排除后还可显示下一故障的地址。

5. 定时器(T)

PLC 中设有定时器,用于延时控制,其作用相当于继电器系统中的时间继电器。不同型号的 PLC,定时器个数和延时的长短是不完全相同的。FX_{2N} 系列 PLC 共有 256 个定时器,采用十进制编号,为 T0～T255。延时长短可以用用户程序存储器内的常数 K 作为设定值,也可将后述的数据寄存器(D)的内容作为设定值。

PLC 内定时器根据时钟脉冲累积计时,时钟脉冲有 1ms、10ms、100ms,当所计时间达到设定值时,输出触点动作。

(1) 通电延时型定时器(T0～T245)

PLC 中定时器均为通电延时型定时器,断电延时功能要利用通电延时型定时器通过编程获得。

① 100ms 定时器(T0～T199):以 100ms 时钟脉冲作计时基准,共 200 点,设定值为 0.1～3276.7s。

② 10ms 定时器(T200～T245):以 10ms 时钟脉冲作计时基准,共 46 点,设定值为 0.01～327.67s。

通电延时型定时器的工作原理如图 5-18 所示,动作时序如图 5-19 所示。

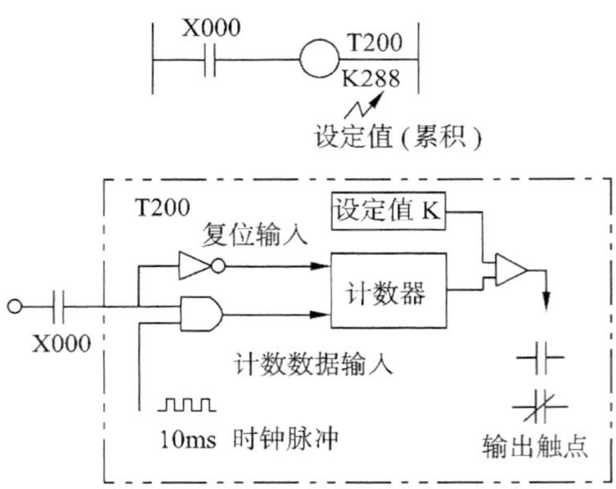

图 5-18 通电延时型定时器原理示意图

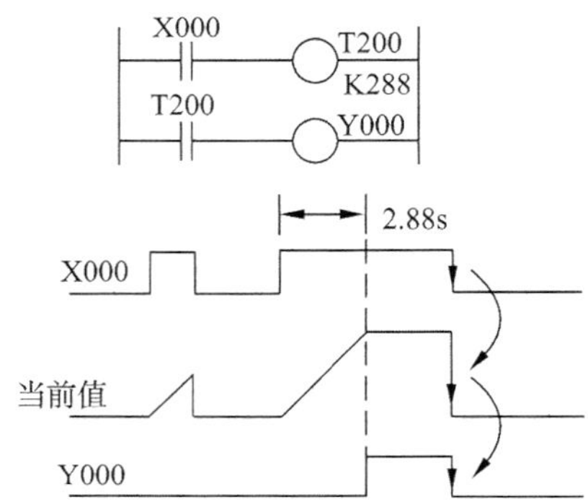

图 5-19 通电延时型定时器动作时序图

当 X000 接通时,定时器 T200 的当前值计数器对 10ms 的时钟脉冲累积计数,当该值与设定值 K288 相等时,定时器的输出触点动作,即输出触点是在驱动线圈后的 2.88s 时动作。X000 断开或发生停电时,计数器复位,输出触点也复位。

从时序图可见,这种定时器属于非积算定时器,当 X000 断开时,T200 的当前值不保持,X000 再接通时重新计数。

(2) 积算定时器(T246～T255)

① 1ms 积算定时器(T246～T249):以 1ms 时钟脉冲作计时基准,共 4 点,设定值为

0.001～32.767s。

② 100ms 积算定时器(T250～T255)：以 100ms 时钟脉冲作计时基准，共 6 点，设定值为 0.1～3276.7s。

积算定时器的工作原理如图 5-20 所示，动作时序如图 5-21 所示。

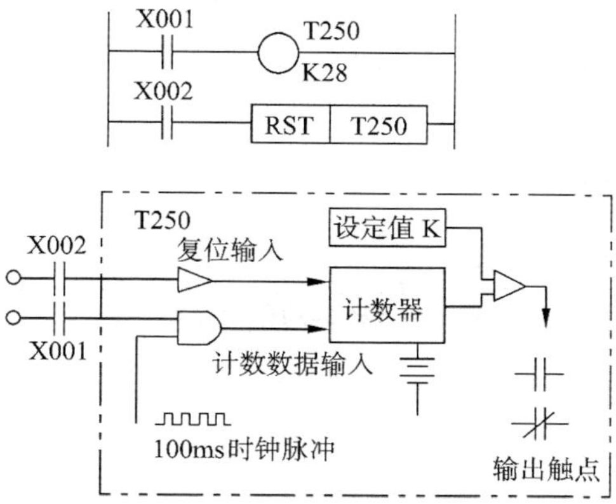

图 5-20　积算定时器原理示意图

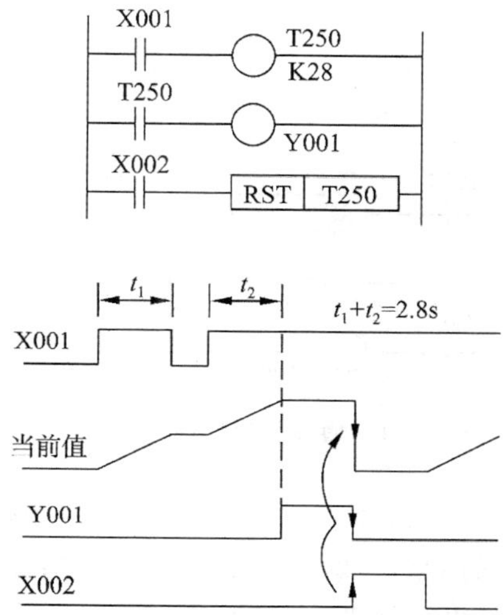

图 5-21　积算定时器动作时序图

输入 X001 接通时，定时器 T250 的当前值计数器开始累积 100ms 的时钟脉冲个数，当该值与设定值 K28 相等时，定时器的输出触点动作。

从时序图可见，计数中途即使输入 X001 断开或发生停电，计数器的当前值也可保持。X001 再接通或复电时，计数继续进行，其累积时间为 2.8s 时触点动作。

当复位输入 X002 接通时，计数器复位，定时器输出触点也复位。

6. 计数器(C)

PLC 中的计数器用于计数。FX_{2N}系列 PLC 共有计数器 256 个，采用十进制编号，为 C0～C255。计数器的设定值，除了可由常数 K 设定外，还可间接通过指定数据寄存器(D)中的内容来设定，如指定 D10，而 D10 的内容为 12，则与设定 K12 等效。

(1) 内部信号计数器(C0～C234)

执行扫描操作时对内部元件(如 X，Y，M，S，T，C)的信号进行计数的计数器。因此，其接通(ON)和断开(OFF)时间应比 PLC 的扫描周期略长，输入信号频率大约为每秒几个扫描周期。

① 16bit 增计数器(C0～C199)

通用型：C0～C99，共 100 点；

掉电保持型：C100～C199，共 100 点。

16bit 增计数器的设定值在 K1～K32767 之间，其使用方法如图 5-22 所示，动作时序如图 5-23 所示。

X011 为计数输入信号，每次 X011 接通，计数器当前值增 1。当计数输入达到第

10次时，计数器C0的输出触点动作，接通输出继电器Y000。之后，即使X011再接通，计数器的当前值都保持不变。

当复位输入信号X010接通(ON)时，执行RST指令，计数器当前值复位为0，输出触点动作(变为OFF)，断开输出继电器Y000。

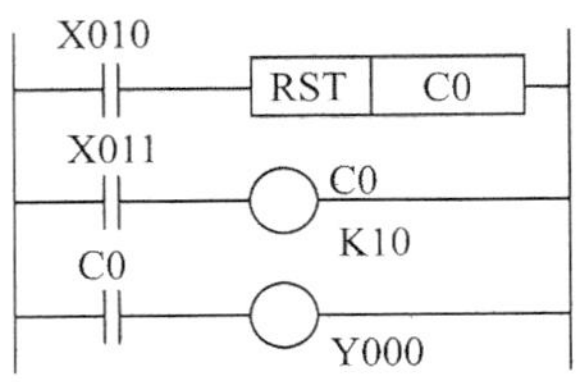

图5-22 16bit增计数器的用法

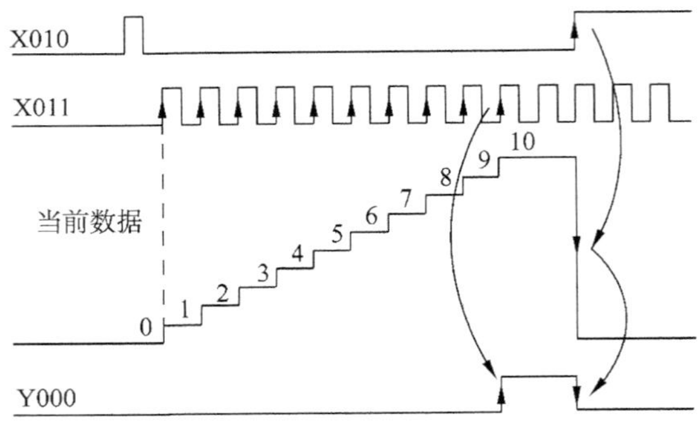

图5-23 16bit增计数器动作时序图

② 32bit双向计数器(C200～C234)

通用型：C200～C219，共20点；

掉电保持型：C220～C234，共15点。

32bit双向计数器的设定值为－2147483648～＋2147483647之间，计数方向(增计数或减计数)由特殊辅助继电器M8200～M8234设定：置1时为减计数，置0时为增计数；计数值则直接用常数K或间接用数据寄存器D的内容作为设定值，间接设定时，要用元件号紧连在一起的两个数据寄存器。

32bit双向计数器的使用方法如图5-24所示，动作时序如图5-25所示。

X012控制计数方向，当X012断开时，M8200置0，为增计数；X012接通时，M8200置1，为减计数。

X014作为计数输入端，驱动计数器C200线圈进行加计数或减计数。

当计数器C200的当前值由－6→－5增加时，其触点接通(置1)，输出继电器Y001接通；由－5→－6减少时，其触点断开(置0)，输出继电器Y001断开。

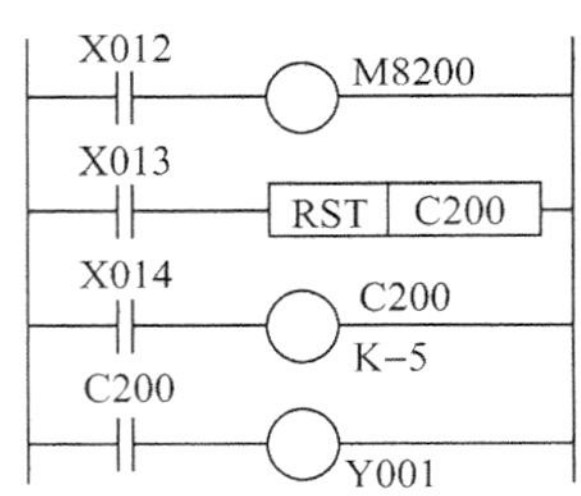

图5-24 32bit双向计数器的用法

当复位输入信号X013接通(ON)时，计数器当前值复位到0，输出触点也复位。

如果使用掉电保持计数器，其当前值和输出触点状态在停电时均能保持。

(2) 高速计数器(C235～C255)

C235～C255也是32bit双向计数，计数范围为－2147483648～＋2147483647。虽然都是高速计算器，但它们共享同一个PLC上的6个高速计数器输入端(X000～X005)。即，如果输入端已被某个计数器占用，它就不能再用于另一个高速计数器。也就是说，最多只能同时使用6个高速计数器。

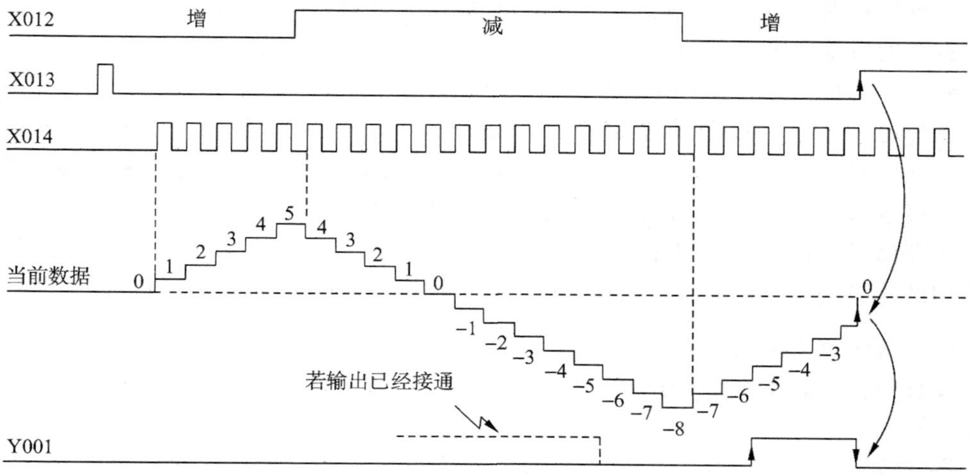

图 5-25　32bit 双向计数器动作时序图

高速计数器的选择不是任意的,它取决于所需计数器类型及高速输入的端子。计数器的类型如下：

一相单向计数输入：C235～C245；

一相双向计数输入：C246～C250；

二相计数输入：C251～C255。

输入端 X006、X007 也是高速输入,但只能用作启动信号,不能用于高速计数。不同类型的计数器可同时使用,但它们的输入不能共用。

高速计数器按中断原则运行,因而它独立于扫描周期。选定计数器的线圈应以连续方式驱动,以表示这个计数器及其有关输入连续有效,其他高速处理不能再用其输入端子。

各种类型计数器的功能和用法见产品使用手册。

7. 数据寄存器(D)

数据寄存器是存储数值数据的元件。FX_{2N} 系列 PLC 有数据寄存器 8196 个,采用十进制编号,为 D0～D8195。这些数据寄存器全是 16 位的(最高位为正、负位),用两个寄存器组合就可以处理 32 位(最高位为正、负位)数值。与其他元件一样,数据寄存器有通用、掉电保持和特殊用 3 种。

通用 *1：D0～D199,共 200 点；

掉电保持用 *2：D200～D511,共 312 点；

掉电保持专用 *3：D512～D7999,共 7488 点；

特殊用：D8000～D8195,共 196 点。

必须注意：通用 *1 为非电池备用区,可通过参数设定变更为保持型；掉电保持用 *2 为电池备用区,可通过参数设定变更为通用型,在两台 PLC 做点对点通信时,D409～D509 被用作通信操作；掉电保持专用 *3 为电池备用固定区,其区域特性不能变更；特殊用数据寄存器的功能见附录 B。

数据寄存器在模拟量控制、位置量控制、数据 I/O 时，用于存储参数及工作数据。数据寄存器的数量随机型不同而异。较简单的只能进行逻辑控制的低档机没有数据寄存器，高档机中，数据寄存器的数量可达数千个。

在掉电保持专用 * 3 的数据寄存器中，D1000～D7999 可以 500 点为单位设置文件寄存器。文件寄存器实际上是一类专用数据寄存器，用于存储大量的数据，例如采集数据、统计计算数据、多组控制参数等。它占用用户程序存储器(RAM、EPROM、EEPROM)内的一个存储区，用编程器可进行写入操作。在 PLC 运行时，用 BMOV 指令可以将文件寄存器中的数据读到通用数据寄存器中，但不能用指令将数据写入文件寄存器。

8. 变址寄存器(V、Z)

变址寄存器的作用类似于 Z80 单板机中的变址寄存器 IX、IY，通常用于修改软元件的元件号。

FX_{2N}系列 PLC 的变址寄存器编号为 V0～V7、Z0～Z7，都是 16 位数据寄存器，可像其他的数据寄存器一样进行数据的读写。如进行 32bit 操作，可将 V、Z 合并使用，指定 Z 为低位。

变址寄存器的操作如图 5-26 所示，MOV 是传送指令。用 V、Z 的内容改变软元件的元件号，称之为软元件的变址。

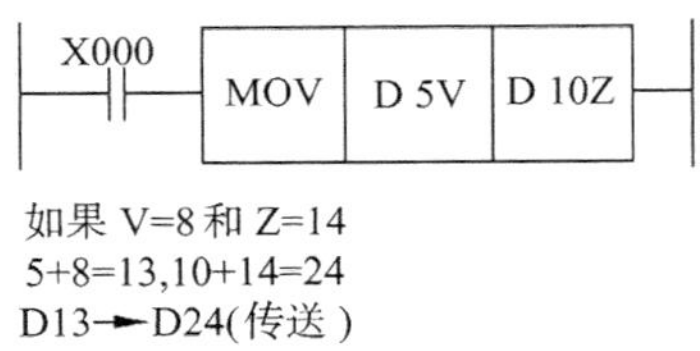

图 5-26 变址寄存器的用法

9. 指针(P、I)

指针有分支用和中断用两种。

分支用指针 P0～P63，共 64 点，用于指定 FNC00(CJ)条件跳转，具体应用方法如图 5-27 所示。图中 CJ、CALL 等分支指令是为了指定跳转目标，用指针P0～P63作为标号。P63 表示跳转至 END 指令步的意思。

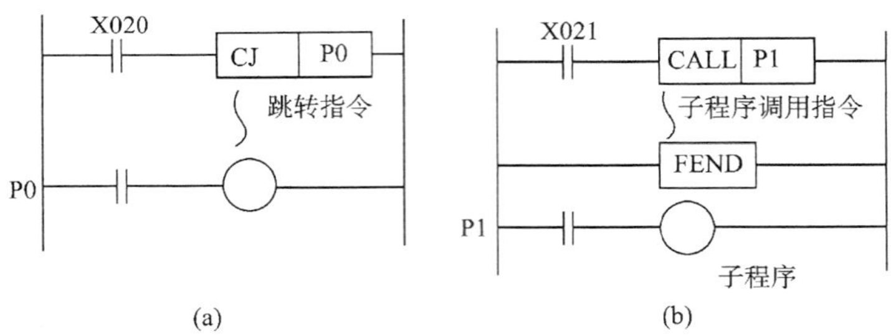

图 5-27 分支用指针的用法

在图 5-27(a)中，X020 一接通(ON)，程序向标号为 P0 的步序跳转。在图 5-27(b)中，X021 一接通(ON)，就执行在 FEND 指令后标号为 P1 的子程序，并根据 SRET 指令返回。

中断用指针有 I00 * ～I50 *(输入中断指针)，共 6 点；I6 * * ～I8 * *(定时中断指针)，共 3 点；I010～I060(计数中断指针)，共 6 点。中断用指针通过指令 FNC01(CALL)，指定输入中断、定时中断、计数中断的中断子程序。

5.4　可编程控制器的主要性能指标

5.4.1　描述 PLC 性能的几个术语

描述 PLC 性能时，经常用到位、数字、字节及字等术语。

位指二进制的一位，仅有 0、1 两种取值。一个位对应 PLC 一个继电器，某位的状态为 0，对应该继电器线圈断电；状态为 1，则对应该继电器线圈通电。

4 位二进制数构成一个数字，这个数字可以是 0000～1001（十进制），也可以是 0000～1111（十六进制）。

两个数字或 8 位二进制数构成一个字节。

两个字节构成一个字。在 PLC 术语中，字称为通道。一个字含 16 位，或者说一个通道含 16 个继电器。

5.4.2　PLC 的主要性能指标

各个厂家的 PLC 产品虽然各有特色，但从总体上来讲，可用下面几项指标来衡量对比其性能。

1. 存储器容量

厂家提供的存储器容量指标通常是指用户程序存储器容量，它决定 PLC 可以容纳的用户程序的长短。一般以字为单位计算，每 1024 个字节为 1KB。中、小型 PLC 的存储器容量一般在 8KB 以下，大型 PLC 的存储器容量可达到 256KB～2MB。有些 PLC 的用户程序存储器需要另购外插的存储器卡，或者用存储卡扩充。

2. I/O 点数

I/O 点数即 PLC 面板上连接输入、输出信号用的端子的个数，是评价一个系列的 PLC 可适用于某种规模的系统的重要参数。I/O 点数越多，控制的规模就越大。厂家技术手册通常都会给出相应 PLC 的最大数字 I/O 点数及最大模拟量 I/O 通道数，以反映该类型 PLC 的最大输入、输出规模。

3. 扫描速度

扫描速度是指 PLC 执行程序的速度，是对控制系统实时性能的评价指标。一般用 ms/K 单位来表示，即执行 1KB 步所需的时间。

4. 内部寄存器

内部寄存器用于存放中间结果、中间变量、定时计数等数据，其数量的多少及容量的大小直接关系到编程的方便及灵活与否。

5. 指令系统

指令种类的多少是衡量 PLC 软件系统功能强弱的重要指标。指令越丰富，用户编程越方便，越容易实现复杂功能，说明 PLC 的处理能力和控制能力也越强。

6. 特殊功能及模块

除基本功能外,特殊功能及模块也是评价 PLC 技术水平的重要指标。如自诊断功能、通信联网功能、远程 I/O 能力等。PLC 所能提供的功能模块有高速计数模块、位置控制模块、闭环控制模块等。近年来,智能模块的种类日益增多,功能也越来越强。

7. 扩展能力

PLC 的扩展能力反映在下面两个方面:大部分 PLC 用 I/O 扩展单元进行 I/O 点数的扩展,有的 PLC 使用各种功能模块进行功能的扩展。

思 考 题

5.1 按结构形式分类,PLC 有哪几种?各有何特点?

5.2 PLC 有哪些特点?

5.3 PLC 主要由哪几部分组成?各部分起什么作用?

5.4 PLC 及其控制系统为什么抗干扰能力强,可靠性高?

5.5 怎样计算 PLC 的扫描周期?

5.6 简述 PLC 的扫描工作过程。

习 题

5.1 PLC 控制相对继电器—接触器控制有哪些优点?

5.2 分析图 5-3 所示交流输入电路的工作原理,说明二极管整流桥的作用。

5.3 分析图 5-8 所示双向晶闸管输出电路的工作原理。

5.4 FX_{2N}—48MR 型 PLC 有多少个输入继电器?多少个输出继电器?

5.5 有一台 FX_{2N}—32MR 型 PLC,它最多可接多少个输入信号?接多少个负载?它适用于控制交流与直流负载吗?

5.6 状态器有什么特点?它主要适用于哪一类控制?

5.7 FX_{2N}系列 PLC 的定时器是通电延时型还是断电延时型?当定时时间到时,其常开触点与常闭触点工作状态如何?

5.8 FX_{2N}系列 PLC 的计数器有哪几种类型?当到了设定的计数次数时,其常开触点、常闭触点的状态如何?

5.9 FX_{2N}系列 PLC 主要有哪些内部元件?各有什么功能和用途?

5.10 PLC 的性能指标主要有哪些?分别表示什么含意?

第6章 可编程控制器的指令

6.1 概述

用户程序是可编程控制器的使用者针对具体控制对象编制的程序。在小型可编程控制器中,用户程序有三种形式:梯形图、指令表和状态转移图(SFC)。

PLC 提供了完整的编程语言,以适应 PLC 在工业环境中的使用。利用编程语言,按照不同的控制要求编制不同的控制程序,这相当于设计和改变继电器控制的硬接线线路,也就是所谓的“可编程序”。程序既可由编程器方便地送入到 PLC 内部的存储器中,也能方便地读出、检查与修改。

由于 PLC 是专为工业控制需要而设计的,因而对于使用者来说,编程时完全可以不考虑微处理器内部的复杂结构,不必使用各种计算机使用的语言,而把 PLC 内部看作是由许多“软继电器”等逻辑部件组成,利用 PLC 提供的编程语言来编写控制程序。

下面以三菱 FX_{2N}系列 PLC 为例来说明。

1. 梯形图语言

梯形图语言是在继电器控制系统中常用的接触器、继电器梯形图的基础上演变而来的,它与继电器控制系统原理图相呼应。PLC 的梯形图与继电器控制系统的梯形图的基本思想是一致的,只是在使用符号和表达方式上有一定区别。PLC 的梯形图使用的是内部继电器、定时/计数器等,都是由软件实现的。其主要特点是使用方便、修改灵活,这是传统的继电器控制系统梯形图的硬件接线所无法比拟的。

图 6-1 是典型的梯形图示意图。左右两条垂直线称作左母线和右母线。在左、右两母线之间,触点在水平线上相串联,相邻的线也可以用一条垂直线连接起来,作为逻辑的并联。触点的水平方向串联相当于“与”(AND),例如图中第一条线,A、B、C 三者是“与”逻辑关系。垂直方向的触点并联,相当于“或”(OR),如第二条线,D、E、F 三者是“或”逻辑关系。

PLC 梯形图的一个关键概念是“能流”,这仅是概念上的“能流”。在图 6-1 中,把左母线假想为电源“相线”,而把右母线假想为电源“零线”。如果有“能流”从左至右流向线圈,则线圈被激励。如没有“能流”,则线圈未被激励。图 6-1 典型的梯形图母线“能流”可以通过被激励(ON)的常开触点和未被激励(OFF)的常闭触点自左向右流,也可以通过并联

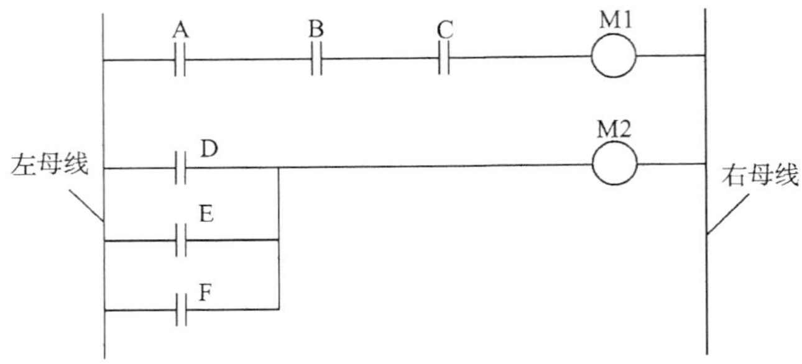

图 6-1 典型的梯形图

触点中的一个触点流向右边。"能流"在任何时候都不会通过触点自右向左流。如图 6-1 中，当 A、B、C 触点都接通后，线圈 M1 才能接通(被激励)，只要其中一个触点不接通，线圈就不会接通；而 D、E、F 触点中任何一个接通，线圈 M2 就被激励。

要强调指出的是，引入"能流"概念，仅仅是用于说明如何来理解梯形图各输出点的动作，实际上并不存在这种"能流"。

2. 指令表语言

指令表语言类似于计算机中的助记符语言，它是可编程控制器最基础的编程语言。所谓指令表编程，是用一个或几个容易记忆的字符来代表可编程控制器的某种操作功能。PLC 的指令分为基本逻辑指令、步进顺控指令和应用指令，具体指令的说明将在后面详细介绍。

可编程控制器 FX_{2N}系列 PLC 的基本指令包括"与"、"或"、"非"及定时器、计数器等。图 6-2 是指令表编程的例子，(a)图是梯形图，(b)图是相应的指令表。

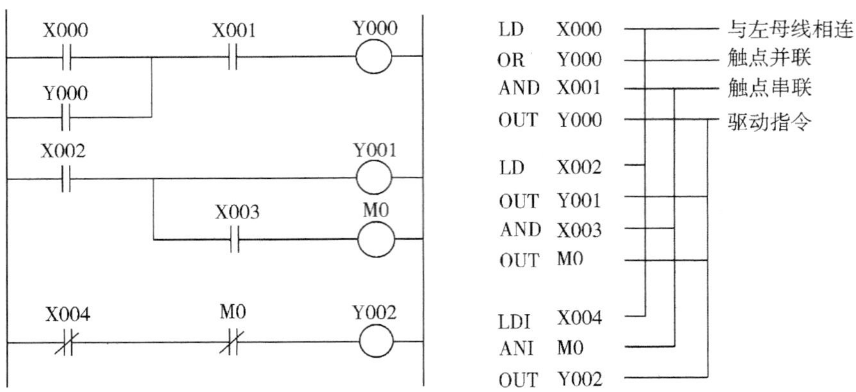

(a) 梯形图 (b) 指令表

图 6-2 基本指令应用举例

由图 6-2 可看出，梯形图是由一段一段组成的。每段的开始用 LD(LDI)指令，触点的串/并联用 AND/OR 指令，线圈的驱动总是放在最右边，用 OUT 指令，用这些基本指令，即可组成复杂逻辑关系的梯形图及指令表。

3. 状态转移图(即顺序功能流程图)语言

状态转移图(SFC)语言是一种较新的编程语言。它的作用是用顺序功能流程图来表达一个顺序控制过程，本章将在"步进顺控指令"中详细介绍这种方法。目前国际电工协会(IEC)也正在实施发展这种新的编程标准。

SFC 作为一种步进顺控语言，用这种语言可以对一个控制过程进行控制，并显示该过程的状态。将用户应用的逻辑分成状态和转移条件，来代替一个长的梯形图程序。这些状态和转移条件的显示使用户可以看到在某个给定时间中机器处于什么状态。

图 6-3 所示是用状态转移图编程的例子，这是一个钻孔顺控的例子。每一方框表示一个状态，方框中的数字代表顺序步，每一状态对应于一个控制任务，每个状态的转移条件及每个状态执行的功能可以写在方框右边。

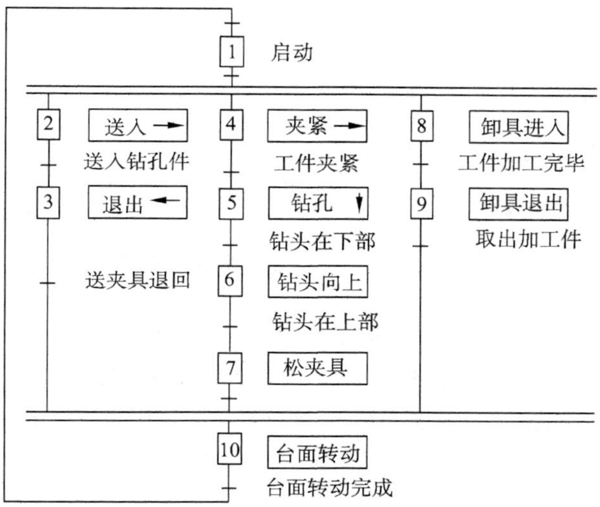

图 6-3　状态转移图编程示例

6.2　基本逻辑指令

6.2.1　逻辑取指令和输出指令

逻辑取指令和输出指令的符号、名称、功能、梯形图和可用软元件见表 6-1。

表 6-1　逻辑取指令和输出指令

符号	名称	功　能	梯　形　图	可用软元件	程　序　步
LD	取	输入母线和常开触点连接	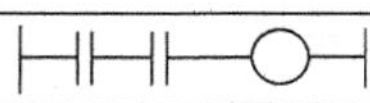	X,Y,M,S,T,C	1
LDI	取反	输入母线和常闭触点连接	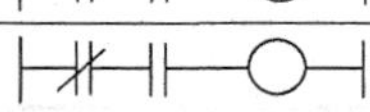	X,Y,M,S,T,C	1
OUT	输出	线圈驱动	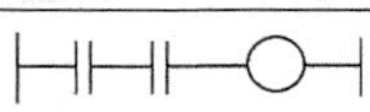	Y,M,S,T,C	Y,M：1；S,特 M：2；T：3；C：4～9

说明：

① LD 指令用于将常开触点接到左母线上；LDI 指令用于将常闭触点接到左母线上。此外，与后面讲到的 ANB、ORB 指令组合，在电路块或分支起点处也要使用。

② OUT 指令是对输出继电器 Y、辅助继电器 M、状态继电器 S、定时器 T、计数器 C 的线圈的驱动指令，对输入继电器 X 不能使用。

③ OUT 指令可多次并联使用。

LD、LDI、OUT 指令的应用如图 6-4 所示。

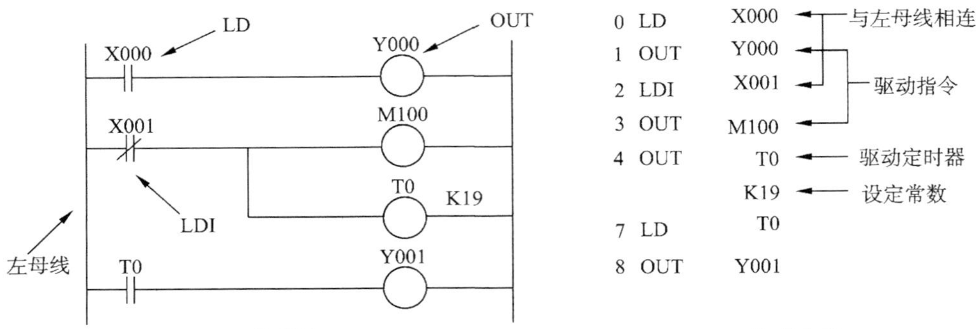

(a) 梯形图 (b) 指令表

图 6-4 LD、LDI、OUT 指令的应用

在图 6-4 中，当输入端子 X000 有信号输入时，输入继电器 X000 的常开触点闭合，输出继电器 Y000 的线圈得电，其外部常开触点闭合；当输入端子 X001 有信号输入时，输入继电器 X001 的常闭触点断开，辅助继电器 M100 和定时器 T0 的线圈都不得电；若输入端子 X001 无信号输入，则输入继电器 X001 的常闭触点闭合，辅助继电器 M100 和定时器 T0 的线圈得电，T0 开始计时，因 K=19，T0 为 100ms 定时器，所以 1.9s 后，定时器 T0 的常开触点闭合，输出继电器 Y001 的线圈得电，其外部常开触点闭合，即可使负载动作。

6.2.2 触点串联指令

触点串联指令的符号、名称、功能、梯形图和可用软元件见表 6-2。

表 6-2 触点串联指令

符号	名称	功 能	梯 形 图	可用软元件	程序步
AND	与	常开触点串联连接	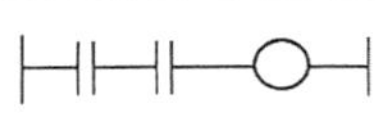	X,Y,M,S,T,C	1
ANI	与非	常闭触点串联连接		X,Y,M,S,T,C	1

说明：

① AND、ANI 用于 LD、LDI 后一个常开或常闭触点的串联，串联的数量不受限制。

② 当串联的是两个或两个以上的并联触点时，要用到下面将要介绍的块与（ANB）指令。

AND、ANI 指令的应用如图 6-5 所示。

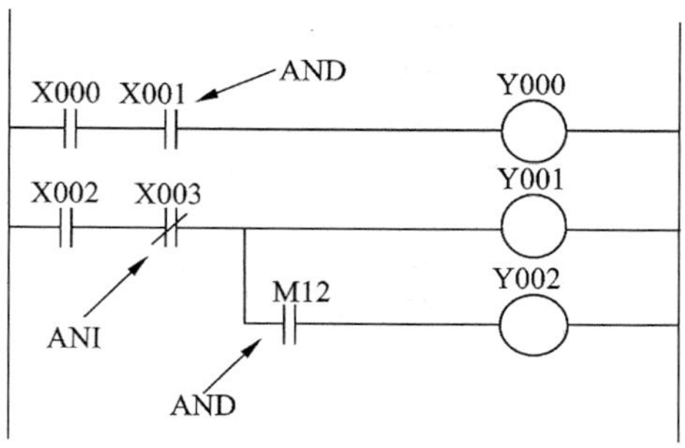

(a) 梯形图

步	指令	软元件	注释
0	LD	X000	
1	AND	X001	← 串联触点
2	OUT	Y000	
3	LD	X002	
4	ANI	X003	← 串联触点
5	OUT	Y001	
6	AND	M12	← 串联触点
7	OUT	Y002	← 纵接输出

(b) 指令表

图 6-5　AND、ANI 指令的应用

在图 6-5 中，触点 X000 与 X001 串联，当 X000 和 X001 都闭合时，输出继电器线圈 Y000 得电，当触点 X002 和 X003 都闭合时，线圈 Y001 也得电。在指令 OUT Y001 后，通过触点 M12 对 Y002 使用 OUT 指令，称为纵接输出。即当触点 X002、X003 都闭合，且 M12 也闭合时，线圈 Y002 得电。这种纵接输出可多次重复使用。

6.2.3　触点并联指令

触点并联指令的符号、名称、功能、梯形图和可用软元件见表 6-3。

表 6-3　触点并联指令

符号	名称	功　能	梯　形　图	可用软元件	程序步
OR	或	常开触点并联连接	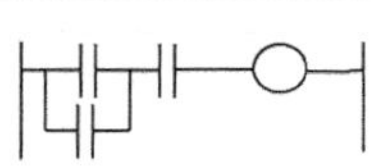	X,Y,M,S,T,C	1
ORI	或非	常闭触点并联连接	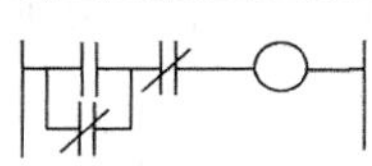	X,Y,M,S,T,C	1

说明：

① OR、ORI 用于 LD、LDI 后一个常开或常闭触点的并联，并联的触点数量不受限制。

② 当并联的是两个或两个以上的串联触点时，要用到下面将介绍的块或（ORB）指令。

OR、ORI 指令的应用如图 6-6 所示。

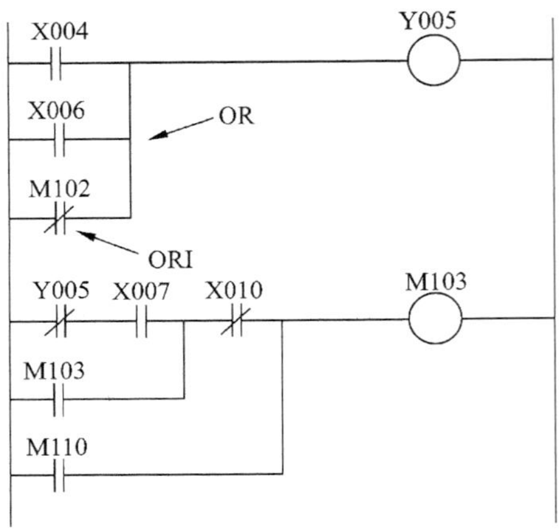

(a) 梯形图

0	LD	X004	并联触点
1	OR	X006	
2	ORI	M102	
3	OUT	Y005	
4	LDI	Y005	并联触点
5	AND	X007	
6	OR	M103	
7	ANI	X010	
8	OR	M110	
9	OUT	M103	

(b) 指令表

图 6-6　OR、ORI 指令的应用

在图 6-6 中,只要触点 X004、X006 或 M102 中任一触点闭合,线圈 Y005 就得电。线圈 M103 的得电只依赖于触点 Y005、X007、M103、X010 和 M110 的组合,它相当于触点的混联,当触点 Y005、X007 和 X010 同时闭合,或 M103、X010 闭合,或 M110 闭合时,线圈 M103 得电。

6.2.4 串联电路块并联指令

串联电路块并联指令的符号、名称、功能和梯形图见表 6-4。

表 6-4　块或指令

符号	名称	功　能	梯　形　图	程序步
ORB	块或	串联电路块的并联	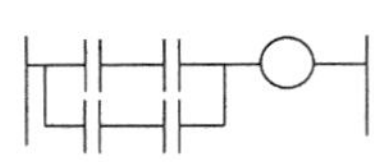	1

说明:

① 两个或两个以上触点串联的电路称为串联电路块。电路块的开始处用 LD 或 LDI 指令。

② 当一个串联电路块和上面的触点或电路块并联时,在串联电路块的结束处用块或(ORB)指令。

③ 若对每个电路块分别使用 ORB 指令,则并联的电路块没有限制;也可成批使用 ORB 指令,但成批使用的次数限制在 8 次以下。

ORB 指令的应用如图 6-7 所示。

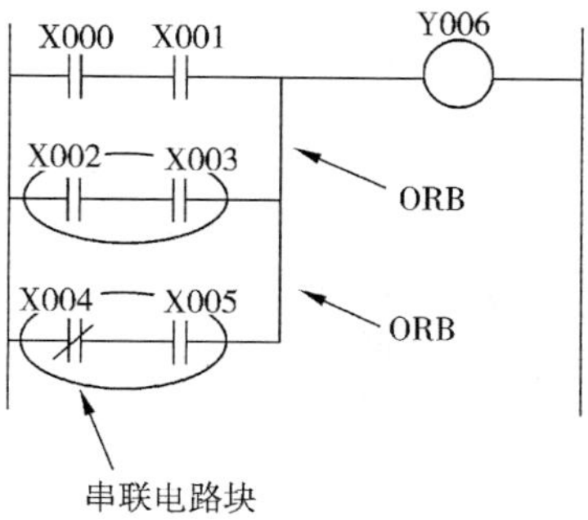

(a) 梯形图

好的程序			不好的程序		
0	LD	X000	0	LD	X000
1	AND	X001	1	AND	X001
2	LD	X002	2	LD	X002
3	AND	X003	3	AND	X003
4	ORB ←		4	LDI	X004
5	LDI	X004	5	AND	X005
6	AND	X005	6	ORB ←	
7	ORB ←		7	ORB ←	
8	OUT	Y006	8	OUT	Y006

(b) 指令表

图 6-7　ORB 指令的应用

6.2.5　并联电路块串联指令

并联电路块串联指令的符号、名称、功能和梯形图见表 6-5。

表 6-5　块与指令

符号	名称	功　能	梯　形　图	程序步
ANB	块与	并联电路块的串联	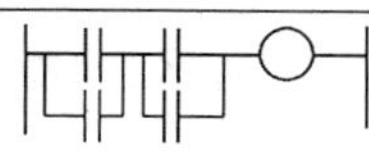	1

说明：

① 两个或两个以上触点并联的电路称为并联电路块；电路块的开始处用 LD 或 LDI 指令。

② 当一个并联电路块和前面的触点或电路块串联时，在并联电路块的结束处用块与(ANB)指令。

③ 若对每个电路块分别使用 ANB 指令，则串联的电路块没有限制；也可成批使用 ANB 指令，但成批使用的次数限制在 8 次以下。

ANB 指令的应用如图 6-8 所示。若将图 6-8(a)中的梯形图改画成图 6-8(b)的形式，梯形图的功能不变，但可减少指令条数。

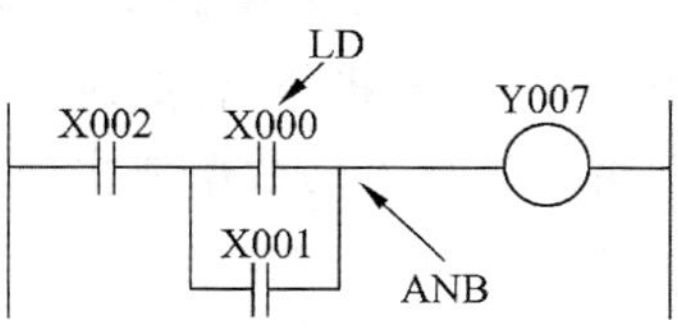

梯形图

0	LD	X002	
1	LD	X000	← 分支起点
2	OR	X001	← 并联块结束
3	ANB		← 与前面电路串联
4	OUT	Y007	

指令表

(a)

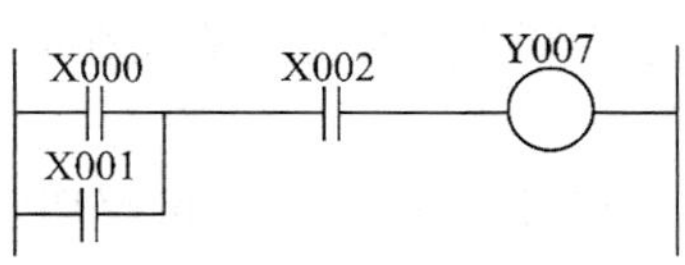

梯形图

0	LD	X000
1	OR	X001
2	AND	X002
3	OUT	Y007

指令表

(b)

图 6-8　ANB 指令的应用

ANB、ORB 指令的混合使用如图 6-9 所示。

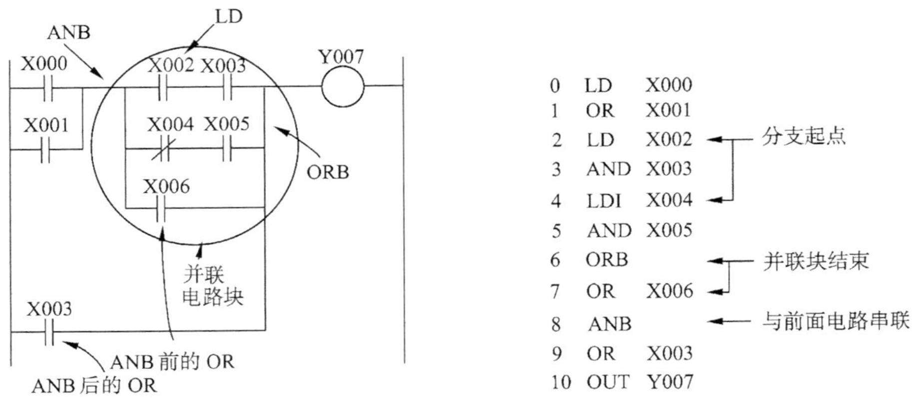

(a) 梯形图　　(b) 指令表

图 6-9　ANB、ORB 指令的混合使用

6.2.6　多重输出电路指令

多重输出电路指令的符号、名称、功能和梯形图见表 6-6。

表 6-6　多重输出电路指令

符号	名称	功能	梯　形　图	程序步
MPS	进栈	进栈	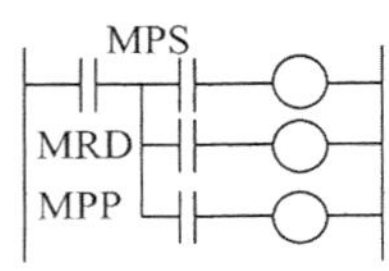	1
MRD	读栈	读栈		1
MPP	出栈	出栈		1

说明：

① 在可编程控制器中有 11 个存储器，它们用来存储运算的中间结果，称为栈存储器。栈存储器采用先入后出的数据存放原则，使用一次 MPS 指令，将此时刻的运算结果压入栈存储器的第一层，再使用一次 MPS 指令，则将原先存入的数据依次压移到栈存储器的下一层，并将此时的运算结果压入栈存储器的第一层。

② 使用 MRD 指令是读出最上层所存的最新数据，栈存储器内的数据不发生移动。

③ 使用 MPP 指令，将最上层的数据读出，同时该数据从栈存储器中消失，其他各数据依次向上移动。

④ MPS 指令可反复使用，但必须少于 11 次，并且 MPS 和 MPP 指令必须配对使用。

MPS、MRD、MPP 指令的应用如图 6-10 所示。从图中看出，这组指令在进行分支多重输出电路的编程时，十分方便。

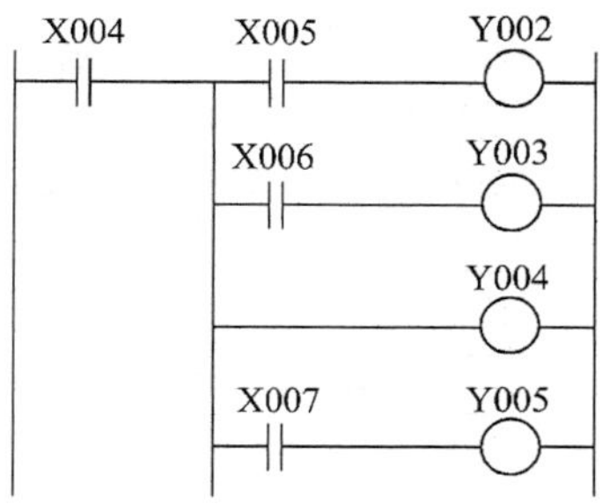

(a) 梯形图

```
LD    X004
MPS
AND   X005
OUT   Y002
MRD
AND   X006
OUT   Y003
MRD
OUT   Y004
MPP
AND   X007
OUT   Y005
```

(b) 指令表

图 6-10　MPS、MRD、MPP 指令的应用

6.2.7　主控触点指令

主控触点指令的符号、名称、功能、梯形图和可用软元件见表 6-7。

表 6-7　主控触点指令

符号	名　称	功　能	梯　形　图	可用软元件	程序步
MC	主控	公共串联触点的连接	MC | N | Y,M ； Y,M	Y,M(M 除特殊辅助继电器)	3
MCR	主控复位	公共串联触点的复位	MCR | N0		2

说明：

① 主控指令中的公共串联触点相当于电气控制中一组电路的总开关。主控 MC 指令有效，相当于总开关接通。

② 通过更改软元件 Y,M 的地址号，可以多次使用主控指令。

③ 在 MC 内再使用 MC 指令，就成为主控指令的嵌套，相当于在总开关后接分路开关。嵌套级 N 的地址号按顺序增加，即 N0→N1→N2→…→N7。使用 MCR 指令返回时，则从 N 地址号大的嵌套级开始解除，但若使用 MCR　N0，则嵌套级立刻回到 0。

MC、MCR 指令的应用如图 6-11 所示。

在图 6-11 中，当触点 X000 闭合时，触点 M100 闭合，从 MC 到 MCR 间的指令有效。若此时触点 X001、X002 闭合，则输出继电器线圈 Y000 得电，定时器线圈 T0 得电，1s 后触点 T0 闭合。当触点 X000 断开时，从 MC 到 MCR 间的指令无效。此时若触点 X001、X002 闭合，线圈 Y000、T0 均不得电，线圈 Y002 也不会在 1s 后得电，而线圈 Y001 在 MCR 指令之后，不受主控指令的影响，当触点 X001 闭合时，仍会得电。

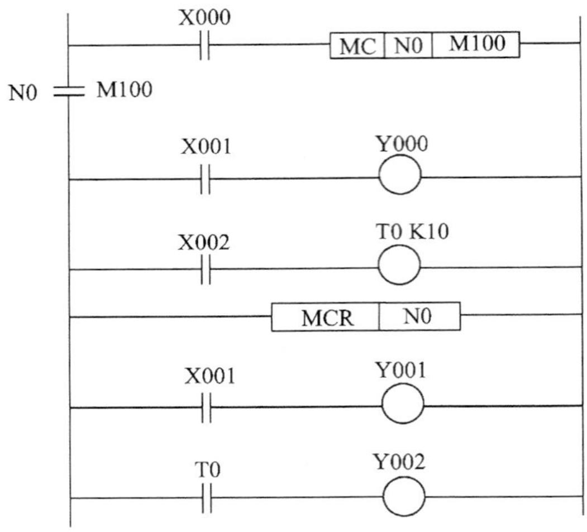

(a) 梯形图

LD	X000
MC	N0
	M100
LD	X001
OUT	Y001
LD	X002
OUT	T0
	K10
MCR	N0
LD	X001
OUT	Y001
LD	T0
OUT	Y002

(b) 指令表

图 6-11 MC、MCR 指令的应用

含有嵌套的 MC、MCR 指令的应用如图 6-12 所示。

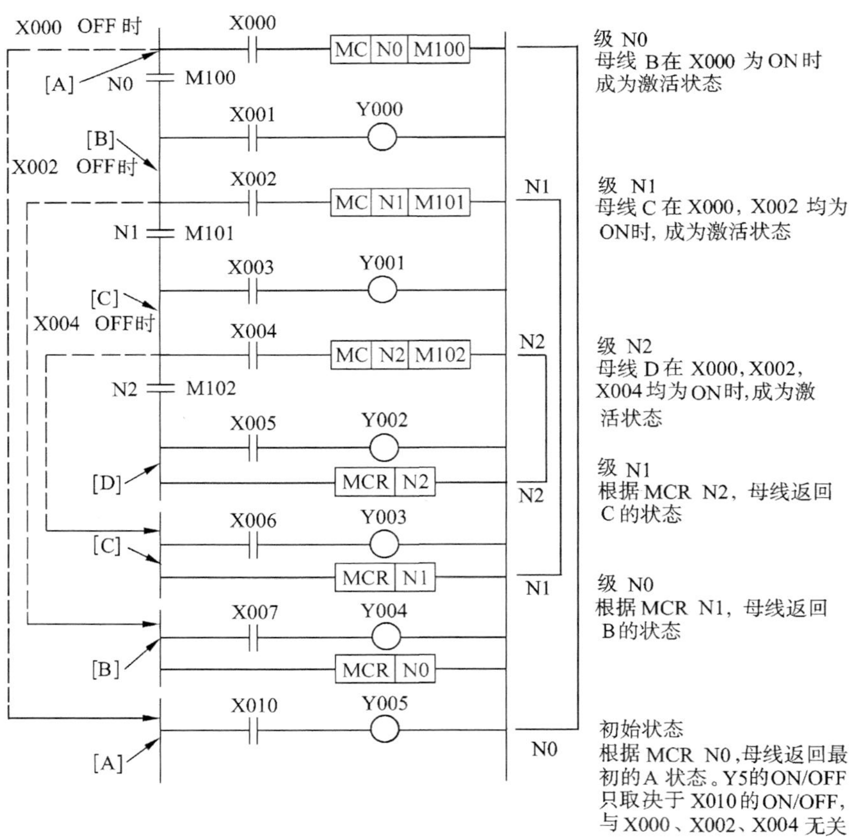

图 6-12 含有嵌套的 MC、MCR 指令的应用

6.2.8　自保持与解除指令

自保持与解除指令的符号、名称、功能、梯形图和可用软元件见表 6-8。

表 6-8　自保持与解除指令

符号	名称	功　能	梯　形　图	可用软元件	程 序 步
SET	置位	令元件动作自保持	SET Y,M,S	Y,M,S	Y，M：1；S、特 M：2
RST	复位	清除动作保持，寄存器清零	RET Y,M,S,D,V,Z	Y，M，S，T，C,D,V,Z	D、V、Z、特 D：3

自保持与解除指令的应用可用图 6-13 形象地说明。

① 在图 6-13(a)中，触点 X000 一旦闭合，线圈 Y000 得电；触点 X000 断开后，线圈 Y000 仍得电。触点 X001 一旦闭合，则无论触点 X000 闭合还是断开，线圈 Y000 都不得电。其波形如图 6-13(c)所示。

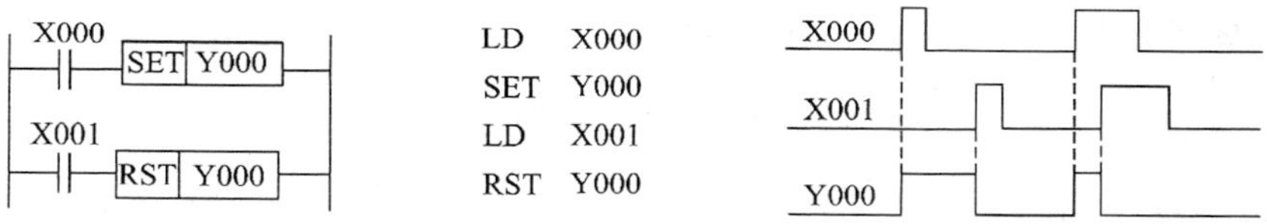

(a) 梯形图　(b) 指令表　(c) 波形图

图 6-13　自保持与解除指令的应用

② 对于同一软元件，SET、RST 可多次使用，顺序先后也可任意，但以最后执行的一行有效。在图 6-13 中，若将第一阶与第二阶梯形图对换，则当 X000、X001 都闭合时，因为 SET 指令在 RST 指令后面，所以线圈 Y000 一直得电。

③ 对于数据寄存器 D，变址寄存器 V、Z 的内容清零，也可使用 RST 指令。

6.2.9　定时器、计数器指令

定时器、计数器指令的符号、名称、功能、梯形图和可用软元件见表 6-9。

表 6-9　定时器、计数器指令

符号	名称	功　能	梯　形　图	可用软元件	程 序 步
OUT	输出	驱动定时器、计数器线圈	T,C K	T,C	32 位计数器：5；其他：3
RST	复位	复位输出触点，当前数据清零	RST T,C	T,C	2

1. 定时器的应用

在图 6-14 中，T0 是普通定时器，当触点 X000 闭合后，定时器 T0 开始计时，10s 后触点 T0 闭合,线圈 Y000 得电;若触点 X000 断开,不论在定时中途,还是在定时时间到后,定时器 T0 均被复位。T250 是积算型定时器,当触点 X001 闭合后,定时器 T250 开始计时,在计时过程中,即使触点 X001 断开或停电,定时器 T250 仍保持已计时的时间。当触点 X001 再次闭合后,定时器 T250 在原计时时间的基础上继续计时,直到 10s 时间到。当触点 X002 闭合后,定时器 T250 被复位。

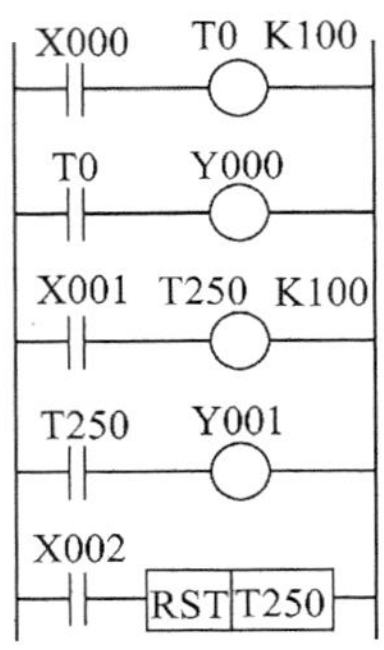

(a) 梯形图

```
LD    X000
OUT   T0
      K100
LD    T0
OUT   Y000
LD    X001
OUT   T250
      K100
LD    T250
OUT   Y001
LD    X002
RST   T250
```

(b) 指令表

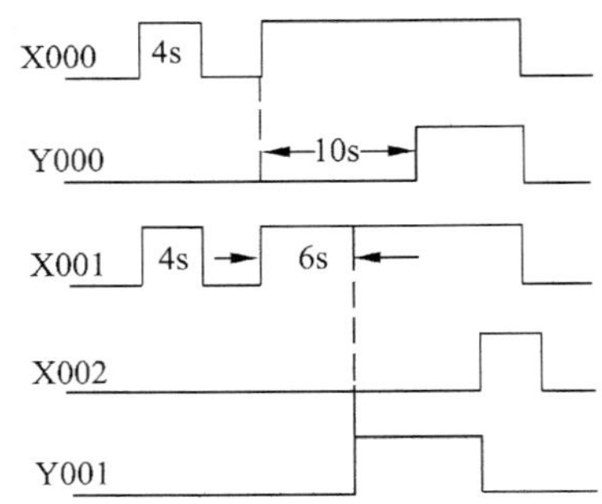

(c) 波形图

图 6-14 定时器的应用

2. 计数器的应用

在图 6-15 中,C0 是普通计数器,利用触点 X011 从断开到闭合的变化,驱动计数器 C0 计数。触点 X011 闭合一次,计数器 C0 的当前值加 1,直到其当前值为 5,触点 C0 闭合。以后即使继续有计数输入,计数器的当前值不变。当触点 X010 闭合,执行 RST C0 指令,计数器 C0 被复位,当前值为 0,触点 C0 断开,输出继电器线圈 Y001 失电。

普通计数器和停电保持用计数器不同之处在于,PLC 掉电后,普通计数器的当前值被清除,而停电保持用计数器则可存储计数器在停电前的计数值。当恢复供电后,停电保持用计数器可在上一次保存的计数值上累计计数,因此,它是一种累积计数器。

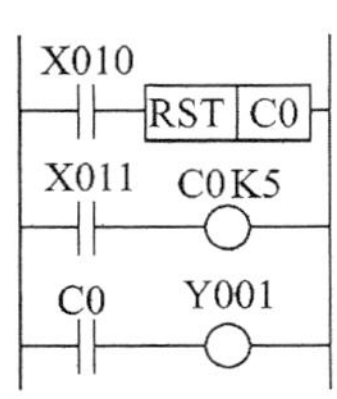

(a) 梯形图

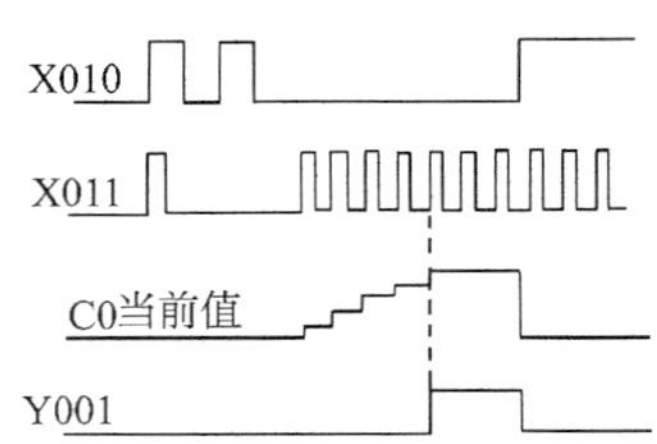

(b) 波形图

图 6-15 计数器的应用

6.2.10 脉冲输出指令

脉冲输出指令的符号、名称、功能、梯形图和可用软元件见表 6-10。

表 6-10　脉冲输出指令

符号	名　称	功　能	梯　形　图	可用软元件	程序步
PLS	上升沿脉冲	上升沿微分输出	PLS Y,M	Y,M	2
PLF	下降沿脉冲	下降沿微分输出	PLF Y,M	Y,M	2

说明：

在脉冲输出指令中，PLS 表示在指定的驱动触点闭合（上升沿）时，被驱动的线圈得电一个扫描周期 T；PLF 表示在驱动触点断开（下降沿）时，被驱动的线圈得电一个扫描周期 T。

脉冲输出指令可用图 6-16 形象地说明。波形图中的高电平表示线圈得电。

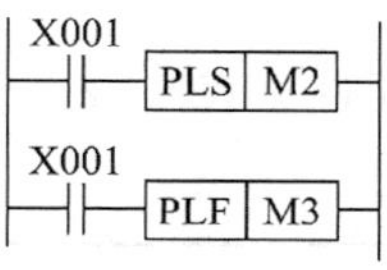

(a) 梯形图

LD	X001
PLS	M2
LD	X001
PLF	M3

(b) 指令表

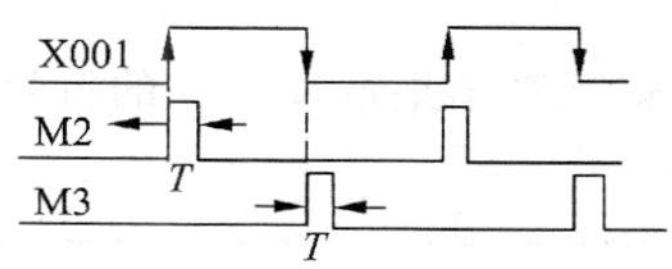

(c) 波形图

图 6-16　脉冲输出指令的应用

6.2.11　脉冲式触点指令

脉冲式触点指令的符号、名称、功能、梯形图和可用软元件见表 6-11。

表 6-11　脉冲式触点指令

符号	名　称	功　能	梯　形　图	可用软元件	程序步
LDP	取上升沿脉冲	上升沿检测运算开始	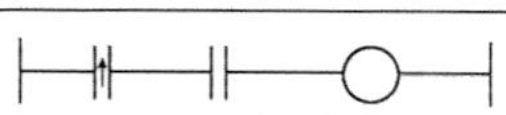	X,Y,M,S,T,C	2
LDF	取下降沿脉冲	下降沿检测运算开始	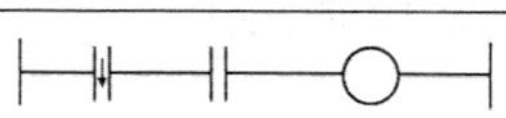	X,Y,M,S,T,C	2
ORP	或上升沿脉冲	上升沿检测并联连接	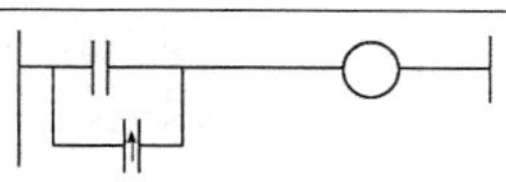	X,Y,M,S,T,C	2
ORF	或下降沿脉冲	下降沿检测并联连接	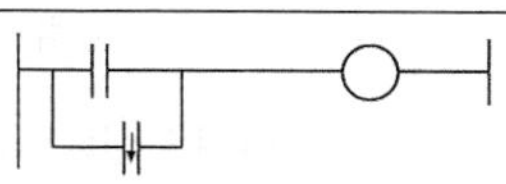	X,Y,M,S,T,C	2
ANDP	与上升沿脉冲	上升沿检测串联连接	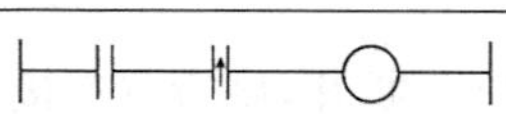	X,Y,M,S,T,C	2
ANDF	与下降沿脉冲	下降沿检测串联连接	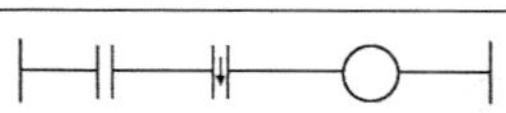	X,Y,M,S,T,C	2

说明：

这是一组与 LD、AND、OR 指令相对应的脉冲式触点指令。指令中 P 代表上升沿检测,它表示在指定的软元件触点闭合(上升沿)时,被驱动的线圈得电一个扫描周期 T;F 代表下降沿检测,它表示在指定的软元件触点断开(下降沿)时,被驱动的线圈得电一个扫描周期 T。

脉冲检测指令可用图 6-17 形象地说明。波形图中的高电平表示触点闭合。

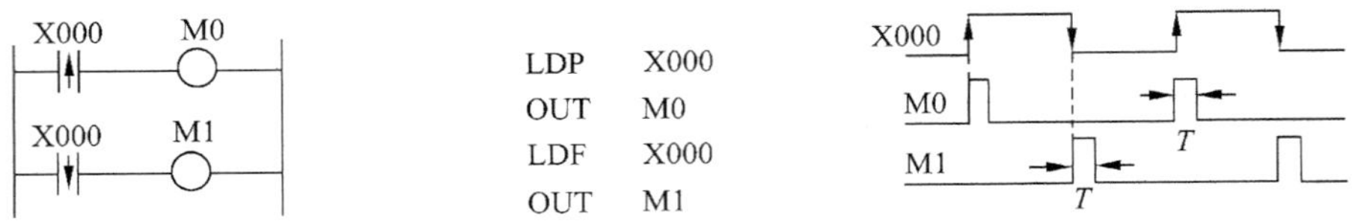

(a) 梯形图 (b) 指令表 (c) 波形图

图 6-17 脉冲检测指令的应用

6.2.12 逻辑运算结果取反指令

逻辑运算结果取反指令的符号、名称、功能、梯形图和可用软元件见表 6-12。

表 6-12 逻辑运算结果取反指令

符号	名称	功 能	梯 形 图	可用软元件	程序步
INV	取反	逻辑运算结果取反	─┤├─/─( )─	无	1

说明:

① INV 指令是把指令所在位置当前逻辑运算结果取反,取反后的结果仍可继续运算。INV 指令无操作元件。

② 使用 INV 指令,在 AND 或 ANI、ANDP、ANDF 指令的相同位置处编程。

③ 不能像 OR、ORI、ORP、ORF 指令那样单独使用,也不能像 LD、LDI、LDP、LDF 那样与母线单独连接。

INV 指令的应用如图 6-18 所示。

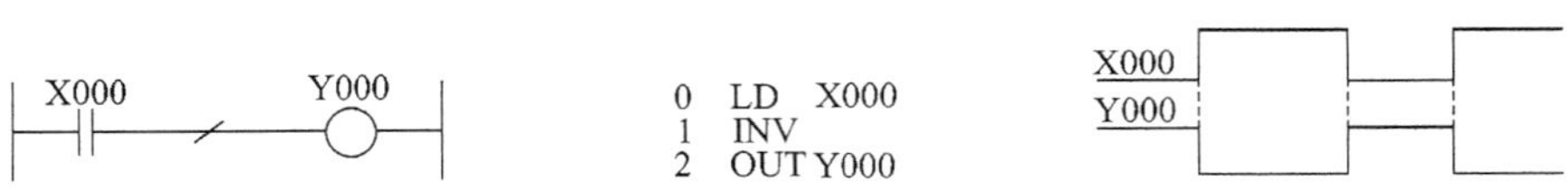

(a) 梯形图 (b) 指令表 (c) 波形图

图 6-18 INV 指令的应用

在图 6-18 中,如果 X000 断开,则 Y000 接通;如果 X000 接通,则 Y000 断开。

6.2.13 空操作指令

空操作指令的符号、名称、功能、梯形图和可用软元件见表 6-13。

表 6-13　空操作指令

符号	名　称	功　能	梯形图	可用软元件	程序步
NOP	空操作	无动作	无	无	1

说明：

① 在将全部程序清除时，全部指令成为空操作。

② 若在程序中加入空操作指令，则在修改或追加程序时，可以减少步序号的变化，但是程序步需要有空余。

③ 若将已写入的指令换成 NOP 指令，则电路会发生变化，必须注意。

NOP 指令的应用如图 6-19 所示。

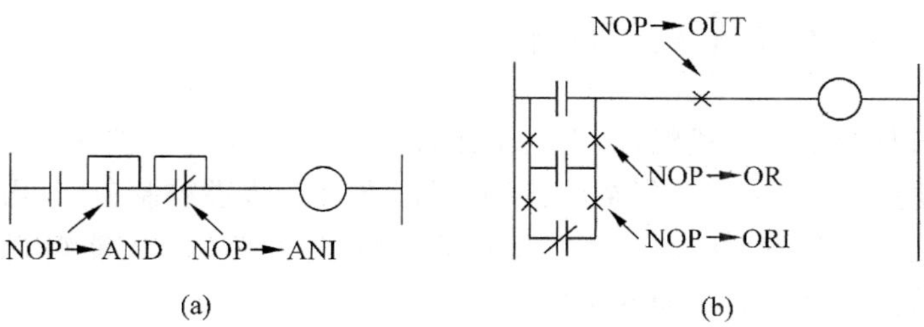

图 6-19　NOP 指令的应用

在图 6-19(a)中，若用 NOP 指令替换 AND 指令或 ANI 指令，则相当于将该触点短路。

在图 6-19(b)中，若用 NOP 指令替换 OR 指令或 ORI 指令，则相当于将该处电路切断。若用 NOP 指令替换 OUT 指令，则程序出错。

6.2.14　程序结束指令

程序结束指令的符号、名称、功能、梯形图和可用软元件见表 6-14。

表 6-14　程序结束指令

符号	名称	功　能	梯　形　图	可用软元件	程序步
END	结束	输入、输出处理，返回到程序开始	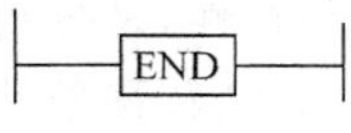	无	1

说明：

在 PLC 反复进行输入处理、程序执行、输出处理时，若在程序的最后写入 END 指令，那么，END 以后的程序步不再执行，而直接进行输出处理；若在程序中没有 END 指令，则要处理到最后的程序步。在调试中，可在各程序段插入 END 指令，依次检查各程序段的动作，在确认前面电路动作正确无误后，依次删去 END 指令。

PLC RUN(运行)开始时的首次执行,从执行 END 指令开始。执行 END 指令时,也刷新监视定时器(检查扫描周期是否过长的定时器)。

END 指令的应用如图 6-20 所示。

以上介绍了 FX_{2N} 系列可编程序控制器的基本指令。在小型的、独立的工业设备控制中,使用这些指令,已基本能完成控制要求。但分散的、互相独立的指令就像没有组织的士兵,是不能完成任务的。在 6.3 节中将介绍一些常用的单元程序,这些单元程序将指令有机地组织起来,完成指定的功能,实现局部的控制要求。

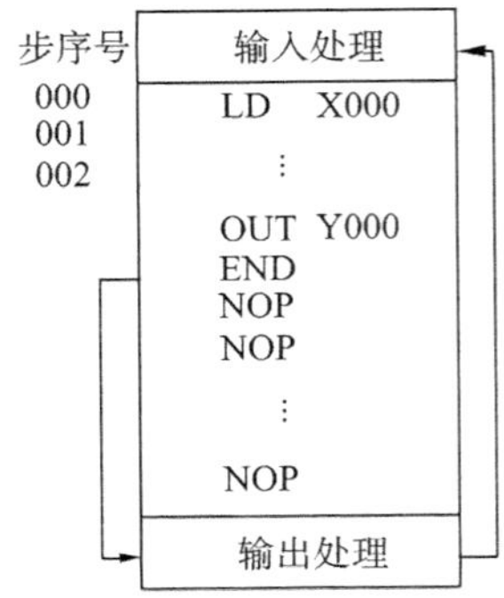

图 6-20 END 指令的应用

6.3 步进指令与编程方法

采用梯形图及指令表方式编程,电路工作直观,深受广大电气技术人员的欢迎。但是,这种方式也有缺点,即对于一个复杂的控制系统,尤其是步进控制程序,由于内部的联锁、互动关系极其复杂,编程难度较大,通常要由熟练的电气工程师才能编制出这样的程序。功能图编程就是针对这些问题而问世的。

若利用 IEC 标准的流程图(SFC)语言来编制步进控制程序,则初学者也很容易编写复杂的步进控制程序,使工作效率大大提高。并且,这种编程方法为调试、试运行带来极大的方便,故深受欢迎。

SFC 语言是一种通用的流程图语言。不同厂家生产的 PLC,用 SFC 语言编制的程序极易相互变换。三菱的小型 PLC 在基本逻辑指令之外增加了两条简单的步进梯形指令(STL,RET),同时辅之以大量的状态元件,就可以用类似于 SFC 语言的状态转移图方式编程。

6.3.1 状态转移图

1. 状态转移图的基本概念

状态转移图(SFC 图)又称为功能图或功能流程图,它是一种描述顺序控制系统的图形表示方法,是专用于工业顺序控制程序设计的一种功能性说明语言。它能完整地描述控制系统的工作过程、功能和特性,是分析、设计电气控制系统控制程序的重要工具。

状态转移图主要由“状态”、“转移条件”、“转移方向”等元素组成。如果适当运用组成元素,就可得到控制系统的静态表示方法,再根据转移触发规则模拟系统的运行,就可以得到控制系统的动态过程。

(1) 状态

状态是控制系统中一个相对不变的性质,对应于一个稳定的情形。状态的符号如图 6-21 所示,矩形框中可写上该状态的编号或代码。

① 初始状态。初始状态是功能图运行的起点,一个控制系统至少要有一个初始状态。初始状态的图形符号为双线的矩形框,如图 6-22 所示。

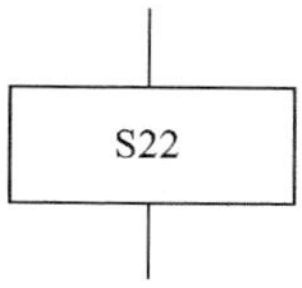

图 6-21 状态的图形符号

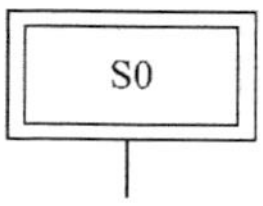

图 6-22 初始状态的图形符号

② 工作状态。工作状态是控制系统正常运行时的状态。根据系统是否运行，状态可分为动态和静态两种。动状态是指当前正在运行的状态，静状态是没有运行的状态。

③ 与状态对应的动作。在每个稳定的状态下，可能会有相应的动作。动作的表示方法如图 6-23 所示。

(2) 转移

为了说明从一个状态到另一个状态的变化，要用转移概念，即用一个有向线段来表示转移的方向。两个状态之间的有向线段上再用一段横线表示这一转移，转移的符号如图 6-24 所示。

转移是一种条件，当此条件成立时，称为转移使能。该转移如果能够使状态发生转移，则称为触发。一个转移能够触发必须满足：状态为动作状态及转移使能。转移条件是指使系统从一个状态向另一个状态转移的必要条件，通常用文字、逻辑方程及符号来表示。

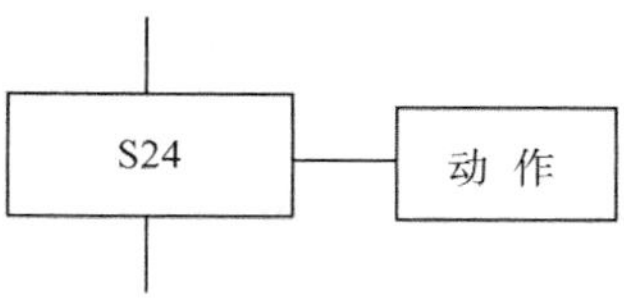

图 6-23 状态下动作的表示

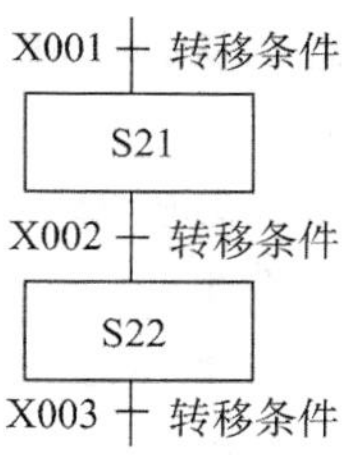

图 6-24 转移符号

2. 状态的功能

称为"状态"的软元件是构成状态转移图的重要元素。FX_{2N} 系列可编程控制器的软元件中有 900 点状态(S0～S899)可用于构成状态转移图。其中 S0～S19 用于特殊目的，如 S0～S9 称为初始状态，是状态转移图中的起始状态。

从状态转移图中有代表性地抽出一个状态，每个状态具有驱动负载、指定转移方向及指定转移条件三个功能。

在图 6-25 中：①状态 S20 有效时，输出 Y000、Y001 动作，程序等待转移条件 X010 动作。②X010 瞬时接通，动作状态就从 S20 向 S21 转移，同时 S20 自动断开。③S20 转到 S21，使 Y000 置 OFF，Y002 置 ON。在上一状态中由 SET 指令驱动的 Y001 保持接通。

3. 状态转移图的构成规则

控制系统状态转移图的绘制必须满足以下规则：

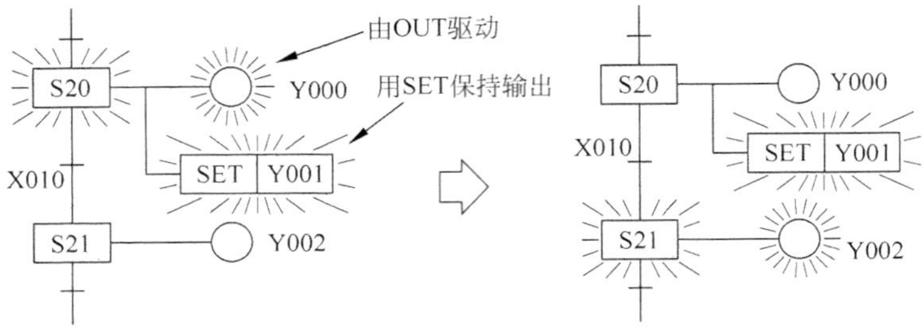

图 6-25 状态的功能

① 状态与状态不能相连，必须用转移分开；

② 状态与转移、转移与状态之间的连接采用有向线段，从上向下、从左向右画时，可以省略箭头；当有向线段从下向上、从右向左画时，必须画上箭头，以表示方向；

③ 一个状态转移图至少要有一个初始状态。

下面用一个例子来说明状态转移图的绘制。

某一冲压机的初始位置是冲头抬起，处于高位；当操作者按动启动按钮时，冲头向工件冲击；到最低位置时，触动低位行程开关；然后冲头抬起，回到高位，触动高位行程开关，停止运行。图 6-26 所示为状态转移图表示的冲压机运行过程。冲压机的工作顺序可分为三个状态：初始、下冲和返回状态。从初始状态到下冲状态的转移需满足启动信号 X000 和高位行程开关信号 X002 同时为 ON 时才能发生；从下冲状态到返回状态，需满足低位行程开关 X001 为 ON 时才能发生。

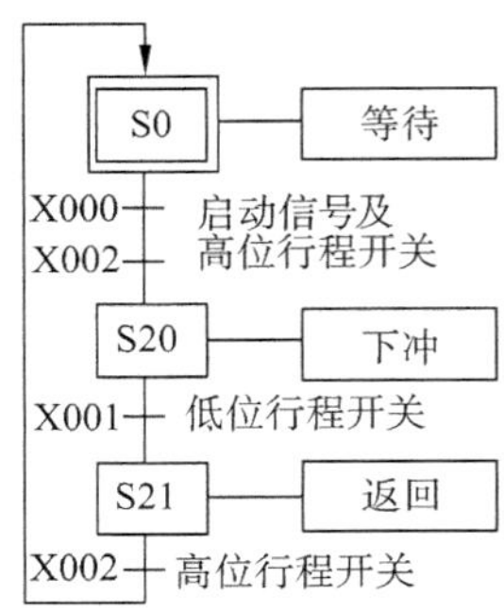

图 6-26 冲压机状态转移图

从该例可以进一步知道，状态转移图就是由许多个状态及连线组成的图形，它可以清晰地描述系统的工序要求，使复杂问题简单化，并且使 PLC 编程成为可能，而且编程的质量和效率也会大大提高。

4. 状态转移图的结构形式

(1) 单序列状态转移图

工序转移按照顺序排列的状态一步一步执行。如图 6-26 所示为冲压机状态转移图。

(2) 选择性分支

从多个分支流程中选择执行某一分支流程，称为选择性分支，如图 6-27 所示。选择性分支的分支线和汇合线用单线表示。

在图 6-27 中，分支状态 S20 之后有三个分支流程，各个分支都有各自的转移条件，各分支的转移条件 X000、X010、X020 在同一时刻只能有一个有效。例如，当 S20 为工作状态时，X000 一接通，工作状态就向 S21 转移，S20 被复位，此后即使 X010 或 X020 接通，S31 或 S41 也不会动作。当工作流程执行到最后一步(如 S22)，且转移条件(如 X002)有效时，工作状态就向汇合状态 S50 转移。汇合状态 S50 可由任一分支的最后一步(如 S22、S32、S42)驱动。

(3) 并行分支

多个分支流程同时执行的分支，称为并行分支，如图 6-28 所示。并行分支的分支线和汇合线用双线表示。

在图 6-28 中，分支状态 S20 之后有三个分支流程，各分支流程共用转移条件。当 S20 为工作状态时，X000 一接通，S21、S31、S41 就同时被驱动，S20 复位，各分支流程开始动作。当各分支流程的动作全部结束，转移条件 X007 接通时，就向汇合状态 S50 转移，S23、S33、S43 全部复位。由于各分支流程一般不会同时结束，先执行完的流程在最后一步保持动作，直到全部流程动作完成。因此，这种汇合又称为排队汇合。通常，在各分支流程的最后一步插入一个不执行动作的空状态，以等待汇合。

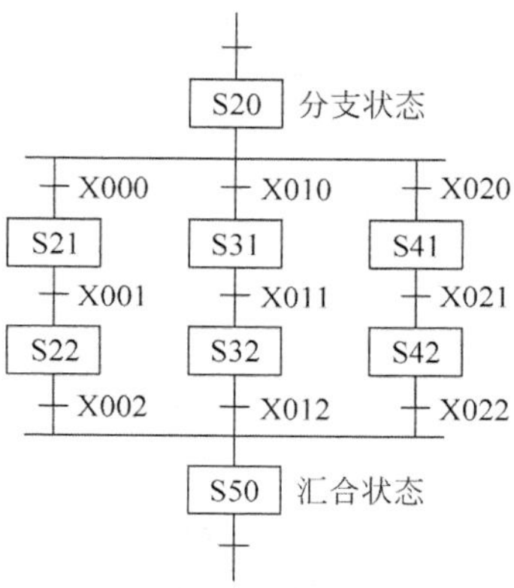

图 6-27　选择性分支

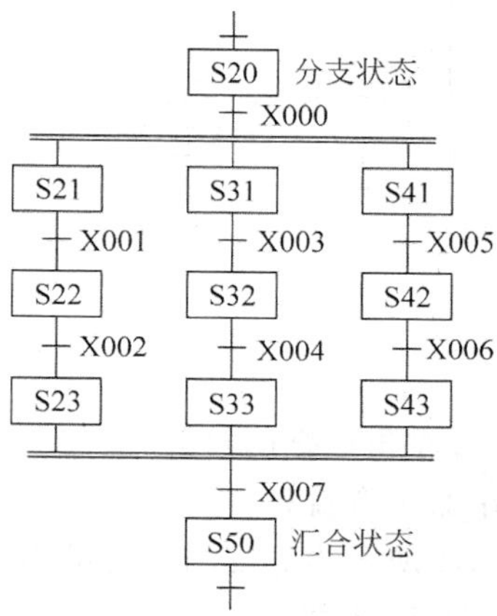

图 6-28　并行分支

(4) 跳转与重复流程

① 跳转

越过部分状态向后面的状态直接转移和向其他分离流程的状态转移，称为跳转。如图 6-29 所示，图 6-29(a)为向后面的状态跳转，图 6-29(b)为向其他流程跳转。跳转目标状态可用转移方向线连接，也可用↓符号表示转移目标状态。

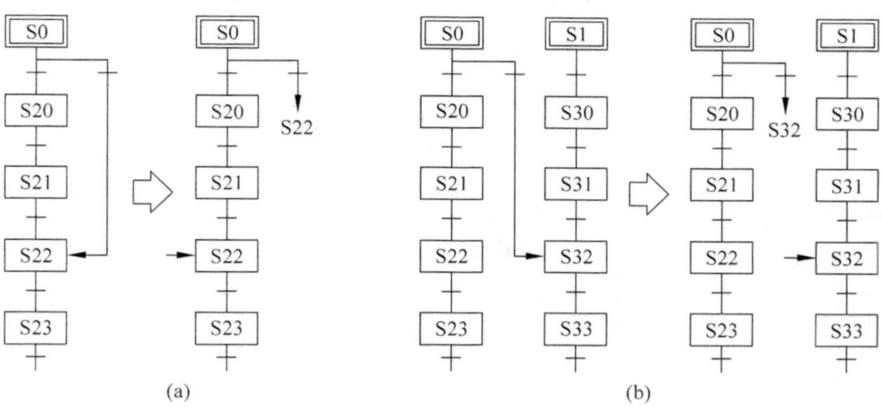

图 6-29　跳转流程

② 重复

向前面的状态转移称为重复。如图 6-30 所示,图 6-30(a)为全部重复,图 6-30(b)为部分重复,图 6-30(c)为复位处理。转移目标状态可用转移方向线连接,也可用↓符号表示转移目标状态。

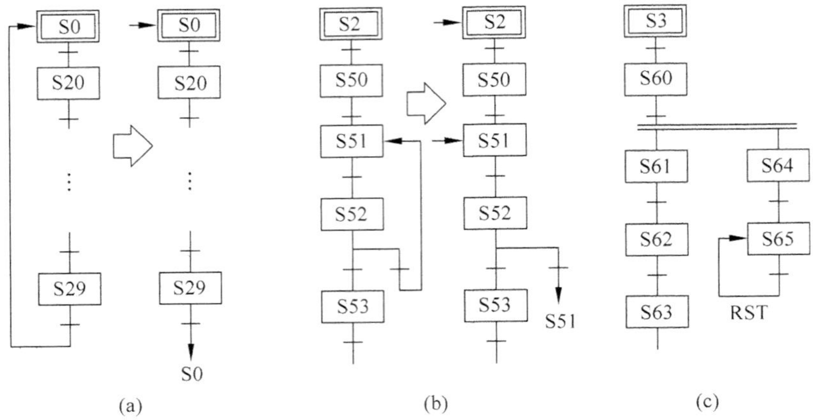

图 6-30 重复流程

(5) 分支与汇合的组合

① 串联组合流程

图 6-31 所示为分支与汇合的串联组合流程,其中,图 6-31(a)为选择性分支的串联组合;图 6-31(b)为并行分支的串联组合;图 6-31(c)与图 6-31(d)为两种选择性分支与并行分支的串联组合。由于不能从汇合线直接向下一分支线转移,因此,应在汇合线与分支线之间插入一个不执行动作的空状态,即虚设状态。

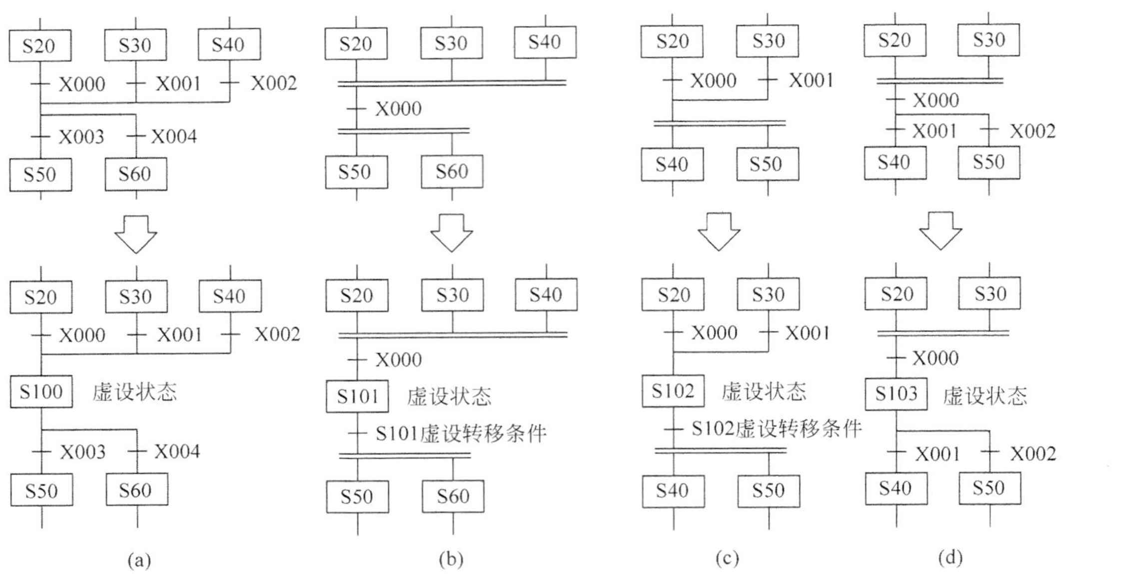

图 6-31 分支与汇合的串联组合流程

② 并联组合流程

图 6-32 所示为选择性分支的并联组合流程，其中图 6-32(a)所示的选择性分支的并联组合流程不能编程，应改为图 6-32(b)所示的形式。

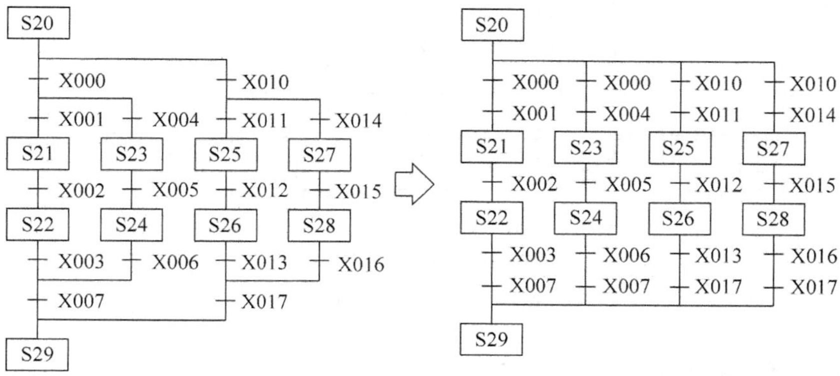

(a)　　(b)

图 6-32　选择性分支的并联组合流程

图 6-33(a)所示为选择、并行分支的并联组合流程。图 6-33(b)为并行、选择分支的并联组合流程，在并行分支后面不能使用选择转移条件(如 X000、X003，X010、X013)，在转移条件(如 X002、X005，X012、X015)后不允许并行汇合。因此，如图 6-33(b)所示，应在并行分支线后和并行汇合线前插入虚设状态，并在汇合状态前插入虚设转移条件。

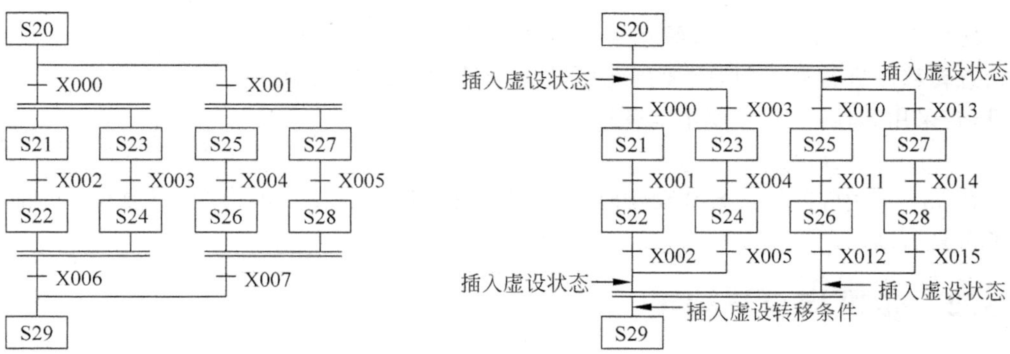

(a)　　(b)

图 6-33　选择/并行分支的并联组合流程

(6) 分支数的限定

一条并行分支或选择分支的分支流程数不能大于 8 个。有多条并行分支与选择分支时，每个初始状态下的分支流程总数不能大于 16 个。分支数的限定如图 6-34 所示。

5. 初始状态的作用

初始状态位于状态转移图的最前面，可使用的状态地址号为 S0～S9。

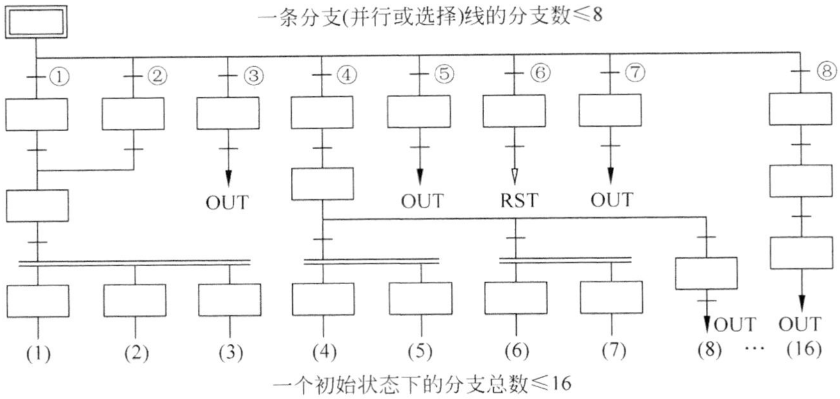

图 6-34　分支数的限定

(1) 初始状态的驱动

初始状态可通过其他状态驱动，在图 6-26 所示的冲压机状态转移图中，由返回状态 S21 可以驱动 S0，但在运行开始的时候需要用其他方法事先驱动。

图 6-35 中，初始状态 S0 由特殊辅助继电器 M8002 产生的初始脉冲驱动。M8002 只在可编程控制器由 STOP→RUN 切换时，产生一个扫描周期的脉冲。在后续的重复运行中，S0 由返回状态 S21 驱动。

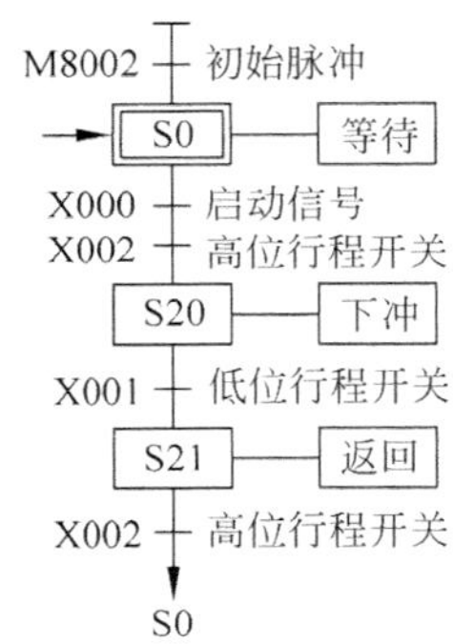

图 6-35　初始状态的驱动

(2) 初始状态的作用

① 逆变换的识别软元件

使用 FXGP-WINDOS-C 编程软件将指令表或步进梯形图向状态转移图进行变换时，需要用初始状态元件识别流程的起始段，若采用其他地址号，就不能变换。

② 防止重复启动

在图 6-35 中，当状态 S20 动作时，再按启动按钮是无效的(因为 S0 已复位)，因而防止了重复启动。

6.3.2　步进指令与编程

步进指令的符号、名称、功能、梯形图和可用软元件见表 6-15。

表 6-15　步进指令

符号	名称	功　能	梯 形 图	可 用 软 元 件	程序步
STL	步进梯形	步进梯形开始	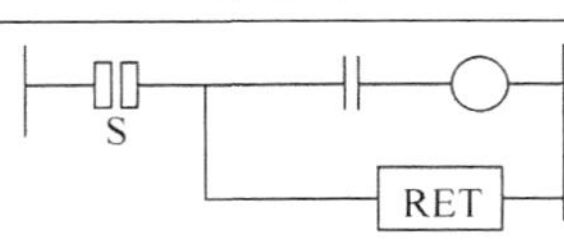	S	1
RET	返回	步进梯形结束		无可用软元件	1

步进梯形指令(STL)是利用内部软元件进行工序步进式控制的指令。返回指令(RET)是指状态(S)流程结束，用于返回主程序(母线)的指令。按一定规则编程的步

进梯形图也可转换为状态转移图(SFC 图)。从状态转移图也可反过来形成步进梯形图。

下面详细说明步进梯形指令的内容以及对实际顺序控制的处理方法。

1. 步进指令的动作与 SFC 表示

图 6-36(a)所示为状态转移图(SFC),图 6-36(b)为按一定规则变换成的步进梯形图。由图可知,状态转移图和步进梯形图描述的实质内容完全相同。即,当 S20 动作(STL 触点接通)时,驱动负载 Y020;如果转移条件 X001 接通,则置位 S21,同时 S20 自动断开(复位)。S21 接通,驱动负载 Y020、Y022。

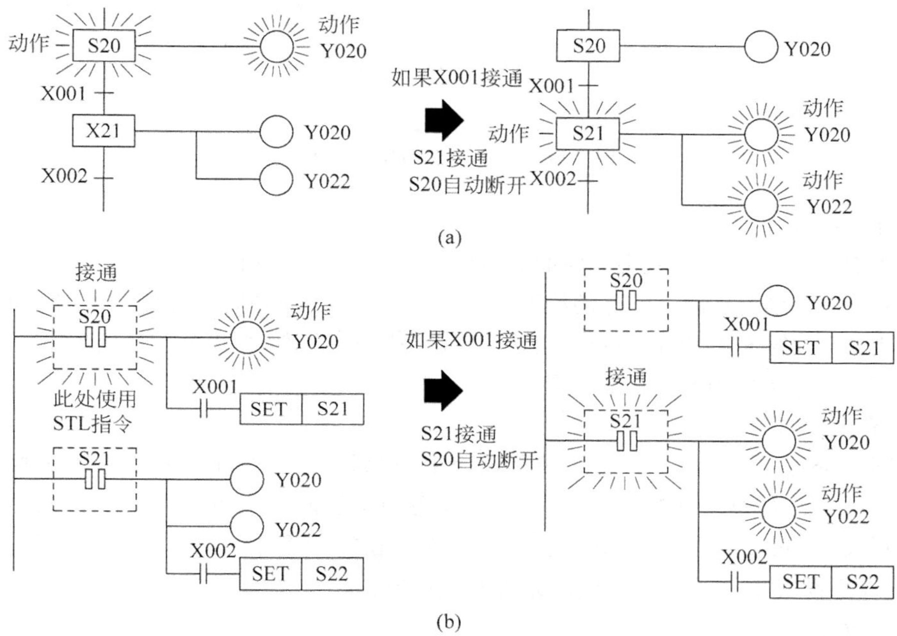

图 6-36　步进指令的动作与 SFC 表示

2. 步进指令的作用与编程

(1) 指令的作用

如图 6-37 所示,STL 指令为与左侧主母线连接的状态元件 S 的常开触点指令,在 STL 指令之后的子母线上可以直接驱动线圈,也可通过触点驱动线圈。连接在子母线上的触点使用 LD(LDI)指令。通过 STL 触点驱动状态元件 S,则前一状态自动复位。

下一条 STL 指令的出现意味着当前 STL 程序区的结束和新的 STL 程序区的开始。RET 指令意味着整个 STL 程序区的结束,返回左侧主母线。各 STL 触点驱动的电路一般放在一起。

在一系列 STL 指令的最后或要返回主母线时,在子母线上使用 RET(返回)指令。否则将出现“程序错误”信息,PLC 不能执行用户程序。

(2) 编程

每个状态具有驱动负载、指定转移方向以及指定转移条件三个功能。程序用状态转移图或步进梯形图表示均可,编程顺序为先进行负载的驱动处理,接着进行转移处理。如果不需要驱动负载,则不需要进行负载的驱动处理。图6-37中,图6-37(a)为状态转移图,图6-37(b)为步进梯形图,图6-37(c)为指令表。

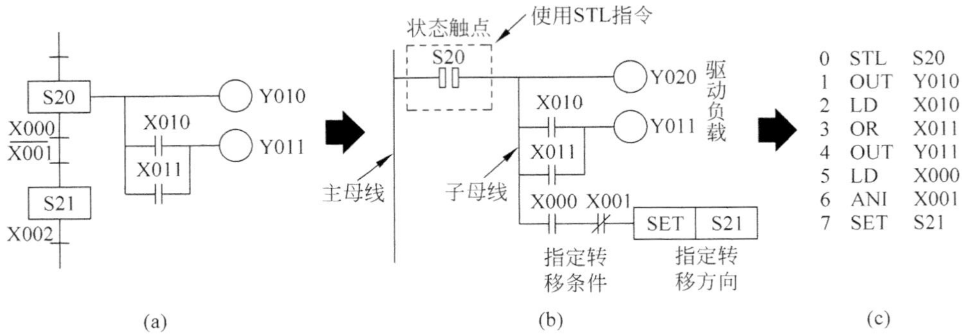

图6-37 步进指令的作用与编程

① 输出元件的重复使用

由于PLC只执行活动状态对应的电路块,使用STL指令时允许双线圈输出,即在不同的状态内可以分别驱动同一元件的线圈,如图6-36所示。但是同一元件的线圈不能在可能同时为活动状态的STL程序区内出现,在有并行序列的状态转移图中,应特别注意这一问题。

注意:状态元件绝对不能重复使用。

② 输出的联锁

如图6-38所示,在活动状态的转移过程中,相邻的两个状态元件会同时ON一个扫描周期,可能会引发瞬时的双线圈问题。为了避免不能同时接通的两个输出(如控制异步电动机正反转的交流接触器)线圈同时动作,除了在梯形图中设置软件互锁电路外,还应在PLC外部设置由常闭触点组成的硬件互锁电路。

③ 定时器的重复使用

定时器在下一次运行之前,首先应将它复位。同一定时器可以在不同的状态中使用,但在相邻的状态不能使用。因为在活动状态转移时,该定时器的线圈不能断开,当前值不能复位,将导致定时器的非正常运行。如图6-39所示。

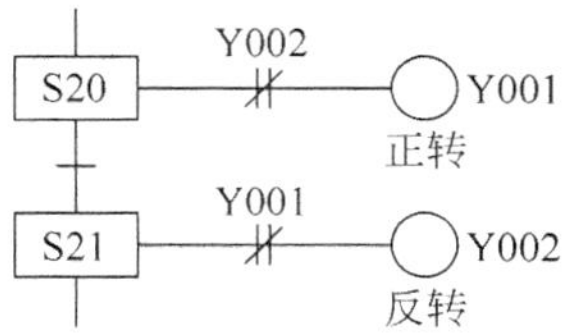

图6-38 输出的联锁

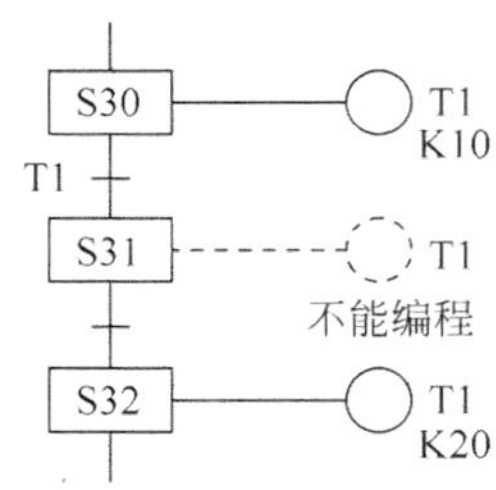

图6-39 定时器的重复使用

(3) 对状态的指定处理

① 输出的驱动方法

STL触点可以直接驱动或通过别的触点驱动Y,M,S,T等元件的线圈和应用指令,直接驱动的线圈应在最上面。在 LD/LDI 指令后对直接驱动的线圈不能再编程，如图 6-40(a)所示，需按图 6-40(b)所示进行调整。

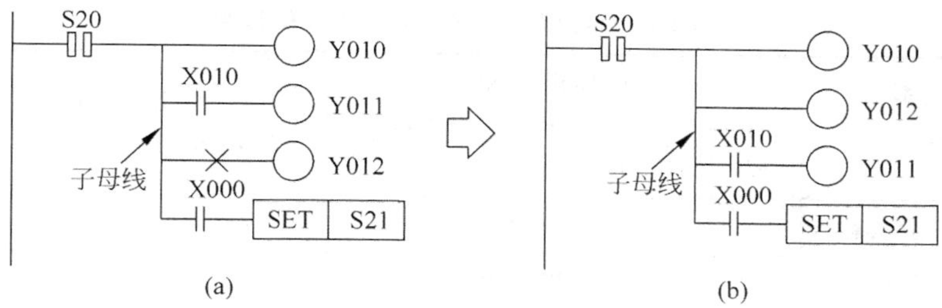

图 6-40　输出的驱动方法

② MPS/MRD/MPP 指令的位置

在状态内，不能从 STL 子母线上直接使用 MPS/MRD/MPP 指令，应在 LD/LDI 指令后使用，如图 6-41 所示。

③ 状态的转移方法

OUT 指令与 SET 指令对于 STL 指令后的状态具有同样的功能，即实现状态的转移，将原来的活动状态复位，此外还有自保持功能。

它们的区别是：SET 指令用于向下一状态转移；OUT 指令用于重复、跳转和向其他分离流程状态的转移。如图 6-42 所示。

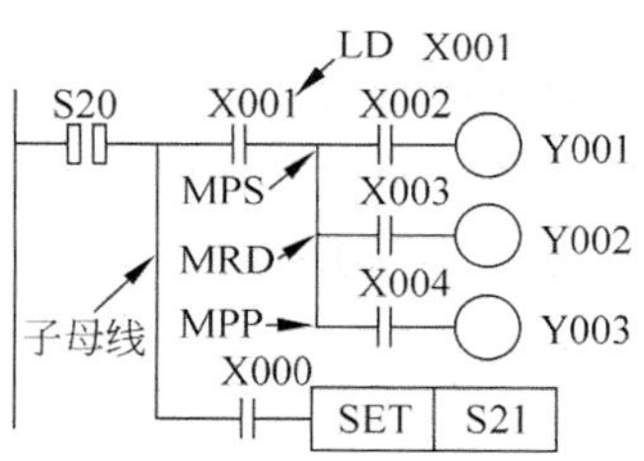

图 6-41　MPS/MRD/MPP 指令的位置

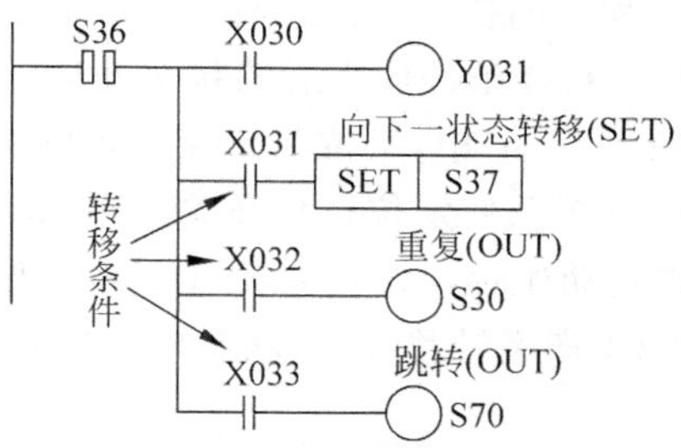

图 6-42　状态的转移方法

④ 复杂转移条件的处理

在转移条件电路中，不可使用 ANB，ORB，MPS，MRD，MPP 指令。对于图 6-43(a)所示转移条件，要按照图 6-43(b)所示方法进行变换再编程，图 6-43(c)为其步进梯形图。

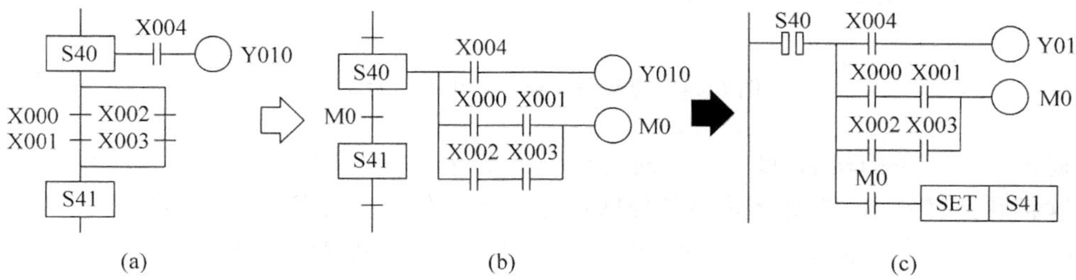

图 6-43　复杂转移条件的处理

⑤ 可在状态内使用的基本逻辑指令

可在状态内使用的基本逻辑指令见表6-16。

表6-16 可在状态内使用的基本逻辑指令

状态 \ 指令		LD/LDI/LDP/LDF,AND/ANI/ANDP/ANDF,OR/ORI/ORP/ORF,INV,OUT,SET/RST,PLS/PLF	ANB/ORB MPS/MRD/MPP	MC/MCR
初始状态/一般状态		可以使用	可以使用	不可使用
分支、汇合状态	输出处理	可以使用	可以使用	不可使用
	转移处理	可以使用	不可使用	不可使用

⑥ 在STL程序中不要使用条件跳转指令

在FOR-NEXT结构、子程序和中断程序中,不能有STL程序块,STL程序块不能出现在FEND指令之后。

STL程序块中可使用最多4级嵌套的FOR-NEXT指令,虽然并不禁止在STL触点驱动的电路块中使用CJ指令,但是可能引起附加的和不必要的程序流程混乱。为了保证程序易于维护和快速查错,建议不要在STL程序中使用条件跳转指令。

与条件转移指令(CJ)类似,PLC不执行处于断开状态的STL触点驱动的电路块中的指令,在没有并行序列时,只有一个STL触点接通,因此使用STL指令可以显著地缩短用户程序的执行时间,提高PLC的输入、输出响应速度。

(4) 转移条件成立后的状态处理

图6-44(a)中,定位凸轮在初始位置开始启动,旋转一周后进行转移。由于定位凸轮在初始位置已使定位行程开关X010动作,因此,应将转移条件脉冲化。在图6-44(b)中,S20首次动作时,M100不产生转移,当定位凸轮旋转一周后,行程开关X010再次动作时,M101产生转移脉冲,状态向S21转移。

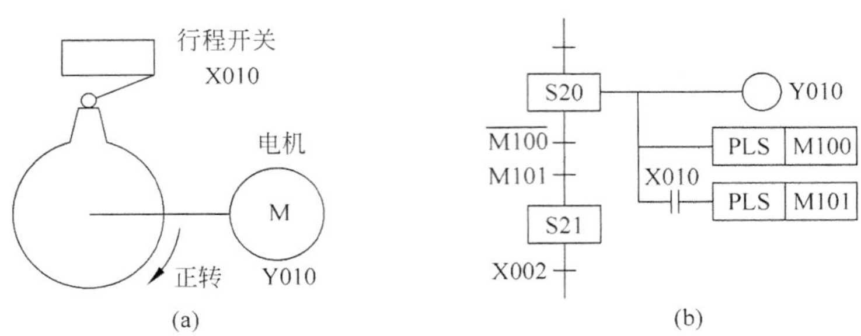

图6-44 转移条件成立后的状态处理

通过一个开关的接通/断开动作进行的状态转移,称为利用同一个信号的状态转移。进行这种状态转移时,需要将转移信号脉冲化。转移信号脉冲化有以下两种方法:

① 如图6-45所示,在M0接通S20动作之后,转移条件M1(常闭触点)即刻开路,因此不向S21转移。在M0再次接通时,才向S21转移。

② M2800～M3071 是单操作标志，当图 6-46 中 M2800 的线圈通电时，只有它后面第一个 M2800 的边沿检测触点（2 号触点）能工作，而 M2800 的 1 号和 3 号脉冲触点不会动作。M2800 的 4 号触点是使用 LD 指令的普通触点，M2800 的线圈通电时，该触点闭合。

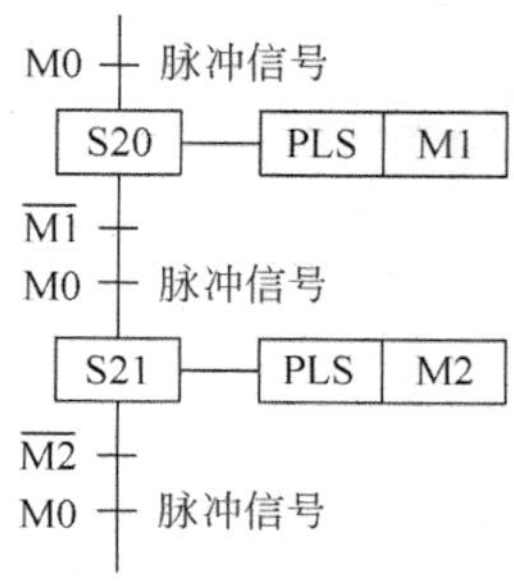

图 6-45 转移信号脉冲化

借助单操作标志可以用一个转移条件实现多次转移。在图 6-47 中，当 S20 为活动状态，X000 的常开触点闭合时，M2800 的线圈通电，M2800 的第一个上升沿检测触点闭合一个扫描周期，实现了状态 S20 到状态 S21 的转移。X000 的常开触点下一次由断开变为接通时，因为 S20 是不活动状态，没有执行图中的第一条 LDP M2800 指令，S21 的 STL 触点之后的 M2800 触点闭合一个扫描周期，系统由状态 S21 转移到状态 S22。

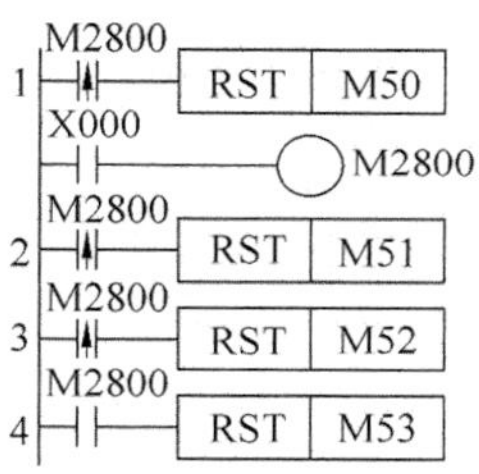

图 6-46 单操作标志

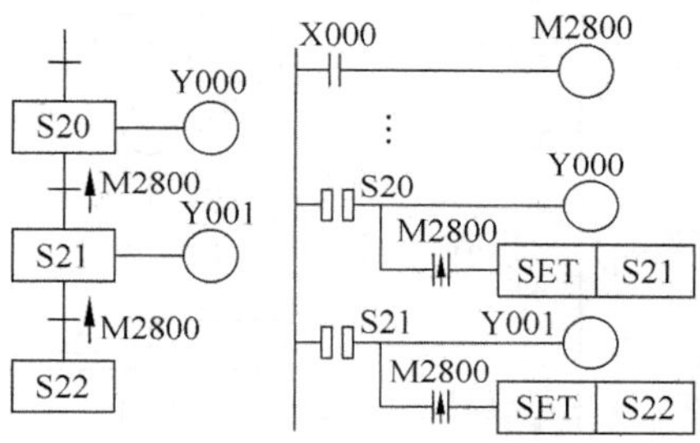

图 6-47 单操作标志的使用

6.3.3 状态转移图与梯形图的转换

状态转移图（SFC）和步进梯形图描述的实质内容完全相同。下面以旋转工作台的运动控制为例介绍单序列状态转移图与梯形图的转换方法，如图 6-48 所示。

1. 状态转移图

旋转工作台工作示意图如图 6-48(a)所示，旋转工作台用凸轮和限位开关来实现运动控制。在初始状态时，左限位开关 X003 为 ON；按下启动按钮 X000，Y000 变为 ON，电机驱动工作台沿顺时针正转；转到右限位开关 X004 所在位置时暂停 5s(用 T0 定时)，定时时间到时 Y001 变为 ON，工作台反转；转回到限位开关 X003 所在的初始位置时停止转动，系统回到初始状态。

由旋转工作台的动作顺序可作出图 6-48(b)所示的状态转移图。工作台一个周期内的运动由图中自上而下的 4 个状态组成，它们分别对应于 S0，S20，S21，S22，其中 S0 是初始状态。

2. 步进梯形图

图 6-48(c)所示为将状态转移图转换成的步进梯形图。转换顺序为先进行负载的驱动处理，接着进行转移处理。梯形图中第一行为普通梯形图，从第二行开始为步进梯形图。

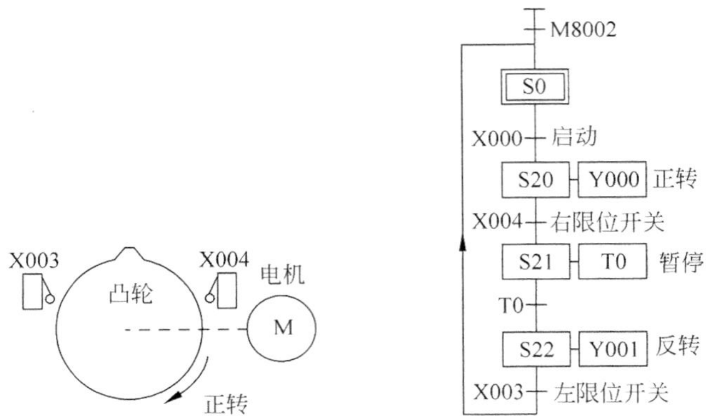

(a) 旋转工作台工作示意图　　(b) 状态转移图

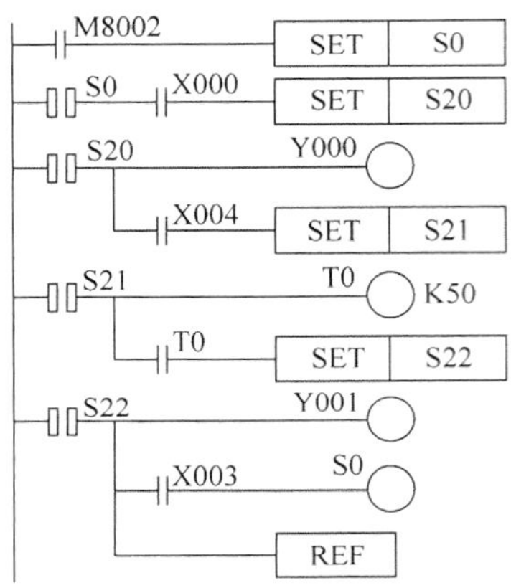

(c) 步进梯形图

LD	M8002	STL	S22
SET	S0	OUT	Y001
STL	S0	LD	X003
LD	X000	OUT	S0
SET	S20	RET	
STL	S20		
OUT	Y000		
LD	X004		
SET	S21		
STL	S21		
OUT	T0		
	K50		
LD	T0		
SET	S22		

(d) 指令表

图 6-48　旋转工作台的运动控制

在梯形图的第一行中,PLC 上电时进入 RUN 状态,初始化脉冲 M8002 的常开触点闭合一个扫描周期,SET 指令将初始状态 S0 置为活动状态。

在梯形图的第二行中,S0 的 STL 触点和 X000 常开触点组成的串联电路代表转移实现的两个条件,S0 的 STL 触点闭合表示转移 X000 的前一状态 S0 是活动状态,X000 的常开触点闭合表示转换条件满足。在初始状态时按下启动按钮 X000,两个触点同时闭合,转移实现的两个条件同时满足。此时置位指令 SET S20 被执行,后续状态 S20 变为活动状态,同时系统程序自动地将前一状态 S0 复位。

在梯形图的第三行中,S20 的 STL 触点闭合后,该状态的负载被驱动,Y000 的线圈通电,工作台正转。限位开关 X004 动作时,转移条件得到满足,下一状态的状态继电器 S21 被置位,进入暂停状态;同时,前一状态的状态继电器 S20 被自动复位,系统将这样一个状态一个状态地工作下去。在最后一个状态,工作台反转,返回限位开关 X003 所在的位置时,用 OUT S0 指令使初始状态对应的 S0 变为 ON 并保持,系统返回并停止在初始状态。

在步进梯形图的结束处，一定要使用 RET 指令，才能使 LD 点回到左母线上，否则系统将不能正常工作。

3. 指令表

图 6-48(d)为与状态转移图、步进梯形图对应的助记符指令。

6.3.4　多流程步进控制的编程方法

复杂控制系统的状态转移图由单序列、选择序列和并行序列组成，掌握了选择序列和并行序列的编程方法，就可以将复杂的状态转移图转换为梯形图。对选择序列和并行序列编程的关键在于对它们的分支与合并的处理，转换实现的基本规则是设计复杂系统梯形图的基本准则。

1. 选择序列的编程方法

(1) 选择序列的编程规则

与对一般状态的编程一样，先进行驱动处理，然后进行转移处理。对分支、汇合处的转移处理按从左到右的顺序集中进行。分支处理完毕，再按从左到右的顺序逐个对各分支流程编程，每一分支的最后一个状态只作驱动处理，不作转移处理。各分支流程编程完毕，再集中进行汇合转移处理。这是编程软件将步进梯形图向状态转移图进行转换的规则。

图 6-49(a)为选择性分支与汇合状态转移图，图 6-49(b)为按上述规则转换后的步进梯形图，图 6-49(c)为指令表。

(2) 选择序列的编程示例

图 6-50 是自动门控制系统的状态转移图和梯形图。当靠近自动门时，感应器 X000 为 ON，Y000 驱动电机高速开门；碰到开门减速开关 X001 时，变为低速开门；碰到开门极限开关 X002 时电机停转，开始延时。若在 0.5s 内感应器检测到无人，Y002 启动电机高速关门。碰到关门减速开关 X004 时，改为低速关门；碰到关门极限开关 X005 时，电机停转。

在关门期间若感应器检测到有人，停止关门，T1 延时 0.5s 后自动转换为高速开门。

图 6-50 中的状态 S23 之后有一个选择序列的分支。当状态 S23 是活动状态(S23 为 ON)时，如果转移条件 X000 为 ON(检测到有人)，将转移到状态 S25；如果转移条件 X004 为 ON，将进入状态 S24。

图 6-50 中的状态 S20 之前有一个由两条支路组成的选择序列的合并，当 S0 为活动状态，转移条件 X000 得到满足；或者状态 S25 为活动状态，转移条件 T1 得到满足，都将使状态 S20 变为活动状态，同时系统程序将状态 S0 或状态 S25 复位为不活动状态。

在梯形图中，由 S0 和 S25 的 STL 触点驱动的电路块中均有转移目标 S20，对它们的后续步 S20 的置位(将它变为活动状态)是用 SET 指令实现的，对相应前级状态的复位(将它变为不活动状态)是由系统程序自动完成的。其实在设计梯形图时，没有必要特别留意选择序列的合并如何处理，只要正确地确定每一步的转移条件和转移目标，就能“自然地”实现选择序列的合并。

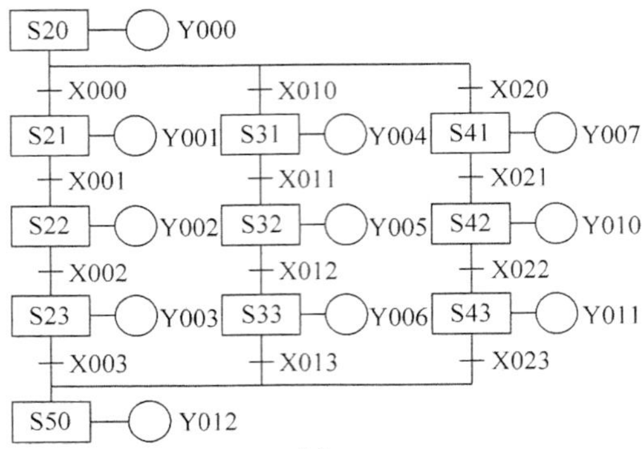

(a)

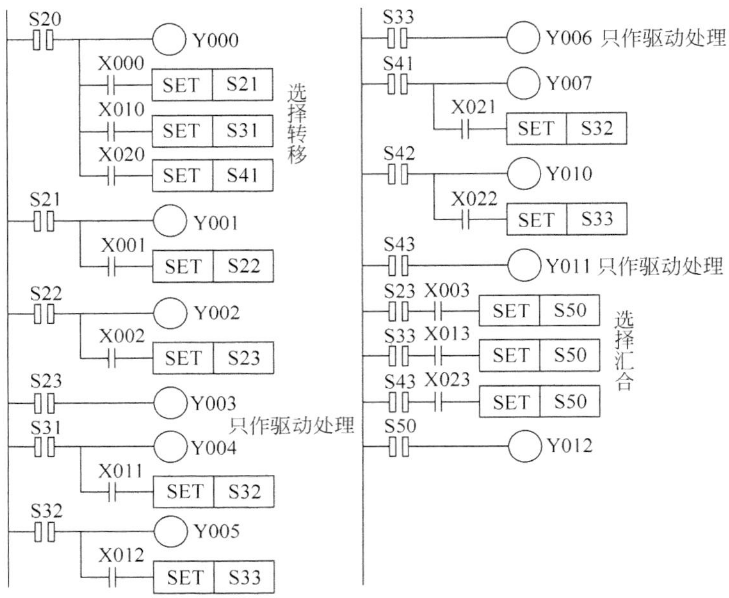

(b)

```
STL  S20
OUT  Y000
LD   X000
SET  S21
LD   X010
SET  S31
LD   X020
SET  S41
STL  S21
OUT  Y001
LD   X001
SET  S22
STL  S22
OUT  Y002
LD   X002
SET  S23
STL  S23
OUT  Y003
STL  S31
OUT  Y004
LD   X011
SET  S32
STL  S32
OUT  Y005
LD   X012
SET  S33
STL  S33
OUT  Y006
STL  S41
OUT  Y007
LD   X021
SET  S42
STL  S42
OUT  Y010
LD   X022
SET  S43
STL  S43
OUT  Y011
STL  S23
LD   X003
SET  S50
STL  S33
LD   X013
SET  S50
STL  S43
LD   X023
SET  S50
STL  S50
OUT  Y012
```

(c)

图 6-49 选择性分支与汇合的编程

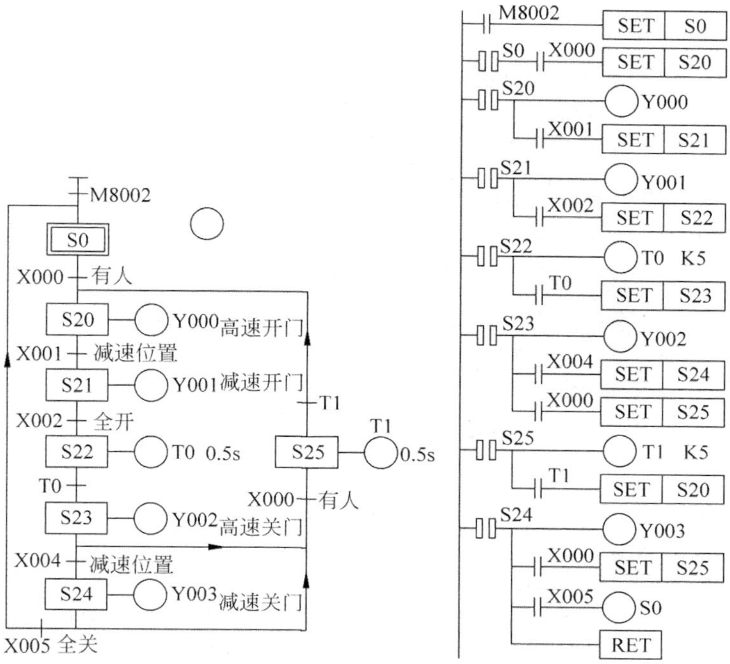

图 6-50 自动门控制系统状态转移图和梯形图

2. 并行序列的编程方法

(1) 并行序列的编程规则

与对选择序列的编程一样,先进行驱动处理,然后进行转移处理。对分支、汇合处的转移处理按从左到右的顺序集中进行。分支处理完毕,再按从左到右的顺序逐个对各分支流程编程,每一分支的最后一个状态只作驱动处理,不作转移处理。各分支流程编程完毕,再集中进行汇合转移处理。

图 6-51 为并行序列分支与汇合的编程,图 6-51(a)是状态转移图,图 6-51(b)是按上述规则转换后的步进梯形图,图 6-51(c)为指令表。在并行汇合处,连续的 STL 指令"与"表示并行汇合(排队汇合),STL 指令最多可连续使用 8 次。

(2) 并行序列的编程示例

图 6-52(a)为某专用钻床加工圆盘状零件上均匀分布的 6 个孔的系统示意图,图 6-52(b)给出了专用钻床控制系统的状态转移图。操作人员放好工件后,按下启动按钮 X000,Y000 变为 ON,工件被夹紧;夹紧后压力继电器 X001 为 ON,Y001 和 Y003 使两只钻头同时开始向下进给。大钻头钻到由限位开关 X002 设定的深度时,Y002 使它上升,升到由限位开关 X003 设定的起始位置时停止上升。小钻头钻到由限位开关 X004 设定的深度时,Y004 使它上升,升到由限位开关 X005 设定的起始位置时停止上升,同时设定值为 3 的计数器 C0 的当前值加 1。两个都到位后,Y005 使工件旋转 120°,旋转到位时 X006 为 ON,旋转结束后又开始钻第二对孔。3 对孔都钻完后,计数器的当前值等于设定值 3,转移条件 C0 满足。Y006 使工件松开,松开到位时,限位开关 X007 为 ON,系统返回初始状态。状态转移图中包含了选择序列和并行序列。

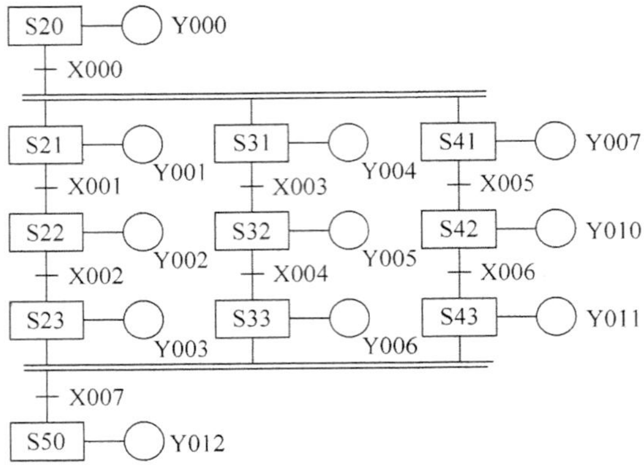

(a)

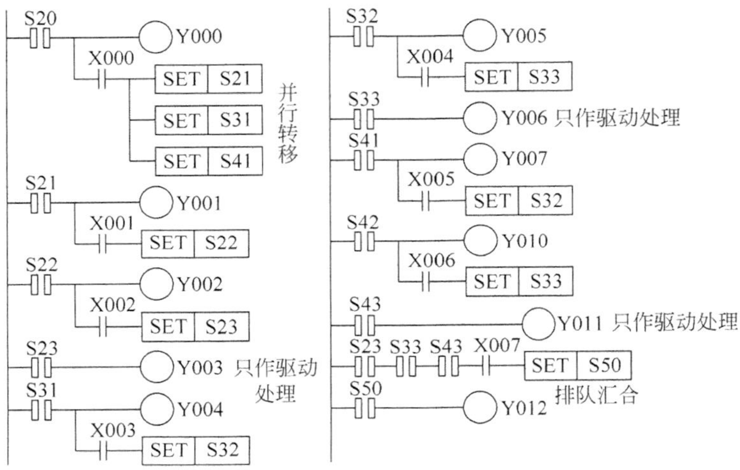

(b)

```
STL   S20        OUT  Y003        STL   S42
OUT   Y000       STL  S31         OUT   Y010
LD    X000       OUT  Y004        LD    X006
SET   S21        LD   X003        SET   S43
SET   S31        SET  S32         STL   S43
SET   S41        STL  S32         OUT   Y011
STL   S21        OUT  Y005        STL   S23
OUT   Y001       LD   X004        STL   S33
LD    X001       SET  S33         STL   S43
SET   S22        STL  S33         LD    X007
STL   S22        OUT  Y006        SET   S50
OUT   Y002       STL  S41         STL   S50
LD    X002       OUT  Y007        OUT   Y012
SET   S23        LD   X005
STL   S23        SET  S42
```

(c)

图 6-51 并行序列分支与汇合的编程

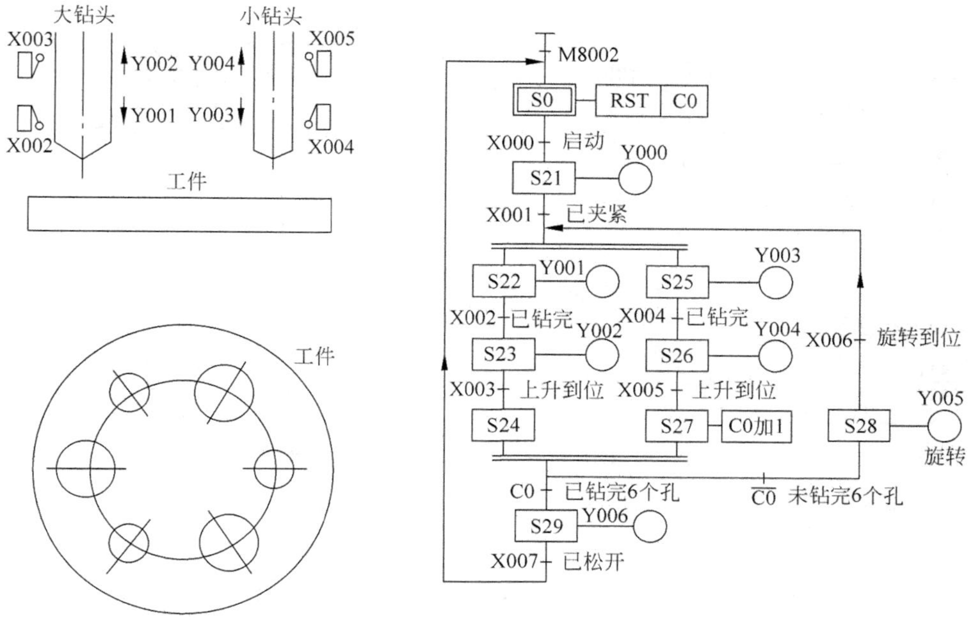

(a) 系统示意图　　　　(b) 状态转移图

图 6-52　组合钻床的状态转移图

在状态 S21 之后，有一个选择序列的合并，还有一个并行序列的分支。在状态 S29 之前，有一个并行序列的合并，还有一个选择序列的分支。在并行序列中，两个子序列中的第一个状态 S22 和 S25 是同时变为活动状态的，两个子序列中的最后一个状态 S24 和 S27 不是同时变为不活动状态的。

因为两个钻头上升到位有先有后，设置了 S24 和 S27 作为等待状态，它们用来同时结束两个并行序列。当两个钻头均上升到位，限位开关 X003 和 X005 分别为 ON，大、小钻头两个子系统分别进入两个等待状态，并行序列将会立即结束。每钻一对孔计数器 C0 加 1，未钻完 3 对孔时 C0 的当前值小于设定值，其常闭触点闭合，转换条件$\overline{\text{C0}}$满足，将从 S24 和 S27 转换到 S28。如果已钻完 3 对孔，C0 的当前值等于设定值，其常开触点闭合，转移条件 C0 满足，将从 S24 和 S27 转移到 S29。

图 6-53 是用 STL 指令编制的步进梯形图。

并行序列分支的处理是很简单的，在图 6-52(b)中，当状态 S21 是活动状态，并且转移条件 X001 ON 时，状态 S22 和 S25 同时变为活动状态，两个序列开始同时工作。在梯形图中，用 S21 的 STL 触点和 X001 的常开触点组成的串联电路来控制 SET 指令对 S22 和 S25 同时置位，系统程序将前级状态 S21 变为不活动状态。

图 6-52(b)中并行序列合并处的转移有两个前级状态 S24 和 S27，根据转移实现的基本规则，当它们均为活动状态并且转移条件满足，将实现并行序列的合并。未钻完 3 对孔时，C0 的常闭触点闭合，转移条件$\overline{\text{C0}}$满足，将转移到步 S28，即该转移的后续状态 S28 变为活动状态(S28 被置位)，系统程序自动地将该转移的前级状态 S24 和 S27 同时变为不

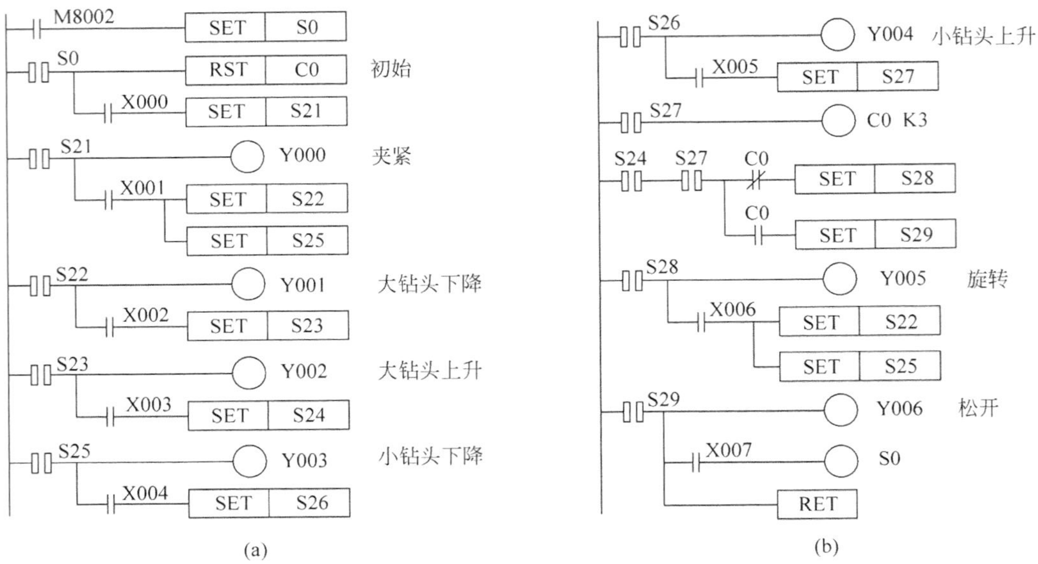

图 6-53 组合钻床的步进梯形图

活动状态。在图 6-53 的步进梯形图中,用 S24,S27 的 STL 触点(均对应 STL 指令)和 C0 的常闭触点组成的串联电路使 S28 置位。

钻完 3 对孔时,C0 的常开触点闭合,转移条件 C0 满足,将转移到状态 S29。

6.4 功能指令与编程方法

FX_{2N}系列 PLC 除了基本逻辑指令和步进指令外,还有很多功能指令,可以使用的功能指令见本章后面附表。表中的“O”表示有相应的功能。FX_{2N}系列的应用指令多达 100 多条,由于篇幅的限制,本书只详细介绍比较常用的应用指令,对其余的指令只作简介,其使用方法可参阅 FX 的编程手册。

6.4.1 功能指令的表示方法与数据结构

1. 功能指令的表示方法

FX 系列 PLC 采用计算机通用的助记符形式来表示功能指令。一般用指令的英文名称或缩写作为助记符,例如图 6-54 中的指令助记符 BMOV 用来表示数据块传送指令。

有的功能指令没有操作数,大多数应用指令有 1～4 个操作数,图 6-54 中的[S]表示源操作数,[D]表示目标操作数。源操作数或目标操作数不止一个时,可表示为[S1],[S2],[D1],[D2]等。n 或 m 表示其他操作数,它们常用来表示常数,或源操作数和目标操作数的补充说明。需注释的项目较多时,可以采用 m1,m2 等方式。

功能指令的指令助记符占一个程序步,每一个 16 位操作数和 32 位操作数分别占 2 个和 4 个程序步。图 6-54 同时给出了应用指令 BMOV 的指令表和步序号,指令中的 SP 表示在用编程器输入时,在两个操作数之间要按标有“SP”的空格键。

图 6-54 中 X000 的常开触点接通时，将 3 个（n＝3）数据寄存器 D10～D12 中的数据传送到 D20～D22 中去。

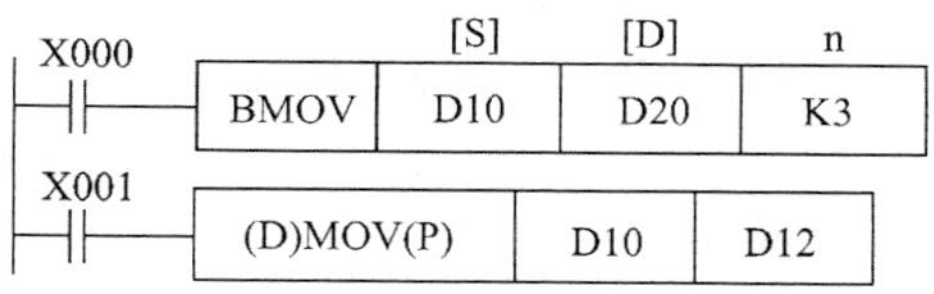

0	LD	X000
1	BMOV(FNC 15)	
3	SP	D10
5	SP	D20
7	SP	K3
8	…	

图 6-54　功能指令示例

2. 32 位指令与脉冲执行指令

（1）32 位指令

图 6-54 中助记符 MOV 之前的“D”表示处理 32 位（bit）数据，这时相邻的两个数据寄存器组成数据寄存器对，该指令将 D11，D10 中的数据传送到 D13，D12 中去，D10 中为低 16 位数据，D11 中为高 16 位数据。处理 32 位数据时，为了避免出现错误，建议使用首地址为偶数的操作数。没有“D”时表示处理 16 位数据。在 FX_{2N} 系列 PLC 的编程手册和编程软件中，表示 32 位指令的“D”的两侧没有加括号。

（2）脉冲执行指令

图 6-54 中 MOV 后面的“P”表示脉冲执行，即仅在 X001 由 OFF→ON 状态时执行一次。如果没有“P”，在 X001 为 ON 的每一扫描周期指令都要被执行，称为连续执行。INC（加 1）、DEC（减 1）和 XCH（数据交换）等指令一般应使用脉冲执行方式。如果不需要每个周期都执行指令，使用脉冲方式可以减少执行指令的时间。符号“P”和“D”可同时使用，例如 D△△△P，其中的“△△△”在编程手册中表示功能指令的助记符。在功能指令一览表中可以查到各条指令是否可以处理 32 位数据和使用脉冲执行功能。

（3）数据格式

① 位元件与位元件的组合

位元件用来表示开关量的状态，如常开触点的通和断，线圈的通电和断电，这两种状态分别用二进制数 1 和 0 来表示，或称为该编程元件处于 ON 或 OFF 状态。X，Y，M 和 S 为位元件。

FX_{2N} 系列 PLC 用 KnP 的形式表示连续的位元件组合，每组由 4 个连续的位元件组成，P 为位元件的首地址，n 为组数（n＝1～8）。例如 K2M0 表示由 M0～M7 组成的两个位元件组，M0 为数据的最低位（首位）。16 位操作数时 n＝1～4，n＜4 时高位为 0；32 位操作数时 n＝1～8，n＜8 时高位为 0。建议在使用成组的位元件时，首地址的最低位为 0，如 X000，X010，Y020 等。

功能指令中的操作数可取 K（十进制常数）、H（十六进制常数），如 KnX，KnY，KnM，KnS，T，C，D，V 和 Z。

② 字元件

一个字由 16 个二进制位组成，字元件用来处理数据，例如定时器和计数器的设定值寄存器、当前值寄存器和数据寄存器 D 都是字元件，位元件 X，Y，M，S 等也可以组成字元件来进行数据处理。

(4) 变址寄存器 V,Z

FX_{2N}系列 PLC 有 16 个变址寄存器 V0～V7 和 Z0～Z7。

在传送、比较指令中,变址寄存器 V,Z 用来修改操作对象的元件号,在循环程序中常使用变址寄存器。

对于 32 位指令,V 为高 16 位,Z 为低 16 位。32 位指令中 V,Z 自动组对使用。这时变址指令只需指定 Z,Z 就能代表 V 和 Z 的组合。

图 6-55 中的各触点接通时,常数 10 送到 V0,常数 20 送到 Z1,ADD(加法)指令完成运算(D5V0)+(D15Z1)→(D40Z1),即(D15)+(D35)→(D60)。

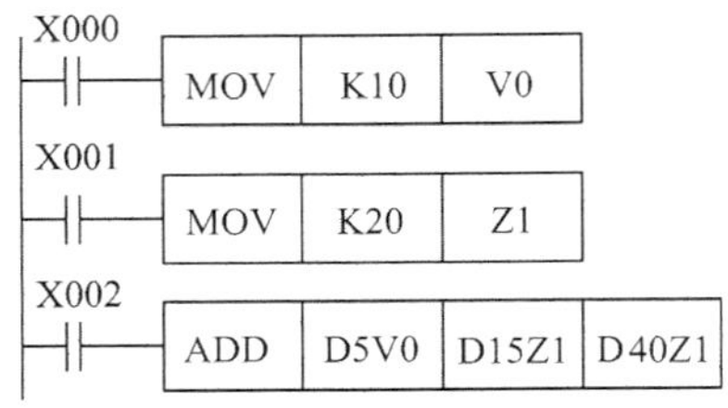

图 6-55 变址寄存器的使用

6.4.2 程序流控制指令

1. 条件跳转指令(FNC00)

指针 P 用于分支和跳转程序。在梯形图中,指针放在左侧母线的左边。FX_{2N}系列有 64 点分支用指针(P0～P63)。

条件跳转指令 CJ 用于跳过顺序程序中的某一部分,以控制程序的流程。当图 6-56 中的 X000 为 ON 时,程序跳到指针 P8 处;如果 X000 为 OFF,不执行跳转,程序按原顺序执行。跳转时,不执行被跳过的那部分指令。多条跳转指令可以使用相同的指针。

指针可以出现在相应跳转指令之前,但是如果反复跳转的时间超过监控定时器的设定时间,会引起监控定时器出错。

一个指针只能出现一次,如出现两次或两次以上,则会出错。如果用 M8000 的常开触点驱动 CJ 指令,相当于无条件跳转指令,因为运行时特殊辅助继电器 M8000 总是为 ON。

P63 是 END 所在的步序,在程序中不能设置 P63。

设 Y,M,S 被 OUT,SET,RST 指令驱动,跳转期间即使驱动 Y,M,S 的电路状态发生了改变,它们仍保持跳转前的状态。例如图 6-56 中的 X000 为 ON 时,Y011 的状态不会随 X010 发生变化,因为跳转期间根本没有执行这一段程序。定时器和计数器如果被 CJ 指令跳过,跳转期间它们的当前值将被冻结。如果在跳转开始时定时器和计数器正在工作,在跳转期间它们将停止定时和计数,在 CJ 指令的条件变为不满足后继续工作。高速计数器的处理独立于主程序,其工作不受跳转的影响。如果应用指令 PLSY(脉冲输出,FNC57)和 PWM(脉冲宽度调制,FNC58)在刚被 CJ 指令跳过时正在执行,跳转期间将继续工作。

2. 子程序调用与子程序返回指令

子程序调用指令 CALL(FNC01)的操作数为 P,子程序返回指令 SRET(FNC02)无操作数。

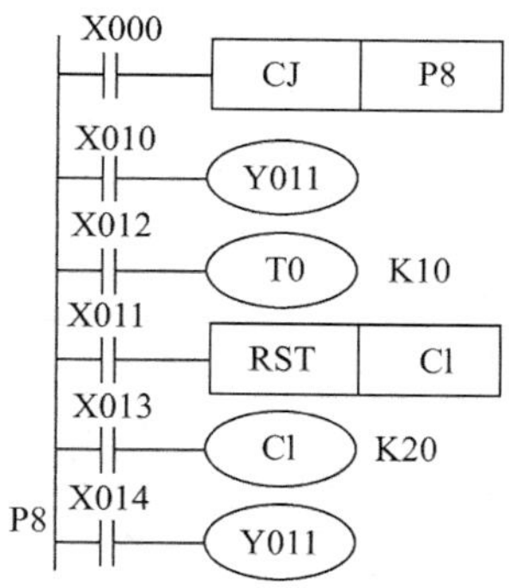

图 6-56　CJ 指令的应用

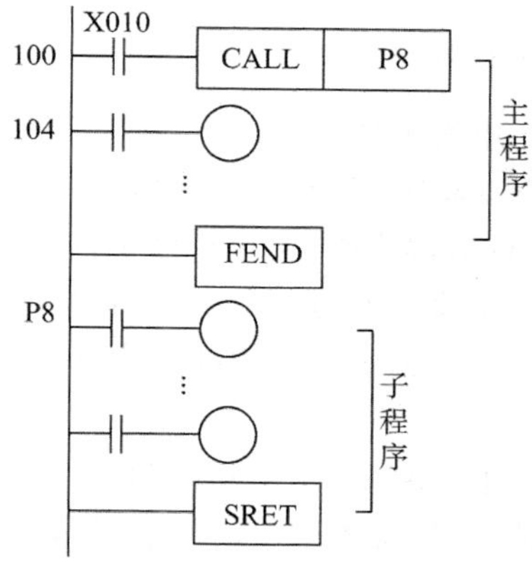

图 6-57　子程序调用

图 6-57 中的 X010 为 ON 时，CALL 指令使程序跳到指针 P8 处，子程序被执行，执行完 SRET 指令后返回到 104 步。

子程序应放在 FEND(主程序结束)指令之后，同一指针只能出现一次，CJ 指令中用过的指针不能再用，不同位置的 CALL 指令可以调用同一指针的子程序。

在子程序中调用子程序称为嵌套调用，最多可嵌套 5 级。图 6-58 中的 CALL(P)P11 指令仅在 X000 由 OFF 变为 ON 时执行一次。在执行子程序 1 时，如果 X001 为 ON，CALL P12 指令被执行，程序跳到 P12 处，嵌套执行子程序 2。执行第二条 SRET 指令后，返回子程序 1 中 CALL P12 指令的下一条指令，执行第一条 SRET 指令后返回主程序中 CALL P11 指令的下一条指令。

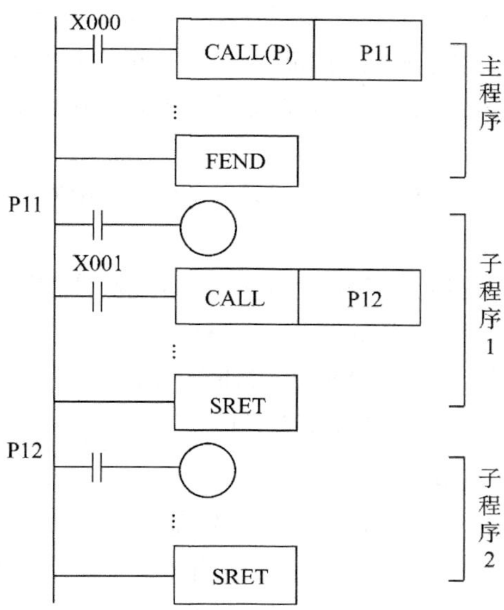

图 6-58　子程序的嵌套调用

因为子程序是间歇使用的,在子程序中使用的定时器应在T192～T199和T246～T249中选择。

3. 中断指令

FX_{2N}系列PLC的中断事件包括输入中断、定时中断和高速计数器中断,发生中断事件时,CPU停止执行当前的工作,立即执行预先写好的相应的中断程序,这一过程不受PLC扫描工作方式的影响,因此PLC能迅速响应中断事件。

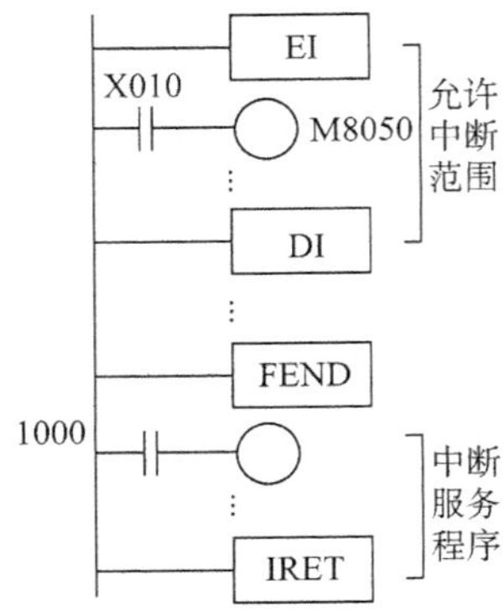

图6-59 中断指令的使用

如图6-59所示,中断返回指令IRET、允许中断指令EI和禁止中断指令DI的指令编号分别为FNC03～FNC05,均无操作数,分别占用一个程序步。

PLC通常处于禁止中断的状态,指令EI和DI之间的程序段为允许中断的区间,当程序执行到该区间时,如果中断源产生中断,CPU将停止执行当前的程序,转去执行相应的中断子程序,执行到中断子程序中的IRET指令时,返回原断点,继续执行原来的程序。

中断程序从它惟一的中断指针开始,到第一条IRET指令结束。中断程序应放在FEND指令之后,IRET指令只能在中断程序中使用。特殊辅助继电器M805△为ON时(△= 0～8),禁止执行相应的中断I△□□(□□是与中断有关的数字)。M8059为ON时,关闭所有的计数器中断。

如果有多个中断信号依次发出,则优先级按发生的先后排序,发生越早的优先级越高。若同时发生多个中断信号,则中断指针号小的优先。

执行一个中断子程序时,其他中断被禁止,在中断子程序中编入EI和DI可实现双重中断,只允许两级中断嵌套。如果中断信号在禁止中断区间出现,该中断信号被储存,并在EI指令之后响应该中断。不需要关闭中断时,只使用EI指令,可以不使用DI指令。

中断输入信号的脉冲宽度应大于200μs,选择了输入中断时,其硬件输入滤波器自动地复位为50μs(通常为10ms)。

直接高速输入可用于"捕获"窄脉冲信号。FX_{2N}系列PLC需要用EI指令来激活X000～X005的脉冲捕获功能,捕获的脉冲状态存放在M8170～M8175中。接收到脉冲后,相应的特殊辅助继电器M变为ON,可用捕获的脉冲来触发某些操作。如果输入元件已用于其他高速功能,脉冲捕获功能将被禁止。

4. 主程序结束指令(FNC06)

主程序结束指令FEND无操作数,占用一个程序步,表示主程序结束和子程序区的开始。执行到FEND指令时,PLC进行输入输出处理、监控定时器刷新,完成后返回第0步。子程序(包括中断子程序)应放在FEND指令之后。CALL指令调用的子程序必须用SRET指令结束,中断子程序必须以IRET指令结束。

若FEND指令在CALL指令执行之后和SRET指令执行之前出现,则程序出错。另一个类似的错误是 FEND 指令出现在 FOR-NEXT 循环之中。使用多条 FEND 指令时，子程序和中断程序应放在最后的 FEND 指令和 END 指令之间。

5. 监控定时器指令(FNC07)

监控定时器指令 WDT 无操作数，占用一个程序步。

监控定时器又称看门狗，在执行 FEND 和 END 指令时，监控定时器被刷新(复位)，PLC 正常工作时扫描周期(从 0 步到 FEND 或 END 指令的执行时间)小于它的定时时间。如果强烈的外部干扰使 PLC 偏离正常的程序执行路线，监控定时器不再被复位，定时时间到时，PLC 将停止运行，它上面的 CPU-E 发光二极管亮。监控定时器定时时间的默认值为 200ms，可通过修改 D8000 来设定它的定时时间。如果扫描周期大于它的定时时间，可将 WDT 指令插入到合适的程序步中刷新监控定时器。如果 FOR-NEXT 循环程序的执行时间可能超过监控定时器的定时时间，可将 WDT 指令插入到循环程序中。条件跳转指令 CJ 若在它对应的指针之后(即程序往回跳)，可能因连续反复跳步使它们之间的程序被反复执行，总的执行时间可能超过监控定时器的定时时间，为了避免出现这样的情况，可在 CJ 指令和对应的指针之间插入 WDT 指令。

6. 循环指令

FOR(FNC08)指令用来表示循环区的起点，它的源操作数 N 用来表示循环次数(N=1～32767)，可以取任意的数据格式。如果 N 为负数，当作 N=1 处理，循环可嵌套 5 层。

NEXT(FNC09)是循环区终点指令，无操作数。

FOR 与 NEXT 之间的程序被反复执行，执行次数由 FOR 指令的源操作数设定。执行完后，执行 NEXT 后面的指令。

在图 6-60 中，外层循环程序 A 嵌套了内层循环 B，循环 A 执行 5 次，每执行一次循环 A，就要执行 10 次循环 B，因此循环 B 一共要执行 50 次。利用循环中的 CJ 指令可跳出 FOR-NEXT 之间的循环区。

FOR 与 NEXT 指令总是成对使用的，FOR 指令应放在 NEXT 的前面，如果没有满足上述条件，或 NEXT 指令放在 FEND 和 END 指令的后面，都会出错。如果执行 FOR-NEXT 循环的时间太长，应注意扫描周期是否会超过监控定时器的设定时间。

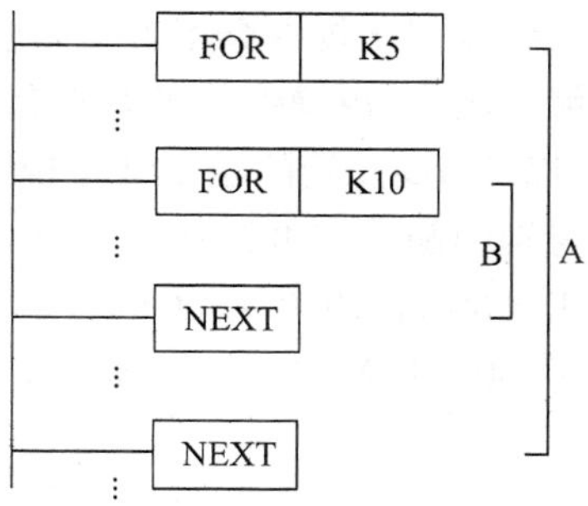

图 6-60　循环程序

6.4.3 传送、比较指令

1. 比较指令

比较指令包括 CMP(比较)和 ZCP(区间比较)，比较结果用目标元件的状态来表示。待比较的源操作数[S1]，[S2]和[S3](CMP 只有两个源操作数)可取任意的数据格式，目标操作数[D]可取 Y，M 和 S，占用连续的 3 个元件。

(1) 比较指令(FNC10)

比较指令 CMP 比较源操作数[S1]和[S2]，比较的结果送到目标操作数[D]中去。

图 6-61中的比较指令将十进制常数 100 与计数器 C10 的当前值进行比较,比较结果送到 M0～M2。X001 为 OFF 时不进行比较,M0～M2 的状态保持不变。X001 为 ON 时进行比较,如果比较结果为[S1]>[S2],M0 ON;若[S1]=[S2],M1 ON;若[S1]<[S2],M2 ON。

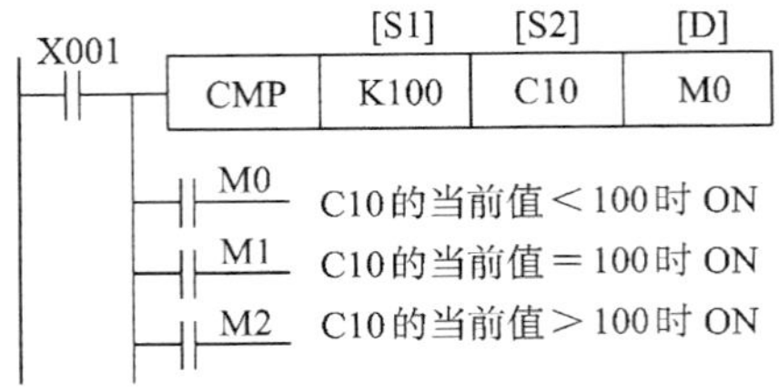

图 6-61 比较指令的使用

指定的元件种类或元件号超出允许范围时将会出错。

(2) 区间比较指令(FNC11)

区间比较指令的助记符为 ZCP,图 6-62 中的 X002 为 ON 时,执行 ZCP 指令,将 T3 的当前值与常数 100 和 150 相比较,比较结果送到 M3～M5,源数据[S1]不能大于[S2]。

图 6-62 区间比较指令的使用

(3) 触点型比较指令(FNC224～FNC246)

触点型比较指令相当于一个触点,执行时比较源操作数[S1]和[S2],满足比较条件则触点闭合,源操作数可取所有的数据类型。以 LD 开始的触点型比较指令接在左母线上,以 AND 开始的触点型比较指令与别的触点或电路串联,以 OR 开始的触点型比较指令与别的触点或电路并联。图 6-63 中 C10 的当前值等于 20 时,Y010 被驱动,D200 的值大于-30 且 X000 为 ON 时,Y011 被 SET 指令置位。图 6-64 中 M27 为 ON 或 C20 的值等于 146 时,M50 的线圈通电。

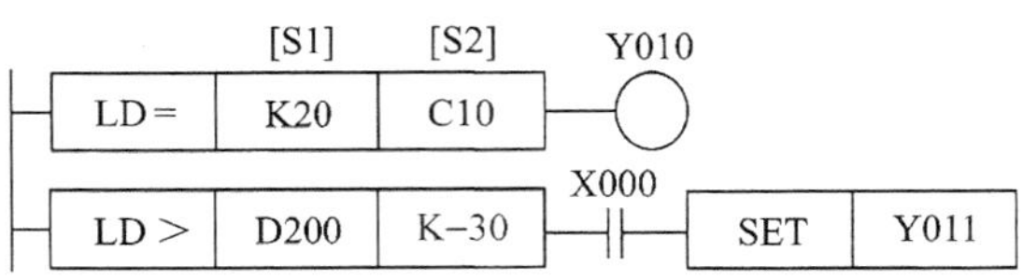

图 6-63 LD 触点型比较指令

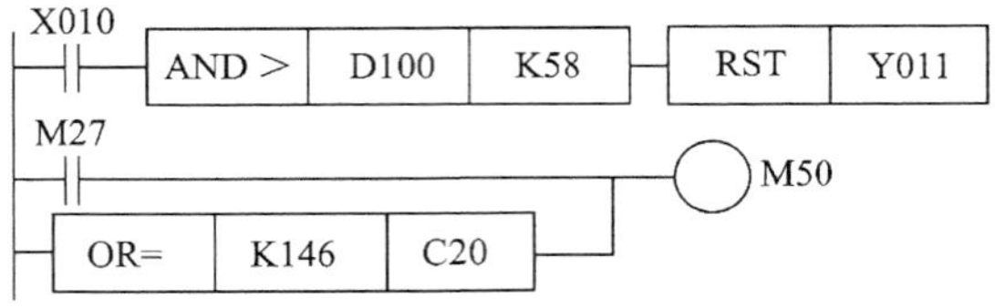

图 6-64 AND/OR 触点型比较指令

2. 传送指令(FNC12～FNC16)

传送指令包括 MOV(传送)、SMOV(BCD 码移位传送)、CML(取反传送)、BMOV(数据块传送)和 FMOV(多点传送)及 XCH(数据交换)指令。

MOV 和 CML 指令的源操作数可取所有的数据类型,SMOV 指令可取除 K,H 以外的其他类型的操作数。它们的目标操作数可取 KnY,KnM,KnS,T,C,D,V 和 Z。

(1) 传送指令(FNC12)

传送指令 MOV 将源数据传送到指定目标,图 6-65 中的 X001 为 ON 时常数 100 被传送到 D10,并自动转换为二进制数。

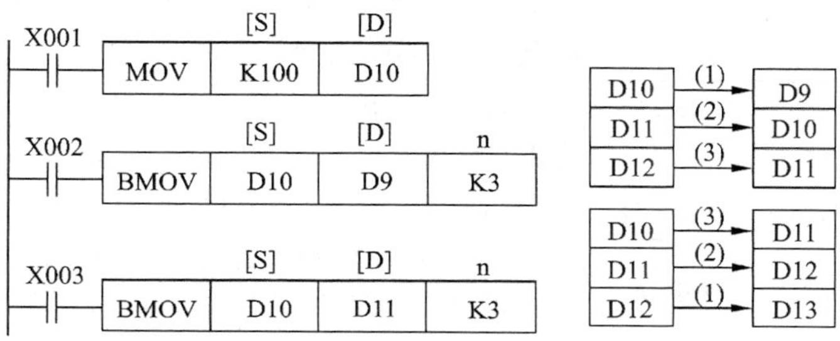

图 6-65　传送指令与块传送指令

(2) 移位传送(FNC13)

移位传送指令 SMOV 将 4 位十进制源数据[S]中指定位数的数据,传送到 4 位十进制目的操作数中指定的位置。

(3) 取反传送指令(FNC14)

取反传送指令 CML 将源元件中的数据逐位取反(1→0,0→1),并传送到指定目标。

(4) 块传送指令(FNC15)

块传送指令 BMOV 的源操作数可取 KnX,KnY,KnM,KnS,T,C,D,V,Z 和文件寄存器,目标操作数可取 KnY,KnM,KnS,T,C,D,V,Z 和文件寄存器。该指令将源操作数指定的元件开始的 n 个数据组成的数据块传送到指定的目标,n 可取 K,H 和 D。如果元件号超出允许的范围,数据仅传送到允许的范围。

传送顺序是自动决定的,以防止源数据块与目标数据块重叠时源数据在传送过程中被改写。如果源元件与目标元件的类型相同,传送顺序如图 6-65 所示。

(5) 多点传送指令(FNC16)

多点传送指令 FMOV 将单个元件中的数据传送到指定目标地址开始的 n 个元件中,传送后 n 个元件中的数据完全相同。多点传送指令的源操作数可取所有的数据类型,目标操作数可取 KnY,KnM,KnS,T,C,D,V 和 Z,n 为常数,n≤512。

图 6-66 中的 X002 为 ON 时将常数 0 送到 D5～D14 这 10 个(n=10)数据寄存器中。

(6) 数据交换指令(FNC17)

执行数据交换指令 XCH 时,数据在指定的目标元件之间交换,数据交换指令一般采用脉冲执行方式(见图 6-66),否则在每一个扫描周期都要交换一次。

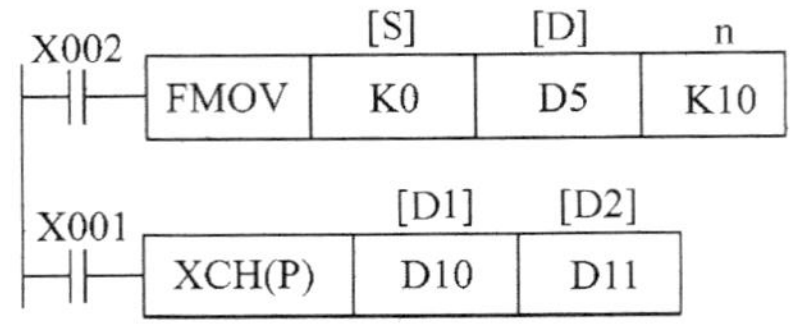

图 6-66 多点数据传送与数据交换

目标操作数可取 KnY,KnM,KnS,T,C,D,V 和 Z。

3. 数据变换指令

数据变换指令包括 BCD(二进制数转换成 BCD 码并传送)和 BIN(BCD 码转换为二进制数并传送)指令(见图 6-67)。它们的源操作数可取 KnX,KnY,KnM,KnS,T,C,D,V 和 Z,目标操作数可取 KnY,KnM,KnS,T,C,D,V 和 Z。

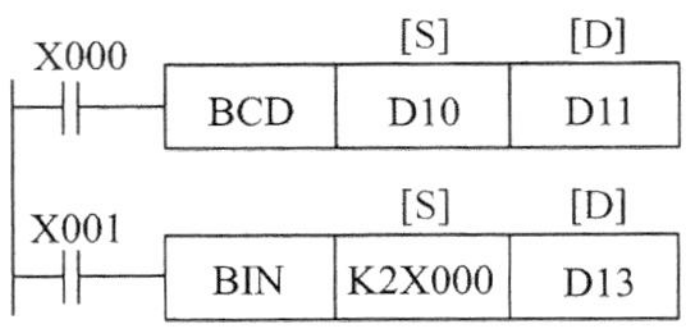

图 6-67 BCD 变换与 BIN 变换

(1) BCD 变换指令(FNC18)

BCD 变换指令将源元件中的二进制数转换为 BCD 码并送到目标元件中。如果执行的结果超过 0~9999,或双字的执行结果超过 0~99999999,将会出错。

PLC 内部的算术运算用二进制数进行,可以用 BCD 指令将二进制数变换为 BCD 数后输出到 7 段显示器。

M8032 为 ON 时,双字将被转换为科学计数法格式。

(2) BIN 变换指令(FNC19)

BIN 变换指令将源元件中的 BCD 码转换为二进制数后送到目标元件中。

可以用 BIN 指令将 BCD 数字拨码开关提供的设定值输入到 PLC,如果源元件中的数据不是 BCD 码,将会出错。M8032 为 ON 时,将科学计数法格式的数转换为浮点数。

6.4.4 循环移位、移位指令

1. 循环移位指令

(1) 右、左循环移位指令

右、左循环移位指令分别为 ROR(FNC30)和 ROL(FNC31)。它们只有目标操作数,可取 KnY,KnM,KnS,T,C,D,V 和 Z。

执行这两条指令时,各位的数据向右(或向左)循环移动 n 位(n 为常数),16 位指令和 32 位指令中 n 应分别小于 16 和 32,每次移出来的那一位同时存入进位标志 M8022 中(见图 6-68 和图 6-69)若在目标元件中指定位元件组的组数,只有 K4(16 位指令)和 K8(32 位指令)有效,例如 K4Y10 和 K8M0。

(2) 带进位的循环移位指令

带进位的右、左循环移位指令的指令代码分别为 RCR(FNC32)和 RCL(FNC33)。它们的目标操作数、程序步数和 n 的取值范围与循环移位指令相同。执行这两条指令时,各位的数据与进位位 M8022 一起(16 位指令时一共 17 位)向右(或向左)循环移动 n 位。在循环中移出的位送入进位标志,后者又被送回到目标操作数的另一端。

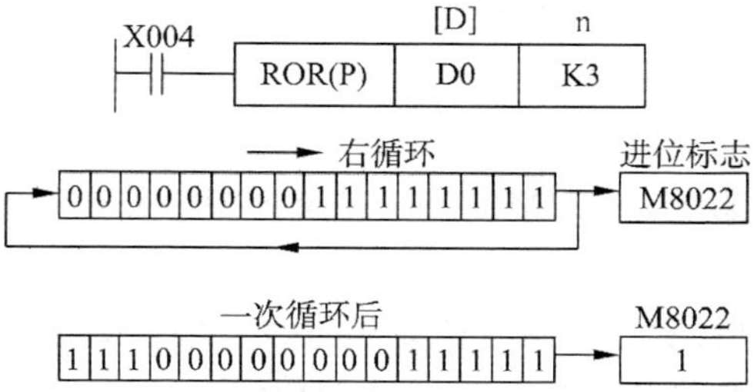

图 6-68　右循环

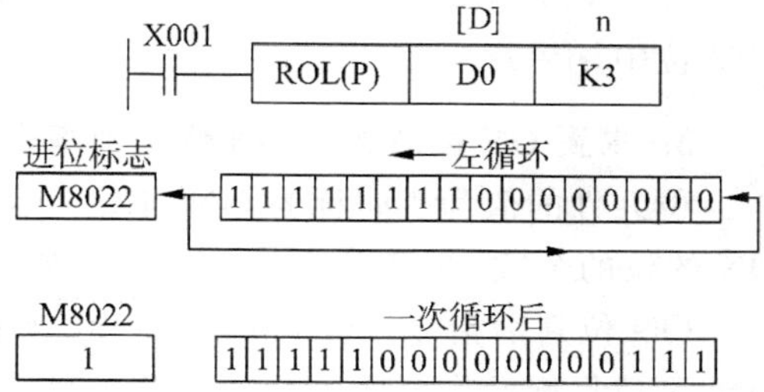

图 6-69　左循环

2. 移位指令

(1) 位右移和位左移指令

位右移 SFTR(FNC34)与位左移 SFTL(FNC35)指令使位元件中的状态成组地向右或向左移动，由 n1 指定位元件组的长度，n2 指定移动的位数，常数 n2≤n1≤1024。

(2) 字右移和字左移指令

字右移 WSFR(FNC36)、字左移 WSFL(FNC37)指令将 n1 个字成组地右移或左移 n2 个字(n2≤n1≤512)。

(3) 移位寄存器写入与读出指令

移位寄存器又称为 FIFO(先入先出)堆栈，堆栈的长度范围为 2～512 个字。移位寄存器写入指令 SFWR(FNC38)和移位寄存器读出指令 SFRD(FNC39)用于 FIFO 堆栈的读写，先写入的数据先读出。

6.4.5　数据处理指令

1. 区间复位指令(FNC40)

区间复位指令 ZRST 将[D1]，[D2]指定的元件号范围内的同类元件成批复位(见图 6-51)，目标操作数可取 T，C 和 D(字元件)或 Y，M，S(位元件)。

[D1]和[D2]指定的应为同一类元件，[D1]的元件号应小于[D2]的元件号。如果[D1]的元件号大于[D2]的元件号，则只有[D1]指定的元件被复位。

虽然 ZRST 指令是 16 位处理指令，[D1]，[D2]也可以指定 32 位计数器。

2. 解码与编码指令

设图 6-70 的解码指令 DECO(FNC41)的源操作数 X000～X002 组成的二进制数为 N，该指令将 M10 开始的目标操作数 M10～M17(共 8 位，$2^n=8$)中的第 N 位置为 1，其余各位置 0，相当于数字电路中译码电路的功能。利用解码指令，可以用数据寄存器中的值来控制位元件的 ON/OFF。n=1～4，X000 是源操作数的首位。

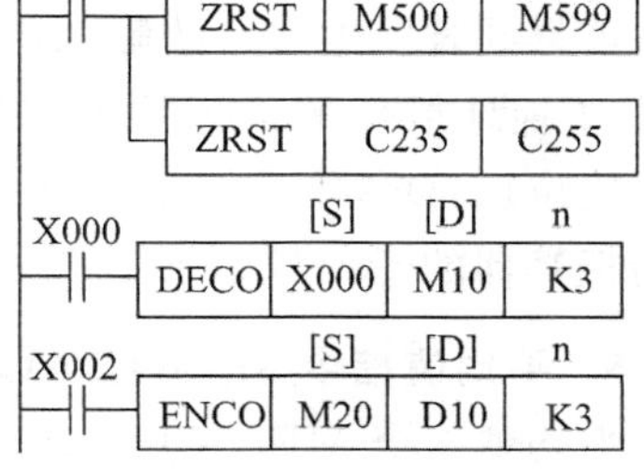

图 6-70　区间复位与解码、编码指令

图 6-70 中的编码字指令 ENCO(FNC42)将源操作

数 M20～M27(共8位,$2^n=8$)中为ON的最高位的位数(二进制)存放在目标元件D10的低3位中,n=1～4。

3. 求置ON位总数与ON位判别指令

位元件的值为1时称为ON,求置ON位总数指令SUM(FNC43)统计源操作数中为ON的位的个数,并将它送入目标操作数。

ON位判别指令BON(FNC44)用来检测指定元件中的指定位是否为ON。若为ON,则位目标操作数变为ON,目标元件是源操作数中指定位的状态的镜像。

4. 报警器置位复位指令

在使用应用指令ANS(信号报警器置位)和ANR(信号报警器复位)时,状态标志S900～S999可用作外部故障诊断的输出,称为信号报警器。

(1) 报警器置位指令ANS(FNC46)

报警器置位指令ANS的源操作数为T0～T199,目标操作数为S900～S999,n=1～32767(定时器以100ms为单位的设定值)。

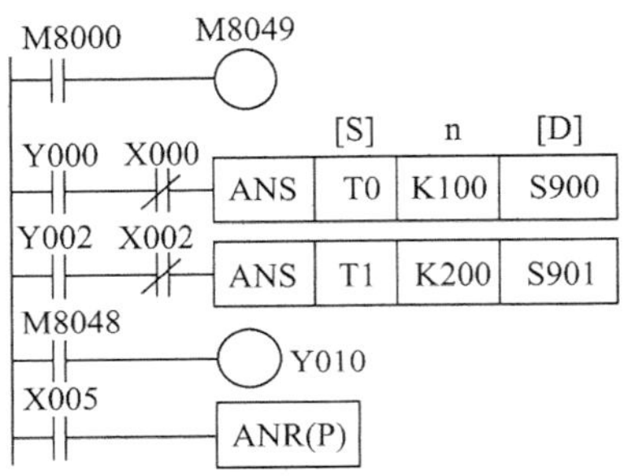

图6-71 信号报警器置位与复位指令

图6-71中M8000的常开触点一直接通,使M8049的线圈通电,特殊数据寄存器D8049的监视功能有效,D8049用来存放S900～S999中处于活动状态且元件号最小的状态继电器的元件号。信号报警器用来表示错误条件或故障条件,例如图6-52中第一条ANS指令可实现如下功能:在驱动工作台前进的输出继电器Y000变为ON后,100ms定时器T0开始定时,如果检测前进的限位开关X000在10s内未动作(n=100),S900变为ON。如果S900～S999中任意一个的状态为ON,特殊辅助继电器M8048为ON,使指示故障的输出继电器Y010变为ON。

若图6-71中第一条ANS指令的输入电路断开,定时器T0复位,而S900仍保持为ON。

(2) 报警器复位指令ANR(FNC47)

报警器复位指令ANR无操作数,图6-71中用故障复位按钮X005和ANR指令将用于故障诊断的状态继电器复位,每按一次复位按钮,按元件号递增的顺序将一个故障报警器状态复位。

发生某一故障时,对应的报警器状态为ON,如果同时发生多个故障,D8049中是S900～S999中地址最低的被置位的报警器的元件号。将它复位后,D8049中是下一个地址最低的被置位的报警器的元件号。

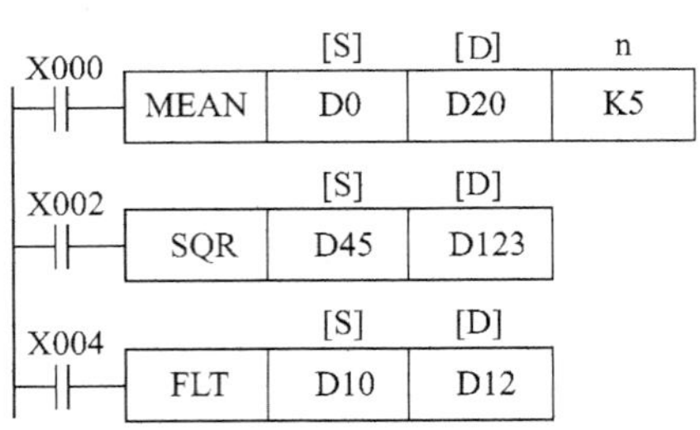

图6-72 MEAN、SQR、FLT指令

5. 平均值指令MEAN(FNC45)

平均值指令MEAN用来求1～64个源操作数的代数和被n除的商,余数略去(见图6-72)。

6. 二进制平方根指令 SQR(FNC48)

平方根指令 SQR 的源操作数[S]应大于零,可取 K,H,D,目标操作数为 D。图 6-72 中的 X002 为 ON 时,将存放在 D45 中的数开平方,结果存放在 D123 内。计算结果舍去小数,只取整数。M8023 为 ON 时,将对 32 位浮点数开方,结果为浮点数。源操作数为整数时,将自动转换为浮点数。如果源操作数为负数,运算错误标志 M8067 将会 ON。

7. 二进制整数与浮点数转换指令 FLT(FNC49)

二进制整数与浮点数转换指令 FLT 的源操作数和目标操作数均为 D。图 6-72 中的 X004 为 ON,且 M8023(浮点数标志)为 OFF 时,该指令将存放在源操作数 D10 中的数据转换为浮点数,并将结果存放在目标寄存器 D13 和 D12 中。M8023 为 ON 时,将把浮点数转换为整数。用于存放浮点数的目标操作数应为双整数,源操作数可以是整数或双整数。

第 6 章附表 功能指令简表

分类	FNCNO	指令助记符	功 能	D 指令	P 指令
程序流控制	00	CJ	条件跳转	—	○
	01	CALL	调用子程序	—	○
	02	SRET	子程序返回	—	—
	03	IRET	中断返回	—	—
	04	EI	开中断	—	—
	05	DI	关中断	—	—
	06	FEND	主程序结束	—	—
	07	WDT	监视定时器	—	○
	08	FOR	循环区开始	—	—
	09	NEXT	循环区结束	—	—
传送与比较	10	CMP	比较	○	○
	11	ZCP	区间比较	○	○
	12	MOV	传送	○	○
	13	SMOV	移位传送	—	○
	14	CML	取反	○	○
	15	BMOV	块传送	—	○
	16	FMOV	多点传送	○	○
	17	XCH	数据交换	○	○
	18	BCD	求 BCD 码	○	○
	19	BIN	求二进制码	○	○

续表

分类	FNCNO	指令助记符	功　　能	D指令	P指令
四则运算与逻辑运算	20	ADD	二进制加法	○	○
	21	SUB	二进制减法	○	○
	22	MUL	二进制乘法	○	○
	23	DIV	二进制除法	○	○
	24	INC	二进制加一	○	○
	25	DEC	二进制减一	○	○
	26	WAND	逻辑字与	○	○
	27	WOR	逻辑字或	○	○
	28	WXOR	逻辑字异或	○	○
	29	NEG	求补码	○	○
循环移位与移位	30	ROR	循环右移	○	○
	31	ROL	循环左移	○	○
	32	RCR	带进位位循环右移	○	○
	33	RCL	带进位位循环左移	○	○
	34	SFTR	位右移	—	○
	35	SFTL	位左移	—	○
	36	WSFR	字右移	—	○
	37	WSFL	字左移	—	○
	38	SFWR	FIFO 写入	—	○
	39	SFRD	FIFO 读出	—	○
数据处理	40	ZRST	区间复位	—	○
	41	DECO	编码	—	○
	42	ENCO	编码	—	○
	43	SUM	求置 ON 位的总和	○	○
	44	BON	ON 位判别	○	○
	45	MEAN	平均值	○	○
	46	ANS	报警器置位	—	—
	47	ANR	报警器复位	—	○
	48	SQR	二进制平方根	○	○
	49	FLT	二进制整数与浮点数转换	○	○
高速处理	50	REF	刷新	—	○
	51	REFE	滤波调整	—	○
	52	MTR	矩阵输入	—	—
	53	HSCS	比较置位(高速计数器)	○	—
	54	HSCR	比较复位(高速计数器)	○	—
	55	HSZ	区间比较(高速计数器)	○	—
	56	SPD	脉冲密度	—	—
	57	PLSY	脉冲输出	○	—
	58	PWM	脉宽调制	—	—
	59	PLSR	带加速减速的脉冲输出	○	—

续表

分类	FNCNO	指令助记符	功　　能	D 指令	P 指令
方便指令	60	IST	状态初始化	—	—
	61	SER	查找数据	○	○
	62	ABSD	绝对值式凸轮控制	○	—
	63	INCD	增量式凸轮控制	—	—
	64	TTMR	示教定时器	—	—
	65	STMR	特殊定时器	—	—
	66	ALT	交替输出	—	—
	67	RAMP	斜坡输出	—	—
	68	ROTC	旋转工作台控制	—	—
	69	SOTC	列表数据排序	—	—
外部设备I/O	70	TKY	十键输入	○	—
	71	HKY	十六键输入	○	—
	72	DSW	数字开关输入	—	—
	73	SEGD	七段译码	—	○
	74	SEGL	带锁存七段码显示	—	—
	75	ARWS	方向开关	—	—
	76	ASC	ASCII 码转换	—	—
	77	PR	ASCII 码打印输出	—	—
	78	FROM	读特殊功能模块	○	○
	79	TO	写特殊功能模块	○	○
	80	RS	串行通信指令	—	—
	81	PRUN	八进制位传送	○	○
	82	ASCII	将十六进制数转换成 ASCII 码	—	○
	83	HEX	ASCII 码转换成十六进制数	—	○
	84	CCD	校验码	—	○
	85	VRRD	模拟量读出	—	○
	86	VRSC	模拟量区间	—	○
	87				
	88	PID	PID 运算	—	—
	89				
浮点数	110	ECMP	二进制浮点数比较	○	○
	111	EZCP	二进制浮点数区间比较	○	○
	118	EBCD	二进制浮点数→十进制浮点数变换	○	○
	119	EBIN	十进制浮点数→二进制浮点数变换	○	○
	120	EADD	二进制浮点数加法	○	○
	121	ESUB	二进制浮点数减法	○	○
	122	EMUL	二进制浮点数乘法	○	○
	123	EDIV	二进制浮点数除法	○	○
	127	ESQR	二进制浮点数开方	○	○
	129	INT	二进制浮点数→二进制整数转换	○	○
	130	SIN	浮点数 SIN 演算	○	○
	131	COS	浮点数 COS 演算	○	○
	132	TAN	浮点数 TAN 演算	○	○
	147	SWAP	上下位变换	○	○

续表

分类	FNCNO	指令助记符	功　　能	D指令	P指令
时钟运算	160	TCMP	时钟数据比较	—	○
	161	TZCP	时钟数据区间比较	—	○
	162	TADD	时钟数据加法	—	○
	163	TSUB	时钟数据减法	—	○
	166	TRD	时钟数据读出	—	○
	167	TWR	时钟数据写入	—	○
外设	170	GRY	格雷码转换	○	○
	171	GBIN	格雷码逆转换	○	○
触点比较	224	LD=	(S1)=(S2)	○	—
	225	LD>	(S1)>(S2)	○	—
	226	LD<	(S1)<(S2)	○	—
	228	LD<>	(S1)≠(S2)	○	—
	229	LD≤	(S1)≤(S2)	○	—
	230	LD≥	(S1)≥(S2)	○	—
	232	AND=	(S1)=(S2)	○	—
	233	AND>	(S1)>(S2)	○	—
	234	AND<	(S1)<(S2)	○	—
	236	AND<>	(S1)≠(S2)	○	—
	237	AND≤	(S1)≤(S2)	○	—
	238	AND≥	(S1)≥(S2)	○	—
	240	OR=	(S1)=(S2)	○	—
	241	OR>	(S1)>(S2)	○	—
	242	OR<	(S1)<(S2)	○	—
	244	OR<>	(S1)≠(S2)	○	—
	245	OR≤	(S1)≤(S2)	○	—
	246	OR≥	(S1)≥(S2)	○	—

说明：表中有“○”者表示可用D或P指令。

思　考　题

6.1　说明PLC的梯形图与继电接触式控制系统电气原理图的区别。

6.2　OUT指令与SET指令有何异同?

6.3　OR和ORB指令都是并联指令，它们有何不同?

6.4　AND和ANB指令都是串联指令，它们有何不同?

6.5　主控指令与栈指令有何异同?

6.6　什么是状态转移图?状态转移图主要由哪些元素组成?

6.7　状态转移图有哪些功能?

6.8　顺序控制指令STL有哪些功能?

6.9　为什么在一系列STL指令的最后必须要有RET指令?

6.10　功能指令有哪些执行形式？32 位操作指令与 16 位操作指令有何区别？

习　题

6.1　填空

（1）定时器的线圈________时开始计时，定时时间到时其常开触点________，常闭触点________。

（2）通用定时器的________时被复位，复位后其常开触点________，常闭触点________，当前值为________。

（3）计数器的当前值等于设定值时，其常开触点________，常闭触点________。复位输入电路________时，计数器被复位，复位后其常开触点________，常闭触点________，当前值为________。

（4）OUT 指令不能用于________继电器。

（5）________是初始化脉冲，在________时，它 ON 一个扫描周期。当 PLC 处于 RUN 状态时，M8000 一直为________。

（6）与主控触点下端相连的常闭触点应使用________指令。

6.2　写出图 6-73 所示梯形图的指令表。

6.3　写出图 6-74 所示梯形图的指令表。

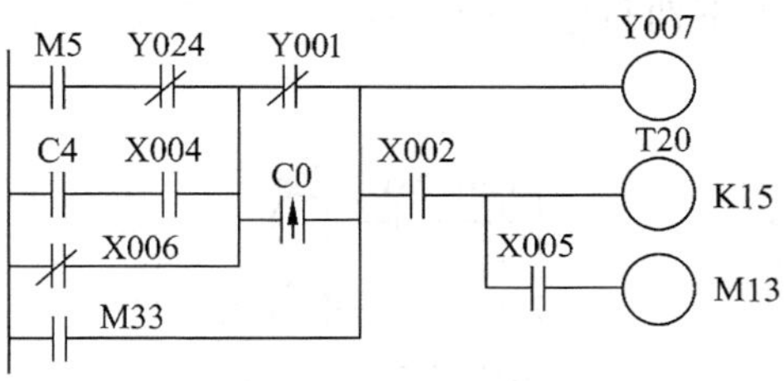

图 6-73　题 6.2 图

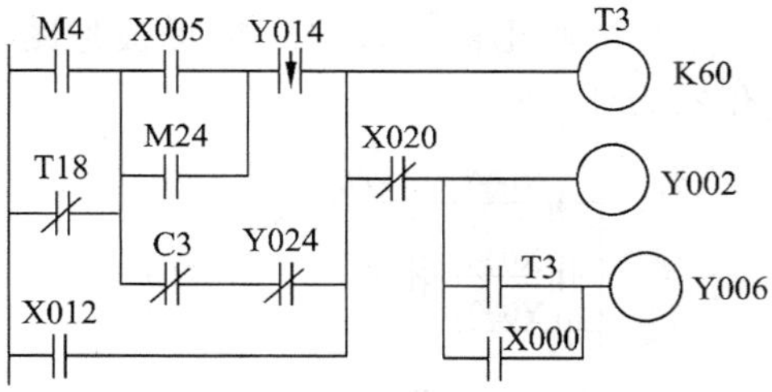

图 6-74　题 6.3 图

6.4　写出图 6-75 所示梯形图的指令表。

6.5　写出图 6-76 所示梯形图的指令表。

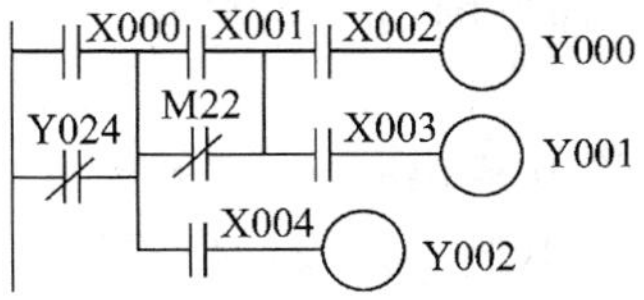

图 6-75　题 6.4 图

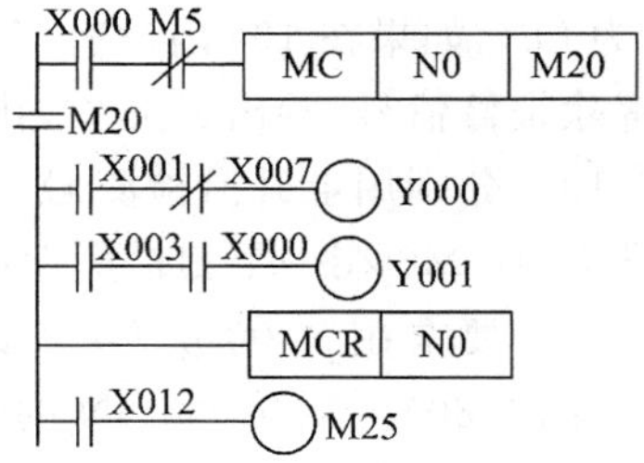

图 6-76　题 6.5 图

6.6 画出图6-77(a)中指令表程序对应的梯形图。

6.7 画出图6-77(b)中指令表程序对应的梯形图。

6.8 画出图6-77(c)中指令表程序对应的梯形图。

```
LDI   X004
ANI   M5
ORP   X024
LD    Y013
OR    T10
ANI   X012
LDF   X007
AND   M37
ORB
ORI   X022
ANB
OR    X015
MPS
INV
OUT   M34
MPP
ANI   X017
OUT   T21
      K100
```

(a)

```
LD    X002
AND   M6
MPS
LD    X012
ORI   Y023
ANB
MPS
AND   X005
OUT   M12
MPP
ANI   X034
SET   M35
MRD
AND   X001
OUT   Y024
MPP
ANDP  X006
OUT   Y002
```

(b)

```
LD    X002
ANI   M3
LDI   C10
AND   T27
ORB
LDP   X007
AND   X001
ORF   X015
ANB
ORI   X034
MC    N0
SP    M10
LD    X003
OUT   Y001
LD    X021
PLS   Y006
MCR   N0
LD    X002
OUT   Y010
```

(c)

图6-77 题6.6～题6.8的程序

6.9 画出图6-78中Y000的波形图。

6.10 画出图6-79中M0的波形图。交换上下两行电路的位置,M0的波形有什么变化?为什么?

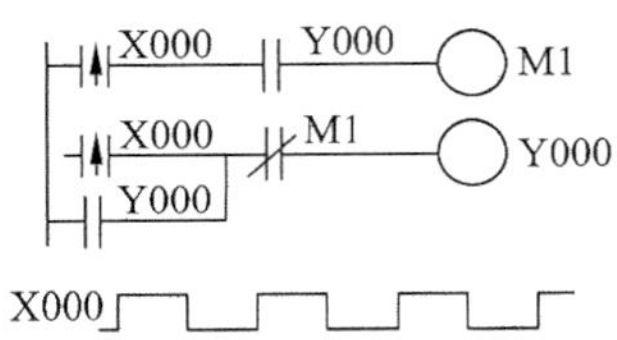

图6-78 题6.9图

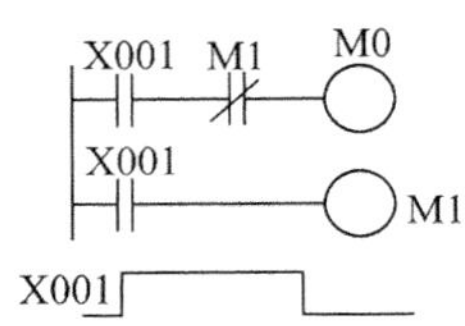

图6-79 题6.10图

6.11 用PLS指令设计出使M0在X000的下降沿ON一个扫描周期的梯形图。

6.12 用接在X000输入端的光电开关检测传送带上通过的产品,有产品通过时X000为ON,如果在10s内没有产品通过,由Y000发出报警信号,用X001输入端外接的开关解除报警信号,画出梯形图,并将它转换为指令表程序。

6.13 分别用上升沿检测触点指令和PLS指令设计梯形图,在X000或X001波形的上升沿,使M0在一个扫描周期内为ON。

6.14 要求在X000从OFF变为ON的上升沿时,Y000输出一个2s的脉冲后自动OFF(见图6-80)。X000为ON的时间可能大于2s,也可能小于2s。设计出梯形图程序。

6.15 要求在X000从ON变为OFF的下降沿时,Y001输出一个1s的脉冲后自动OFF(见图6-80)。X000为ON或OFF的时间不限,设计出梯形图程序。

6.16 洗手间小便池在有人使用时光电开关使X000为ON,冲水控制系统在使用者使用 3s 后令 Y000 为 ON，冲水 2s(见图 6-81)，使用者离开后冲水 3s，设计出梯形图程序。

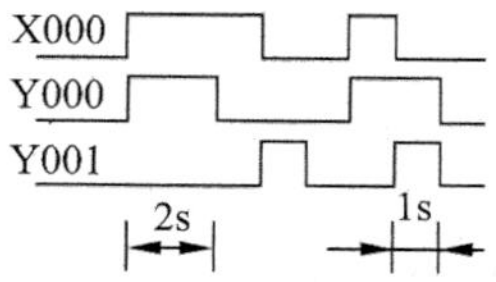

图 6-80　题 6.14 和题 6.15 图

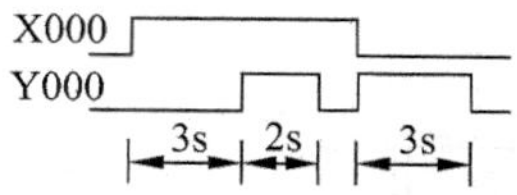

图 6-81　题 6.16 图

6.17　指出图 6-82 中的错误。

6.18　用 X000～X011 这 10 个键输入十进制数 0～9，将它们用二进制数的形式存放在 Y000～Y003 中，用触点和线圈指令设计编码电路。

6.19　设计出图 6-83 所示状态转移图的梯形图程序。

6.20　设计出图 6-84 所示状态转移图的梯形图程序。

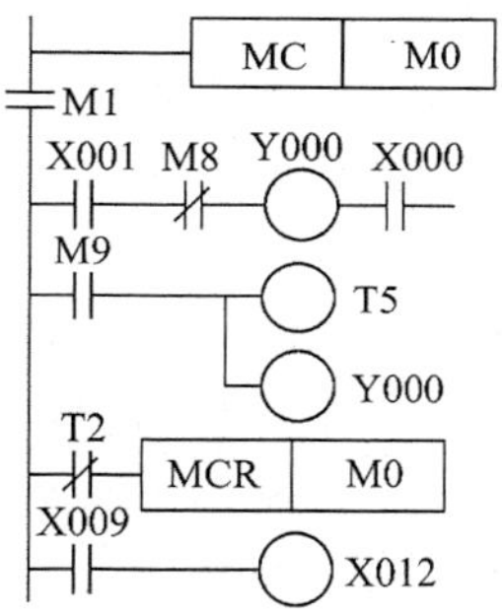

图 6-82　题 6.17 图

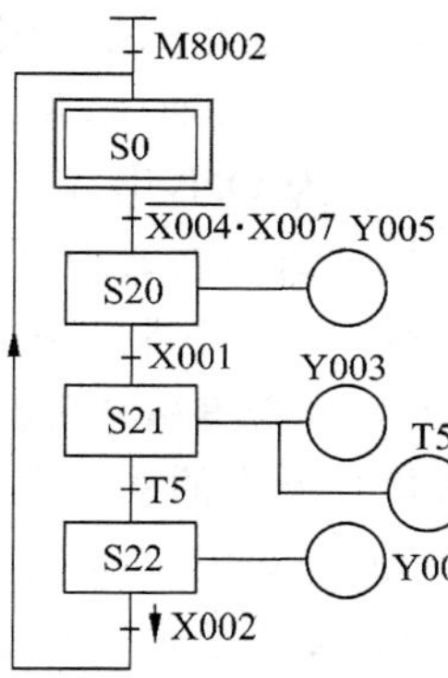

图 6-83　题 6.19 图

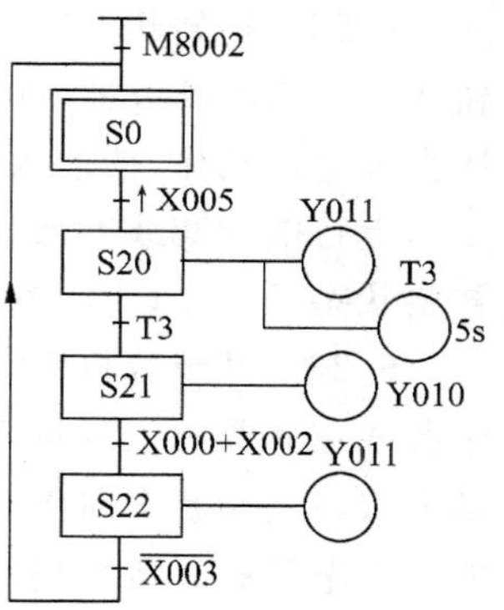

图 6-84　题 6.20 图

6.21　设计出图 6-85 所示状态转移图的梯形图程序。

6.22　设计出图 6-86 所示状态转移图的梯形图程序。

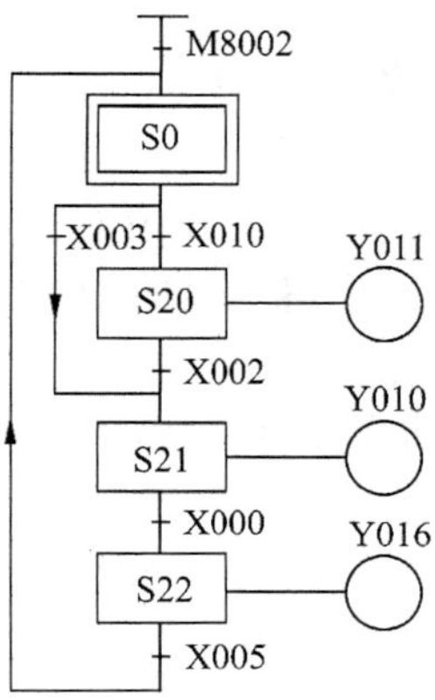

图 6-85　题 6.21 图

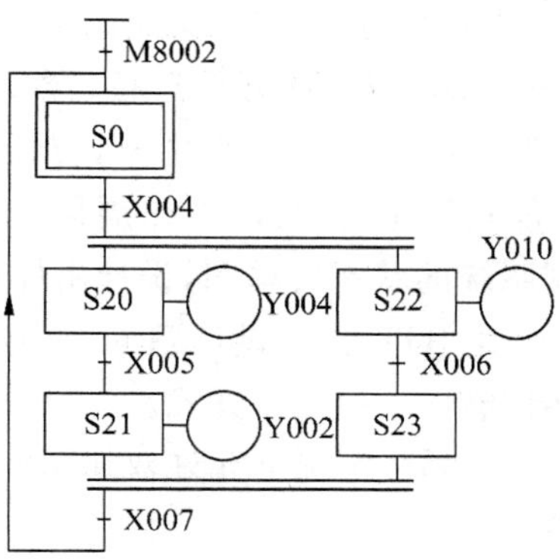

图 6-86　题 6.22 图

6.23 设计出图6-87所示状态转移图的梯形图程序。

6.24 写出图6-88对应的指令表程序,画出局部的顺序功能图。

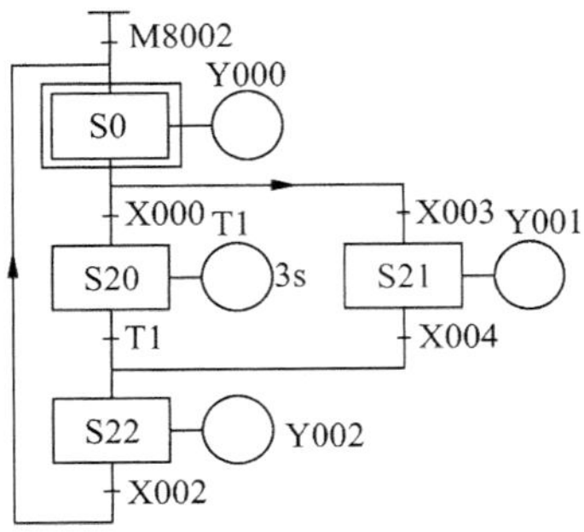

图6-87 题6.23图

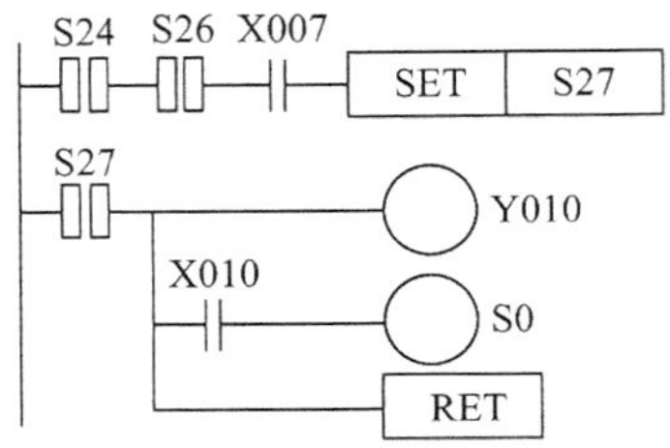

图6-88 题6.24图

6.25 初始状态时,某压力机的冲压头停在上面,限位开关X002为ON,按下启动按钮X000,输出继电器Y000控制的电磁阀线圈通电,冲压头下行。压到工件后压力升高,压力继电器动作,使输入继电器X001变为ON,用T1保压延时5s后,Y000 OFF,Y001 ON,上行电磁阀线圈通电,冲压头上行。返回初始位置时碰到限位开关X002,系统回到初始状态,Y001 OFF,冲压头停止上行。画出控制系统的状态转移图。

6.26 某组合机床动力头进给运动示意图和输入输出信号时序图如图6-89所示,图中各限位开关提供的输入信号和M8002提供的初始化脉冲信号画在一个波形图中。设动力头在初始状态时停在左边,限位开关X003为ON,Y000～Y002是控制动力头运动的3个电磁阀。按下启动按钮X000后,动力头向右快速进给(简称快进),碰到限位开关X001后变为工作进给(简称工进),碰到限位开关X002后快速退回(简称快退),返回初始位置后停止运动。画出PLC控制系统的状态转移图。

6.27 液体混合装置如图6-90所示,上限位、下限位和中限位液位传感器被液体淹没时为ON,阀A、阀B和阀C为电磁阀,线圈通电时打开,线圈断电时关闭。开始时容器是空的,各阀门均关闭,各传感器均为OFF。按下启动按钮后,打开阀A,液体A流入容器,中限位开关变为ON时,关闭阀A,打开阀B,液体B流入容器。当液面到达上限位开关时,关闭阀B,电机M开始运行,搅动液体,60s后停止搅动,打开阀C,放出混合液,当液面降至下限位开关之后再过5s,容器放空,关闭阀C,打开阀A,又开始下一周期的操作。按下停止按钮,在当前工作周期的操作结束后,才停止操作(停在初始状态)。画出PLC控制系统的状态转移图,设计出梯形图程序。

6.28 用STL指令设计题6.29中液体混合装置的梯形图程序,要求设置手动、连续、单周期、单步4种工作方式。

6.29 在哪些情况下允许双线圈输出?

6.30 填空

(1) 执行CJ指令的条件________时,将不执行该指令和________之间的指令。

(2) 操作数K2X010表示________组位元件,即由________到________组成的

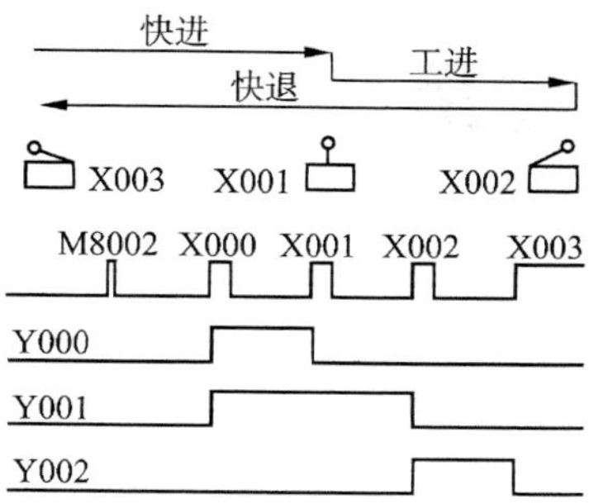

图 6-89　题 6.26 图

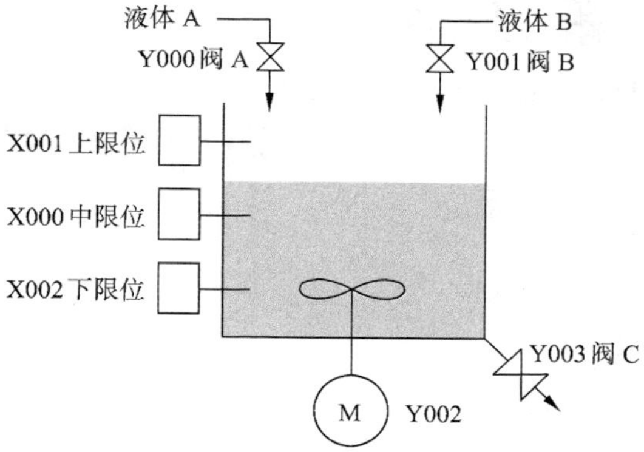

图 6-90　题 6.27 图

________位数据。

6.31　在 X000 为 ON 时，将计数器 C0 的当前值转换为 BCD 码后送到 Y000～Y007 中，C0 的输入脉冲和复位信号分别由 X001 和 X002 提供，设计出梯形图程序。

6.32　用跳转指令设计用一个按钮 X000 控制 Y000 的电路，第一次按下按钮时 Y000 变为 ON，第二次按下按钮时 Y000 变为 OFF。

6.33　X005 为 ON 时，用定时中断将 Y000～Y003 组成的位元件组 K1Y000 每 1s 加 1，设计主程序和中断子程序。

6.34　用 X000 控制接在 Y000～Y017 上的 16 个彩灯是否移位，每 1s 移 1 位，用 X001 控制左移或右移，用 MOV 指令将彩灯的初值设定为十六进制数 H000F（仅 Y000～Y003 为 1），设计出梯形图程序。

6.35　50 个 16 位数存放在 D10～D59 中，求出最大的数，放在 D100 中，编写出程序。

第 7 章

可编程控制器的应用

学习可编程控制器的目的就是要将它应用于实际的工业控制系统中。面对市场上种类繁多、型号不一的可编程控制器及其配套的各种模块、元器件，初学者往往不知所措，无从下手。本章从工程实际出发，介绍如何应用前面所学的知识，设计出经济实用的可编程控制器应用系统。

7.1　可编程控制器应用系统设计

如前所述，可编程控制器的结构和工作方式与通用微型计算机不完全相同，因此，基于可编程控制器的自动控制系统的设计与微机控制系统的开发过程也不完全一样，需要根据可编程控制器的特点进行系统设计。此外，可编程控制器与继电器控制系统也存在本质区别，硬件设计和软件设计可分开进行就是可编程控制器的一大特点。

可编程控制器应用系统设计包含了许多内容和步骤。本节从实用的角度对其进行介绍。

7.1.1　设计的内容和步骤

1. 设计的原则

任何一个电气控制系统都应满足被控对象的工艺要求，提高劳动生产效率和产品质量。在设计可编程控制器应用系统时，应遵循如下原则：

① 系统应最大限度地满足被控设备或生产过程的控制要求。

② 在满足控制要求的前提下，应力求使系统简单、经济，操作方便。

③ 保证控制系统工作安全可靠。

④ 考虑到生产发展和生产工艺改进，在确定 PLC 容量时，应适当留有裕量，使系统有扩展余地。

2. 设计的内容

① 拟定控制系统设计的技术条件。技术条件一般以设计任务书的形式，由机械和电气设计人员共同确定，它是整个设计的依据。

② 确定电气传动控制方案和电动机、电磁阀等执行机构。

③ 选择 PLC 的型号。

④ 编制 PLC 输入、输出端子分配表。

⑤ 绘制输入、输出端子接线图。

⑥ 根据系统控制要求，用相应的编程语言(常用梯形图)设计程序。

⑦ 设计操作台、电气柜及非标准电气元件。

⑧ 编写设计说明书和使用操作说明书。

以上各项设计内容，可根据控制对象的具体要求进行适当调整。

3. 设计的主要步骤

设计可编程控制器应用系统及调试的主要步骤，可用图 7-1 所示的流程图表示。

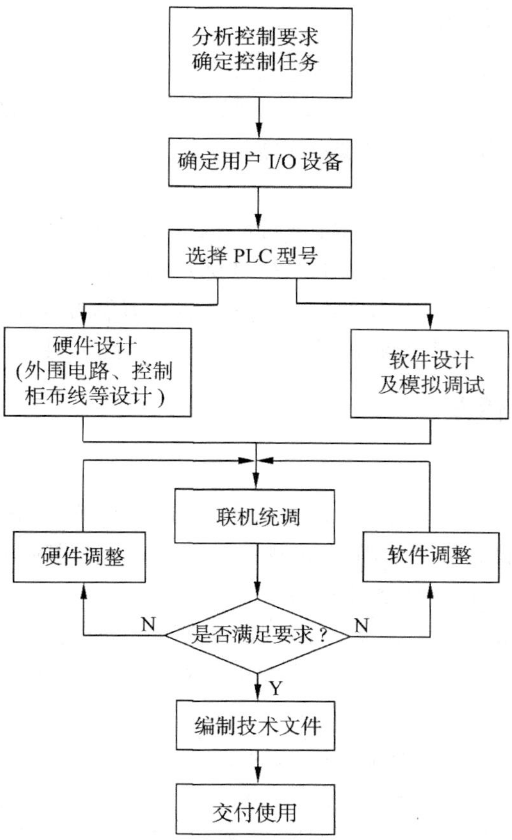

图 7-1　PLC 控制系统设计及调试的主要步骤

(1) 分析被控对象的控制要求，确定控制任务

要应用 PLC，先要详细分析被控对象的工艺条件、控制过程与控制要求，列出控制系统中所有的功能和指标要求，明确控制任务。也就是说，明确 PLC 在控制系统中要做哪些工作。

(2) 选用和确定用户 I/O 设备

根据系统控制要求，选用合适的用户输入、输出设备。常用的输入设备有按钮、行程开关、选择开关、传感器等,输出设备有接触器、电磁阀、指示灯等。由此可初步估算所需的输入、输出点数。

(3) 选择 PLC 的型号

根据已确定的用户输入、输出设备,统计所需的输入、输出点数,选择合适的 PLC 类型。包括机型的选择、容量的选择、I/O 模块的选择、电源模块的选择等。

(4) 系统的硬件、软件设计

① 首先要分配 PLC 的输入、输出点,编制出输入/输出分配表,并绘制出 PLC 的输入/输出端口接线图。

② 进行控制柜或操作台的设计和现场施工。

③ 进行系统程序设计。这一步是整个应用系统设计的核心工作,要根据工作功能图表或状态流程图等设计出梯形图。

④ 程序设计完成并输入 PLC 后,应进行模拟调试。因为在设计过程中,难免会有疏漏。在将 PLC 连接到现场设备上去之前,必须进行模拟测试,以排除程序中的错误,同时也为整体调试打下基础,缩短整体调试的周期。

(5) 系统联机统调

在系统硬件、软件设计完成后,就可进行联机统调。如不满足要求,可修改和调整系统的硬件、软件,直到达到设计要求为止。经过试运行,证明系统性能稳定,工作可靠,就可把程序固化到 EPROM 或 EEPROM 芯片中。然后编制好技术文件,包括说明书、电气原理图、电器布置图、电气元件明细表、PLC 梯形图等文件资料。

7.1.2 系统硬件设计

1. 机型的选择

选择 PLC 机型的基本原则是:在满足控制要求的前提下,保证工作可靠,使用维护方便,以获得最佳的性能价格比。PLC 的型号种类很多,选用时应考虑以下几个问题:

(1) PLC 的性能应与控制任务相适应

对于开关量控制的应用系统,当对控制速度要求不高时,选用小型 PLC(如 MITSUBISHI 公司 FX_{2N} 系列的 FX_{2N}—16MR、FX_{2N}—32MR、FX_{2N}—48MR、FX_{2N}—64MR 等),就能满足控制要求。

对于以开关量为主,带少量模拟量控制的系统,如工业生产中常遇到的温度、压力、流量、液位等连续量的控制,应选用带有 A/D 转换的模拟量输入模块和带 D/A 转换的模拟量输出模块,配接相应的传感器、变送器和驱动装置,并且选择运算功能较强的小型 PLC。

对于控制比较复杂、控制要求高的系统,如要求实现 PID 运算、闭环控制、通信联网等,可视控制规模及复杂程度,选用中档或高档 PLC。其中高档机主要用于大规模过程控制、分布式控制系统及整个工厂的自动化等。

(2) PLC 的机型系列应统一

在一个单位里,应尽量使用同一系列的 PLC。这不仅使模块通用性好,减少备件量,而且给编程和维修带来极大的方便,也有利于技术力量的培训、技术水平的提高和功能的开发,有利于系统的扩展升级和资源共享。

(3) PLC 的处理速度应满足实时控制的要求

PLC 工作时,从信号输入到输出控制存在滞后现象,一般有 1～2 个扫描周期的滞后时间。对一般的工业控制来说,这是允许的。但在一些实时性要求较高的场合,不允许有较大的滞后时间。滞后时间一般应控制在几十毫秒之内,应小于普通继电器的动作时间(约 100ms)。通常为了提高 PLC 的处理速度,可采用以下几种方法:

① 选择 CPU 处理速度快的 PLC,使执行一条基本指令的时间不超过 0.5μs。

② 优化应用软件,缩短扫描周期。

③ 采用高速响应模块。其响应时间可以不受 PLC 扫描周期的影响,只取决于硬件的延时。

(4) 应考虑是否在线编程

PLC 的编程分为离线编程和在线编程两种。

离线编程的 PLC,主机和编程器共用一个 CPU。在编程器上有一个“编程/运行”选择开关,选择编程状态时,CPU 将失去对现场的控制,只为编程器服务,这就是所谓的“离线”编程。程序编好后,如选择“运行”状态,CPU 则去执行程序而对现场进行控制。由于节省了一个 CPU,价格比较便宜,中、小型 PLC 多采用离线编程。

在线编程的 PLC,主机和编程器各有一个 CPU。编程器的 CPU 随时处理由键盘输入的各种编程指令,主机的 CPU 则负责对现场的控制,并在一个扫描周期结束时和编程器通信,编程器把编好或修改好的程序发送给主机,在下一个扫描周期主机将按新送入的程序控制现场,这就是“在线”编程。由于增加了 CPU,故价格较高,大型 PLC 多采用在线编程。

是否采用在线编程,应根据被控设备工艺要求来选择。对于工艺不常变动的设备和产品定型的设备,应选用离线编程的 PLC。反之,可考虑选用在线编程的 PLC。

2. 容量的估算

PLC 容量的估算,包括两个方面:一是 I/O 的点数;二是用户存储器的容量。

(1) I/O 点数的估算

I/O 点数是衡量 PLC 规模大小的重要指标,根据控制任务估算出所需 I/O 点数是硬件设计的重要内容。一般来说,输入点与输入信号,输出点与输出控制是一一对应的,个别情况下,也可以两个信号共用一个输入点。

① 控制交流电动机所需的 I/O 点数

用 PLC 控制交流电动机时,是以主令信号和反馈信号作为 PLC 的输入信号,用 PLC 的输出信号驱动执行元件来实现对交流电动机的控制。例如,控制 1 台 Y-△启动的交流电动机,一般需占用 PLC 的 4 个输入点及 3 个输出点;控制 1 台单向运行的笼型异步电动机,需占用 4 个输入点及 1 个输出点;控制 1 台单向运行的绕线转子异步电动机,需占用 3 个输入点及 4 个输出点。

② 控制直流电动机所需的 I/O 点数

晶闸管直流电动机调速系统是直流调速的主要形式,采用晶闸管整流装置对直流电机供电。用 PLC 控制的直流传动系统,PLC 的输入除考虑主令信号外,还需考虑合闸信号、传动装置综合故障信号、抱闸信号、风机故障信号等。PLC 的输出主要考虑速度指令信号正向 1～3 级、反向 1～3 级、允许合闸信号、抱闸打开信号等。通常,1 个 PLC 控制的可逆直流传动系统大约需12个输入点和8个输出点,1个不可逆的直流传动系统需9个输入点和6个输出点。

③ 控制电磁阀所需的I/O点数

由电磁阀的动作知,1个单线圈电磁阀用PLC控制时需2个输入及1个输出;1个双线圈电磁阀需3个输入及2个输出。

④ 一般输入、输出设备所需的I/O点数

对于按钮、信号灯等一般输入、输出设备,通常是:1个按钮占1个输入点;1个光电开关占1个或2个输入点;波段开关有几个波段就占几个输入点;位置开关一般都需占2个输入点;1个信号灯占1个输出点。

表7-1列出了典型传动设备及电气元件所需PLC的I/O点数。实际设计时,有许多节省PLC I/O点的方法和技巧,可减少实际使用的I/O点。

表7-1 典型传动设备及电气元件所需PLC的I/O点数

序号	电气设备、元件	输入点数	输出点数	I/O总点数
1	Y-△启动的笼型电动机	4	3	7
2	单向运行的笼型电动机	4	1	5
3	可逆运行的笼型电动机	5	2	7
4	单向变极电动机	5	3	8
5	可逆变极电动机	6	4	10
6	单向运行的直流电机	9	6	15
7	可逆运行的直流电机	12	8	20
8	单线圈电磁阀	2	1	3
9	双线圈电磁阀	3	2	5
10	比例阀	3	5	8
11	按钮开关	1		1
12	光电开关	2		2
13	拨码开关	4		4
14	三挡波段开关	3		3
15	行程开关	1		1
16	接近开关	1		1
17	位置开关	2		2
18	信号灯		1	1
19	抱闸		1	1
20	风机		1	1

估算出控制对象的I/O点数后,取10%～15%的余量,就可选择相应规模的PLC。

(2) 用户存储器容量的估算

PLC用户程序所需内存容量一般与开关量输入、输出点数、模拟量输入、输出点数及用户程序的编写质量等有关。对控制较复杂,数据处理量较大的系统,要求的存储器容量就要大些。对于同样的系统,不同用户编写的程序可能会使程序长度和执行时间差别很大。

PLC 用户程序存储器的容量，可用下面的经验公式估算：

存储器字数=(开关量 I/O 点数×10)+(模拟量点数×150)

再考虑 25%的余量，即为实际应取的用户存储器容量。

3. 输入、输出模块的选择

(1) 开关量输入模块选择

PLC 输入模块的任务是检测并转换来自现场设备(按钮、行程开关、接近开关、温控开关等)的高电平信号为机器内部电平信号。

输入模块的类型：按工作电压分，常用的有直流 5V、12V、24V、48V、60V，交流 110V、220V 等多种；按输入点数分，常用的有 8 点、12 点、16 点、32 点等；按外部接线方式分，有汇点输入、独立输入等。

选择输入模块时，主要考虑两个问题：一是现场输入信号与 PLC 输入模块距离的远近，一般 24V 以下属低电平，其传输距离不能太远，如 12V 电压模块一般不超过 10m。距离较远的设备应选用较高电压模块。二是对于高密度输入模块，能允许同时接通的点数取决于输入电压和环境温度。如 32 点输入模块，一般同时接通的点数不得超过总输入点数的 60%。

(2) 开关量输出模块选择

PLC 输出模块的任务是将 PLC 内部低电平信号转换为外部所需电平的输出信号，驱动外部负载。输出模块有 3 种输出方式：继电器输出、晶闸管输出和晶体管输出。

晶闸管输出(交流)和晶体管输出(直流)都属于无触点开关输出，适用于开关频率高、电感性、低功率因数的负载。由于感性负载在断开瞬间会产生较高反压，必须采取抑制措施。继电器输出模块价格便宜，使用电压范围广，导通压降小，承受瞬时过电压、过电流的能力较强，且有隔离作用。其缺点是寿命较短，响应速度较慢。

选择输出模块时必须注意：输出模块同时接通点数的电流累计值必须小于公共端所允许通过的电流值，输出模块的输出电流必须大于负载电流的额定值。如果负载电流较大，输出模块不能直接驱动，应增加中间放大环节。

(3) 特殊功能模块选择

在工业控制中，除了开关量信号，还有温度、压力、流量等过程变量。模拟量输入、模拟量输出以及温度控制模块的作用就是将过程变量转换为 PLC 可以接受的数字信号或者将 PLC 内的数字信号转换成模拟信号输出。此外，还有位置控制、脉冲计数、联网通信、I/O 连接等多种功能模块，可根据控制需要选用。

4. 输入、输出点的分配

在分析控制对象，确定控制任务和选择好 PLC 机型后，即可着手系统设计，画流程图，安排输入、输出配置，分配输入、输出地址。

在输入配置和地址分配时应注意：应尽量将同一类信号集中配置，地址号按顺序连续编排。如按钮、限位开关应归类分别集中配置；同类型的输入点应分在同一组内；输入点如果有多余，可将一个输入模块的输入点分配给一台设备或机器；对于有高噪声的输入信号模块，应插在远离 CPU 模块的插槽内。

在输出配置和地址分配时也应注意:同类型设备占用的输出点地址应集中在一起;按照不同类型的设备顺序地指定输出点地址号;在输出点有富余的情况下,可将一个输出模块的输出点分配给一台设备或机器;对彼此相关的输出器件,如电动机正转、反转,电磁阀前进、后退等,其输出地址号应连写。

输入、输出地址分配确定后,即可画出 PLC 输入、输出端子接线图。

必须指出,在确定控制方式之后和进行 I/O 地址分配之前,必须进行外围电路的设计;在确定存储器容量之后和选择 I/O 模块之前,必须进行选择外部设备的工作;在选择 I/O 模块之后和进行控制回路设计之前,必须进行控制柜(盘)的设计。在整个设计过程中,这些工作穿插进行,实现硬件、软件设计的同步开展。

7.1.3 系统软件设计

1. 软件设计步骤

PLC 应用系统的软件设计实际上就是编写用户程序,一般可按以下步骤进行:

(1) 制定设备运行方案

根据生产工艺要求,分析各输入、输出与各种操作之间的逻辑关系,确定需要检测的量和控制的方法,设计出系统中各设备的操作内容和操作顺序。

(2) 设计控制系统流程图或状态转移图

对于较复杂的系统,需要设计控制系统流程图或状态转移图,用以清楚地表明动作的顺序和条件。对简单的控制系统,可以省去这一步。

(3) 制定系统的抗干扰措施

PLC 本身的抗干扰能力很强,对一般生产机械控制,不需要采取特殊的抗干扰措施,即可稳定工作。但在一些工作环境特别恶劣,或对抗干扰能力要求特强的场合,应从硬件和软件两个方面制定系统的抗干扰措施。如硬件上的电源隔离、信号滤波、科学接地等,软件上的屏蔽、纠错、平均值滤波等。

(4) 设计梯形图,写出对应的语句表

根据被控对象的输入、输出信号及所选定的 PLC,分配 PLC 的硬件资源和软件资源,再按照控制要求,用梯形图进行编程,并写出对应的语句表。

(5) 程序输入及测试

用编程器或计算机将程序输入到 PLC 的用户存储器中,进行初步调试。

刚编好的程序难免有缺陷或错误,需要对程序进行离线测试。经调试、排错、修改及模拟运行后,方可正式投入运行。

2. 软件设计方法

在软件设计中,常用的方法有经验法、解析法、图解法及计算机辅助设计法。

(1) 经验法

运用自己或别人的经验进行设计。设计前,选择与现在设计要求类似的成功例子,增删部分功能或运用其中部分程序。

(2) 解析法

利用组合逻辑或时序逻辑的理论并采用相应的解析方法进行逻辑求解,根据其解编制程序。这种方法可使程序优化或算法优化，是较有效的方法。

(3) 图解法

通过画图进行设计。常用的有梯形图法、波形图法、状态转移图法。梯形图法是基本方法，无论经验法还是解析法，一般都用梯形图法来实现。波形图法主要适用于时间控制电路，先画出信号波形，再依时间用逻辑关系组合，很容易将程序设计出来。

(4) 计算机辅助设计法

利用应用软件在微机上设计出梯形图，然后传送到 PLC 中，目前普遍采用此种方法。

7.2　可编程控制器应用实例

继电器、接触器广泛用于对电动机进行各种运行控制，PLC 正越来越多地用于电动机的运行控制。为了与第 1 篇电气控制的内容相配合和对应，并便于采用 PLC 对原有的继电—接触器控制系统进行改造和设计新的控制系统，本节将以 MITSUBISHI 公司的 FX_{2N} 系列 PLC 为例，介绍其在电动机基本控制线路中的应用和工业控制上的应用。

7.2.1　典型控制线路的 PLC 控制

1. 电动机正反转控制系统设计

按钮和接触器复合联锁的三相异步电动机正反转控制线路如图 7-2 所示。

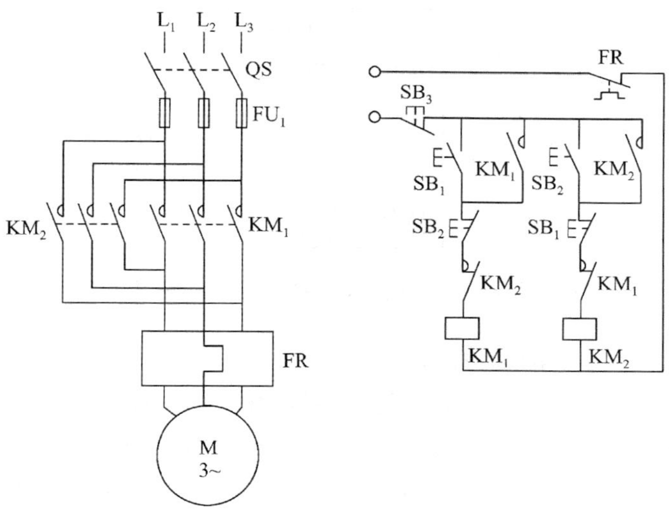

图 7-2　三相异步电动机正反转控制线路

线路原理在第 2 章中已经进行了深入分析，下面介绍利用 PLC 控制的设计步骤。

(1) 分析控制要求

图 7-2 中，电动机 M 由接触器 KM_1、KM_2 控制其正转、反转。SB_1 为正向启动按钮，SB_2 为反向启动按钮，SB_3 为停止按钮，KM_1 为正转接触器，KM_2 为反转接触器。

要求：必须保证在任何情况下，正、反转接触器不能同时接通。电路上采取将正、反

向启动按钮 SB_1、SB_2 互锁,接触器 KM_1、KM_2 互锁的措施。

(2) 统计输入、输出点数并选择 PLC 型号

输入信号有按钮 3 个,热继电器 FR 的保护触点如作输入信号,要占 1 个输入点。从节省输入、输出点,降低成本出发,可放在输出电路中,不占输入点。因此,只有 3 个输入信号。考虑留 15%的裕量,取整数 4,需 4 个输入点。

输出信号有接触器 2 个,占 2 个输出点,考虑留 15%的备用点,最多需 3 个输出点。

可选用 FX_{2N}—16MR 型 PLC,这是 FX_{2N} 系列的最小型,有 8 个输入点和 8 个输出点,完全满足本例要求。型号后面字母"R"表示该型 PLC 为继电器输出。

(3) 分配 PLC 的输入、输出端子,设计 PLC 输入、输出接线图

本例中 PLC 输入、输出端子分配如表 7-2 所示。

表 7-2 PLC 输入、输出端子分配表

输入设备	输入端子	输出设备	输出端子
正向启动按钮 SB_1	X000	正转接触器 KM_1	Y000
反向启动按钮 SB_2	X001	反转接触器 KM_2	Y001
停止按钮 SB_3	X002		

将热继电器 FR 的常闭触点串接到 KM_1、KM_2 线圈供电回路中,保护功能不变,节省了一个输入点。PLC 输入、输出端子接线如图 7-3 所示。

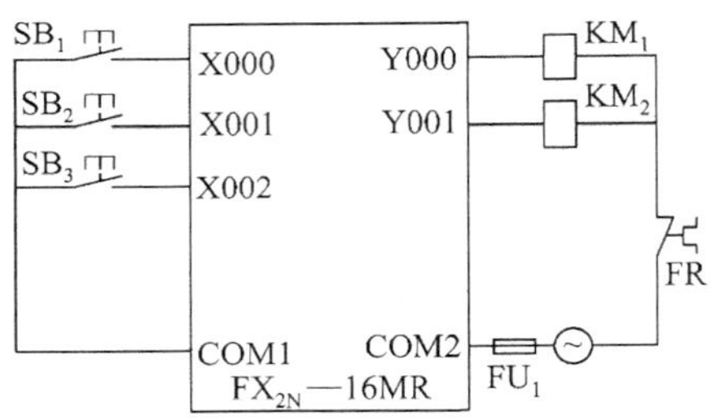

图 7-3 电动机正反转控制 PLC 输入、输出端子接线图

(4) 设计 PLC 控制程序(梯形图)

本例动作要求简单,可采用经验设计法。根据被控对象的控制要求,首先选择典型控制环节程序段。由于所选择的程序段通常并不能完全满足实际控制要求,故还应对这些程序段进行组合、修改,以满足本装置控制要求,得到图 7-4 所示的 PLC 控制梯形图,根据梯形图可写出指令程序。

(5) 问题讨论

PLC 采用的是周期性循环扫描的工作方式,在一个扫描周期中,其输出刷新是集中进行的,即输出继电器 Y000、Y001 的状态变换是同时进行的。当电动机由正转切换到反转时,KM_1 的断电和 KM_2 的得电同时进行。因此,对于功率较大且为电感性的负载,有可能在 KM_1 断开其触点,电弧尚未熄灭时,KM_2 的触点已闭合,使电源相间瞬时短路。

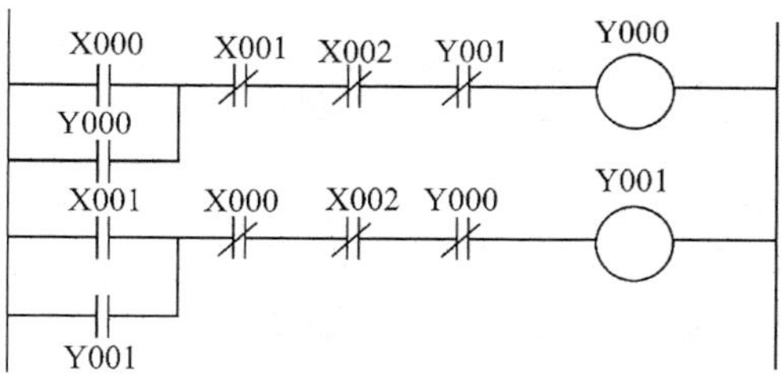

(a) 梯形图

步	指令	元件
0	LD	X000
1	OR	Y000
2	ANI	X001
3	ANI	X002
4	ANI	Y001
5	OUT	Y000
6	LD	X001
7	OR	Y001
8	ANI	X000
9	ANI	X002
10	ANI	Y000
11	OUT	Y001
12	END	

(b) 指令程序

图 7-4　电动机正反转 PLC 控制梯形图及指令程序

解决办法是增加 2 个定时器，使正、反向切换时，被切断的接触器瞬时动作，被接通的接触器延时一段时间才动作，避免了 2 个接触器同时切换造成的电源相间短路。其梯形图和指令程序如图 7-5 所示。

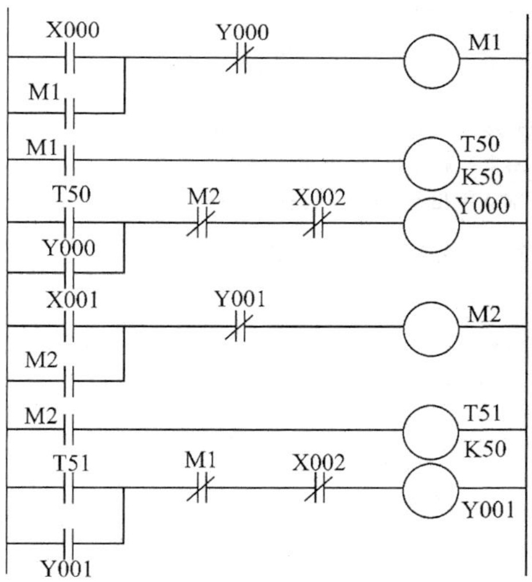

(a) 梯形图

步	指令	元件
0	LD	X000
1	OR	M1
2	ANI	Y000
3	OUT	M1
4	LD	M1
5	OUT	T50
	K	50
8	LD	T50
9	OR	Y000
10	ANI	M2
11	ANI	X002
12	OUT	Y000
13	LD	X001
14	OR	M2
15	ANI	Y001
16	OUT	M2
17	LD	M2
18	OUT	T51
	K	50
21	LD	T51
22	OR	Y001
23	ANI	M1
24	ANI	X002
25	OUT	Y001
26	END	

(b) 指令程序

图 7-5　图 7-4 梯形图程序的改进

上面的程序解决了正反向切换时可能出现的电源相间短路问题，但也存在系统初次启动时，不论是按下正向启动按钮还是反向启动按钮，电动机都不能马上启动运行，需要经过一段延时才能启动。解决的办法是在程序中增加一个计数器，图 7-6 给出了它的梯形图，其指令表程序请读者自行写出。

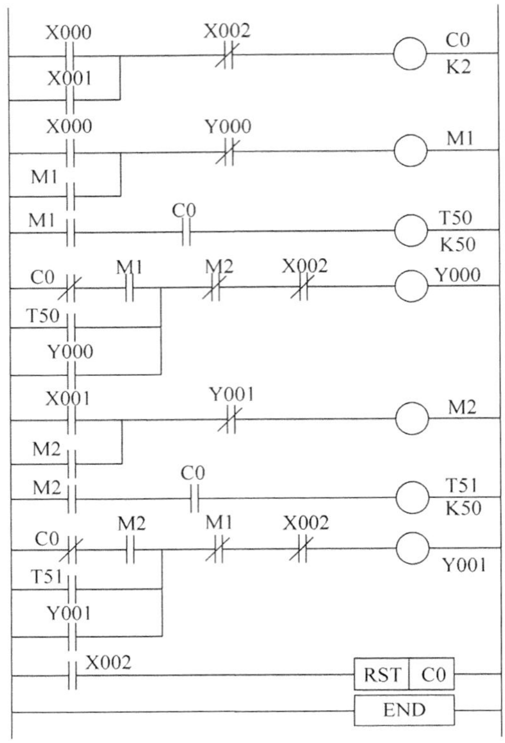

说明：停止按钮 SB_3 在继电-接触器控制线路中一般使用常闭触点，在 PLC 控制线路中，可用常开触点，也可用常闭触点。如采用常开触点，梯形图中对应的输入继电器 X002 则要用常闭触点。

图 7-6 图 7-5 梯形图程序的改进

2. 两台电动机顺序启动控制系统设计

两台电动机顺序启动控制线路如图 7-7 所示。

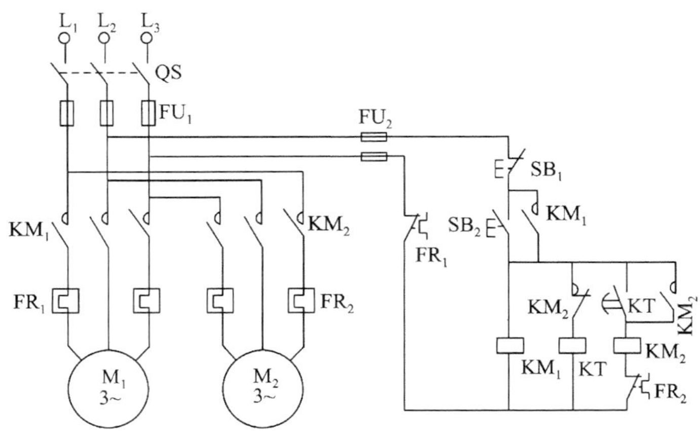

图 7-7 两台电动机顺序启动控制线路

(1) 分析控制要求

这是一个两台电动机顺序启动、同时停止的控制线路。分析可知，在 M_1 启动之后，经过时间继电器 KT 的延时，M_2 自动启动。SB_2 为启动按钮，SB_1 为停止按钮。按下 SB_1，M_1、M_2 同时断电停止。为了保证先 M_1 后 M_2 的启动顺序，将 KM_2 线圈接在 KM_1 自锁触点后面，且由时间继电器 KT 的延时触点控制。

(2) 统计输入、输出点数并选择 PLC 型号

输入信号有两个按钮，热继电器 FR_1、FR_2 的保护触点如作输入信号，要占 2 个输入点。从节省输入、输出点，降低成本出发，可将其放在输出电路中，不占输入点。因此，只有 2 个输入信号。考虑留适当裕量，最多需 3 个输入点。

输出信号有接触器两个，占 2 个输出点，考虑留适当备用点，最多需 3 个输出点。

时间继电器 KT 既不占输入点，也不占输出点，由 PLC 内部定时器实现其功能。

综合上面分析，可选用 FX_{2N}—16MR 型 PLC，这是 FX_{2N} 系列的最小型，有 8 个输入点和 8 个输出点，完全满足本例要求。

(3) 分配 PLC 的输入、输出端子，设计 PLC 输入、输出接线图

本例中 PLC 输入、输出端子分配如表 7-3 所示。

表 7-3　PLC 输入、输出端子分配表

输入设备	输入端子	输出设备	输出端子
停止按钮 SB_1	X000	接触器 KM_1(控制 M_1)	Y000
启动按钮 SB_2	X001	接触器 KM_2(控制 M_2)	Y001

将热继电器 FR_1、FR_2 的常闭触点按图 7-7 接线方式连接到 PLC 输出电路中，保护功能不变，节省了 2 个输入点。PLC 输入、输出端子接线如图 7-8 所示。

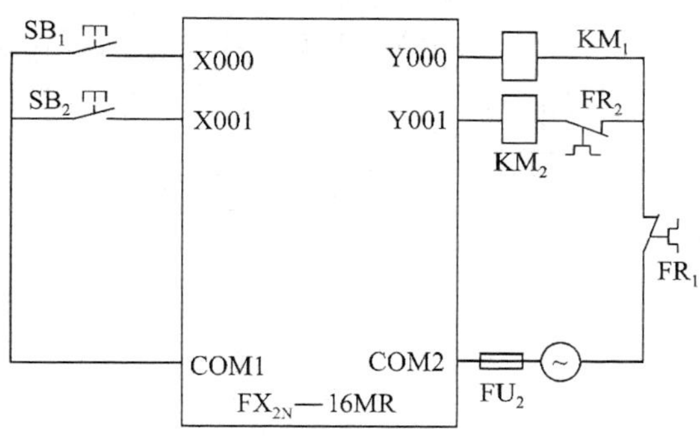

图 7-8　两台电动机顺序启动控制 PLC 输入、输出端子接线图

(4) 设计 PLC 控制程序(梯形图)

应用经验设计法设计本例控制程序。根据控制要求，选择典型控制环节程序段。通常，所选择的程序段不能完全满足实际控制要求，还应对这些程序段进行组合、修改，才能满足实际控制要求，得到图 7-9 所示的 PLC 控制梯形图，根据梯形图可写出指令程序。

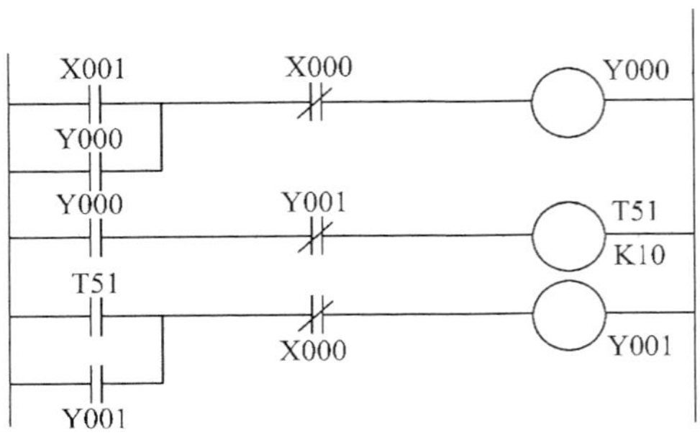

(a) 梯形图

```
0    LD    X001
1    OR    Y000
2    ANI   X000
3    OUT   Y000
4    LD    Y000
5    ANI   Y001
6    OUT   T51
     K     10
9    LD    T51
10   OR    Y001
11   ANI   X000
12   OUT   Y001
13   END
```

(b) 指令程序

图 7-9 两台电动机顺序启动 PLC 控制梯形图及指令程序

3. 绕线转子电动机转子串电阻启动控制系统设计

绕线转子电动机转子串电阻启动的自动控制线路如图 7-10 所示。

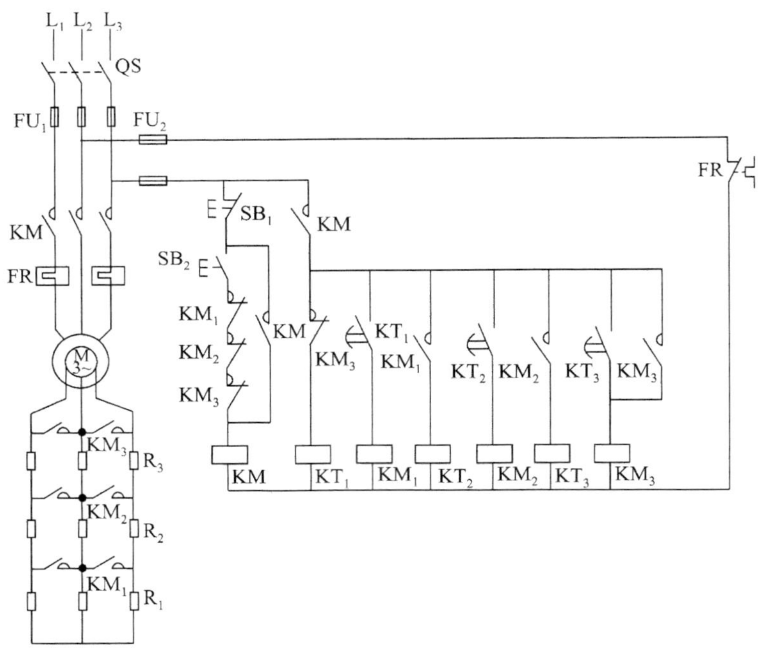

图 7-10 绕线转子电动机转子串电阻启动的自动控制线路

(1) 分析控制要求

这是一个按时间原则控制的转子串电阻启动自动控制线路,以限制电动机的启动电流。SB_2 是启动按钮,SB_1 是停止按钮。线路工作过程如下:

按下 SB_2,接触器 KM 得电吸合并自锁,电动机定子接通电源,转子串接全部电阻启动。与此同时,时间继电器 KT_1 线圈通电计时,延时时间到达设定值时,KT_1 常开触点闭合，KM_1 得电吸合，短接第一级启动电阻 R_1，电动机转速升高，并使 KT_2 线圈通电开始计时。经过延时，KT_2 常开触点闭合，接通 KM_2 线圈电源，其主触点闭合，短接第 2 级启动电阻 R_2，同时，KT_3 线圈通电计时，经过延时，KT_3 常开触点闭合，KM_3 得电吸合并自锁，短接第 3 级启动电阻 R_3，KM_3 的辅助常闭触点将 KT_1、KM_1、KT_2、KM_2、KT_3 线圈回路依次断开，只留 KM 和 KM_3 保持通电状态。至此，全部启动电阻被短接，电动机升至额定转速稳定运行。

按下 SB_1，KM 线圈断电释放，进而使 KM_3 也断电释放，电动机停转。

(2) 统计输入、输出点数并选择 PLC 型号

分析可知，输入信号有按钮 2 个，热继电器 FR 的保护触点如作输入信号，要占 1 个输入点。从节省输入、输出点，降低成本出发，可将其放在输出电路中，不占输入点。因此，只有 2 个输入信号。考虑留适当裕量，最多需 3 个输入点。

输出信号有接触器 4 个，占 4 个输出点，考虑留适当备用点，最多需 5 个输出点。

有 3 个时间继电器，既不占输入点，也不占输出点，全部由 PLC 内部定时器实现其功能。

综合上面分析，可选用 FX_{2N}—16MR 型 PLC，这是 FX_{2N} 系列的最小型，有 8 个输入点，8 个输出点，完全满足本例要求。

(3) 分配 PLC 的输入、输出端子，设计 PLC 输入、输出接线图

本例中 PLC 输入、输出端子分配如表 7-4 所示。

表 7-4　PLC 输入、输出端子分配表

输 入 设 备	输入端子	输 出 设 备	输出端子
停止按钮 SB_1	X000	接触器 KM	Y000
启动按钮 SB_2	X001	接触器 KM_1	Y001
		接触器 KM_2	Y002
		接触器 KM_3	Y003

将热继电器 FR 的常闭触点按图 7-9 接线方式连接到 PLC 输出电路中，保护功能不变，省掉 1 个输入点。PLC 输入、输出端子接线如图 7-11 所示。

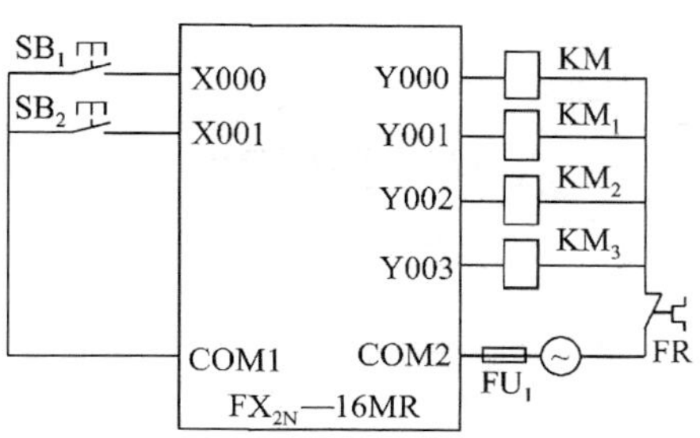

图 7-11　绕线转子电动机转子串电阻启动 PLC 输入、输出端子接线图

(4) 设计 PLC 控制程序(梯形图)

本例控制属于经典控制，其控制程序可应用经验设计法进行设计。根据控制要求，参

照继电—接触器线路,选择典型控制环节程序段。进行组合、修改,得到图7-12所示的PLC控制梯形图,根据梯形图可写出指令程序。

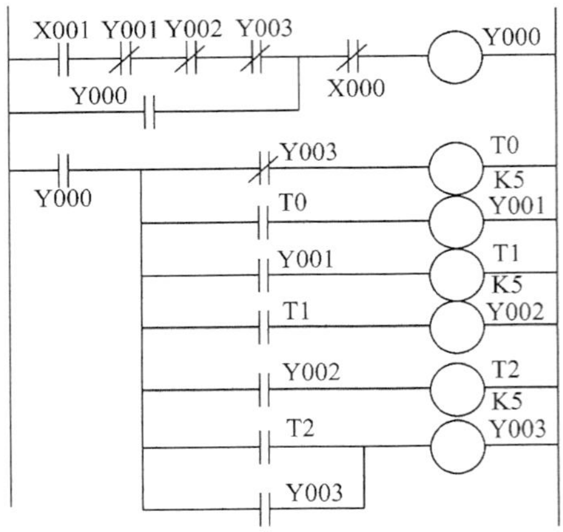

(a) 梯形图

```
0   LD   X001        22  AND  T1
1   ANI  Y001        23  OUT  Y002
2   ANI  Y002        24  MRD
3   ANI  Y003        25  AND  Y002
4   OR   Y000        26  OUT  T2
5   ANI  X000            K    5
6   OUT  Y000        29  MPP
7   LD   Y000        30  LD   T2
8   MPS              31  OR   Y003
9   ANI  Y003        32  ANB
10  OUT  T0          33  OUT  Y003
    K    5           34  END
13  MRD
14  AND  T0
15  OUT  Y001
16  MRD
17  AND  Y001
18  OUT  T1
    K    5
21  MRD
```

(b) 指令程序

图7-12 绕线转子电动机转子串电阻启动PLC控制梯形图及指令程序

7.2.2 抢答显示系统的PLC控制

一个由3个参赛组构成的抢答显示系统如图7-13所示。

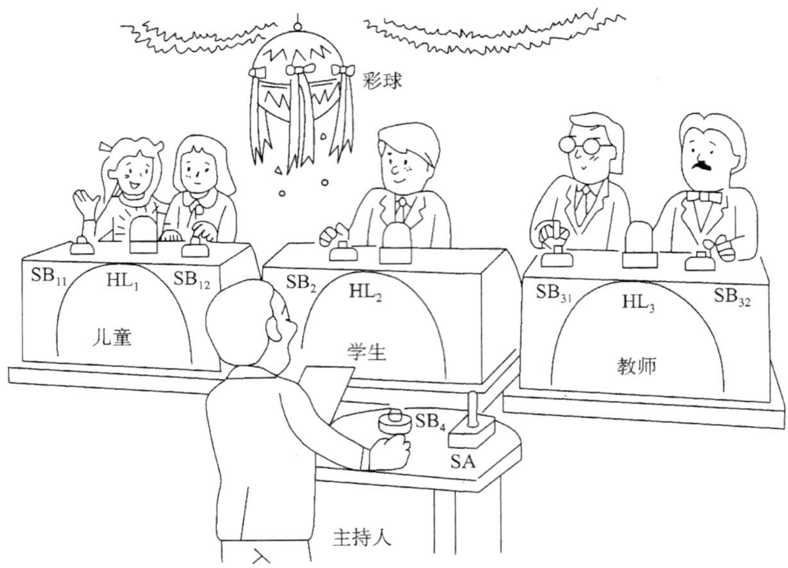

图7-13 抢答显示系统组成示意图

1. 控制要求

(1) 参赛者若要回答主持人所提问题,需抢先按下桌上的按钮。

(2) 当抢答成功组的指示灯亮后,需等到主持人按下复位按钮 SB_4 才熄灭。

(3) 3 个参赛组具有不同的优先级别:对儿童组给予优待,按下 SB_{11}、SB_{12} 两个按钮中的任一个,指示灯 HL_1 都亮;对教师组则加以限制,必须同时按下 SB_{31}、SB_{32} 两个按钮,指示灯 HL_3 才亮;学生组在按下 SB_2 后,指示灯 HL_2 亮,表示抢答成功。

(4) 如果参赛者在主持人合上 SA 开关的 8 秒钟内压下按钮,电磁线圈将使彩球摇动,表示参赛者获得一次幸运机会。

2. 用户 I/O 设备及所需 PLC 的 I/O 点数

分析可知,本抢答显示系统有输入信号 7 个,包括 6 个按钮和 1 个开关,需占 7 个输入点。考虑留取 15%的裕量,最多需 8 个输入点。

输出信号有指示灯 3 个,占 3 个输出点;电磁线圈 1 个,占 1 个输出点。考虑留适当备用点,最多需 5 个输出点。

控制中需用到时间继电器,但它不占输入、输出点,由 PLC 内部定时器实现其功能。

综合上面分析,可选用 FX_{2N}—16MR 型 PLC,它可提供 8 个输入点,8 个输出点,正好满足本例控制要求。

3. 分配 PLC 的输入、输出端子,设计 PLC 输入、输出接线图

本例中,PLC 输入、输出端子分配如表 7-5 所示。

表 7-5　PLC 输入、输出端子分配表

输入设备	输入端子	输出设备	输出端子
按钮 SB_{11}	X000	指示灯 HL_1	Y000
按钮 SB_{12}	X001	指示灯 HL_2	Y001
按钮 SB_2	X002	指示灯 HL_3	Y002
按钮 SB_{31}	X003	电磁线圈 SOL	Y003
按钮 SB_{32}	X004		
按钮 SB_4	X005		
选择开关 SA	X006		

PLC 输入、输出端子接线如图 7-14 所示。

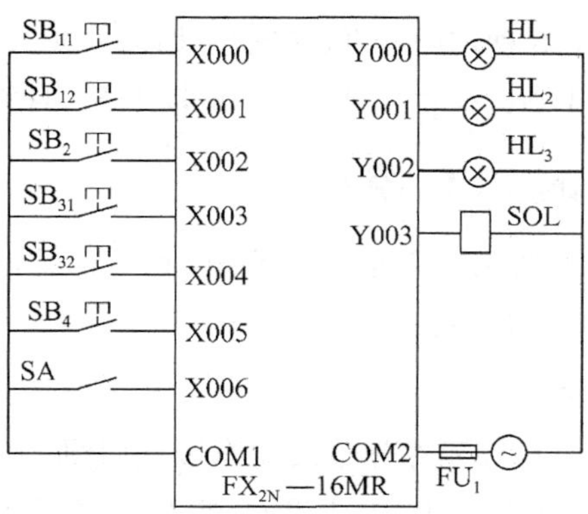

图 7-14　抢答显示系统 PLC 输入、输出端子接线图

4. 设计 PLC 控制程序(梯形图)

本例控制比较简单,属于经典控制,其控制程序可应用经验设计法进行设计。根据控制要求,参照一些典型控制环节的程序,通过组合、修改,可得到图 7-15 所示的 PLC 控制梯形图和指令程序。

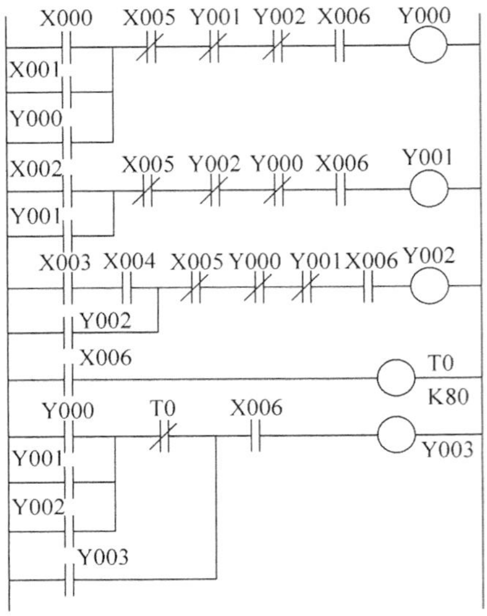

(a) 梯形图

0	LD	X000	17	OR	Y002
1	OR	X001	18	ANI	X005
2	OR	Y000	19	ANI	Y000
3	ANI	X005	20	ANI	Y001
4	ANI	Y001	21	AND	X006
5	ANI	Y002	22	OUT	Y002
6	AND	X006	23	LD	X006
7	OUT	Y000	24	OUT	T0
8	LD	X002		K	80
9	OR	Y001	27	LD	Y000
10	ANI	X005	28	OR	Y001
11	ANI	Y002	29	OR	Y002
12	ANI	Y000	30	ANI	T0
13	AND	X006	31	OR	Y003
14	OUT	Y001	32	AND	X006
15	LD	X003	33	OUT	Y003
16	AND	X004	34	END	

(b) 指令程序

图 7-15　抢答显示系统 PLC 控制梯形图及指令程序

从梯形图可看出,由于输出继电器 Y000 使用自身触点自锁,在输入继电器触点 X000 或 X001 闭合后,Y000 仍保持在 ON 状态(自保状态)。但是,如果 Y001 或 Y002 先于它变为 ON 状态,则 Y000 不能变为 ON,这与继电—接触器控制线路中的互锁或自锁电路是相同的。

输出继电器 Y001 和 Y002 以同样方式动作,自锁的继电器在常闭触点 X005 断开后,将清零。

常开触点 X006 闭合后,8 秒定时器 T0 启动。如果 Y000、Y001 或 Y002 在定时器动作前闭合,则 Y003 将变为 ON。在常开触点 X006 断开后,自锁的继电器将清零。

7.2.3　机械手运动的 PLC 控制

某机械手结构如图 7-16 所示。它是一台水平/垂直位移的机械设备,用来将生产线上的工件从左工作台搬到右工作台。

1. 工艺过程与控制要求

机械手运动各检测元件、执行元件分布及动作过程如图 7-17 所示,全部动作由气缸驱动,而气缸又由相应的电磁阀控制。其中,上升/下降和左移/右移分别由双线圈二位电磁阀控制。例如,当下降电磁阀通电时,机械手下降;当下降电磁阀断电时,机械手停止下降,但

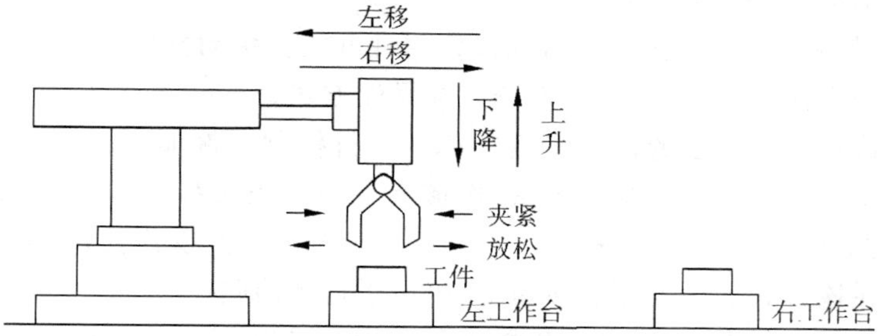

图 7-16　机械手结构示意图

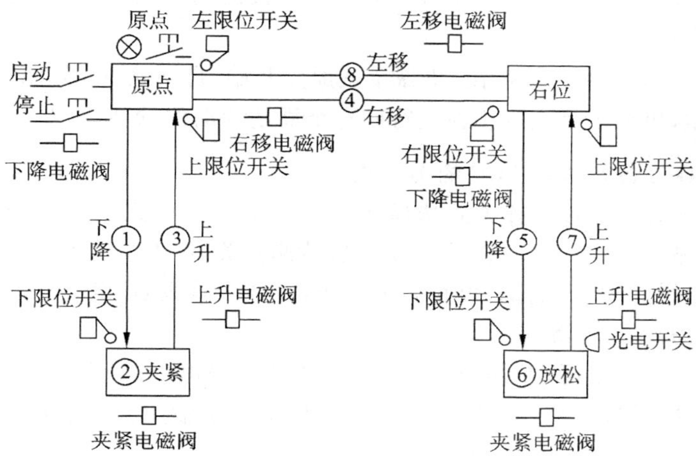

图 7-17　机械手动作示意图

保持现有的动作状态。只有在上升电磁阀通电时，机械手才上升；当上升电磁阀断电时，机械手停止上升。同样，左移/右移分别由左移电磁阀和右移电磁阀控制。机械手的放松/夹紧由一个单线圈二位电磁阀控制，该线圈通电时，机械手夹紧；该线圈断电时，机械手放松。

机械手右移到位并准备下降时，必须对右工作台进行检查，确认上面无工件才允许机械手下降。通常采用光电开关进行无工件检测。

机械手的动作过程分为 8 步：即从原点开始，经下降、夹紧、上升、右移、下降、放松、上升、左移 8 个动作完成一个周期并回到原点。

开始时，机械手停在原位。按下启动按钮，下降电磁阀通电，机械手下降。下降到位时，碰到下限位开关，下降电磁阀断电，下降停止；同时接通夹紧电磁阀，机械手夹紧。夹紧后，上升电磁阀通电，机械手上升。上升到位时，碰到上限位开关，上升电磁阀断电，上升停止；同时接通右移电磁阀，机械手右移。右移到位时，碰到右限位开关，右移电磁阀断电，右移停止。若此时右工作台上无工件，则光电开关接通，下降电磁阀通电，机械手下降。下降到位时，碰到下限位开关，下降电磁阀断电，下降停止；同时夹紧电磁阀断电，机械手放松。放松后，上升电磁阀通电，机械手上升。上升到位时，碰到上限位开关，上升电磁阀断电，上升停止；同时接通左移电磁阀，机械手左移。左移到原点时，碰到左限位开关,左移电磁阀断电,左移停止,一个周期的动作循环结束。

机械手的控制分为手动操作和自动操作两种方式。手动操作分为手动和回原点两种操作方式;自动操作分为步进、单周期和连续操作方式。

手动:用按钮对机械手的每一步运动单独进行控制。例如,选择上/下运动时,按下启动按钮,机械手上升;按下停止按钮,机械手下降。当选择左/右运动时,按下启动按钮,机械手左移;按下停止按钮,机械手右移。其他类推。此操作方式主要用于维修。

回原点:在该方式下按动原点按钮时,机械手自动回归原点。

步进操作:每按一次启动按钮,机械手前进一个工步(或工序)即自动停止。

单周期操作:每按一次启动按钮,机械手从原点开始,自动完成一个周期的动作后停止。若在中途按动停止按钮,机械手停止运行;再按启动按钮,从断点处开始继续运行,回到原点自动停止。

连续操作:每按一次启动按钮,机械手从原点开始,自动地、连续不断地周期性循环。若按下停止按钮,机械手将完成正在进行的这个周期的动作,返回原点自动停止。

2. 用户 I/O 设备及所需 PLC 的 I/O 点数

分析可知,本控制需设工作方式选择开关 1 个,占 5 个输入点;手动时设运动选择开关 1 个,占 3 个输入点;上、下、左、右 4 个位置检测开关,占 4 个输入点;无工件检测开关 1 个,占 1 个输入点;原点、启动、停止 3 个按钮,占 3 个输入点,共需 16 个输入点。实际应用时,还要考虑 15%的裕量。

输出设备有上升/下降、左移/右移电磁阀,占 4 个输出点;夹紧/松开电磁阀,占 1 个输出点;设原点指示灯 1 个,占 1 个输出点。共需 6 个输出点,实际应用时,还要考虑 15%的裕量。

综合上面分析,可选用 FX_{2N}—32MR 型 PLC,这种 PLC 有 16 个输入点,16 个输出点,可满足本例控制要求,不足之处是输入点没有裕量。考虑工艺流程及控制要求变动对输入点的需要,可选 FX_{2N}—48MR 型 PLC,但设备成本大大增加。

机械手操作面板布置如图 7-18 所示。

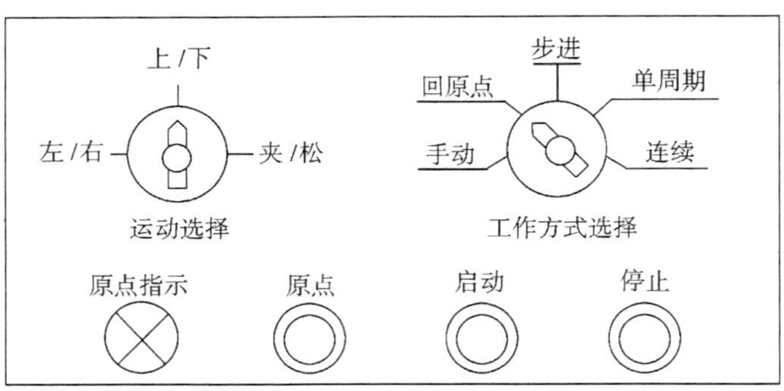

图 7-18　机械手操作面板布置图

3. 分配 PLC 的输入、输出端子,设计 PLC 输入、输出接线图

本例中 PLC 输入、输出端子分配如表 7-6 所示。

表 7-6　PLC 输入、输出端子分配表

输 入 设 备	输入端子	输出设备	输出端子
下限位开关 SQ_1	X000	下降电磁阀	Y000
上限位开关 SQ_2	X001	上升电磁阀	Y001
右限位开关 SQ_3	X002	夹紧电磁阀	Y002
左限位开关 SQ_4	X003	右行电磁阀	Y003
无工件检测开关 SQ_5	X004	左行电磁阀	Y004
左移/右移 SA_{1-1}	X005	原点指示灯	Y005
上升/下降 SA_{1-2}	X006		
夹紧/放松 SA_{1-3}	X007		
手动操作 SA_{2-1}	X010		
回原点操作 SA_{2-2}	X011		
步进操作 SA_{2-3}	X012		
单周期操作 SA_{2-4}	X013		
连续操作 SA_{2-5}	X014		
原点按钮 SB_1	X015		
启动按钮 SB_2	X016		
停止按钮 SB_3	X017		

PLC 输入、输出端子接线图如图 7-19 所示。

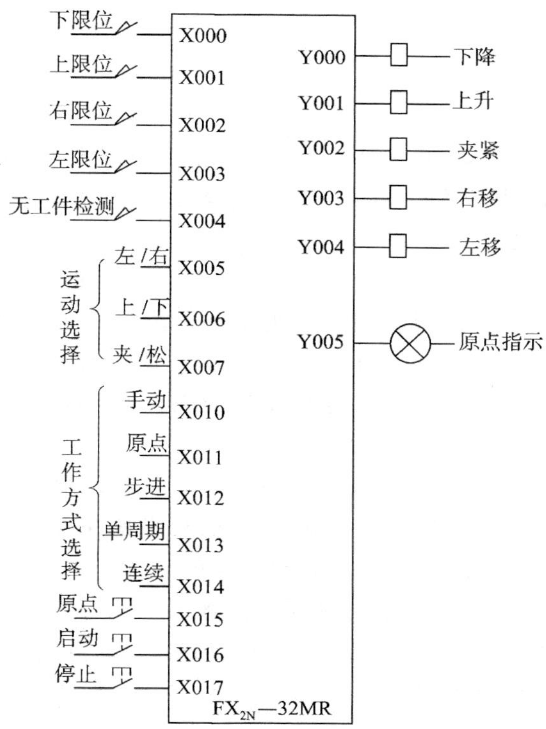

图 7-19　机械手运动控制 PLC 输入/输出端子接线图

X010：手动　X013：单周期　X016：启动
X011：回归原点　X014：连续运行　X017：停止
X012：步进　X015：回原点启动

4. 设计 PLC 控制程序

PLC 控制程序主要由手动操作和自动操作两部分组成，自动操作程序包括步进操作、单周期操作和连续操作程序。

使用功能指令 FNC60(IST)，能自动设定与各个运行方向相对应的初始状态，使程序简化。使用时，必须指定具有如下连续编号的输入点。如果无法指定连续编号，则要用辅助继电器 M，重新安排输入编号，在设置 FNC60(IST)时，将 M 作为首输入元件号。

FNC60(IST)为初始状态指令，驱动该指令，下面的初始状态及相应的特殊辅助继电器自动被指定为如下功能：

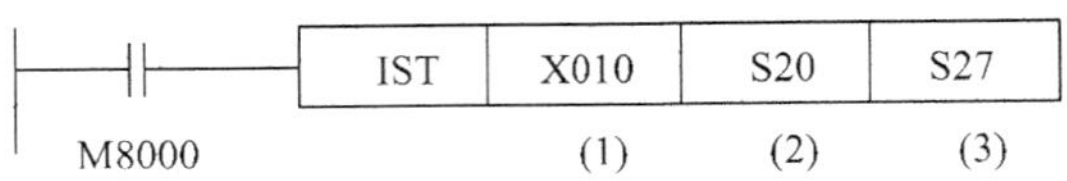

(1) 输入首元件号；

(2) 自动方式的最小状态号；

(3) 自动方式的最大状态号。

指令程序：

```
LD      M8000
FNC     60
        X010
        S20
        S27
```

根据驱动功能指令 FNC60(IST)自动动作的特殊辅助继电器 M8040～M8042、M8047 的动作内容，可用图 7-20 所示的等效电路表示。

各辅助继电器功能如下：

禁止转移(M8040)：该辅助继电器接通后，禁止所有的状态转移。在手动状态，M8040 总是接通；在回原点、单周期状态，按动停止按钮后一直到再按启动按钮期间，M8040 一直保持为 1；在步进状态，M8040 常通，但按动启动按钮时变为 OFF，使状态可以顺序转移一步；在单周期状态，PLC 在 STOP→RUN 切换时，M8040 保持接通，按动启动按钮后，M8040 断开。

转移开始(M8041)：它是从初始状态 S2 向另一状态转移的转移条件辅助继电器。在手动、回原点状态，不动作；在步进、单周期状态，仅在按动启动按钮时动作；在自动状态，按启动按钮后保持为 ON，按停止按钮后为 OFF。

启动脉冲(M8042)：按下启动按钮的瞬间接通。

另有特殊辅助继电器 M8043(回原点结束)、M8044(原点条件)应由用户程序控制，在初始化电路和回原点电路中用到。

(1) 初始化电路

初始化程序如图 7-21(a)所示。由特殊辅助继电器 M8044 检测机械手是否在原点，M8044 由原点的各传感器驱动，它的 ON 状态作为自动方式时允许状态转移的条件；另由特殊辅助继电器 M8000 驱动功能指令 FNC60(IST)，设定初始状态。

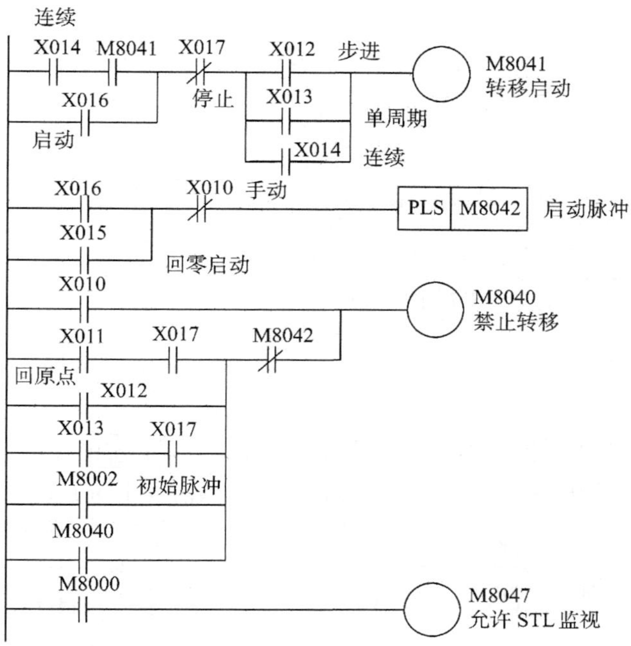

图 7-20　FNC60(IST)作用于 M8040～M8042、M8047 的等效电路

S0：手动初始状态　S1：回原点初始状态　S2：自动运行初始状态
M8040：禁止转移　M8041：开始转移　M8042：启动脉冲
M8047：STL 监控有效

(2) 手动操作

手动操作程序如图 7-21(b)所示。当工作方式选择开关 SA_2 扳到“手动”位，运动选择开关 SA_1 扳到所需运动方式，如“左/右”位时，按下启动按钮 SB_2，机械手左移；按下停止按钮 SB_3，机械手右移。同理，扳动 SA_1，操作 SB_2 或 SB_3，可实现机械手的上升/下降，夹紧/放松运动。

(3) 回原点初始状态

回原点操作的状态转移图如图 7-21(c)所示。按下原点按钮 SB_1，通过状态器 S10～S12 作机械手的回零操作，在最后状态中在自我复位前将特殊辅助继电器 M8043 置 1，表示机械手返回原点。

(4) 自动操作

自动运行的状态转移图如图 7-21(d)所示。由于功能指令 FNC60(IST)的支持，当工作方式选择开关 SA_2 扳到“步进”、“单周期”、“连续”方式时，该程序能使机械手实现所需的工作运行。

以“单周期”为例，根据图 7-20 和图 7-21(d)的程序，可分析机械手的动作原理。

① 机械手下降

将工作方式选择开关 SA_2 扳到“单周期”位，按动“启动”按钮 SB_2，M8041 瞬间接通，给出状态转移开始信号，禁止转移继电器 M8040 则不能接通。因机械手已处于原点位置，原点指示灯亮，M8044 接通，将状态器 S20 置 ON，输出继电器 Y0 线圈接通，下降电磁阀得电，执行下降动作。同时，因机械手离开原点，上限位开关断开，原点指示灯灭。

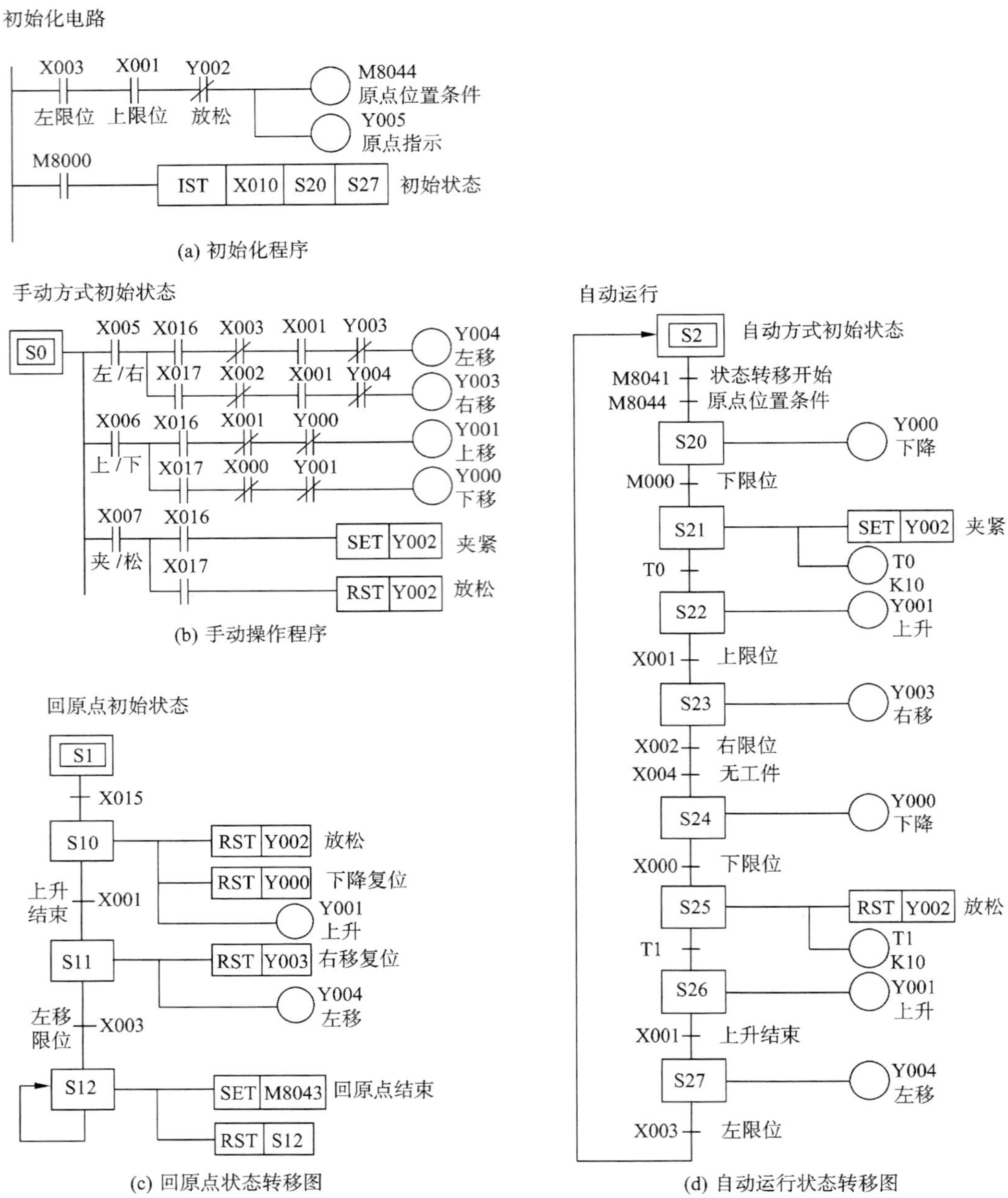

(a) 初始化程序

(b) 手动操作程序

(c) 回原点状态转移图

(d) 自动运行状态转移图

图 7-21 机械手 PLC 控制程序(状态转移图)

② 夹紧工件

当机械手下降到位，下限位开关闭合，输入点 X000 接通，将状态器 S21 置 ON，S20 自动复位 OFF，下降电磁阀断电，下降停止；同时，输出继电器 Y002 置 ON，接通夹紧/放松电磁阀线圈，机械手执行夹紧动作，定时器 T0 通电计时。

③ 机械手上升

定时器 T0 延时 1s 动作，转至状态 S22，使输出继电器 Y001 接通，上升电磁阀得电，机械手抓起工件上升。由于对 Y002 使用了置位指令，夹紧/放松电磁阀仍得电，保持夹紧工件动作。

④ 机械手右移

机械手上升到位，上限开关闭合，输入继电器 X001 接通，上升停止。状态转移到 S23，接通输出继电器 Y003，右移电磁阀得电，机械手抓住工件右移。

⑤ 机械手再次下降

机械手右移至右限位置，输入继电器 X002 接通，右移停止。若此时右工作台上无工件，则光电检测信号输入使 X004 接通，状态转移到 S24，接通输出继电器 Y000，下降电磁阀得电，机械手再次下降；若工作台上有工件，机械手暂时停止运动，待工件取走后，再执行下降动作。

⑥ 放松工件

同上分析，当机械手下降到位，X000 接通，下降停止。状态转移到 S25，输出继电器 Y002 复位，夹紧/放松电磁阀断电，将工件放松。同时，启动定时器 T1 计时。

⑦ 机械手再次上升

T1 延时 1s 后，状态转移到 S26，接通输出继电器 Y001，上升电磁阀得电，机械手再次上升。

⑧ 机械手左移

机械手上升到上限位置，X001 接通，上升停止。状态转移到 S27，输出继电器 Y004 接通，左移电磁阀得电，机械手执行左移动作。

⑨ 回到原点

机械手左移到位，X003 接通，左移停止。同时，还有上限位信号、放松信号将 M8044 置 1，机械手完成一个周期动作回到原点。此时，由于状态转移继电器 M8041 断开，机械手停在原点待命。

若在机械手循环中途按动停止按钮 SB_3，就会接通禁止转移继电器 M8040，机械手停止运行；再按启动按钮 SB_2，启动脉冲继电器 M8042 将 M8040 断开，机械手从断点处开始继续运行，回到原点自动停止。

对于“连续”工作方式，由于按动启动按钮后，M8041 总是接通，M8040 总是断开，机械手能够实现连续自动循环；按动停止按钮后，M8041 和 M8040 均是断开的，机械手运动到原点才停止。

根据图 7-21 所示的 PLC 控制程序(状态转移图)，很容易画出梯形图，也可直接写出下面的指令程序：

```
0    LD    X001
1    AND   X003
2    ANI   Y002
3    OUT   M8044
4    OUT   Y005
6    LD    M8000
7    FNC   60
           X010
           S20
           S27
14   SET   S0
16   STL   S0
17   LD    X005
18   MPS
19   AND   X016
20   ANI   X003
21   AND   X001
22   ANI   Y003
23   OUT   Y004
24   MPP
25   AND   X017
26   ANI   X002
27   AND   X001
28   ANI   Y004
29   OUT   Y003
30   LD    X006
31   MPS
32   AND   X016
33   ANI   X001
34   ANI   Y000
35   OUT   Y001
36   MPP
37   AND   X017
38   ANI   X000
39   ANI   Y001
40   OUT   Y000
41   LD    X007
42   MPS
43   AND   X016
44   SET   Y002
45   MPP
46   AND   X017
47   RST   Y002
48   SET   S1
50   STL   S1
51   LD    X015
52   SET   S10
54   STL   S10
55   RST   Y002
56   RST   Y000
57   OUT   Y001
58   LD    X001
59   SET   S11
61   STL   S11
62   RST   Y003
63   OUT   Y004
64   LD    X003
65   SET   S12
67   STL   S12
68   SET   M8043
70   RST   S12
71   SET   S2
73   STL   S2
74   LD    M8041
75   AND   M8044
76   SET   S20
78   STL   S20
79   OUT   Y000
80   LD    X000
81   SET   S21
83   STL   S21
84   SET   Y002
85   OUT   T0
     K10
88   LD    T0
89   SET   S22
91   STL   S22
92   OUT   Y001
93   LD    X001
94   SET   S23
96   STL   S23
97   OUT   Y003
98   LD    X002
99   AND   X004
100  SET   S24
102  STL   S24
103  OUT   Y000
104  LD    X000
105  SET   S25
107  STL   S25
108  RST   Y002
109  OUT   T1
     K10
112  LD    T1
113  SET   S26
115  STL   S26
116  OUT   Y001
117  LD    X001
118  SET   S27
120  STL   S27
121  OUT   Y004
122  LD    X003
123  OUT   S2
125  RET
126  END
```

7.2.4 两工位组合机床的 PLC 控制

本设备为一台用于钻孔、攻丝的两工位组合机床，能自动完成工件的钻孔和攻丝加工。机床主要由床身、移动工作台、夹具、钻孔滑台、钻孔动力头、攻丝滑台、攻丝动力头、滑台移动控制凸轮和液压系统等组成。其结构如图 7-22 所示。

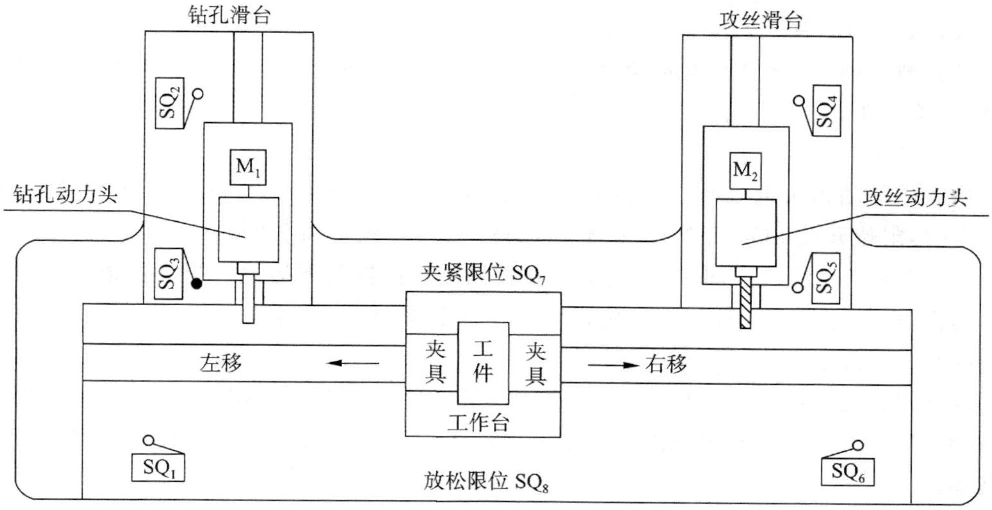

图 7-22　钻孔、攻丝两工位组合机床结构示意图

1. 工艺过程与控制要求

机床上有 5 台电动机：钻孔动力头电机 M_1、攻丝动力头电机 M_2、液压泵电机 M_3、凸轮控制电机 M_4、冷却泵电机 M_5。机床工作台的左、右移动，夹具的夹紧、放松，钻孔滑台和攻丝滑台的前、后移动，均由电气-液压联合控制。其中钻孔滑台和攻丝滑台移动的液压系统由滑台移动控制凸轮控制，工作台移动和夹具的夹紧、放松由电磁阀 YV_1～YV_4 控制，各电磁阀的动作如表 7-7 所示。

表 7-7　电磁阀动作要求

	YV_1	YV_2	YV_3	YV_4
工件夹紧	+	—	—	—
工件放松	—	+	—	—
工作台左移	—	—	+	—
工作台右移	—	—	—	+

机床启动前，工作台处于钻孔工位，限位开关 SQ_1 动作；钻孔滑台和攻丝滑台也在原位，限位开关 SQ_2、SQ_4 均动作。在液压系统工作正常的情况下，机床加工的动作程序如下：

(1) 工件夹紧

将工件放到工作台上，按下加工启动按钮，夹紧电磁阀 YV_1 得电，液压系统控制夹具将工件夹紧，由限位开关 SQ_7 检测其是否可靠夹紧。同时，控制凸轮电机 M_4 启动运转。

(2) 钻孔加工

工件夹紧后，启动钻孔动力头电机 M_1，控制凸轮控制相应的液压阀使钻孔滑台前移，进行钻孔加工。当钻孔滑台到达终点时，SQ_3 动作，滑台后退回到原位停止，M_1 亦停止。

(3) 工作台右移

钻孔滑台回到原位后，电磁阀 YV_4 得电，液压系统使工作台右移，到达攻丝位时，限位开关 SQ_6 动作，工作台停止。

(4) 攻丝加工

启动攻丝动力头电机 M_2(正转)，攻丝滑台开始前移，进行攻丝加工。当攻丝滑台到达终点时，限位开关 SQ_5 动作，制动电磁铁得电，对攻丝动力头制动。延时 0.25s 后，攻丝动力头电机 M_2 反转。同时，攻丝滑台在控制凸轮的控制下后退。当其后退到原位时，SQ_4 动作，滑台停止，M_2 停止。凸轮正好运转一个周期，M_4 亦停止。

(5) 工作台左移(复位)

攻丝滑台退到原位，延时 3s 后，电磁阀 YV_3 得电，工作台左移，到钻孔工位时停止。电磁阀 YV_2 得电，夹具松开，限位开关 SQ_8 动作，表示工件已放松，取出工件，等待下一个循环。

2. 用户 I/O 设备及所需 PLC 的 I/O 点数

各电动机的控制如下：钻孔动力头电动机 M_1 由接触器 KM_1 控制；攻丝动力头电动机 M_2 由接触器 KM_2 控制其正转，KM_3 控制其反转；液压泵电动机 M_3 由接触器 KM_4 控制；凸轮控制电动机 M_4 由接触器 KM_5 控制；冷却泵电动机 M_5 由接触器 KM_6 控制。为了便于生产加工和维修、调整，设置了工作方式选择开关 SA。当开关置于“自动”位时，工件从装入夹具定位夹紧到加工完毕，工作台返回钻孔工位夹具松开，全部自动进行；置于“手动”位时，通过按钮 SB_4～SB_{13} 对钻孔动力头、攻丝动力头、液压泵、凸轮控制、冷却泵等电动机和机床的各动作流程进行点动控制。当动力头工作到中途因停电或自动控制系统发生故障时，可点动复位。为了使系统工作稳定，设置压力继电器 SP 检测液压系统油压，只有在油压达到一定值时，系统才能工作。限位开关 SQ_1～SQ_8 用于检测工作台、钻孔滑台、攻丝滑台的位置及工件的夹紧、放松状态，并对系统实施控制。其中 SQ_1、SQ_6 检测工作台是在钻孔、还是攻丝工位；SQ_2、SQ_3 检测钻孔滑台是在原位、还是终点；SQ_4、SQ_5 检测攻丝滑台是在原位、还是终点；SQ_7、SQ_8 检测工件在夹具内是夹紧还是放松。

分析可知，本控制需设工作方式选择开关 1 个，占 2 个输入点；启动、停止、加工启动 3 个按钮，占 3 个输入点；液压压力检测开关 1 个，占 1 个输入点；限位开关 8 个，占 8 个输入点；手动控制按钮 10 个，占 10 个输入点。统计共需 24 个输入点。实际应用时，从节省输入点考虑，在编程时略施小计，工作方式选择开关可只占 1 个输入点。这样，实际需要的输入点缩减到 23 个。当然，还要考虑一定的裕量。

在输出端，5 台电动机的控制，占 6 个输出点；攻丝动力头制动电磁铁的控制，占 1 个输出点；工件夹紧/放松、工作台左移/右移，共 4 个电磁阀，占 4 个输出点；各种工作状态指示灯 10 个，占 10 个输出点。共需 21 个输出点，实际应用时，还要留有一定的裕量。

综合上面分析，可选用 FX_{2N}-48MR 型 PLC，这种 PLC 有 24 个输入点，24 个输出点，可满足本例控制要求，不足之处是输入点只有 1 个点的裕量，扩展空间不大。但选用 FX_{2N}-64MR 型 PLC，设备成本会大大增加，很不经济。

3. 分配 PLC 的输入、输出端子，设计 PLC 输入、输出接线图

本例中 PLC 输入、输出端子分配如表 7-8 所示。

表 7-8　PLC 输入、输出端子分配表

输 入 设 备	输入端子	输 出 设 备	输出端子
启动按钮 SB_1	X000	钻孔动力头控制 KM_1	Y000
停止按钮 SB_2	X001	攻丝动力头(正)控制 KM_2	Y001
液压压力检测 SP	X002	攻丝动力头(反)控制 KM_3	Y002
钻孔工位 SQ_1	X003	液压电机控制 KM_4	Y003
钻孔滑台原位 SQ_2	X004	凸轮电机控制 KM_5	Y004
钻孔滑台终点 SQ_3	X005	冷却电机控制 KM_6	Y005
攻丝滑台原位 SQ_4	X006	攻丝动力头制动 DL	Y006
攻丝滑台终点 SQ_5	X007	工件夹紧电磁阀 YV_1	Y007
攻丝工位 SQ_6	X010	工件放松电磁阀 YV_2	Y010
夹紧限位 SQ_7	X011	工作台左移电磁阀 YV_3	Y011
放松限位 SQ_8	X012	工作台右移电磁阀 YV_4	Y012
加工启动 SB_3	X013	液压指示 HL_1	Y013
自动/手动选择 SA	X014	原位指示 HL_2	Y014
钻孔手动 SB_4	X015	自动指示 HL_3	Y015
攻丝手动(正)SB_5	X016	手动指示 HL_4	Y016
攻丝手动(反)SB_6	X017	夹紧指示 HL_5	Y017
液压泵手动 SB_7	X020	放松指示 HL_6	Y020
凸轮控制手动 SB_8	X021	钻孔指示 HL_7	Y021
冷却泵手动 SB_9	X022	攻丝(正)指示 HL_8	Y022
夹紧手动 SB_{10}	X023	攻丝(反)指示 HL_9	Y023
放松手动 SB_{11}	X024	凸轮控制指示 HL_{10}	Y024
左移手动 SB_{12}	X025		
右移手动 SB_{13}	X026		

PLC 输入、输出端子接线如图 7-23 所示。

机床运行分二级控制。第一级由 SB_1、SB_2 分别控制系统的启、停。按下 SB_1，系统启动，由“自动/手动”选择开关决定其工作方式。第二级由 SB_3 启动自动方式下的加工过程，由 SB_4～SB_{13} 控制手动方式下机床各动作的点动。设置液压压力指示灯 HL_1、原位指示灯 HL_2，工作方式指示灯 HL_3～HL_{10}，指示设备的工作状态。

图 7-23 两工位组合机床 PLC 输入/输出端子接线图

4. 设计 PLC 控制程序(梯形图)

设备有“自动/手动”两种工作方式,其控制程序可分为公共程序、自动控制程序和手动控制程序 3 个模块。各模块程序分开编写,结构简单,思路清晰,便于调试和修改。公共程序是系统共用程序,包含系统的启、停控制和执行“自动”、“手动”程序的跳转控制。手动控制程序用于实现机床的点动控制和状态指示。这两段程序均较简单,因此,将其梯形图合并于图 7-24 中。

分析机床的加工工艺可知,在“自动”工作方式下,其控制过程为顺序循环控制,采用步进顺控指令对其编程,可使程序简化,提高编程效率,为程序的调试、试运行带来许多方便。当一个工件完成钻孔、攻丝加工时,工作台、钻孔滑台、攻丝滑台均返回原位,夹具处于放松状态,为下一个工件的加工循环做好准备。控制系统由 SB_3 发出加工启动指令,进入下一轮循环。系统的自动控制状态转移图如图 7-25 所示。

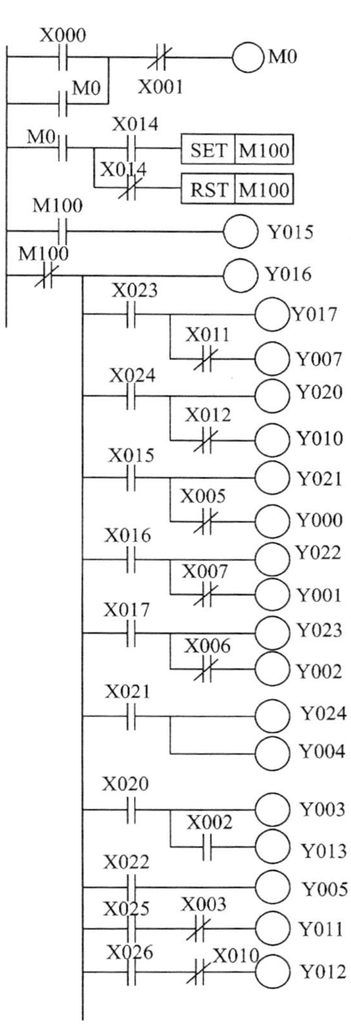

图 7-24　公共及手动控制程序

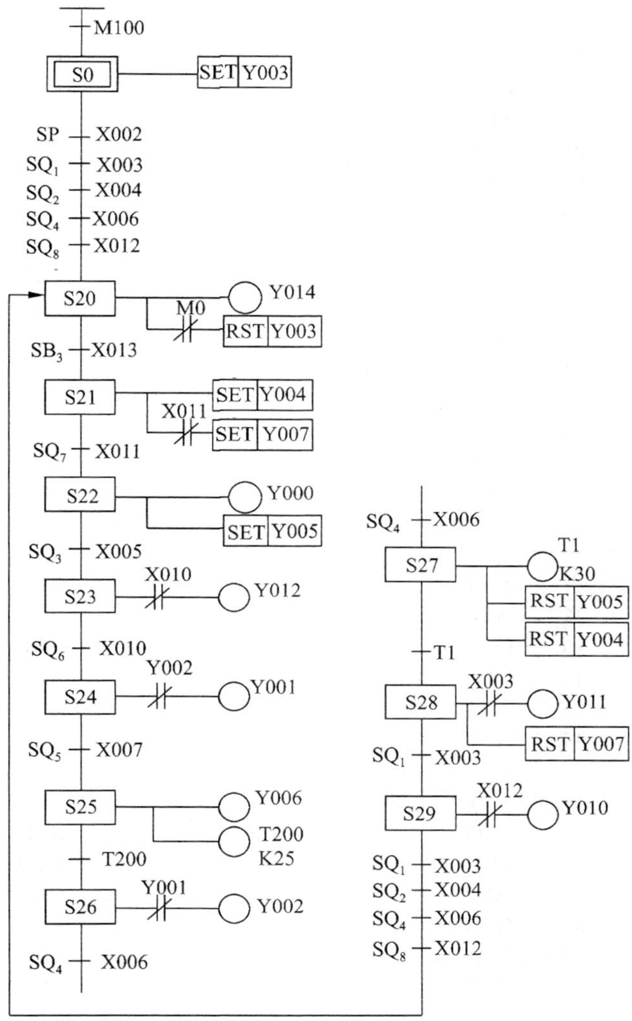

图 7-25　自动控制状态转移图

根据梯形图和状态转移图,可写出相应的指令程序:

```
0    LD     X000
1    OR     M0
2    ANI    X001
3    OUT    M0
4    LD     M0
5    MPS
6    AND    X014
7    SET    M100
8    MPP
9    ANI    X014
10   RST    M100
11   LD     M100
12   OUT    Y015
13   LDI    M100
14   MPS
15   OUT    Y016
16   MRD
17   AND    X023
18   OUT    Y017
19   ANI    X011
20   OUT    Y007
21   MRD
```

```
22   AND   X024
23   OUT   Y020
24   ANI   X012
25   OUT   Y010
26   MRD
27   AND   X015
28   OUT   Y021
29   ANI   X005
30   OUT   Y000
31   MRD
32   AND   X016
33   OUT   Y022
34   ANI   X007
35   OUT   Y001
36   MRD
37   AND   X017
38   OUT   Y023
39   ANI   X006
40   OUT   Y002
41   MRD
42   AND   X021
43   OUT   Y024
44   OUT   Y004
45   MRD
46   AND   X020
47   OUT   Y003
48   AND   X002
49   OUT   Y013
50   MRD
51   AND   X022
52   OUT   Y005
53   MRD
54   AND   X025
55   ANI   X003
56   OUT   Y011
57   MPP
58   AND   X026
59   ANI   X010
60   OUT   Y012
61   LD    M100
62   SET   S0
64   STL   S0
65   SET   Y003
66   LD    X002
67   AND   X003
68   AND   X004
69   AND   X006
70   AND   X012
71   SET   S20
73   STL   S20
74   OUT   Y014
75   LDI   M0
76   RST   Y003
77   LD    X013
78   SET   S21
80   STL   S21
81   SET   Y004
82   LDI   X011
83   SET   Y007
84   LD    X011
85   SET   S22
87   STL   S22
88   OUT   Y000
89   SET   Y005
90   LD    X005
91   SET   S23
93   STL   S23
94   LDI   X010
95   OUT   Y012
96   LD    X010
97   SET   S24
99   STL   S24
100  LDI   Y002
101  OUT   Y001
102  LD    X007
103  SET   S25
105  STL   S25
106  OUT   Y006
107  OUT   T200
           K25
110  LD    T200
111  SET   S26
113  STL   S26
114  LDI   Y001
115  OUT   Y002
116  LD    X006
117  SET   S27
119  STL   S27
120  OUT   T1
           K30
123  RST   Y005
124  RST   Y004
125  LD    T1
126  SET   S28
128  STL   S28
129  RST   Y007
130  LDI   X003
131  OUT   Y011
```

```
132    LD     X003
133    SET    S29
135    STL    S29
136    LDI    X012
137    OUT    Y010
138    LD     X003
139    AND    X004
140    AND    X006
141    AND    X012
142    OUT    S20
144    RET
145    END
```

5. PC 与 PLC 的通信

采用以可编程控制器(PLC)为下位机、计算机(PC)为上位机的分布式控制系统，不仅能实现对开关量信号的逻辑控制，还能实现上、下位机之间的通信。具有操作简单、运行可靠、工艺参数修改方便、扩充性强、自动化程度高等特点，完全能满足本机床的控制要求。系统的控制核心为 MITSUBISHI 的 FX_{2N}—48MR 小型 PLC，其配置如图 7-26 所示。

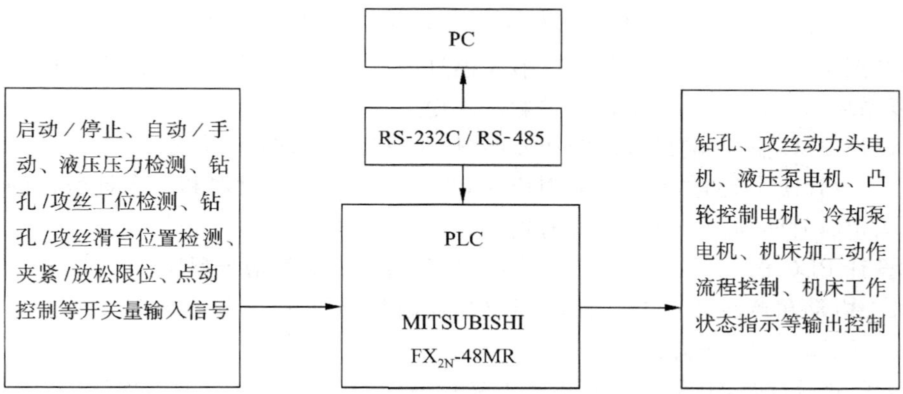

图 7-26　PC 与 PLC 通信系统结构框图

PC 与生产现场的 PLC 之间处于实时的交互通信状态。如果生产规模大，可采用 1∶n 上位链接通信方式，用一台计算机管理多台机床。为了增大通信距离，在上位计算机与 PLC 之间可加一个 RS—232C/RS—485 的转换器，用于链接计算机的 RS—232C 串行口和 PLC 的 RS—485 通信适配器。操作人员可根据生产现场的需要，在不中断生产的情况下，在上位机上实时地对现场参数进行调整，使控制系统工作于最佳状态。还可在上位机上编程、监测设备运行状态、显示故障等，对系统进行管理和调度，使设备潜力得到充分发挥。

思　考　题

7.1　可编程控制器应用系统设计包括哪些内容？

7.2　设计可编程控制器应用系统主要步骤有哪些？

7.3　选择可编程控制器应考虑哪些问题？

7.4　如何估算确定可编程控制器的容量？

7.5 可编程控制器的软件设计分为哪几个步骤?

7.6 可编程控制器的软件设计常用哪些方法?

习 题

7.1 用PLC控制1台电动机,要求:按下启动按钮后,运行5s,停止5s,重复执行5次后停止。

试设计其PLC输入/输出接线图和梯形图,并写出相应的指令程序。

7.2 有4台电动机,采用PLC控制,要求:按M_1~M_4的顺序启动,即前级电动机不启动,后级电动机则不能启动。前级电动机停止时,后级电动机也停止。如M_2停止时,M_3~M_4也停止。

试设计PLC输入/输出接线图和梯形图,并写出相应的指令程序。

7.3 设计一个彩灯自动循环控制电路。假定用输出继电器Y000~Y007分别控制第1盏灯至第8盏灯,按第1盏灯至第8盏灯的顺序点亮,后一盏灯闪亮后前一盏灯熄灭,反复循环下去,只有断开电源开关彩灯才熄灭。

试设计PLC输入/输出接线图和梯形图,并写出相应的指令程序。

7.4 设计1个定时5h的长延时电路(提示:用1个定时器和1个计数器的组合来实现),当定时时间到,Y000接通并有输出。

试设计PLC输入/输出接线图和梯形图,并写出相应的指令程序。

7.5 电动葫芦起升机构的动负荷试验,控制要求如下:

(1) 可手动上升、下降。

(2) 自动运行时,上升6s→停9s→下降6s→停9s,反复运行1h,然后发出声光报警信号,并停止运行。

试设计满足控制要求的PLC输入/输出接线图和梯形图程序。

7.6 某机械动作如图7-27所示。要求按下启动按钮后,按图示顺序完成下列动作:

(1) A部件从位置1到位置2;

(2) B部件从位置3到位置4;

(3) A部件从位置2回到位置1;

(4) B部件从位置4回到位置3。

试设计满足控制要求的PLC输入/输出接线图和梯形图程序。

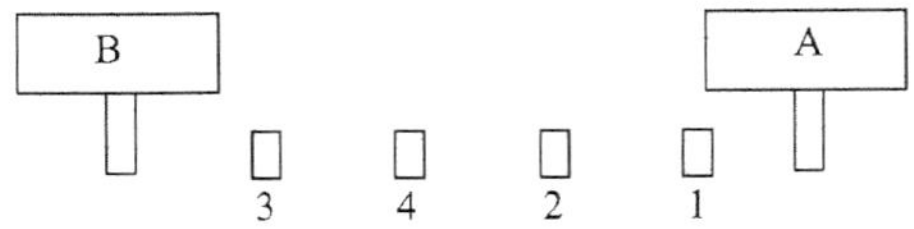

图7-27 某机械动作示意图

7.7 冷加工自动生产线上有一个钻孔动力头,该动力头的加工过程如图7-28所示。具体控制要求如下:

(1) 动力头在原位，按下启动按钮，接通电磁阀 YV_1，动力头快进。

(2) 动力头碰到限位开关 SQ_1 后，接通电磁阀 YV_1 和 YV_2，动力头由快进转为工进。

(3) 动力头碰到限位开关 SQ_2 后，开始延时 10s。

(4) 延时时间到，接通电磁阀 YV_3，动力头快退。

(5) 动力头回到原位即停止。

试设计满足控制要求的 PLC 输入/输出接线图和梯形图，并写出指令程序。

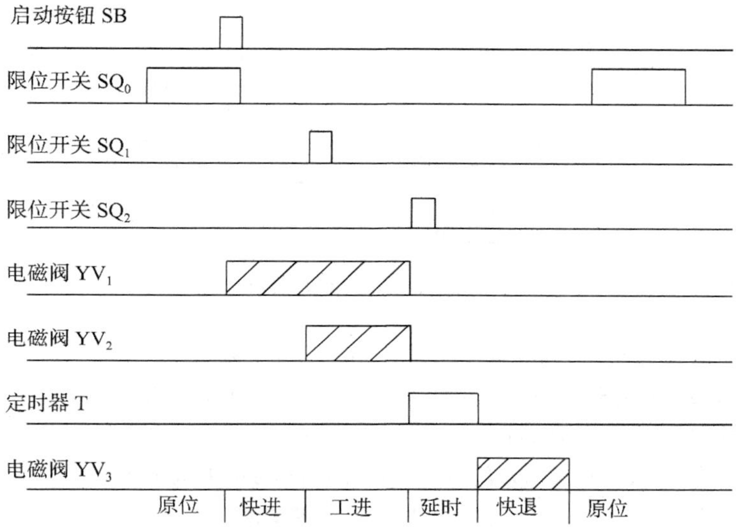

图 7-28　动力头加工过程

7.8　某生产线工作示意如图 7-29 所示。该生产线分 3 个工作站，有自动输送工件至工作站的功能，工件在每个工作站加工时间为 2min。生产线由电动机驱动输送带，工件由入口进入，即自动输送到输送带上。若工件到达工作站 1，限位开关 SQ_1 检测出工件已到位，电动机停转，输送带停止运动，工件在工作站 1 加工 2min，电动机再运行，将工件输送到工作站 2 加工，然后再输送到工作站 3 加工，最后送至搬运车。

要求：用 PLC 控制该生产线，设计出 PLC 输入/输出接线图和梯形图程序。

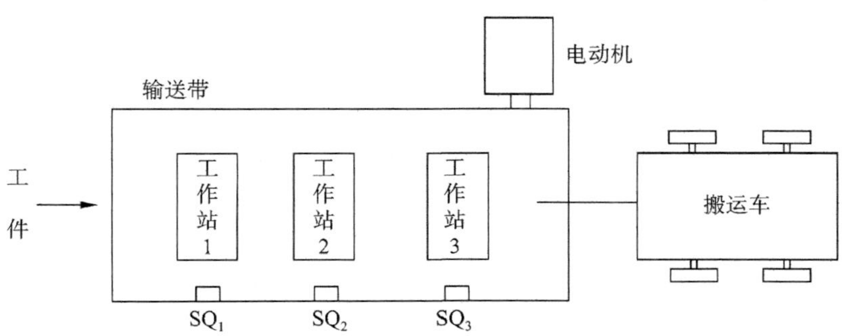

图 7-29　生产线工作示意图

7.9 冲床机械手运动的示意图如图7-30所示。初始状态时机械手在最左边,X004为ON;冲头在最上面,X003为ON;机械手松开,Y000为OFF。按下启动按钮X000,Y000变为ON,工件被夹紧并保持,2s后Y001被置位,机械手右行,直到碰到X001,以后将顺序完成以下动作:冲头下行,冲头上行,机械手左行,机械手松开,延时1s后,系统返回初始状态,各限位开关和定时器提供的信号是各步之间的转移条件。

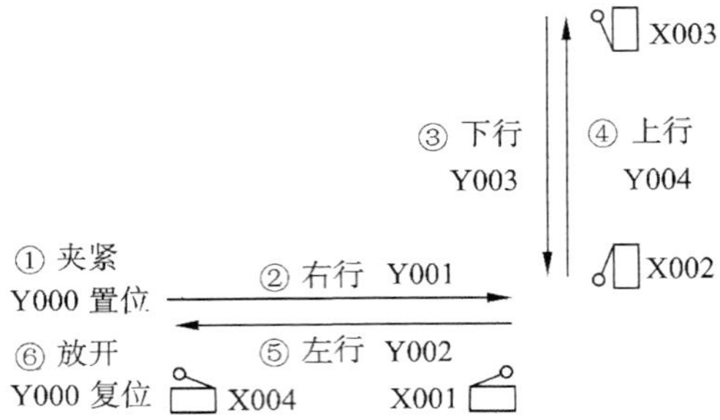

图7-30 冲床机械手运动示意图

试设计PLC控制系统输入/输出接线图和状态转移图。

7.10 图7-31为某剪板机工作示意图。初始状态时,压钳和剪刀在上限位置,X000和X001为ON状态。按下启动按钮X010,工作过程如下:首先板料右行(Y000为ON状态)至限位开关X003为ON状态,然后压钳下行(Y001为ON状态并保持)。压紧板料后,压力继电器X004为ON状态,压钳保持压紧,剪刀开始下行(Y002为ON状态)。剪断板料后,X002变为ON状态,压钳和剪刀同时上行(Y003和Y004为ON状态,Y001和Y002为OFF状态),它们分别碰到限位开关X000和X001后,停止上行,均停止后,又开始下一周期的工作,剪完5块料后停止工作并停在初始状态。

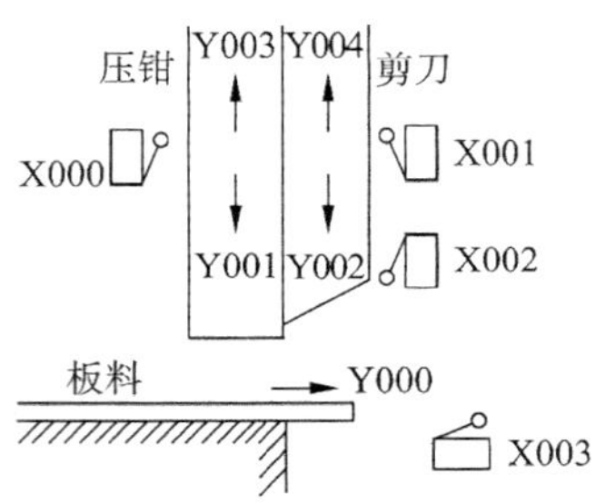

图7-31 剪板机工作示意图

试设计PLC控制系统输入/输出接线图和状态转移图。

第 8 章

可编程序控制器的通信

随着计算机网络技术的发展以及工业自动化程度的不断提高，自动控制也从传统的集中式向多级分布式方向发展。为了适应这种形势的发展，世界各 PLC 生产厂家纷纷给自己的产品增加通信及联网的功能，研制开发出自己的 PLC 网络系统，如三菱的 MELSEC NET 网；西门子的 SINEC HI 局域网等。现在，即使是微型和小型的 PLC 也都具有网络通信接口。总的发展趋势是向高速、多层次、大信息吞吐量、高可靠性和开放式（即通信协议向国际标准或地区通用工业标准靠拢）的方向发展。

本章对三菱公司 FX_{2N} 系列 PLC 与 PLC、PLC 与计算机之间的通信作简单介绍。

8.1 PLC 与 PLC 之间的通信

PLC 与 PLC 之间有两种类型的通信网络，即 N∶N 网络和并行连接。它们都是在 PLC 基本单元上增加 RS—485 通信设备后构成的。

8.1.1 FX_{2N} 系列 PLC 的通信设备

1. FX_{2N}—485—BD 通信板

用于 RS—485 通信的 FX_{2N}—485—BD（以下简称 485BD）通信板（功能扩展板）可连接到 FX_{2N} 系列 PLC 的基本单元。

485BD 具有如下特点：

① 使用 N∶N 网络的数据传输。通过 FX_{2N} PLC，可在 N∶N 网络基础上进行数据传输。

② 使用并行连接的数据传输。通过 FX_{2N} PLC，可在 1∶1 网络基础上对 100 个辅助继电器和 10 个数据寄存器进行数据传输。

③ 使用专用协议的数据传送。使用专用协议，可在 1∶N 网络基础上通过 RS—485(422) 进行数据传输。

④ 使用无协议的数据传送。使用无协议，通过 RS—485(422) 转换器、可在各种带有 RS—232C 单元的设备之间进行数据通信，如个人电脑、条形码阅读机和打印机。在这种应用中，数据的发送和接收是通过由 RS 指令指定的数据寄存器来进行的。

485BD 的外形、端子及安装图见图 8-1、图 8-2 和图 8-3。

图 8-1 FX_{2N}—485—BD 通信板外形图

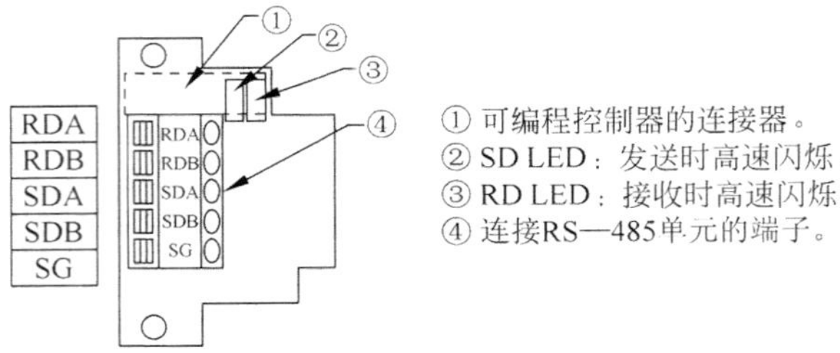

图 8-2 FX_{2N}—485—BD 通信板端子图

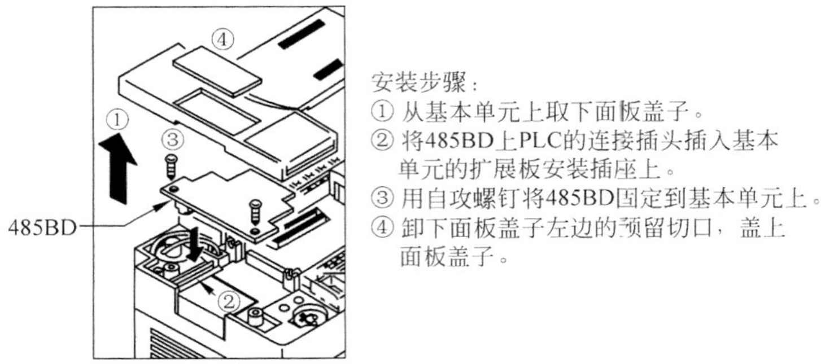

图 8-3 FX_{2N}—485—BD 通信板安装图

2. FX_{2N}—CNV—BD 连接板

FX_{2N}—CNV—BD(以下简称 CNVBD)是将 FX 系列绝缘型特殊适配器连接到 FX_{2N} 系列 PLC 上的连接用板。CNVBD 的外形与安装图见图 8-4 和图 8-5。

图 8-4 FX_{2N}—CNV—BD 外形图

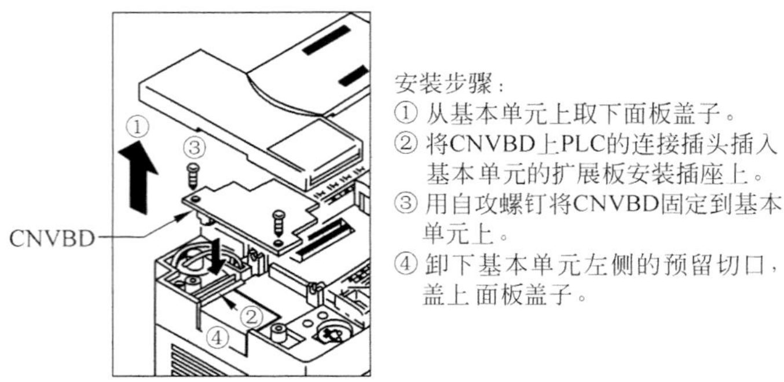

图 8-5 FX_{2N}—CNV—BD 安装图

3. FX_{0N}—485ADP/ FX_{2NC}—485ADP 通信模块

FX_{0N}—485ADP/ FX_{2NC}—485ADP 通信模块是指可与计算机通信的绝缘型特殊适配器。其具有如下特点：

① 用于 PLC 之间 N∶N 网络的接口。

② 用于并行连接(1∶1)的接口。

③ 以计算机为主机的计算机链接专用协议通信用接口。

④ 与条形码阅读机、打印机和测量仪表等配备 RS—485 接口的设备进行 1∶1 无协议通信的接口。

⑤ 用于 N∶N 网络、并行连接时传输距离比用 485BD 功能扩展板时更长。如与 FX_{2N}—CNV—BD 连接板一起使用，可与 FX_{2N}系列 PLC 连接。

FX_{0N}—485ADP/FX_{2NC}—485ADP 的外形、端子及安装图见图 8-6、图 8-7 和图 8-8。

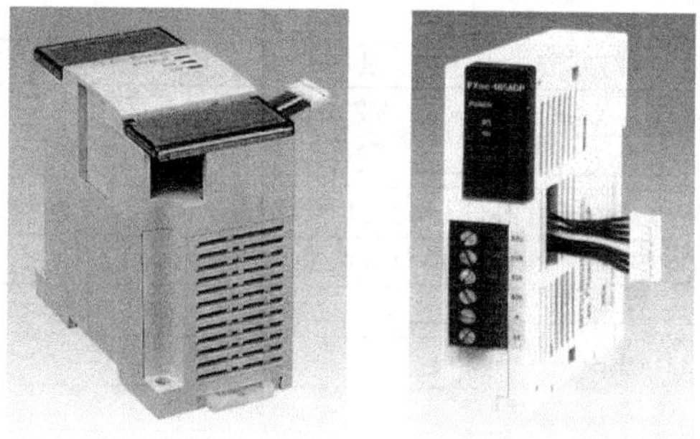

(a) FX_{0N}—485ADP　　(b) FX_{2NC}—485ADP

图 8-6　FX_{0N}—485ADP/ FX_{2NC}—485ADP 通信模块外形图

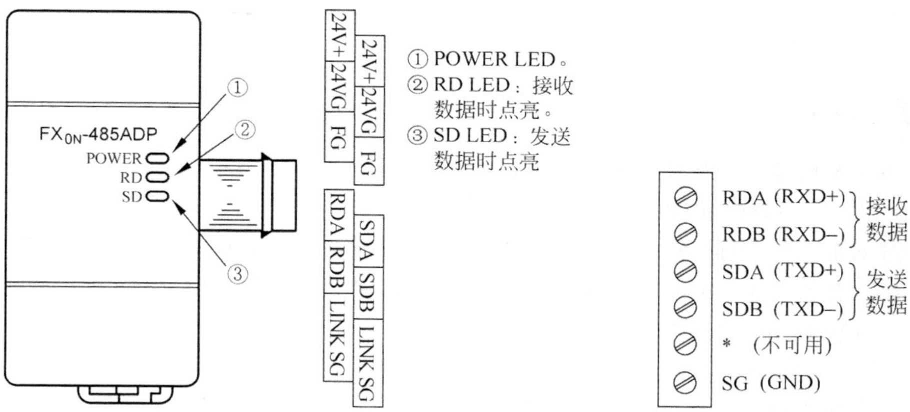

(a) FX_{0N}—485ADP　　(b) FX_{2NC}—485ADP

图 8-7　FX_{0N}—485ADP/ FX_{2NC}—485ADP 通信模块端子图

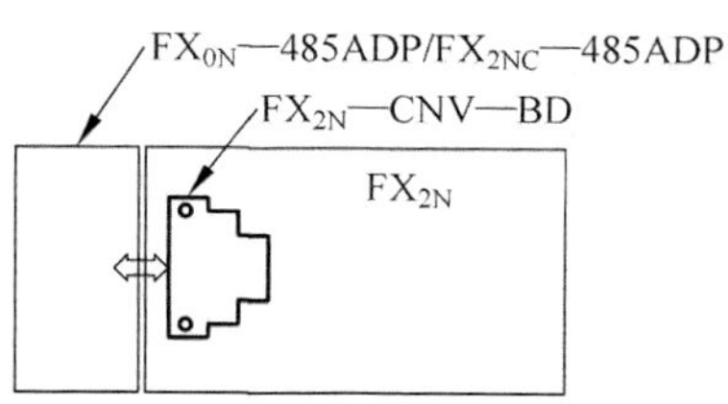

图 8-8　FX_{0N}—485ADP/ FX_{2NC}—485ADP 通信模块安装图

4. 技术参数

FX_{2N}—485—BD 通信板和 FX_{0N}—485ADP/FX_{2NC}—485ADP 通信模块的技术参数见表 8-1。

表 8-1 FX_{2N}—485—BD 通信板和 FX_{0N}—485ADP/ FX_{2NC}—485ADP 通信模块技术参数

项目		规格	
		FX_{2N}—485—BD	FX_{0N}—485ADP/ FX_{2NC}—485ADP
接口标准		RS—485/RS—422	
显示(LED)		RD、SD	POWER、RD、SD
绝缘方式		非绝缘	光电隔离
传送距离		最大 50m	最大 500m
消耗电流		60mA/DC5V(由 PLC 供电)	60(150)mA/DC5V(由 PLC 供电)*
通信方式		全双工双向(FX_{2N}在 V2.0 版以下为半双工双向)	半双工双向
通信协议		无协议/专用协议(格式 1 或格式 4)/N∶N 网络/并行连接	
波特率	无协议/专用协议	300/600/1200/2400/4800/9600/19200bps	
	并行连接	19200bps	
	N∶N 网络	38400bps	
通信格式	数据长度	7 位/8 位	
	奇偶校验	没有/奇数/偶数	
	停止位	1 位/2 位	
	标题	没有或任意数据	
	结束符	没有或任意数据	

*:括号内为 FX_{2NC}—485ADP 的消耗电流。

8.1.2 N∶N 网络

1. N∶N 网络的功能和用途

(1) N∶N 网络的功能

通过 RS—485 通信设备,最多可连接 8 台 FX 系列 PLC,在这些 PLC 之间自动执行数据交换。在这个网络中,通过由刷新范围决定的软元件在各 PLC 之间执行数据通信,并且可以在所有的 PLC 中监控这些软元件。

(2) N∶N 网络的用途

可以实现小规模系统的数据连接以及机械之间的信息交换,即实现生产线的分散控制和集中管理等。

2. 系统配置

N∶N 网络系统配置见图 8-9 所示。

N∶N 连接最多可连接 8 台 FX 系列的 PLC(站点号 0~7)。使用 FX_{2N}—485—BD 时,最大传送距离 50m;使用 FX_{0N}—485ADP/ FX_{2NC}—485ADP 时,最大传送距离 500m。

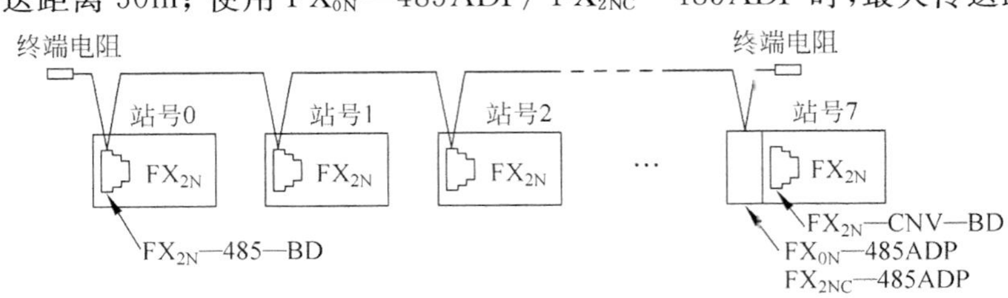

图 8-9 N∶N 连接系统配置

3. 接线

RS—485 的连接导线使用可屏蔽双绞线，连线可以是一对或两对导线。N∶N 网络只能采用一对导线连接，如图 8-10 所示。在图 8-10 中：

① 终端电阻 R(110Ω、1/2W)，连接在端子 RDA 和 RDB 间。

② 双绞线屏蔽层一端接地，接地电阻≤100Ω。

③ 双绞线屏蔽层一端接端子 FG，将端子 FG 连接到 PLC 主机上的接地端子，主机接地电阻≤100Ω。

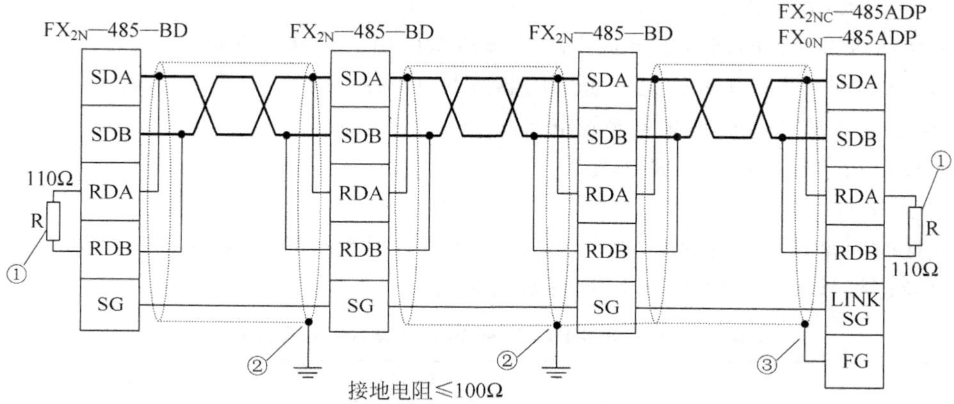

图 8-10　N∶N 网络接线图

4. 通信规格和连接规格

(1) 通信规格

N∶N 网络的通信按照表 8-2 的规格(固定)执行，不能更改。

表 8-2　N∶N 网络的通信规格

项　　目	规　　格
接口标准	RS—485
连接台数	最多 8 台
最大传送距离	全部使用 FX_{0N}—485ADP/ FX_{2NC}—485ADP 时，500m；与 485BD 混合使用时，50m
协议形式	N∶N 网络
波特率	38400bps
通信方式	半双工双向
通信格式	固定

(2) 连接规格

① 连接模式和连接点数

在 N∶N 网络的每个站点，位软元件 M(0～64 点)和字软元件 D(4～8 点)被自动数据连接，通过被分配到各站点的软元件地址，在其中的任一站点可以知道其他各站点的

ON/OFF 状态和数据寄存器中的数据。

连接模式是指各站点用于 N∶N 通信的软元件点数和地址范围。

例如,在模式 1 中,主站(站号 0)占用位元件 32 点(M1000～M1031);字元件 4 点(D0～D3)。

连接点数是指根据连接模式和使用的从站数量,每站点用于 N∶N 通信占用的总软元件点数(软元件刷新范围)。在每种模式下使用的软元件被 N∶N 网络的所有站点占用。

例如,在模式 1 中连接 3 台从站,每站点占用位元件 32 点,字元件 4 点,这些软元件在 N∶N 网络的所有的站点中都被占用。每站点占用的总软元件范围,位元件:M1000～M1223;字元件:D0～D33。这一范围的软元件不能做其他用。考虑以后从站数量可能增加,没有连接从站的软元件应事先空出。

连接模式和连接点数见表 8-3。

② 连接时间

连接时间是指刷新连接用软元件的循环时间。根据连接模式和连接台数(主站+从站),以及连接软元件的数量,连接时间见表 8-4。

表 8-3 N∶N 网络 FX_{2N} 系列 PLC 的连接模式和连接点数

站号		模式 0		模式 1		模式 2	
		位元件(M)	字元件(D)	位元件(M)	字元件(D)	位元件(M)	字元件(D)
		0 点	每站 4 点	每站 32 点	每站 4 点	每站 64 点	每站 8 点
主站	站号 0	—	D0～D3	M1000～M1031	D0～D3	M1000～M1063	D0～D7
从站	站号 1	—	D10～D13	M1064～M1095	D10～D13	M1064～M1127	D10～D17
	站号 2	—	D20～D23	M1128～M1159	D20～D23	M1128～M1191	D20～D27
	站号 3	—	D30～D33	M1192～M1223	D30～D33	M1192～M1255	D30～D37
	站号 4	—	D40～D43	M1256～M1287	D40～D43	M1256～M1319	D40～D47
	站号 5	—	D50～D53	M1320～M1351	D50～D53	M1320～M1383	D50～D57
	站号 6	—	D60～D63	M1384～M1415	D60～D63	M1384～M1447	D60～D67
	站号 7	—	D70～D73	M1448～M1479	D70～D73	M1448～M1511	D70～D77

表 8-4 N∶N 网络的连接时间 单位:ms

连接台数	连接时间/ms		
	模式 0	模式 1	模式 2
	位元件 0 点,字元件 4 点	位元件 32 点,字元件 4 点	位元件 64 点,字元件 8 点
2	18	22	34
3	26	32	50
4	33	42	66
5	41	52	83
6	49	62	99
7	57	72	115
8	65	82	131

5. 相关标志和特殊数据寄存器

(1) 特殊辅助继电器

用于 N：N 网络标志的特殊辅助继电器见表 8-5。

表 8-5　FX_{2N}系列 PLC N：N 网络标志用特殊辅助继电器

软元件编号	名　　称	内　　容	响应类型	R/W
M8038	通信参数设定	用于通信参数的设定	M，L	R
M8183	主站通信错误	当主站产生通信错误时 ON	L	R
M8184～M8190	从站通信错误	当从站产生通信错误时 ON	M，L	R
M8191	正在执行数据通信	当与其他站点通信时 ON	M，L	R

注：①M：主站(站号 0)。②L：从站(站号 1～7)。③R：只读，W：只写。④M8184～M8190 对应从站 1～从站 7，本站出错时，本站的标志不会 ON。

(2) 特殊数据寄存器

用于 N：N 网络参数设定、参数设定确认和通信状态(数值和代码)存储的特殊数据寄存器见表 8-6。

表 8-6　FX_{2N}系列 PLC N：N 网络参数用特殊数据寄存器

软元件编号	名　　称	内　　容	默认值	响应类型	R/W
D8173	站点号	存储本站的站点号	—	M，L	R
D8174	从站点总数	存储从站点的总数	—	M，L	R
D8175	刷新范围	存储刷新范围	—	M，L	R
D8176	站点号设置	设置本站的站点号	0	M，L	W
D8177	总从站点数设置	设置从站点的总数	7	M	W
D8178	刷新范围设置	设置刷新范围	0	M	W
D8179	重试次数设置	设置重试次数	3	M	R/W
D8180	通信超时设置	设置通信超时	5	M	R/W
D8201	当前网络扫描时间	存储当前网络扫描时间	—	M，L	R
D8202	最大网络扫描时间	存储最大网络扫描时间	—	M，L	R
D8203	主站点的通信错误数目	主站点发生通信错误的次数	—	L	R
D8204～D8210	从站点的通信错误数目	从站点发生通信错误的次数	—	M，L	R
D8211	主站点的通信错误代码	存储主站点通信错误的代码	—	L	R
D8212～D8218	从站点的通信错误代码	存储从站点通信错误的代码	—	M，L	R

注：①M：主站(站号 0)。②L：从站(站号 1～7)。③R：只读，W：只写。④D8204～D8210 对应从站 1～从站 7。⑤D8212～D8218 对应从站 1～从站 7。

6. 参数设置

(1) 站号设定(D8176)

在主站及各从站的特殊数据寄存器D8176中设定0～7的数值(默认值：0)。站号的设定值应连续,如有重复或空号,系统不能正常连接。主站及各从站的对应值见表8-7。

表8-7 站号设定值(D8176)

站号	主站0	从站1	从站2	从站3	从站4	从站5	从站6	从站7
设定值	0	1	2	3	4	5	6	7

(2) 从站总数设定(D8177)

在主站(从站不需设定)的特殊数据寄存器D8177中设定1～7的数值(默认值：7),对应值见表8-8。

表8-8 从站总数设定值(D8177)

从站数	1台从站	2台从站	3台从站	4台从站	5台从站	6台从站	7台从站
设定值	1	2	3	4	5	6	7

(3) 刷新范围设定(D8178)

在主站(从站不需设定)的特殊数据寄存器D8178中设定0～2的数值(默认值：0),对应值见表8-9。

表8-9 刷新范围设定值(D8178)

项　目	刷新范围		
模　式	模式0	模式1	模式2
设定值	0	1	2

(4) 重试次数设定(D8179)

在主站(从站不需设定)的特殊数据寄存器D8179中设定0～10的数值(默认值：3)。

(5) 通信超时设定(D8180)

在主站(从站不需设定)的特殊数据寄存器D8180中设定5～255的数值(默认值：5)。此值乘以10(ms)就是通信超时的持续时间。

(6) 用于进行设置的程序

N∶N网络的参数设定程序必须从第0步开始,用M8038(驱动触点)编写；否则N∶N网络的功能无法执行。参数设定程序不需要执行,当把它从第0步开始写入时,参数设定自动变为有效,不能用程序或编程工具使M8038置ON。参数设定程序示例见图8-11。

7. 编程实例

(1) 系统配置

系统由1台主站,2台从站组成,如图8-12所示。

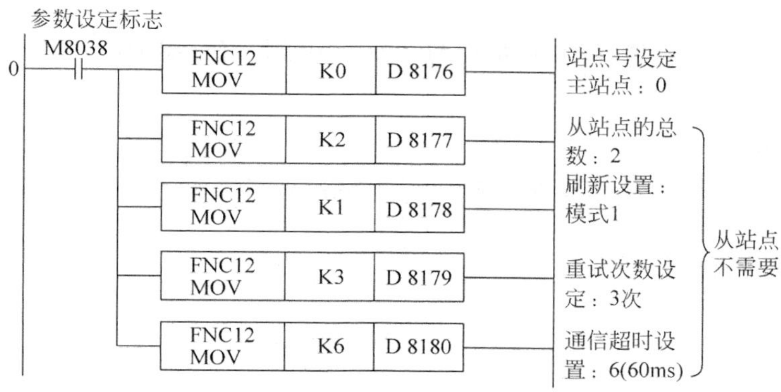

图 8-11　参数设定程序示例

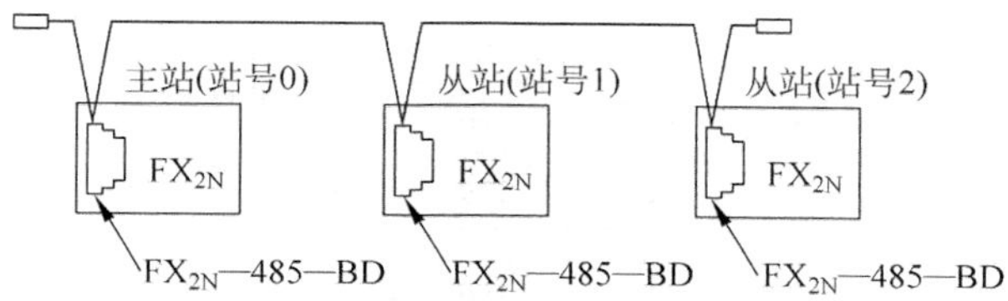

图 8-12　N∶N 网络三台 PLC 连接系统配置

系统参数设置如下：

① 刷新范围：模式 1。

② 重试次数：3 次。

③ 通信超时：5(50ms)。

(2) 操作任务

在图 8-12 所示的系统配置下完成以下操作任务：

① 将主站点的输入 X000～X003(M1000～M1003)传送到从站 1 和从站 2 的输出 Y010～Y013。

② 将从站 1 的输入 X000～X003(M1064～M1067)传送到主站点和从站 2 的输出 Y014～Y017。

③ 将从站 2 的输入 X000～X003(M1128～M1131)传送到主站点和从站 1 的输出 Y020～Y023。

④ 将主站点中的数据寄存器 D1 指定为从站 1 中的计数器 C1 的设定值寄存器；将计数器 C1 的触点(M1070)的状态(ON/OFF)传送到各站点的输出 Y005 上。

⑤ 将主站点中的数据寄存器 D2 指定为从站 2 中的计数器 C2 的设定值寄存器；将计数器 C2 的触点(M1140)的状态(ON/OFF)传送到各站点的输出 Y006 上。

⑥ 将从站 1 中数据寄存器 D10 的值与从站 2 中数据寄存器 D20 的值相加，并存入主站点的数据寄存器 D3 中。

⑦ 将主站点中数据寄存器 D0 的值与从站 2 中数据寄存器 D20 的值相加，并存入从

站1的数据寄存器D11中。

⑧ 将主站点中数据寄存器D0的值与从站1中数据寄存器D10的值相加,并存入从站2的数据寄存器D21中。

(3) 程序编写

下面将程序分为"参数设定程序部分","出错显示程序部分"和"动作程序部分"三部分进行说明。

① 主站程序的编写

主站参数设定程序见图8-13。

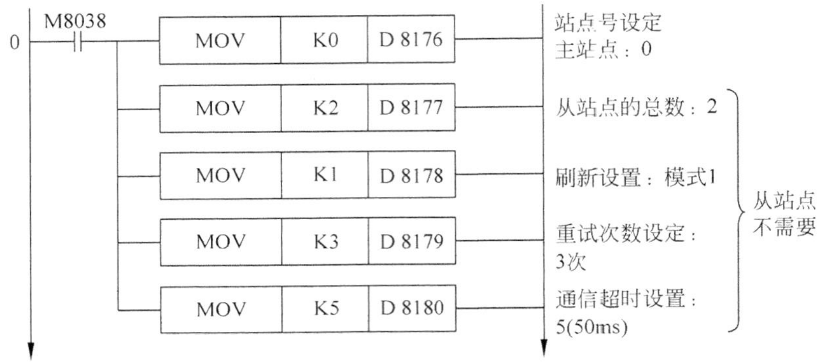

图8-13 主站参数设定程序

主站出错显示程序见图8-14。由于本站出错时,本站的标志不会出现ON,所以不需要对本站的出错编程。

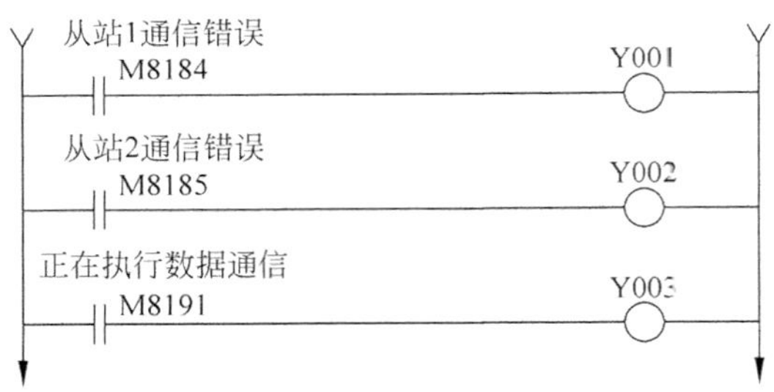

图8-14 主站出错显示程序

主站动作程序见图8-15。

② 从站1程序的编写

对于从站,只需设定站号。从站1参数设定程序见图8-16。

从站1出错显示程序见图8-17。由于本站出错时,本站的标志不会ON,所以不需要对本站的出错编程。

从站1动作程序见图8-18。

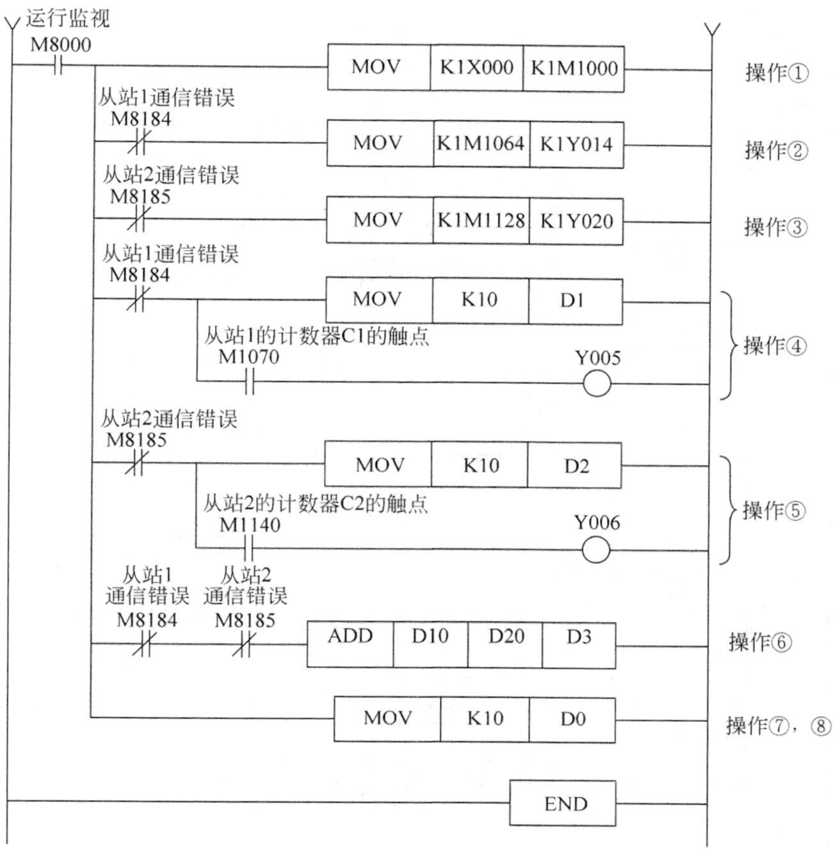

图 8-15　主站动作程序

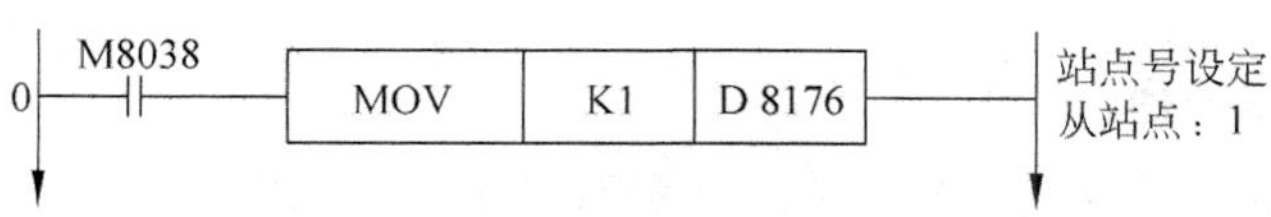

图 8-16　从站 1 参数设定程序

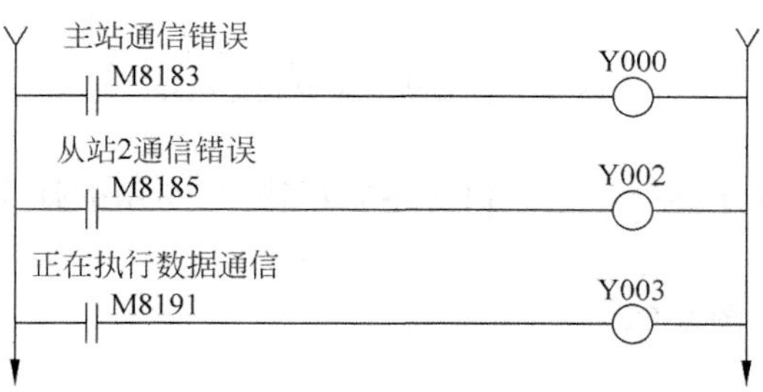

图 8-17　从站 1 出错显示程序

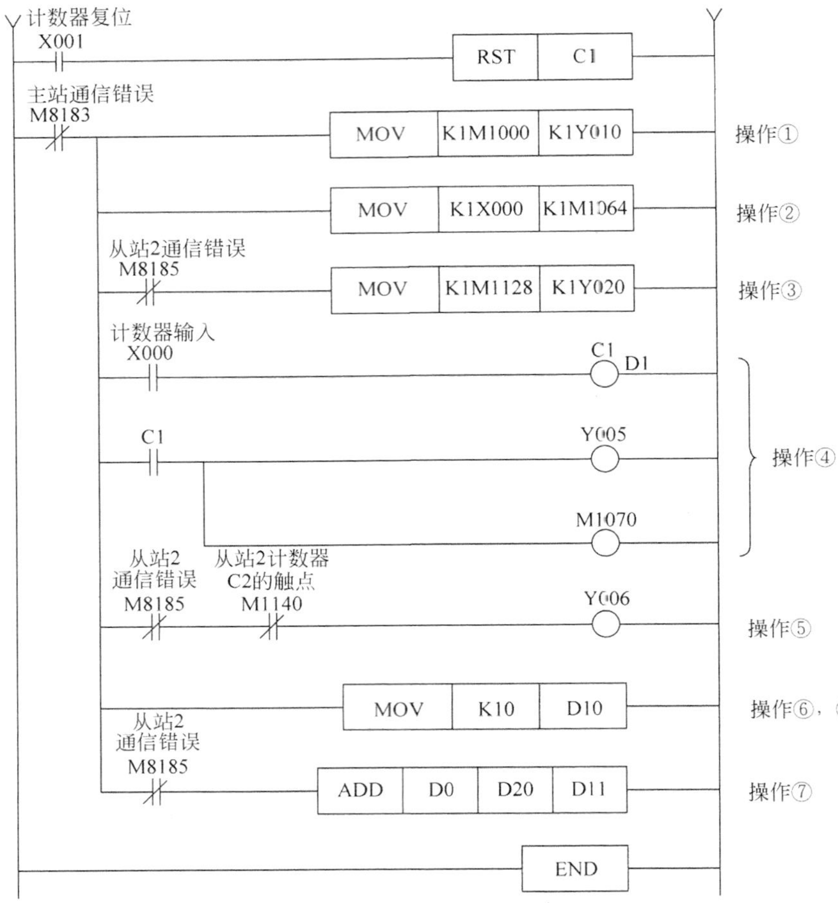

图 8-18　从站 1 动作程序

③ 从站 2 程序的编写

对于从站 2,也只需设定站号。从站 2 参数设定程序见图 8-19。

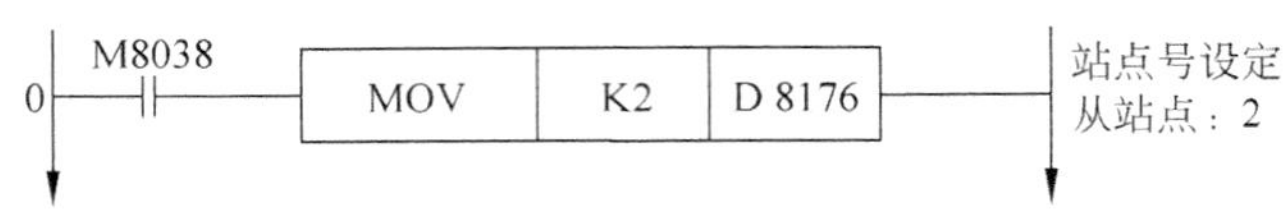

图 8-19　从站 2 参数设定程序

从站 2 出错显示程序见图 8-20。由于本站出错时,本站的标志不会 ON,所以不需要对本站的出错编程。

从站 2 动作程序见图 8-21。

8. 故障诊断

(1) 通过 LED 显示确认通信状态

正常通信时,N∶N 网络的每个通信设备(485BD 或 485ADP)上的两个 LED(RD 和

SD)都应清晰地闪烁。

当 LED 不闪烁时,应检查接线是否正确,站点编号、从站数目、主站及各从站的参数设定是否正确。

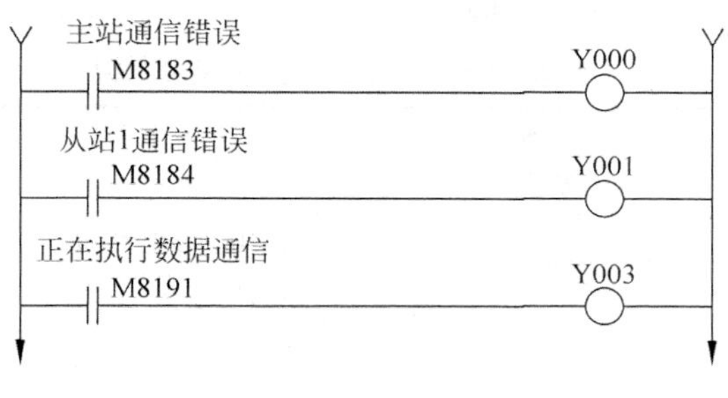

图 8-20　从站 2 出错显示程序

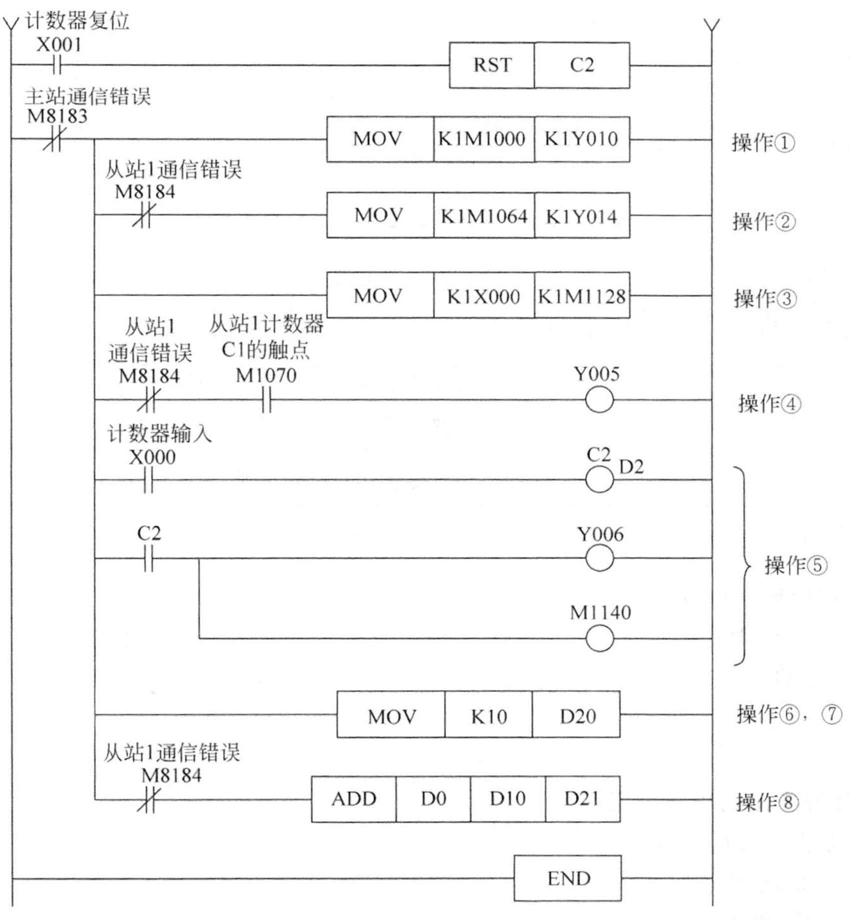

图 8-21　从站 2 动作程序

(2) 通过错误代码诊断

确认每个站点的通信错误标志(M8183～M8190)没有 ON,并且数据通信标志(M8191)没有 OFF。如果某个通信错误标志 ON 或数据通信标志 OFF,应检查特殊数据寄存器(FX_{2N}系列:D8211～D8218)的错误代码。错误代码见表 8-10。

表 8-10 FX_{2N}系列 PLC 通信错误代码

代码	代码含义	错误站点	检查站点	说明	检查点
01H	通信超时错误	L	M	主站发送请求从站后,响应时间超过通信超时时间	接线、电源、RUN/STOP状态(应在 RUN 状态)
02H	站点编号错误	L	M	站点编号不符合主站和从站之间的关系	接线
03H	通信计数器错误	L	M	通信计数器不符合主站和从站之间的关系	接线
04H	通信格式错误	L	M、L	从站的通信格式不正确	接线、电源、RUN/STOP状态、站号设定
11H	通信超时错误	M	L	从站发送应答给主站后,主站不再将请求发送到下一个从站	接线、电源、RUN/STOP状态
14H	通信格式错误	M	L	主站的通信格式不正确	接线、电源、RUN/STOP状态、站号设定
21H	无从站错误	L	L*1	站点编号不正确	站号设定
22H	站点编号错误	L	L*1	站点编号不符合主站和从站之间的关系	接线
23H	通信计数器错误	L	L*1	通信计数器不符合主站和从站之间的关系	接线
31H	无接收通信参数错误	L	L*2	从站在通信参数设置之前就从主站接收请求	接线、电源、RUN/STOP状态

注:M—主站;L—从站;*1—另外一个从站;*2—本从站。

(3) 用户程序检查

检查在程序中是否使用了 VRRD,VRSC,RS,EXTR 指令。如果使用了,先删除这些指令,然后将 PLC 的电源断开再重新上电。

8.1.3 并行连接

1. 并行连接的功能和用途

(1) 并行连接的功能

该功能是通过 RS—485 通信设备连接,在FX_{2N}系列 PLC 1:1 之间,通过位软元件 M(0～100 点)和数据寄存器 D(2～10 点)进行自动数据交换。

(2) 并行连接的用途

可以执行 2 台 FX 系列 PLC 之间的信息交换,即实现生产线的分散控制和集中管理等。

2. 系统配置

FX_{2N}系列 PLC 的系统配置见图 8-22。

并行连接最多可连接 2 台 FX 系列 PLC。并行连接使用 FX_{2N}—485—BD 时，最大传送距离 50m；使用 FX_{0N}—485ADP/ FX_{2NC}—485ADP 时，最大传送距离 500m。

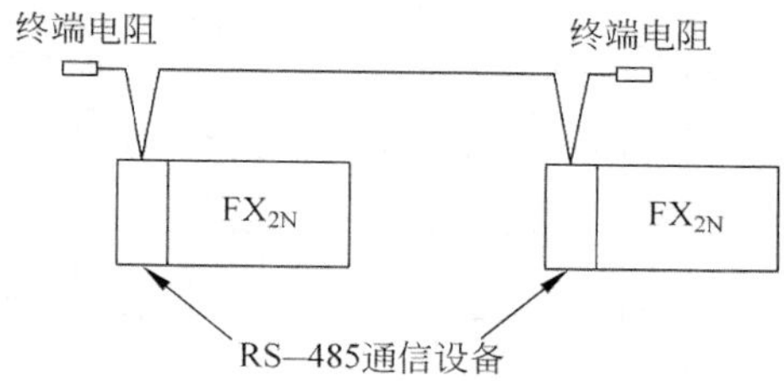

图 8-22　并行连接系统配置

3. 接线

RS—485 的连接导线使用可屏蔽双绞线，连线可以是一对或两对导线。并行连接可采用一对导线连接（推荐），也可采用两对导线连接。

(1) 并行连接使用 FX_{2N}—485—BD 的接线见图 8-23 所示。在图 8-23 中：

① 终端电阻（110Ω、1/2W），连接在端子 RDA 和 RDB 间。

② 终端电阻（330Ω、1/4W），连接在端子 SDA 和 SDB 间。

③ 双绞线屏蔽层一端接地，接地电阻≤100Ω。

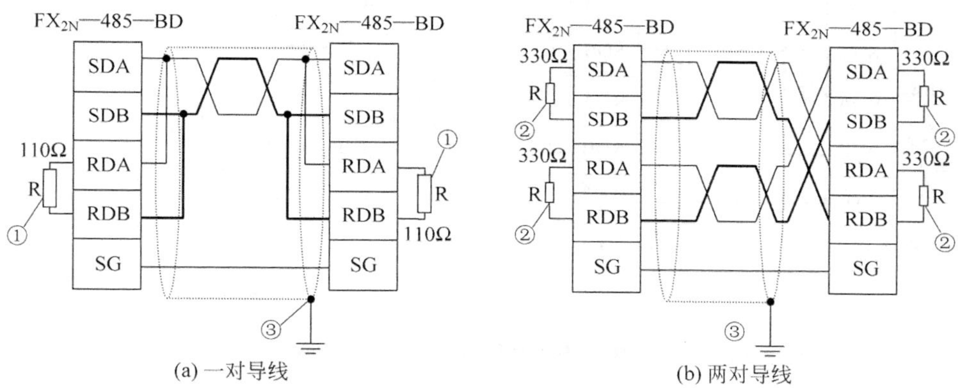

图 8-23　并行连接 FX_{2N}—485—BD 的接线图

(2) 并行连接使用 FX_{0N}—485ADP/ FX_{2NC}—485ADP 的接线见图 8-24。在图 8-24 中：

① 终端电阻（110Ω、1/2W），连接在端子 RDA 和 RDB 间。

② 终端电阻（330Ω、1/4W），连接在端子 SDA 和 SDB 间。

③ 双绞线屏蔽层一端接端子 FG，将端子 FG 连接到 PLC 主机上的接地端子，主机接地电阻≤100Ω。

(3) 并行连接使用 FX_{2N}—485—BD 和 FX_{0N}—485ADP/ FX_{2NC}—485ADP 的接线见图 8-25。在图 8-25 中：

① 终端电阻（110Ω、1/2W），连接在端子 RDA 和 RDB 间。

② 终端电阻（330Ω、1/4W），连接在端子 SDA 和 SDB 间。

③ 双绞线屏蔽层一端接端子 FG，将端子 FG 连接到 PLC 主机上的接地端子，主机接地电阻≤100Ω。

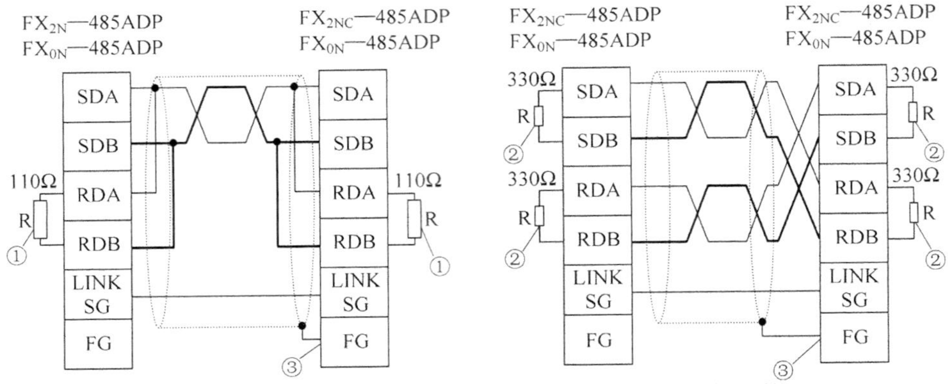

(a) 一对导线 (b) 两对导线

图 8-24 并行连接 FX_{0N}—485ADP/ FX_{2NC}—485ADP 的接线图

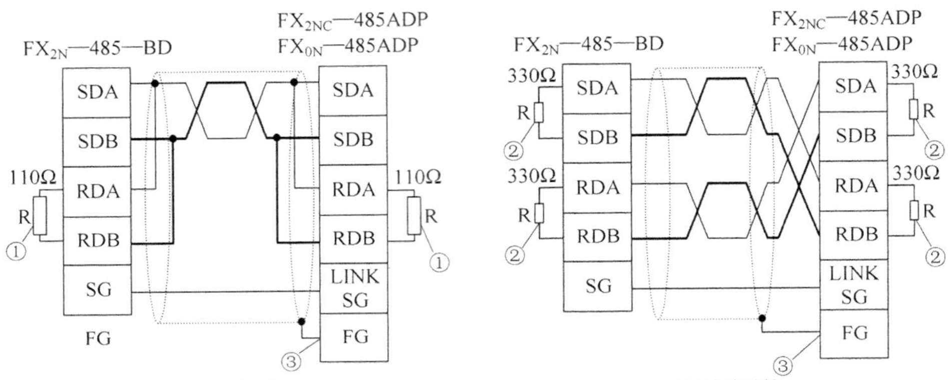

(a) 一对导线 (b) 两对导线

图 8-25 并行连接 FX_{2N}—485—BD 和 FX_{0N}—485ADP/ FX_{2NC}—485ADP 的接线图

4. 通信规格和连接规格

(1) 通信规格

并行连接通信按照表 8-11 的规格(固定)执行,不能更改。

表 8-11 并行连接的通信规格

项 目	规 格
接口标准	RS—485
连接台数	最多 2 台(1∶1)
最大传送距离	全部使用 FX_{0N}—485ADP 时,500m;与 485BD 混合使用时,50m
协议形式	并行连接
波特率	19200bps
通信方式	半双工双向
通信格式	固定

(2) 连接规格

① 连接模式和连接点数

并行连接模式是指两台 PLC 之间用 1∶1 通信的软元件类型、点数和地址范围。并行连接模式分为普通并行连接模式和高速并行连接模式(FX_{2N}系列 V.1.04 以上)。

并行连接点数是指各种模式下主站和从站所占用的软元件总数。这一范围内的软元件不能作其他用。如在普通并行连接模式下，主站和从站各占用的软元件，位元件为 M800～M999；字元件为 D490～D509。

连接模式和连接点数见表 8-12。

表 8-12　FX_{2N}系列 PLC 的并行连接模式

站号	普通并行连接模式		高速并行连接模式	
	位元件(M)	字元件(D)	位元件(M)	字元件(D)
	每站 100 点	每站 10 点	0 点	每站 2 点
主站	M800～M899	D490～D499	—	D490～D491
从站	M900～M999	D500～D509	—	D500～D501

在普通并行连接模式下，主站和从站各占用的软元件范围和数据传送方向见图 8-26(a)；在高速并行连接模式下，主站和从站各占用的软元件范围和数据传送方向见图 8-26(b)。

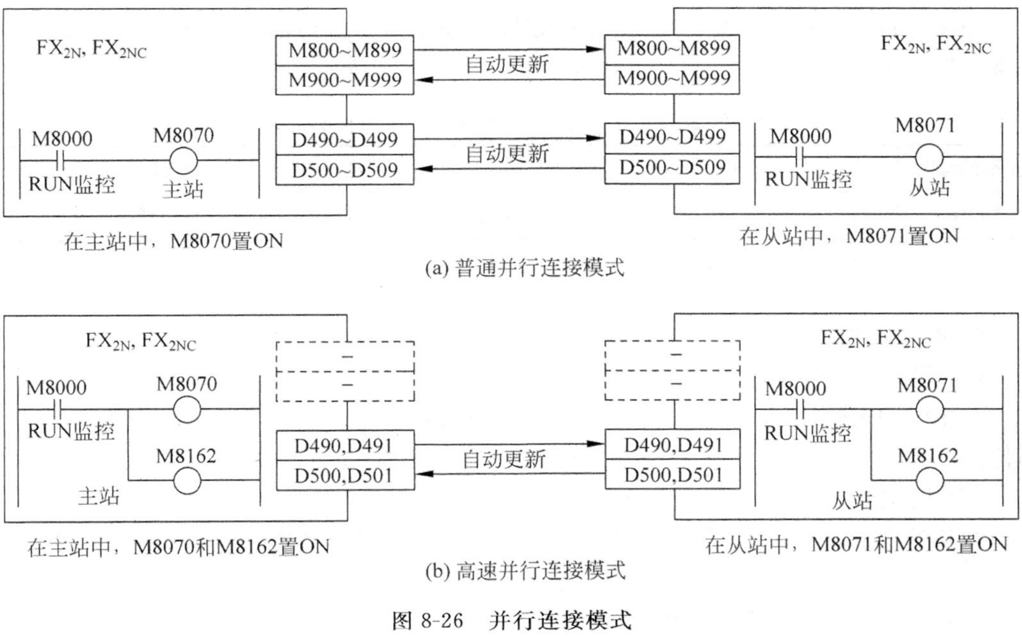

图 8-26　并行连接模式

② 连接时间

连接时间是指刷新连接用软元件的循环时间。根据连接模式，连接时间见表 8-13。

表 8-13 FX_{2N}系列 PLC 的并行连接时间 单位：ms

连接模式	连接时间
普通并行连接模式	70＋主站的运算周期＋从站的运算周期
高速并行连接模式	20＋主站的运算周期＋从站的运算周期

5. 相关标志和特殊数据寄存器

(1) 特殊辅助继电器

用于并行连接通信标志的特殊辅助继电器见表 8-14。

表 8-14 FX_{2N}系列 PLC 并行连接通信标志用特殊辅助继电器

软元件编号	名　　称	内　　容	响应类型	R/W
M8070	并行连接主站设定	置 ON 时作为主站连接	M	W
M8071	并行连接从站设定	置 ON 时作为从站连接	L	W
M8162	并行连接模式设定	置 ON 时为高速并行连接模式	M,L	W
M8072	正在执行数据通信	当并行连接正在运行时 ON	M,L	R
M8073	并行连接设定异常	当主站或从站设定有误时 ON	M,L	R

注：①M：主站。②L：从站。③R：只读；W：只写。

(2) 特殊数据寄存器

用于并行连接通信参数设定、参数设定确认和通信状态(数值和代码)存储的特殊数据寄存器见表 8-15。

表 8-15 FX_{2N}系列 PLC 并行连接通信参数用特殊数据寄存器

软元件编号	名　　称	内　　容	默认值/ms	响应类型	R/W
D8070	并行连接通信超时设置	设置并行连接通信超时时间	500	M,L	R/W

注：①M：主站。②L：从站。③R：只读；W：只写。

6. 参数设置

(1) 设定并行连接的主站(M8070)

在主站中通过 M8000 使 M8070 一直为 ON。当 M8070 为 ON 时，作为主站开始通信。

(2) 设定并行连接的从站(M8071)

在从站中通过 M8000 使 M8071 一直为 ON。当 M8071 为 ON 时，作为从站开始通信。

(3) 设定并行连接模式(M8162)

当 M8162 为 OFF 时，为普通并行连接模式；当 M8162 为 ON 时，为高速并行连接模式。通过 M8000 使 M8162 一直为 ON，在主站和从站中应同时设定。

(4) 并行连接通信超时设置(D8070)

当需要改变默认值(默认值 500ms)时，在主站和从站中的特殊数据寄存器 D8070 中设定 0～32767(ms)的数值。设定值即为通信超时的持续时间。

7. 编程实例

(1) 系统配置

并行连接 2 台 FX_{2N} 系列 PLC 的系统配置如图 8-27 所示。

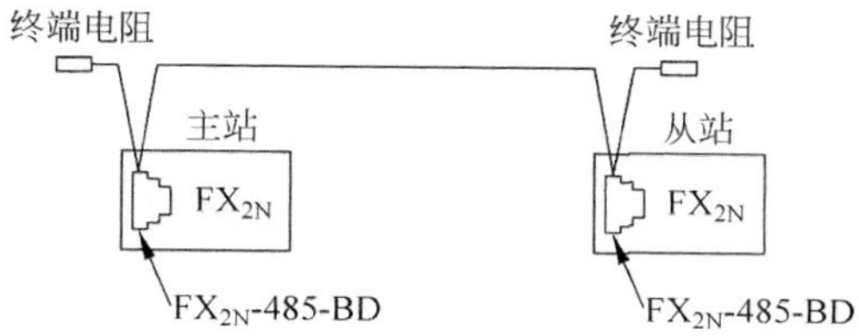

图 8-27　并行连接实例系统配置

系统参数设置如下：

① 连接范围：位元件 100 点，字元件 10 点(普通并行连接模式)。

② 通信超时设置：500ms。

(2) 操作任务

① 将主站的输入 X000～X007 的 ON/OFF 状态输出到从站的 Y000～Y007 中。

② 若主站的计算结果(D0＋D2)的值小于 100，则从站的 Y010 置 ON。

③ 将从站的 M0～M7 的 ON/OFF 状态输出到主站的 Y000～Y007 中。

④ 将从站的 D10 的值作为主站的定时器(T0)的设定值。

(3) 程序编写

① 主站程序编写。主站程序见图 8-28。

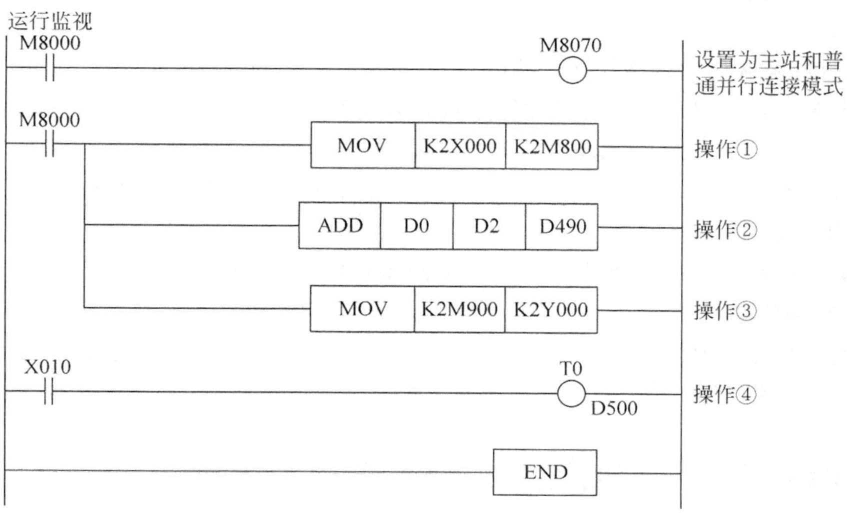

图 8-28　主站程序

② 从站程序编写。从站程序见图 8-29。

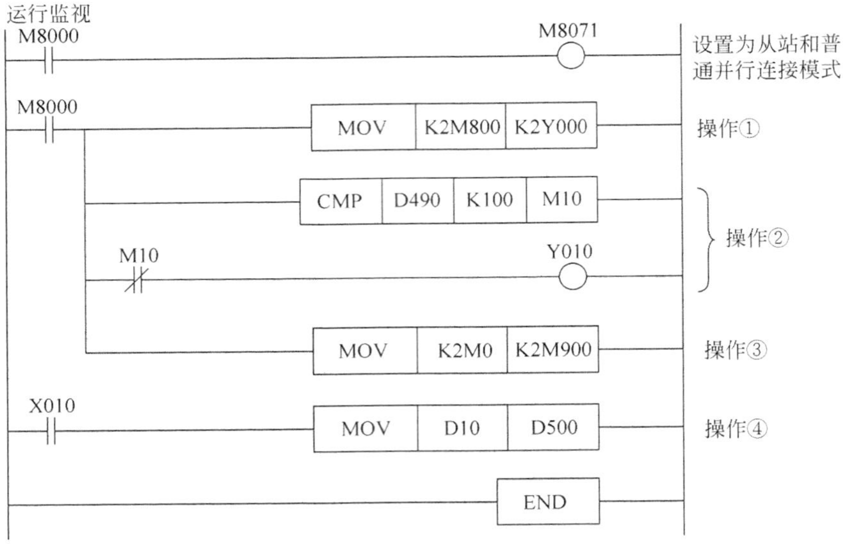

图 8-29　从站程序

8. 故障诊断

(1) 通过 LED 显示确认通信状态

正常通信时,并行连接的每个通信设备(485BD 或 485ADP)上的两个 LED(RD 和 SD)都应清晰地闪烁。

当 LED 不闪烁时,应检查接线是否正确,主站及从站的参数设定是否正确,主站及从站使用的软元件是否正确。

(2) 通过确认通信状态软元件诊断

① 当 M8072 为 ON 时,表示并行连接正在运行;当 M8072 为 OFF 时,表示并行连接的设定或者是通信中出现错误。

② 当 M8073 为 ON 时,应检查用户程序中主站和从站的设定是否正确。

(3) 用户程序检查

① 检查在程序中是否使设定了 N∶N 网络(D8173～D8180),不能同时使用并行连接和 N∶N 网络的设定。

② 检查在程序中是否使用了 VRRD,VRSC,RS,EXTR 指令。如果使用了,先删除这些指令,然后将 PLC 的电源断开再重新上电。

8.2　PLC 与计算机之间的通信

计算机与 PLC 之间的通信(以下称为计算机连接),是用专用协议进行数据传输,并可从计算机直接指定 PLC 的软元件,进行数据交换。使用计算机连接(计算机作为上位机),可实现生产的集中管理。

当使用 RS—232C/485 转换接口和 RS—485(422)通信适配器时，一台计算机最多可连接 16 台(1∶N 连接)FX 系列 PLC。

当使用 RS—232C 通信适配器时，一台计算机最多可连接 1 台(1∶1 连接)FX 系列 PLC。

8.2.1　FX_{2N}系列 PLC 与计算机的通信设备

1. FX_{2N}—232—BD 通信板

用于 RS—232 通信的 FX_{2N}—232—BD(以下简称 232BD)通信板(功能扩展板)可连接到 FX_{2N}系列 PLC 的基本单元。

232BD 具有以下特点：

① 在 RS—232C 设备之间进行数据传输，如个人电脑，条形码阅读机和打印机。

② 在 RS—232C 设备之间使用专用协议进行数据传输。

③ 连接编程工具。

当 232BD 用于上述 ①、② 应用时，通信格式包括波特率，奇偶性和数据长度，由参数或 FX_{2N}可编程控制器的特殊数据寄存器 D8120 进行设置。

232BD 的外形、端子图见图 8-30，安装参照图 8-3。

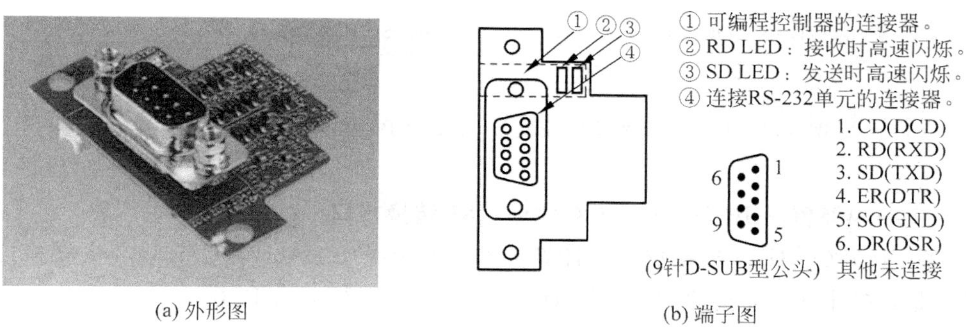

(a) 外形图　　(b) 端子图

图 8-30　FX_{2N}—232—BD 通信板外形和端子图

2. FX_{0N}—232ADP/ FX_{2NC}—232ADP 通信模块

FX_{0N}—232ADP/ FX_{2NC}—232ADP 通信模块是可与计算机通信的绝缘型特殊适配器，具有如下特点：

① 用于以计算机为主机的计算机链接(1∶1)专用协议通信用接口。

② 与计算机、条形码阅读机、打印机和测量仪表等配备 RS—232C 接口的设备进行 1∶1 无协议通信的接口。

③ 采用 RS—232C 通信方式，连接编程用计算机和 GOT 显示器的接口。如与 FX_{2N}—CNV—BD 连接板一起使用，可与 FX_{2N}系列 PLC 连接。

FX_{0N}—232ADP/ FX_{2NC}—232ADP 外形、端子图见图 8-31 和图 8-32。

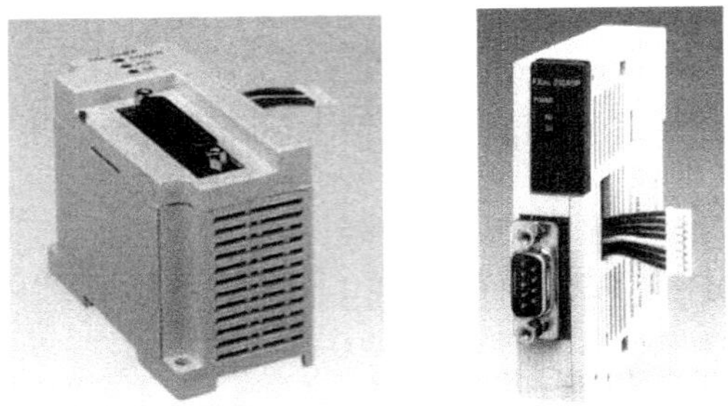

(a) FX_{0N}—232ADP (b) FX_{2NC}—232ADP

图 8-31 FX_{0N}—232ADP/ FX_{2NC}—232ADP 通信模块外形图

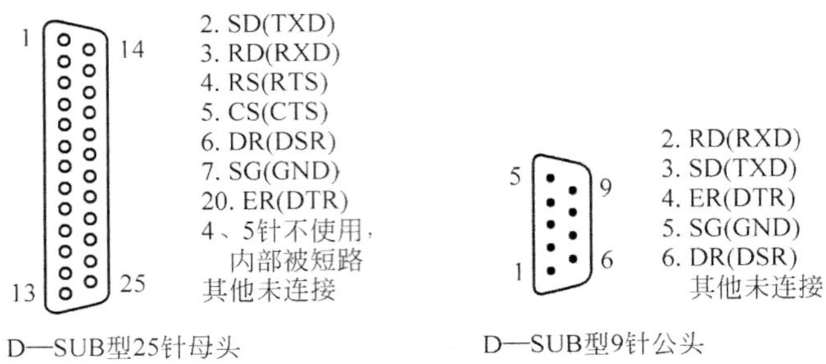

(a) FX_{0N}—232ADP (b) FX_{2NC}—232ADP

图 8-32 FX_{0N}—232ADP/ FX_{2NC}—232ADP 通信模块连接器端子图

3. FX—485PC—IF 型 RS—232C/RS—485 转换接口

FX—485PC—IF 转换接口是与计算机连接的绝缘型 RS—232C/RS—485 转换接口。其特点是：在计算机连接功能中，1 台计算机最多可连接 16 台 PLC。

FX—485PC—IF 的外形、端子图见图 8-33。

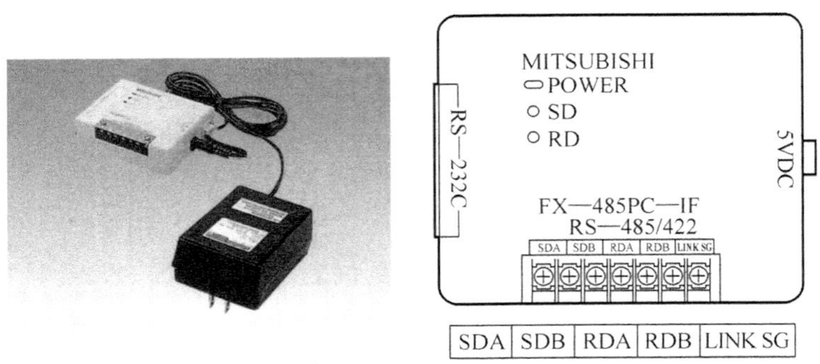

(a) 外形图 (b) 端子图

图 8-33 FX—485PC—IF 转换接口外形和端子图

4. 技术参数

FX_{2N}—232—BD 通信板和 FX_{0N}—232ADP/FX_{2NC}—232ADP 通信模块的技术参数见表 8-16。

表 8-16　FX_{2N}—232—BD 通信板和 FX_{0N}—232ADP/ FX_{2NC}—232ADP 通信模块技术参数

项　目		规　格	
		FX_{2N}—232—BD	FX_{0N}—232ADP/FX_{2NC}—232ADP
接口标准		RS—232C	
绝缘方式		非绝缘	光电隔离
显示(LED)		RD、SD	POWER、RD、SD
传送距离		最大 15m	
消耗电流		20mA/DC5V(由 PLC 供电)	200(100)mA/DC5V (由 PLC 供电)*
通信方式		全双工双向(FX_{2N}在 V2.0 版以下为半双工双向)	
通信协议		无协议/专用协议(格式 1 或格式 4)/编程通信	
波特率		300/600/1200/2400/4800/9600/19200 /38400bps	
通信格式	数据长度	7 位/8 位	
	奇偶校验	没有/奇数/偶数	
	停止位	1 位/2 位	
	波特率	300/600/1200/2400/4800/9600/19200/38400bps	
	标题	没有或任意数据	
	控制线	无/硬件/调制解调器方式	
	和校验	附加和码/不附加和码	
	结束符	没有或任意数据	

*：括号内为 FX_{2NC}—232ADP 的消耗电流。

FX—485PC—IF 转换接口的技术参数见表 8-17。

表 8-17　FX—485PC—IF 转换接口技术参数

项　目		规　格
接口标准		RS—485/RS—422
绝缘方式		RS—232C 信号与 RS—485/RS—422 信号间光电隔离以及变压器隔离
显示(LED)		POWER、SD、RD
通信方式		全双工双向
同期方式		调步同步
波特率		300/600/1200/2400/4800/9600/19200bps
传送距离	RS—485/RS—422	最大 500m
	RS—232C	最大 15m
电源		DC5V±5%
消耗电流		最大 260mA(由 FX—20P—PS 电源供电)

8.2.2　计算机连接的系统配置、接线和规格

1. 计算机连接的系统配置

计算机连接 1∶N 网络的系统配置见图 8-34 所示，1∶1 的系统配置见图 8-35。

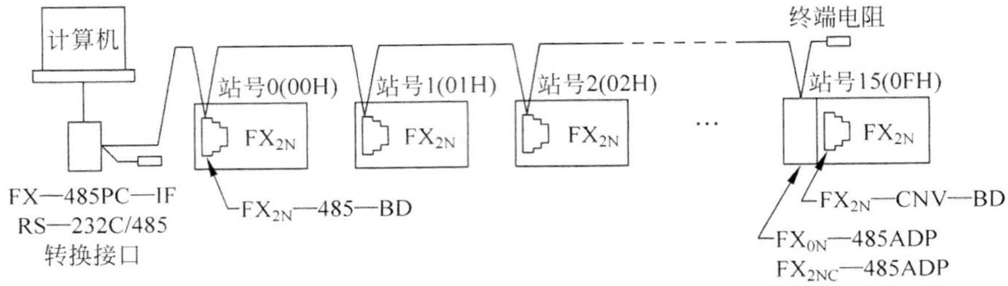

图 8-34 计算机连接 1∶N 的系统配置

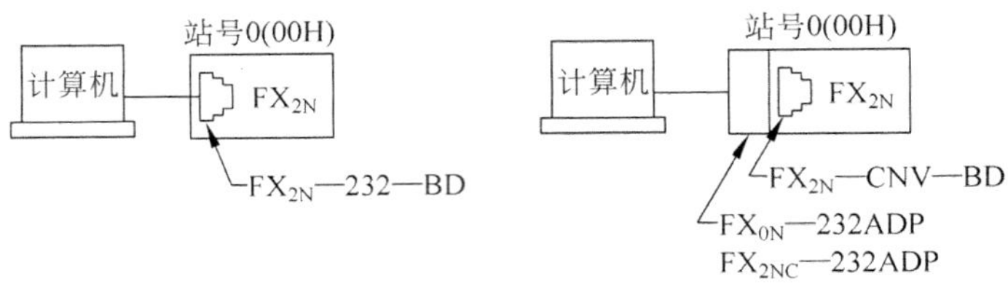

图 8-35 计算机连接 1∶1 的系统配置

2. 接线

(1) RS—232C 的接线

① 计算机与 FX—485PC—IF 之间的接线参见图 8-36。

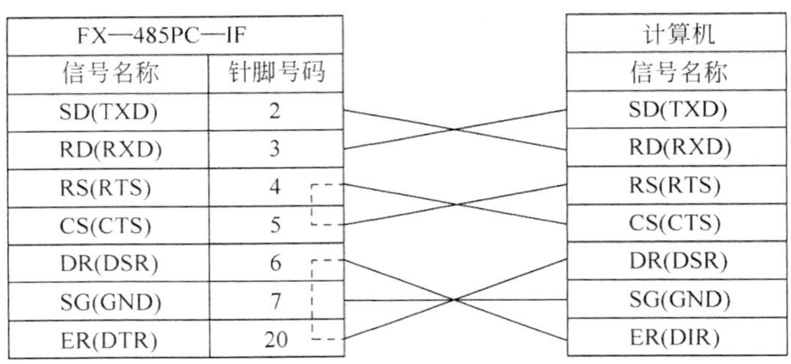

图 8-36 计算机与 FX—485PC—IF 之间的接线图

② 计算机与 485BD、485ADP 之间的接线参见图 8-37。

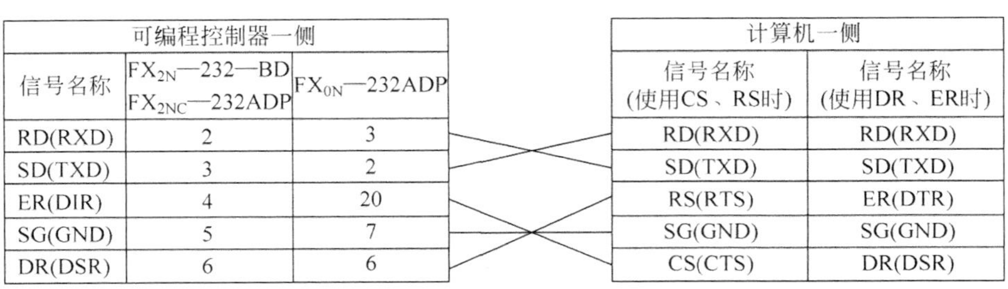

图 8-37 计算机与 485—BD、485ADP 之间的接线图

(2) RS—485/RS—422 的接线

使用 RS—485/RS—422 时,FX—485PC—IF 与 PLC 之间的接线参见图 8-10、图 8-23～图 8-25。

3. 通信规格和连接规格

(1) 通信规格

计算机连接的通信规格见表 8-18。

表 8-18　计算机连接的通信规格

项目		规格
连接台数	1∶N 连接	最多 16 台
	1∶1 连接	最多 1 台
接口标准		RS—485/RS—232C
最大传送距离		RS—485：全部使用 485ADP 时 500m,与 485BD 混合使用时 50m
		RS—232C：15m
协议格式		计算机连接(专用协议格式 1/格式 4)
控制协议		—
通信方式		半双工双向
波特率		300/600/1200/2400/4800/9600/19600bps
通信格式	起始位	固定
	数据位	7 位/8 位
	奇偶校验	无/奇校验/偶校验
	停止位	1 位/2 位
	报头(标题)	固定
	报尾(终止符)	固定
	控制线	固定
	和校验	无/有

(2) 连接规格

① 可处理的指令和元件点数见表 8-19。

表 8-19　可处理的指令和元件点数(FX_{2N} 系列)

项目			指令 符号	指令 ASCII 码	指令功能	一次更新可处理的点数
软元件内存	成批读出	位单位	BR	42H,52H	以 1 点为单位读出位软元件	256 点
		字单位	WR	57H,52H	以 16 点为单位读出位软元件	32 个字,512 点
					以 1 点为单位读出字软元件	64 点(＊1)
	成批写入	位单位	BW	42H,57H	以 1 点为单位写入位软元件	160 点
		字单位	WW	57H,57H	以 16 点为单位写入位软元件	10 个字,160 点
					以 1 点为单位写入字软元件	64 点(＊1)
	测试(随机写入)	位单位	BT	42H,54H	以 1 点为单位随机指定位软元件,执行置位/复位	20 点
		字单位	WT	57H,54H	以 16 点为单位随机指定位软元件,执行置位/复位	10 个字 160 点
					以 1 点为单位随机指定字软元件,执行写入	10 点(＊2)

续表

项目		指令 符号	指令 ASCII码	指令功能	一次更新可处理的点数
P	远程 RUN	RR	52H,52H	向 PLC 的远程 RUN/STOP 请求	—
L	远程 STOP	RS	52H,53H		—
C	读出 PLC 型号	PC	50H,43H	读出 PLC 的型号	—
全局		GW	47H,57H	针对所有通过连接的 PLC,将全局信号(M8126)置为 ON/OFF	1 点
下位请求通信		—		由 PLC 发出请求,但仅限于系统构成为 1∶1 时	64 点
环路回送测试		TT	54H,54H	将从计算机接收到的字符原样返回给计算机	254 个字符

注:* 1—指定 32 位计数器(C200～C255)时为 32 点。* 2—不能指定 32 位计数器(C200～C255)。

② 可用软元件范围。在访问软元件存储器时,每一软元件由 5 个字符组成:

软元件 + 软元件编号 = 5 个字符

(1 个字符,定时器、计数器为 2 个字符)+(4 个字符,定时器、计数器为 3 个字符)=5 个字符

例如,输入继电器 X000 改写为 X0000;定时器 T20 的触点改写为 TS020,定时器 T20 的当前值寄存器改写为 TN020;计数器 C15 的触点改写为 CS015,计数器 C15 的当前值寄存器改写为 CN015 等(见表 8-21、表 8-22)。

可用位软元件范围如表 8-20 所示,可用字软元件范围如表 8-21 所示。

表 8-20　可用位软元件范围(FX_{2N} 系列)

软元件	元件号范围	十进制/八进制表示	可使用的命令 BR,BW,BT	可使用的命令 WR,WW,WT
输入继电器(X)	X0000～X0337	八进制	可用	可用
输出继电器(Y)	Y0000～Y0337			
辅助继电器(M)	M0000～M3071	十进制		
状态继电器(S)	S0000～S0999			
特殊辅助继电器(M)	M8000～M8255			
定时器触点(T)	TS000～TS255			不可用
计数器触点(C)	CS000～CS255			

表 8-21　可用字软元件范围(FX_{2N} 系列)

软元件	元件号范围	十进制/八进制表示	可使用的命令 BR,BW,BT	可使用的命令 WR,WW	可使用的命令 WT
定时器当前值(T)	TN000～TN255	十进制	不可用	可用	可用
计数器当前值(C)	CN000～CN255				可用(*)
数据寄存器(D)	D0000～D7999				可用
特殊数据寄存器(D)	D8000～D8255				

注:* 表示只有 C000～C199 可用,不能使用 32 位计数器或高速计数器(C200～C255)。

在以字为单位的指令(WR,WW,WT)中使用位元件时,起始元件的编号必须为 8 的倍数,或一个八进制元件以 0 结尾的编号,如 X030,M24。

特殊辅助继电器与特殊数据寄存器分为只读、只写和系统应用。在不允许写入的范围内写入时,可编程控制器有可能出错。

(3) 连接时间

① 数据通信时间

每个站中连续的字元件的读出时间=(21+4×读出点数)×每个字符的发送接收时间+间隔时间+可编程控制器的最大扫描时间×3+报文等待时间

每个站中连续的字元件的写入时间=(20+4×写入点数)×每个字符的发送接收时间+间隔时间+可编程控制器的最大扫描时间+报文等待时间

② 每一个字符的发送接收时间

当设定起始位 1 位、数据长度 7 位、奇偶性 1 位、停止位 1 位时,发送接收时间见表 8-22。

表 8-22　每一个字符的发送接收时间

传送速度(波特率)/bps	一个字符的发送接收时间/ms	传送速度(波特率)/bps	一个字符的发送接收时间/ms
300	33.34	4800	2.08
600	16.67	9600	1.04
1200	8.34	19200	0.52
2400	4.17		

8.2.3　FX_{2N}系列 PLC 与计算机之间的通信协议

计算机连接的专用通信协议包括通信格式、数据格式和控制协议等。

1. 通信格式(D8120)及其设定

(1) 通信格式

通信格式决定计算机连接间的通信设置(数据长度、奇偶校验和波特率等)。通信格式由 PLC 中的特殊数据寄存器 D8120 来设置,如表 8-23 所示。

表 8-23　计算机连接专用协议的通信格式(D8120)

位编号	名　称	内　容	
		0(位=OFF)	1(位=ON)
b0	数据长度	7 位	8 位
b1 b2	奇偶校验	(b2,b1) (0,0):无 (0,1):奇校验(ODD) (1,1):偶校验(EVEN)	
b3	停止位	1 位	2 位

续表

位编号	名　称	内　容	
		0(位=OFF)	1(位=ON)
b4 b5 b6 b7	波特率/bps	(b7,b6,b5,b4) (0,0,1,1)：300 (0,1,0,0)：600 (0,1,0,1)：1200 (0,1,1,0)：2400	(b7,b6,b5,b4) (0,1,1,1)：4800 (1,0,0,0)：9600 (1,0,0,1)：19200
b8	报头	无	有(D8124) 默认值：STX(02H)
b9	报尾	无	有(D8125) 默认值：ETX(03H)
b10 b11	控制线	计算机连接	(b11,b10) (0,0)：RS-485/RS-422 接口 (1,0)：RS-232C 接口
b12	不可以使用		
b13	和校验	不附加	附加
b14	协议	无协议	专用协议
b15	控制顺序	协议格式 1	协议格式 4

(2) 通信格式设定

① 采用参数方法设定

采用参数方法设定，就是使用编程软件进行通信格式设定后，再传送至 PLC。可用参数方式进行设定的软件有基于 Windows 的 GX Developer 和 FXGP/WIN 两种。图 8-38 所示为使用 FXGP/WIN 编程软件进行参数设定的对话框。

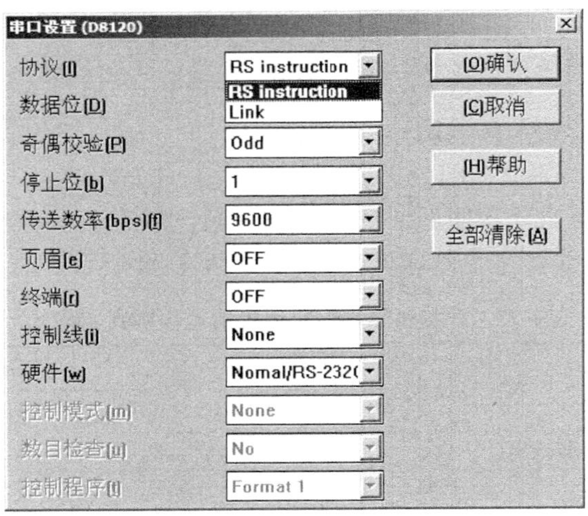

图 8-38　使用 FXGP/WIN 编程软件进行参数设定的对话框

② 采用用户程序设定

采用用户程序设定，就是在用户程序中将设定值传送到 D8120 中。

2. 控制协议的基本格式和控制顺序图

（1）控制协议的基本格式

在专用协议的控制顺序（传送数据的基本格式）中没有附加 CR、LF 的为协议格式 1，附加的为协议格式 4。传送数据的基本格式如图 8-39 所示。

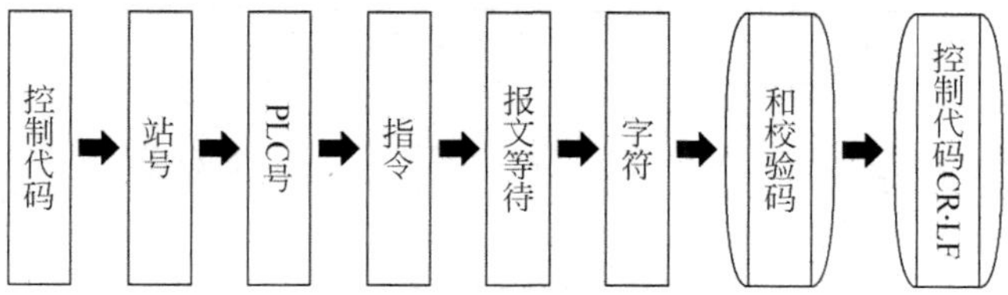

图 8-39　传送数据的基本格式

（2）控制顺序（协议）图

控制顺序图说明数据格式、传送顺序和传送方向，如图 8-40 所示。

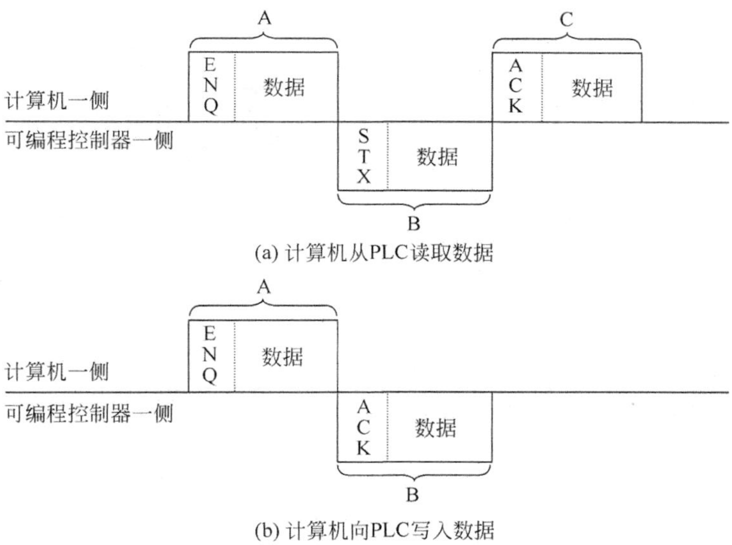

图 8-40　控制顺序图

① 当计算机从 PLC 读取数据时（计算机←PLC），如图 8-40(a)所示。A、C 部分表示从计算机向 PLC 的传送。B 部分表示从 PLC 向计算机的传送。

② 当从计算机向 PLC 写入数据时（计算机→PLC），如图 8-40(b)所示。A 部分表示从计算机向 PLC 的传送。B 部分表示从 PLC 向计算机的传送。

编写计算机的程序时要按照各数据从左向右依次传送的方式。作为整体编程而言，对于图 8-40(a)，要按照 A→B→C 的顺序进行数据通信。对于图 8-40(b)，要按照 A→B 的顺序进行数据通信。例如，A 部分从 ENQ 开始依次向右传送数据。

3. 控制协议

(1) 控制协议格式1

控制协议格式1的控制顺序如表8-24所示。

表8-24 控制协议格式1的控制顺序

<table>
<tr><th>内 容</th><th>控制顺序(协议)</th></tr>
<tr><td>在计算机一侧读出PLC的数据时</td><td>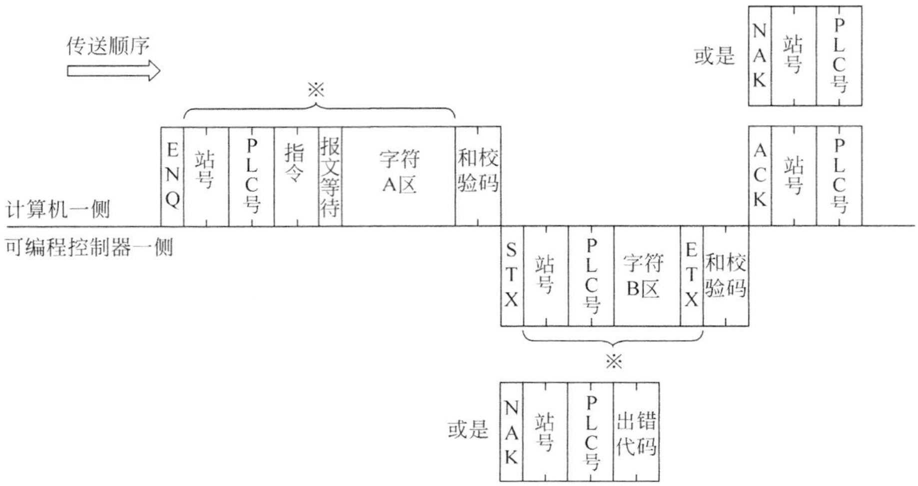
</td></tr>
<tr><td>由计算机一侧向PLC写入数据时</td><td>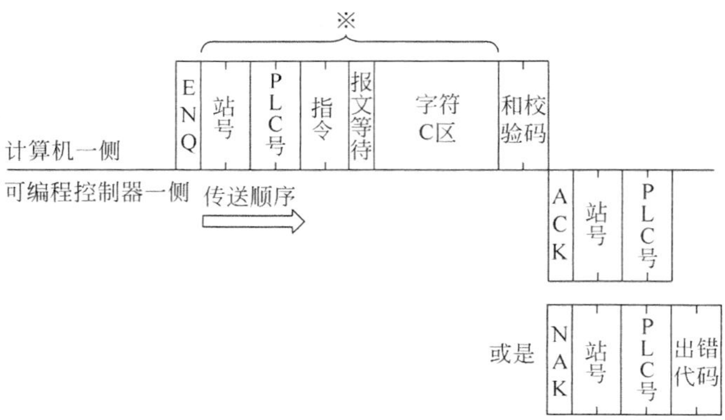
</td></tr>
<tr><td>备注</td><td>(1) 只有当设定[有]和校验时才有和校验码;当设定[无]和校验时没有和校验码。
(2) 当设定[有]和校验时,仅对上图中带※部分的字符进行和校验。
(3) 图中[字符A区],[字符B区],[字符C区]的内容因通信内容不同而各异,但是不会因控制协议格式不同而各异</td></tr>
</table>

(2) 控制协议格式4

控制协议格式4的控制顺序如表8-25所示。

表 8-25　控制协议格式 4 的控制顺序

<table>
<tr><th>内容</th><th>控制顺序(协议)</th></tr>
<tr><td>在计算机一侧读出 PLC 的数据时</td><td>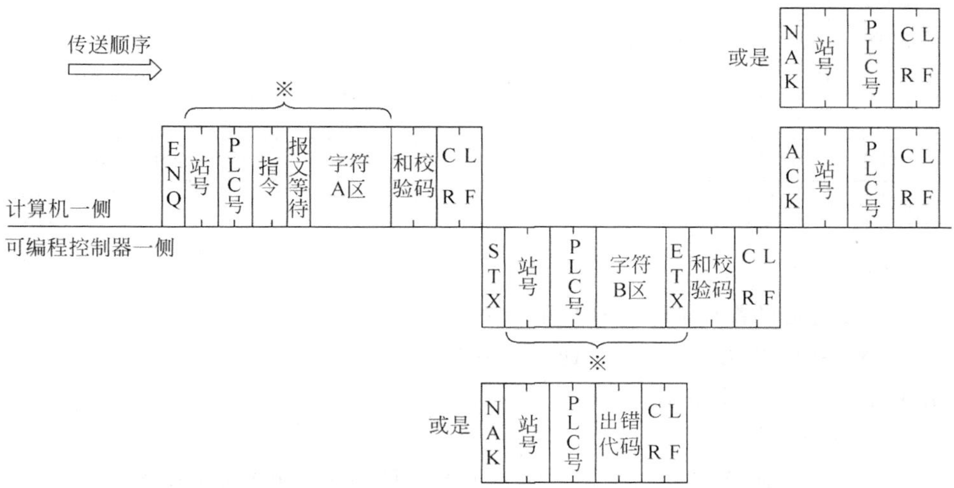
</td></tr>
<tr><td>由计算机一侧向 PLC 写入数据时</td><td>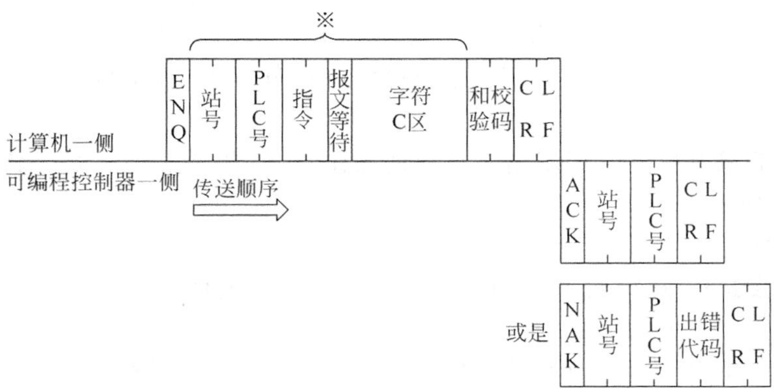
</td></tr>
<tr><td>备注</td><td>(1) 只有当设定[有]和校验时才有和校验码；当设定[无]和校验时没有和校验码。
(2) 当设定[有]和校验时，仅对上图中带※部分的字符进行和校验。
(3) 图中[字符 A 区]，[字符 B 区]，[字符 C 区]的内容因通信内容不同而各异，但是不会因控制协议格式不同而各异</td></tr>
</table>

4. 控制顺序(协议)中各设定项目的内容

(1) 控制代码

控制协议中的控制代码如表 8-26 所示。

当 PLC 接收到 ENQ、ACK 其中一个时，对传送序列进行初始化，然后开始接收。一旦接收到 EOT、CL 代码时，PLC 就对传送序列进行初始化，此时 PLC 不会给出任何响应。

表 8-26 控制代码

信号名称	代码	内　容	信号名称	代码	内　容
STX	02H	Start of Text(文本起点)	LF	0AH	Line Feed(打印及换行)
ETX	03H	End of Text(文本终点)	CL	0CH	Clear(清除)
EOT	04H	End of Transmission(传送结束)	CR	0DH	Carriage Return(回车)
ENQ	05H	Enquiry(查询)	NAK	15H	Negative Acknowledge(不确认)
ACK	06H	Acknowledge(确认)			

(2) 站号

站号就是设置在PLC一侧,用于决定计算机与哪个PLC进行存取的编号。

FX_{2N}系列PLC中,站号是通过特殊数据寄存器D8121来设定的。站号采用十六进制数进行设定,设定范围为00H~0FH。

(3) PLC号

PLC号是在A系列可编程控制器MELSECNET(Ⅱ)或MELSECNET/B与计算机连接混合使用时,用于识别与哪一个PLC之间进行通信的编号。

FX系列PLC的PLC号固定为“FFH”,转换成两位数的ASCII码后使用。当使用下位请求通信功能时,PLC会将PLC号自动设置为“FEH”,以区别上位机通信。

(4) 指令

就是指定计算机对相应的PLC进行要求的操作,如读出、写入等。指令转换成两位数的ASCII码后使用。

(5) 报文等待

由于计算机发送信息后,到变为接收状态为止需要一定时间,报文等待就是规定这个时间。

报文等待时间决定了PLC在从计算机接收到一个消息之后到它发送数据之前的最小延迟量。报文等待时间应根据计算机的具体情况设定。

报文等待时间可以在0~150ms设定(以10ms为1单位),将0H~FH(0~15)转换成1位数的ASCII码后使用。

(6) 和校验码

和校验代码用来确定报文中的数据是否受到破坏。它是将需要和校验的区域中的ASCII码作为十六进制数据进行加法运算,并将其结果(求和值)的低位1个字节(8位)转换成2位十六进制数的ASCII码。

FX_{2N}系列PLC在特殊数据寄存器D8120(通信格式)中的b13,可以设定是否要在报文中附加和校验代码。

5. 超时检查

在计算机接收数据出现中断时,如果在设定时间内未能重新开始接收数据,则PLC中会出现超时出错,将传送序列进行初始化。

FX_{2N}系列 PLC 可以用参数设定，或是在用户程序中向 D8129 写入超时判定时间。

超时时间的设定范围(用参数设定与用用户程序设定的设定范围不同)如下：

用参数设定：1～255(10～2550ms)。

用用户程序设定：1～3276(10～32760ms)。

6. 采用用户程序设定通信的方法

图 8-41 为采用用户程序设定通信的例子。其设定内容如下：

通信格式：数据长度 7 位，奇校验，停止位 1 位，波特率 9600bps，报头无，报尾无，RS-232C 接口，附加和校验，专用协议，控制顺序格式 1。

站号：0。

超时判定时间：60ms。

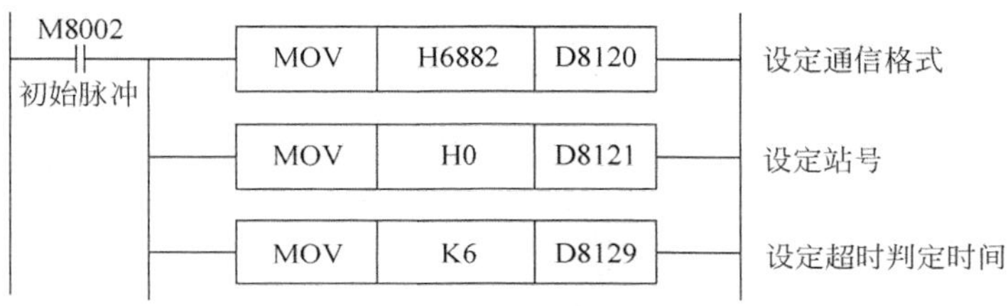

图 8-41 通信设定程序例

8.2.4 计算机连接的专用协议指令

本小节介绍计算机连接时使用的专用协议指令(指令功能参见表 8-20)的格式(以下称指定方法)和指定实例。在指定实例中，均以控制协议格式 1 说明。站号、PLC 号、软元件点数、和校验码、报文等待时间等，都以十六进制表示。

1. 位软元件的成批读出(BR 指令)

(1) 指定方法

BR 指令的指定方法见图 8-42。

指定位软元件的点数和范围应符合以下条件：

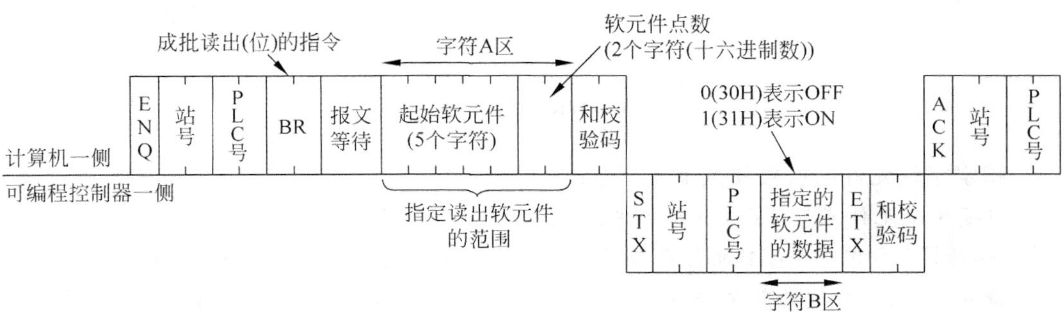

图 8-42 BR 指令的指定方法

1≤位软元件点数≤256(256 点用 00H 设定)

起始软元件编号+位软元件点数−1≤最大软元件编号

(2) 指定实例

读出站号为“5”的可编程控制器 X040～X044 共 5 点的内容,报文等待时间 100ms,如图 8-43 所示。(提示:在 X040～X044 中,X040 和 X043 为 OFF,其他都为 ON 的时候)

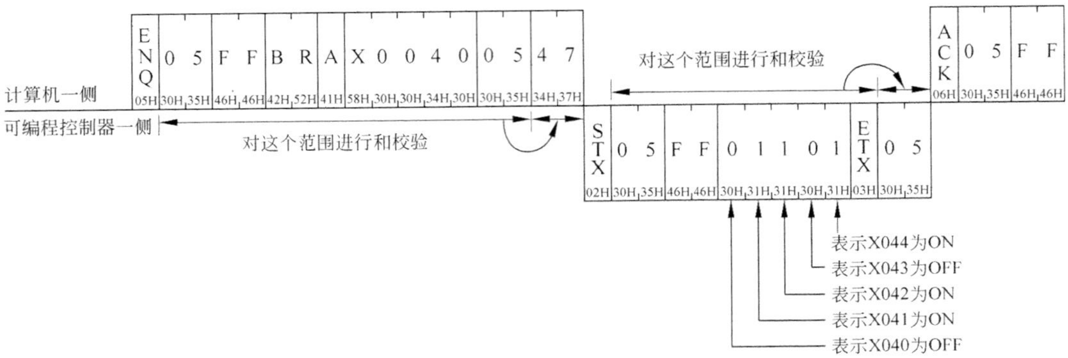

图 8-43　BR 指令的指定实例

2. 字软元件的成批读出(WR 指令)

(1) 指定方法

WR 指令的指定方法见图 8-44。

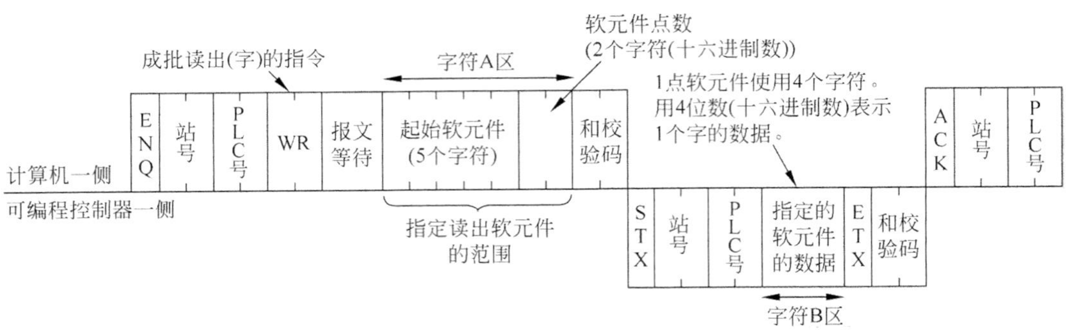

图 8-44　WR 指令的指定方法

指定字软元件的点数和范围应符合以下条件:

1≤字软元件点数≤64(位软元件点数为 32 点)

起始软元件编号+字软元件点数(位软元件时为软元件点数×16)−1≤最大软元件编号

提示:读出 32 位的软元件(C200～C255)时,每一点软元件为 2 个字的数据,因此位软元件的点数为 32 点。

(2) 指定实例

① 实例 1

读出站号为“5”的 PLC X040～X077 共 32 点的内容，报文等待时间 0ms，如图 8-45 所示。WR 指令是以字为单位，软元件点数指定为“02H”(位软元件 16 点为 1 个字)。

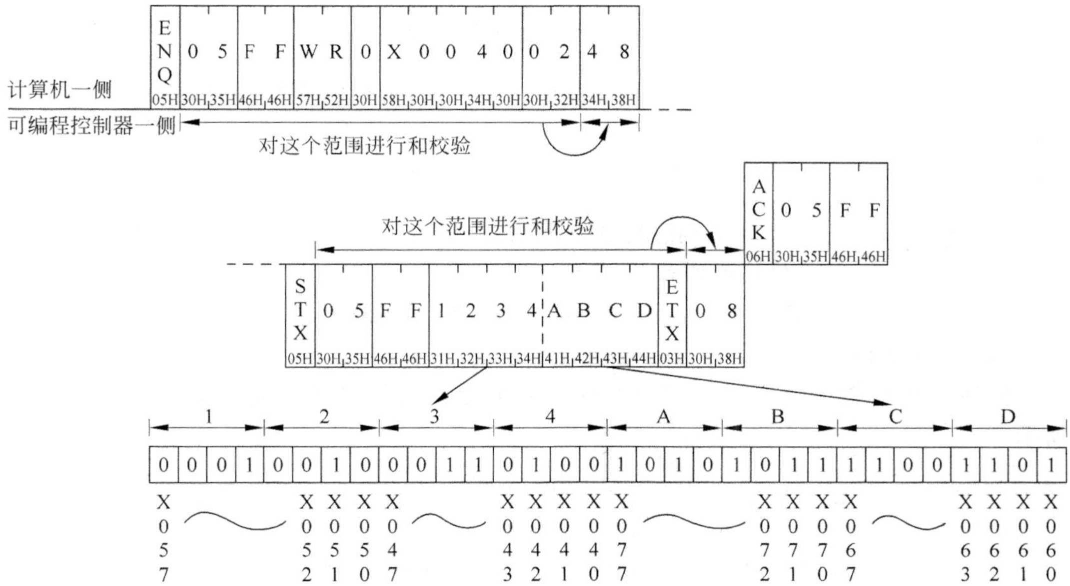

图 8-45　WR 指令的指定实例 1

② 实例 2

读出站号为“5”的 PLC T123～T124 共 2 点的当前值，报文等待时间 0ms，如图 8-46 所示。

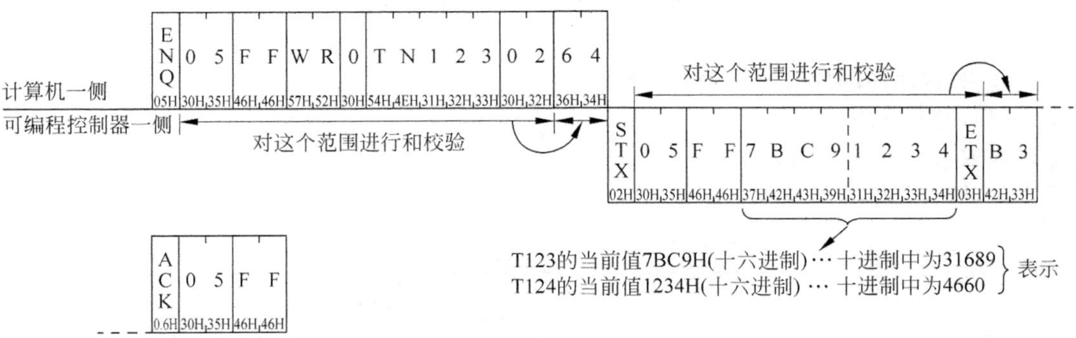

图 8-46　WR 指令的指定实例 2

3. 位软元件的成批写入(BW 指令)

(1) 指定方法

BW 指令的指定方法见图 8-47。

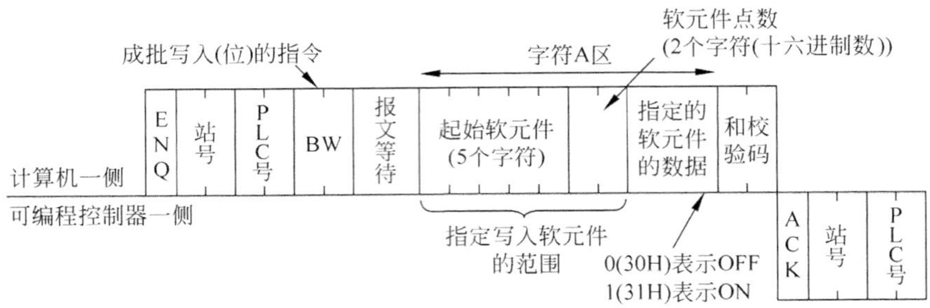

图 8-47 BW 指令的指定方法

指定位软元件的点数和范围应符合以下条件：

1≤位软元件点数≤160

起始软元件编号+位软元件点数-1≤最大软元件编号

(2) 指定实例

向站号为"0"的 PLC M903～M907 共 5 点中写入数据，报文等待时间 0ms，如图 8-48 所示。

图 8-48 BW 指令的指定实例

4. 字软元件的成批写入(WW 指令)

(1) 指定方法

WW 指令的指定方法见图 8-49。

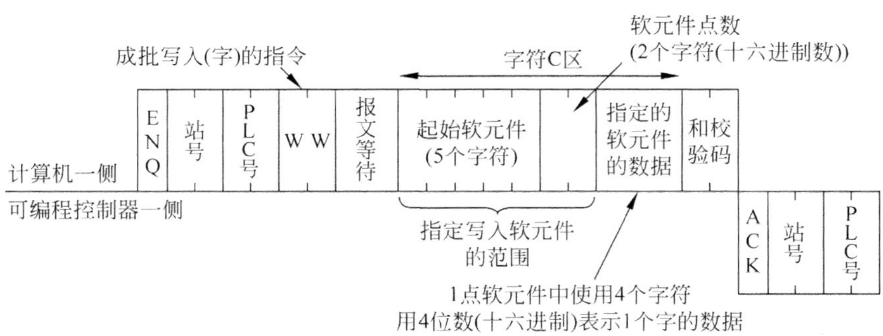

图 8-49 WW 指令的指定方法

指定字软元件的点数和范围应符合以下条件：

1≤字软元件点数≤64(位软元件点数为 10 点)

起始软元件编号＋字软元件点数(位软元件时为软元件点数×16)－1≤最大软元件编号

(2) 指定实例

① 实例 1

向站号为“0”的 PLC M640～M671 共 32 点中写入数据，报文等待时间 0ms，如图 8-50 所示。WW 指令是以字为单位，软元件点数指定为“02H”(位软元件 16 点为 1 个字)。

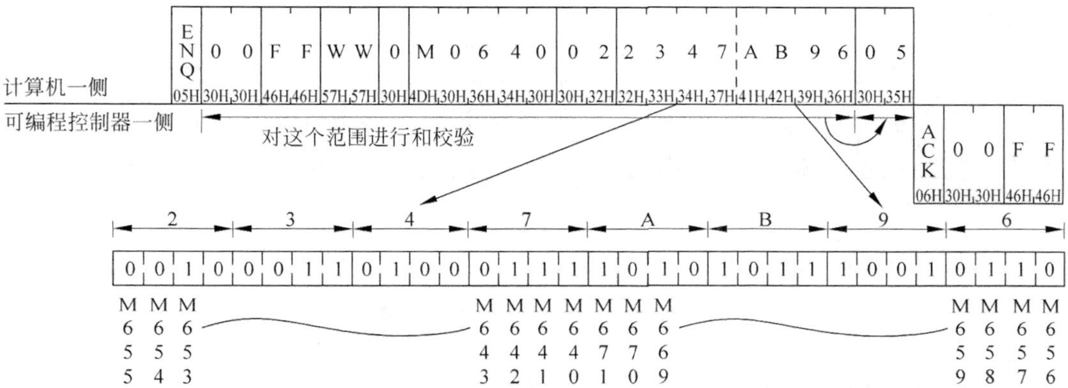

图 8-50 WW 指令的指定实例 1

② 实例 2

向站号为“0”的 PLC D0～D1 共 2 点中写入数据，报文等待时间 0ms，如图 8-51 所示。

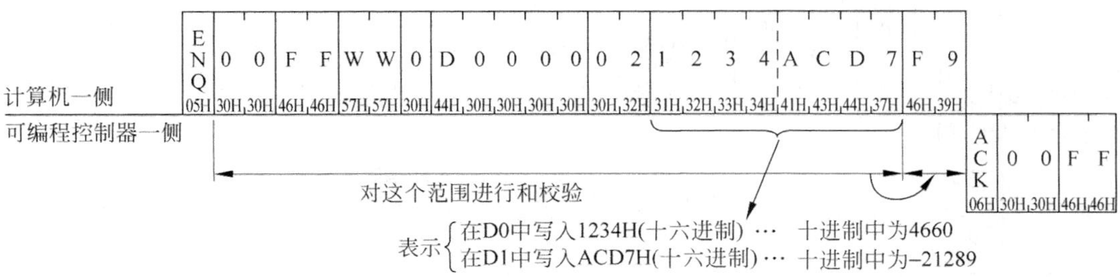

图 8-51 WW 指令的指定实例 2

5. 位软元件的测试(随机写入)(BT 指令)

(1) 指定方法

BT 指令的指定方法见图 8-52。

指定位软元件的点数和范围应符合以下条件：

1≤位软元件点数≤20

(2) 指定实例

向站号为“5”的 PLC M50 中写入 ON，向 S100 中写入 OFF，向 Y001 中写入 ON；报文等待时间 0ms，如图 8-53 所示。

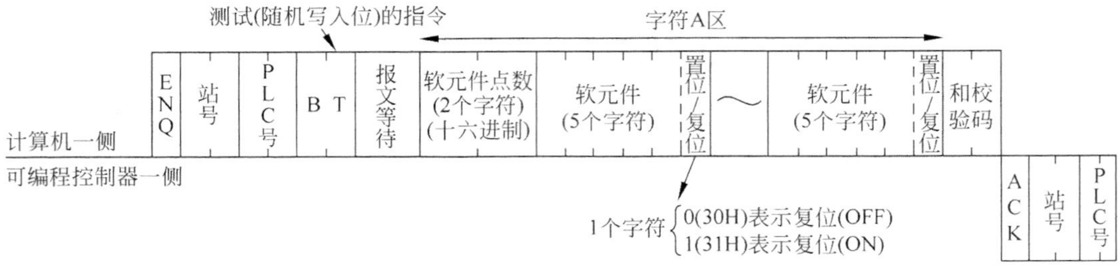

图 8-52　BT 指令的指定方法

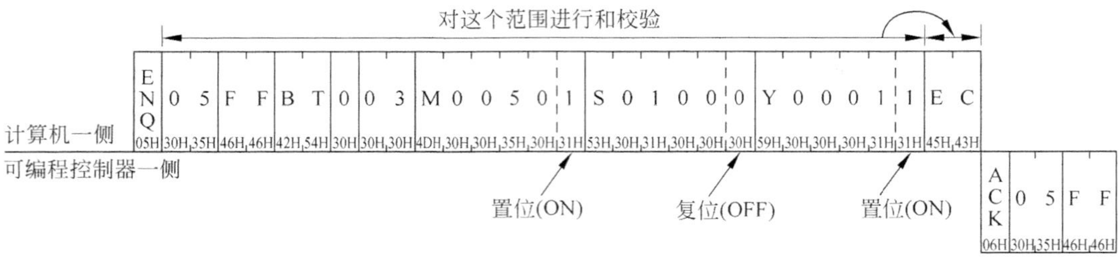

图 8-53　BT 指令的指定实例

6. 字软元件的测试(随机写入)(WT 指令)

(1) 指定方法

WT 指令的指定方法见图 8-54。

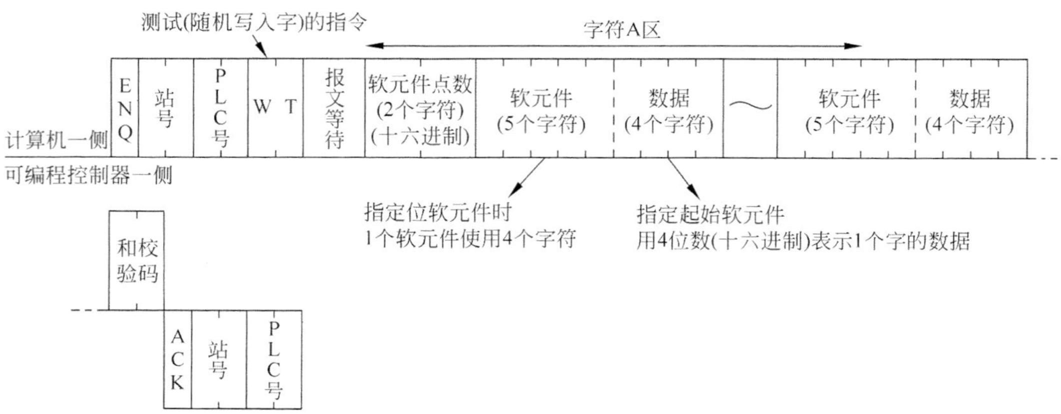

图 8-54　WT 指令的指定方法

指定字软元件的点数和范围应符合以下条件:

1≤字软元件点数≤10(位软元件以 16 点为 1 单位,160 点)

32 位计数器(C200～C255)不能使用该指令。

(2) 指定实例

将站号为"5"的 PLC D500 的当前值改写成 1234H,将 Y100～Y117 共 16 点改写成 BCA9H,将 C100 的当前值改写成 64H;报文等待时间 0ms,如图 8-55 所示。

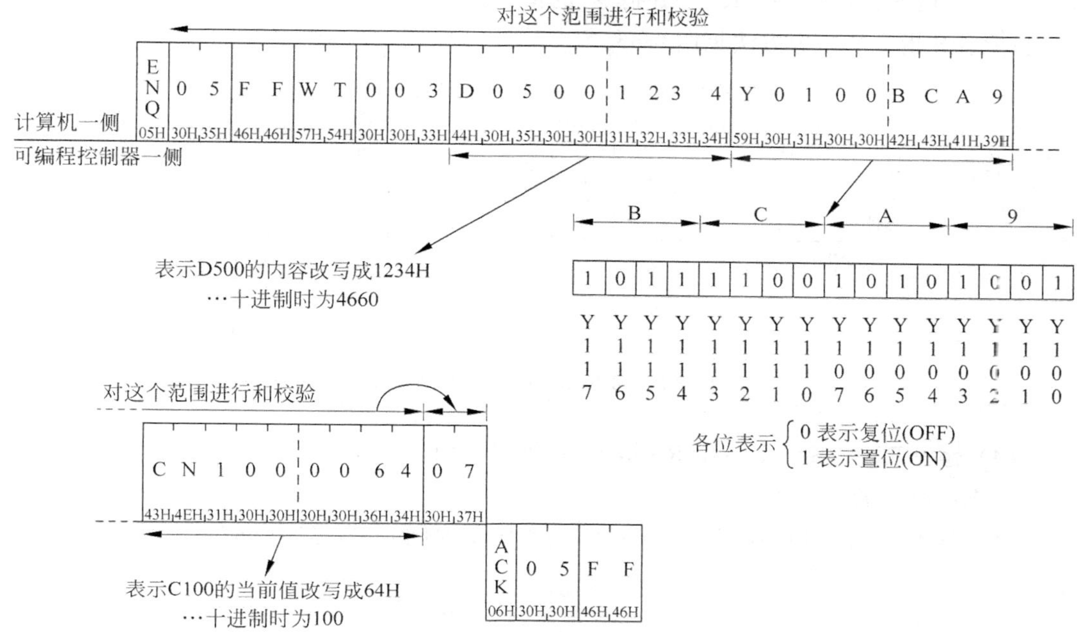

图 8-55　WT 指令的指定实例

7. 远程运行/停止(RR/RS 指令)

(1) 远程 RUN/STOP 的控制内容

在计算机中执行远程 RUN/STOP 时,PLC 一侧为强制运行模式,并对特殊辅助继电器 M8035、M8036、M8037 作如下控制。

① 远程运行

在计算机中执行远程 RUN(RR 指令)后,PLC 一侧的 M8035 和 M8036 置位,强制 RUN 模式动作,PLC 转为 RUN。

在 PLC 已处于运行状态时,如果执行远程 RUN,状态不会改变,并会将远程错误代码(18H)返回计算机。

② 远程运行停止

在计算机中执行远程 STOP(RS 指令)后,PLC 一侧的 M8037 置位,M8035 和 M8036 复位,强制 STOP 模式动作,PLC 转为 STOP。

在 PLC 已处于停止状态时,如果执行远程 STOP,状态不会改变,并会将远程错误代码(18H)返回计算机。

(2) 有效执行远程 RUN/STOP 的条件

PLC 处于停止状态(内置的 RUN/STOP 开关处于 STOP 一侧)。

PLC 在强制运行模式时,若电源被关闭后再打开,特殊辅助继电器 M8035、M8036、M8037 都会复位到关,且 PLC 保持停止,强制运行模式不会被恢复。

(3) 远程 RUN/STOP(RR/RS 指令)的指定方法

RR、RS 指令的指定方法见图 8-56。

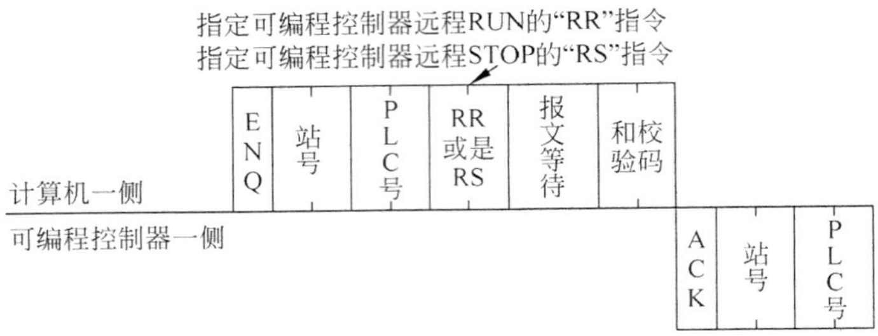

图 8-56 RR/RS 指令的指定方法

(4) 远程 RUN/STOP(RR/RS 指令)的指定实例

① RR 指令的指定实例

对站号为"5"的 PLC 执行远程 RUN,报文等待时间 0ms,见图 8-57。

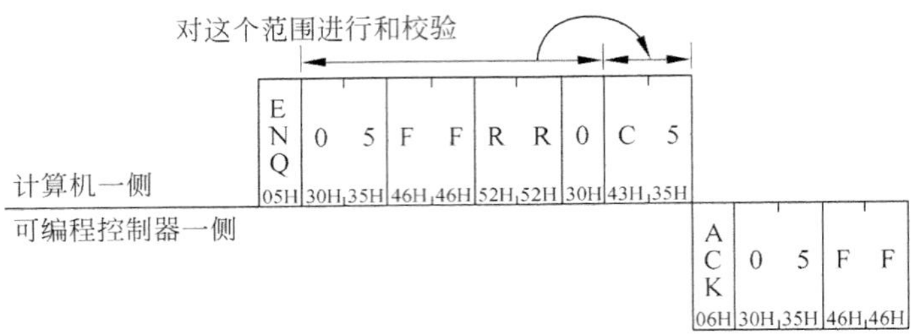

图 8-57 RR 指令的指定实例

② RS 指令的指定实例

对站号为"0"的 PLC 执行远程 STOP,报文等待时间 0ms,见图 8-58。

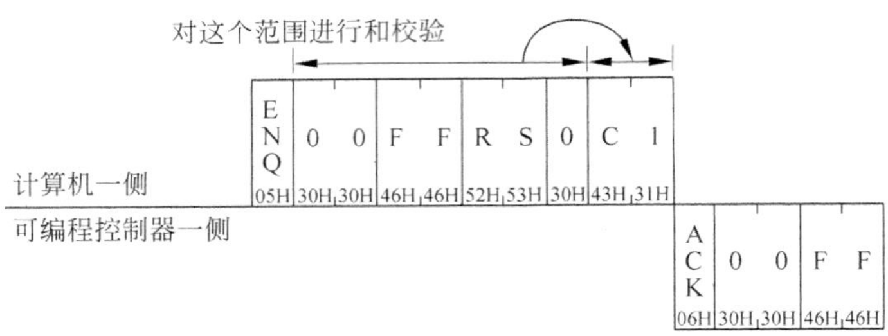

图 8-58 RS 指令的指定实例

8. 读出 PLC 的型号(PC 指令)

(1) 指定方法

PC 指令的指定方法见图 8-59。

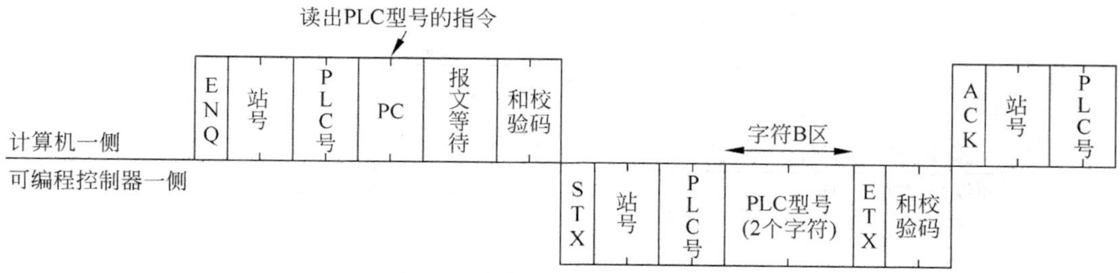

图 8-59 PC 指令的指定方法

(2) 指定实例

读出站号为"15"的 PLC 的型号,报文等待时间 0ms,见图 8-60。

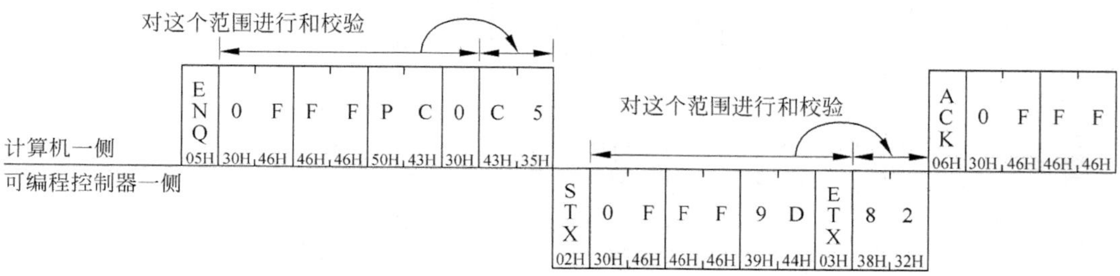

图 8-60 PC 指令的指定实例

FX_{2N}、FX_{2NC}系列 PLC 的型号代码为"9DH"。

9. 全局功能(GW 指令)

全局功能就是指通过计算机,对与之连接的所有站点的 FX 系列 PLC 的特殊辅助继电器 M8126(全局操作标志)执行 ON/OFF 操作。该功能可用于所有站点的 PLC 的初始化、复位或同步启动/停止。

(1) 全局功能的控制内容

① 由于控制协议中指定的站号是针对所有站点的,所以要指定为 FFH。如果指定了 FFH 以外的站号(00H~0FH),那么只有指定站号的 PLC 的 M8126 执行 ON/OFF。

② 这个功能是从计算机发出指令,对此 PLC 不给出响应。

③ 当 PLC 的电源断开,或是 PLC 处于停止状态时,特殊辅助继电器 N8126 也断开,全局功能的处理请求会被清除。

(2) 全局功能的指定方法

GW 指令的指定方法见图 8-61。

(3) 全局功能的指定实例

使所有站点的 FX 系列 PLC 的全局操作标志 M8126 为 ON,报文等待时间 0ms,见图 8-62。

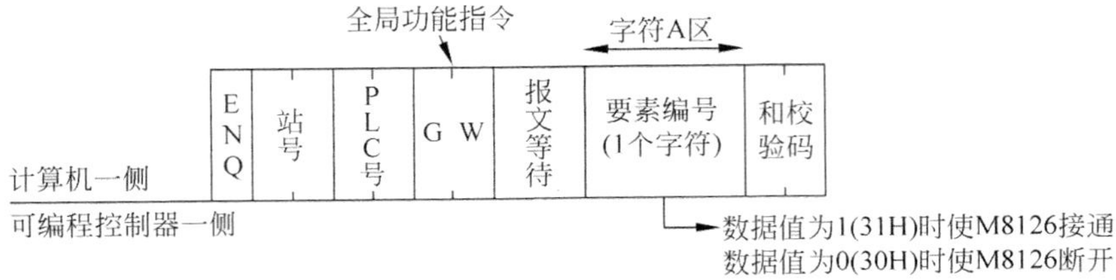

图 8-61 GW 指令的指定方法

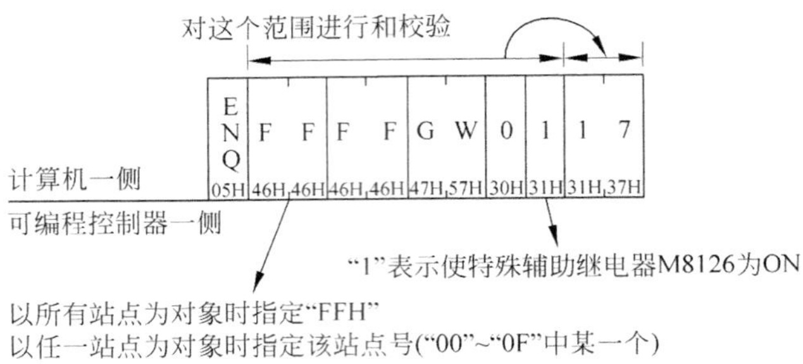

图 8-62 GW 指令的指定实例

10. 下位请求通信功能

计算机与 PLC 之间的数据传送，通常仅从计算机一侧启动数据传送。

如果从 PLC 向计算机发送数据，可以指定保存发送数据的数据寄存器的区域，并从 PLC 一侧启动发送功能，这就称为下位请求通信功能。

在下位请求通信发送中，PLC 不能接收从计算机发送的指令。

下位请求通信功能仅用于计算机与 PLC 的连接为 1∶1 时。

(1) 下位请求通信功能中使用的特殊软元件

在下位请求通信功能中使用的特殊辅助继电器和特殊数据寄存器如表 8-27 所示。

表 8-27 下位请求通信功能中使用的特殊辅助继电器和特殊数据寄存器

软元件	名 称	功 能
M8127	下位请求通信发送中	执行下位请求通信时为 ON 信 ON：下位请求通信发送中；OFF：下位请求通信发送结束
M8128	下位请求通信出错标志位	当下位请求通信的数据发送用的指定值中出错时为 ON ON：出错；OFF：正常发送
M8129	下位请求通信字/字节的切换	指定下位请求通信数据的字/字节单位 ON：字节单位(8 位)；OFF：字单位(16 位)
D8127	下位请求通信指定起始元件编号	下位请求通信中要发送的数据被保存在数据寄存器中，这些数据寄存器通过用户程序设定起始编号

续表

软元件	名　称	功　　能
D8128	下位请求通信指定数据寄存器点数	通过用户程序设定下位请求通信中要发送的数据数(数据寄存器点数) 当指定字单位时：数据数(字数)＝发送用数据寄存器点数 当指定字节单位时：2 个数据数(字节数)＝1 个发送用数据寄存器

(2) 下位请求通信功能的控制顺序

① PLC 一侧的控制顺序如图 8-63 所示。

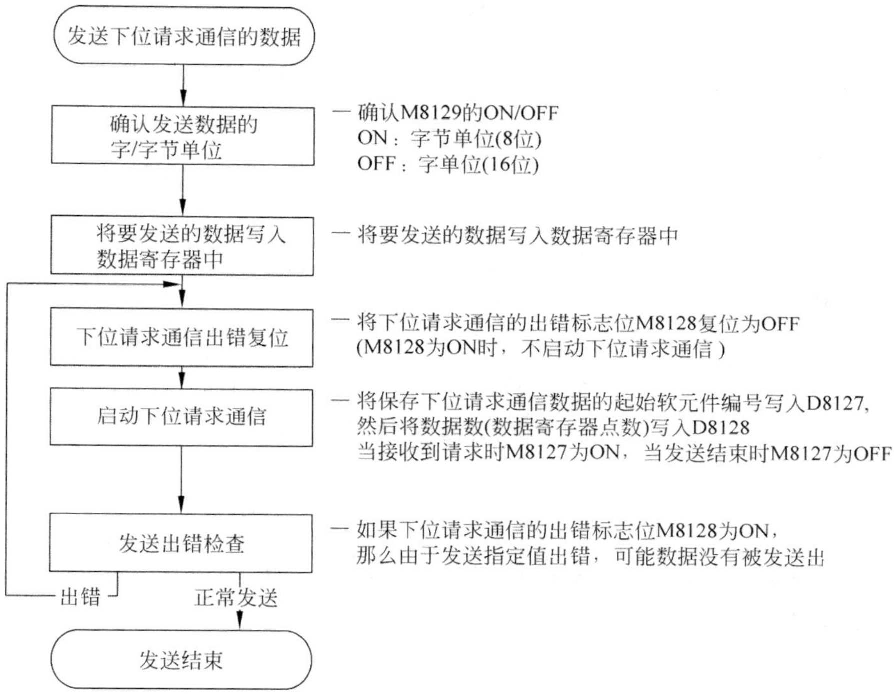

图 8-63　PLC 一侧的控制顺序

② 计算机一侧的控制顺序如图 8-64 所示。

(3) 下位请求通信功能的指定方法

下位请求通信功能的指定方法如图 8-65 所示。

向特殊数据寄存器 D8127 中写入保存发送数据的数据寄存器的起始软元件编号和向 D8128 中写入数据数后，就启动了下位通信请求，下位请求通信执行信号 M8127 立即为 ON。如果计算机正在发送数据，下位请求通信数据的发送必须要等到接收完计算机发出的指令数据为止。指定数据数的范围应符合以下条件：

$$数据数 \leqslant 40H(64\ 个)$$

PLC 自动附加“FE”为 PLC 号。

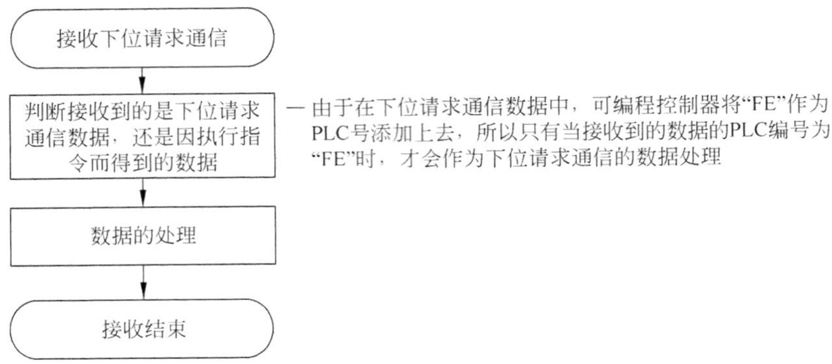

图 8-64　计算机一侧的控制顺序

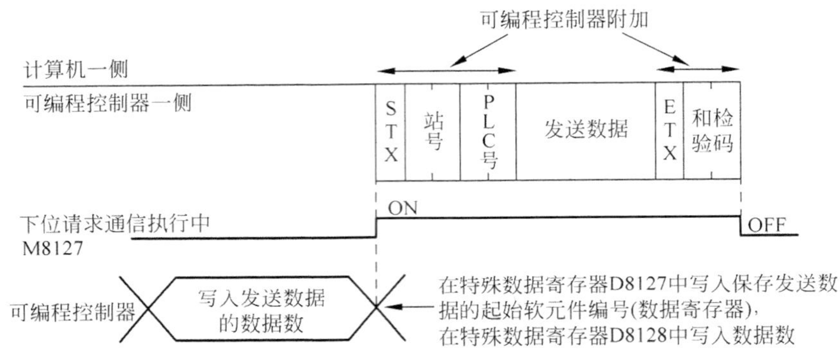

图 8-65　下位请求通信功能的指定方法

(4) 下位请求通信功能的指定实例

① 实例 1

从用户程序中启动并以字为单位发送保存在数据寄存器 D100、D101 中的数据，可编程控制器的站号为"0"，见图 8-66。

② 实例 2

从用户程序中启动并以字节为单位发送保存在数据寄存器 D100、D101 中的数据，可编程控制器的站号为"0"，见图 8-67。

11. 环路回送测试(TT 指令)

环路回送测试功能就是测试计算机与 PLC 之间的通信是否正常。

(1) 指定方法

TT 指令的指定方法见图 8-68。

字符长度的指定范围应符合以下条件：

$$1 \leqslant 字符长度 \leqslant 254$$

PLC 自动附加"FE"为 PLC 号。

(2) 指定实例

在站号"0"中，用数据"ABCD"进行环路回送测试，报文等待时间 0ms，见图 8-69。

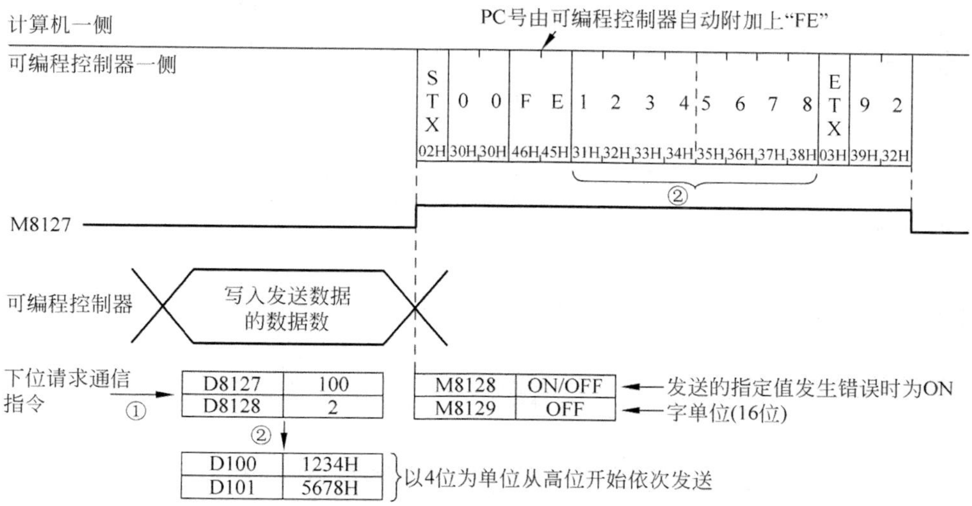

(a) 控制顺序

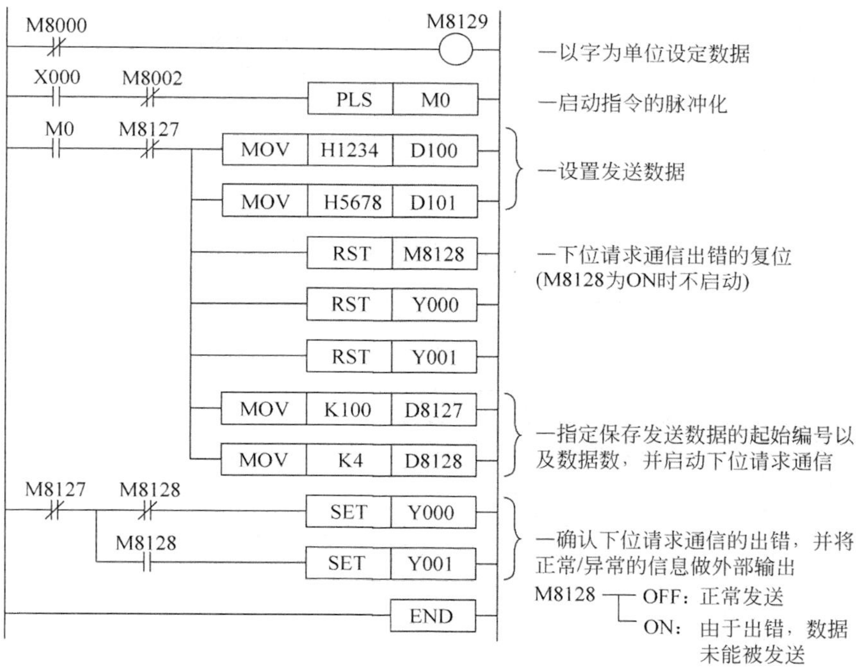

(b) 用户程序

图 8-66　下位请求通信功能指定实例 1

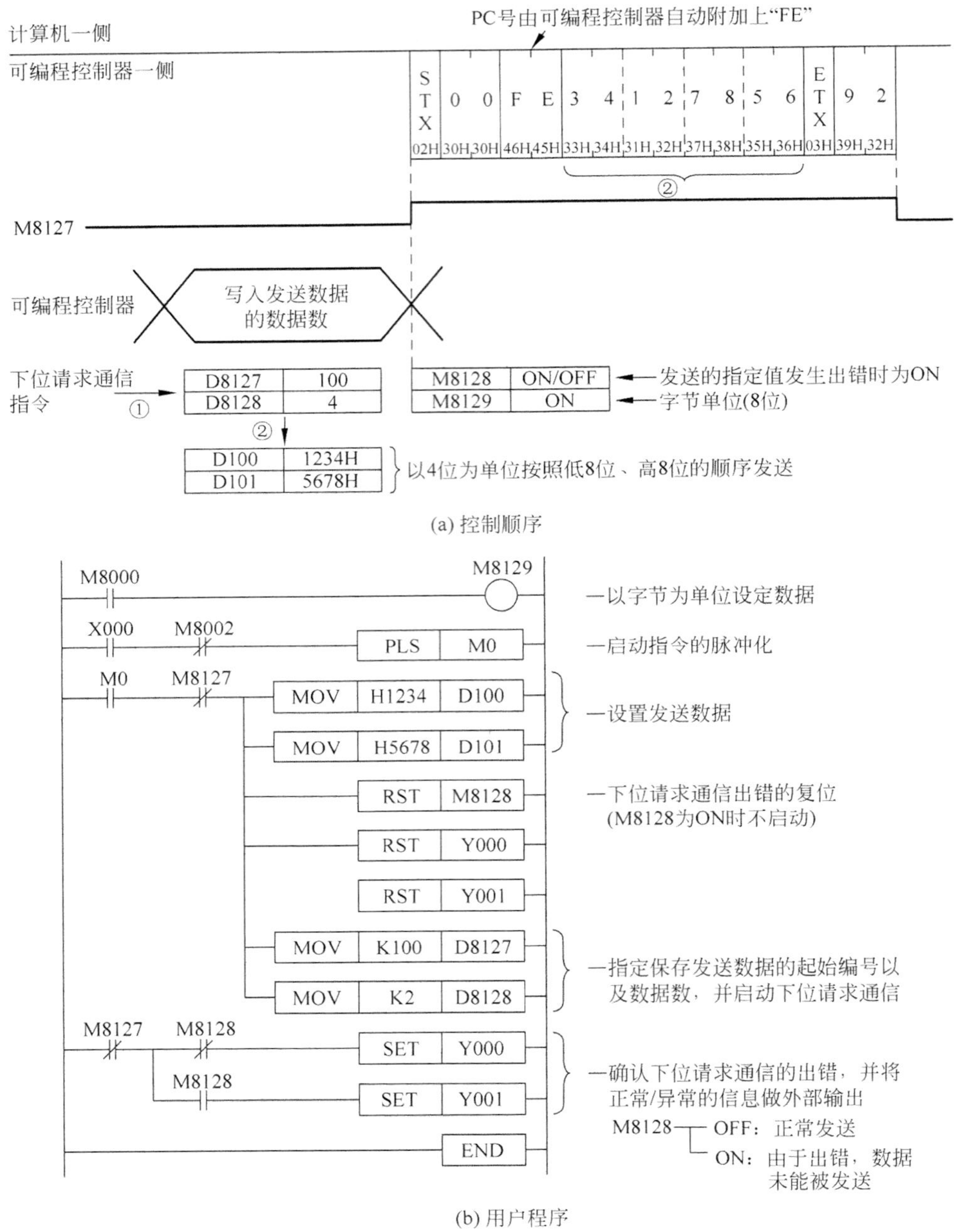

图 8-67 下位请求通信功能指定实例 2

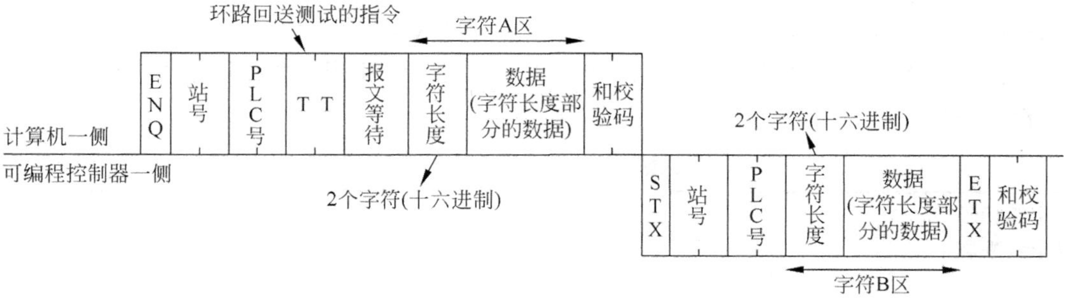

图 8-68　TT 指令的指定方法

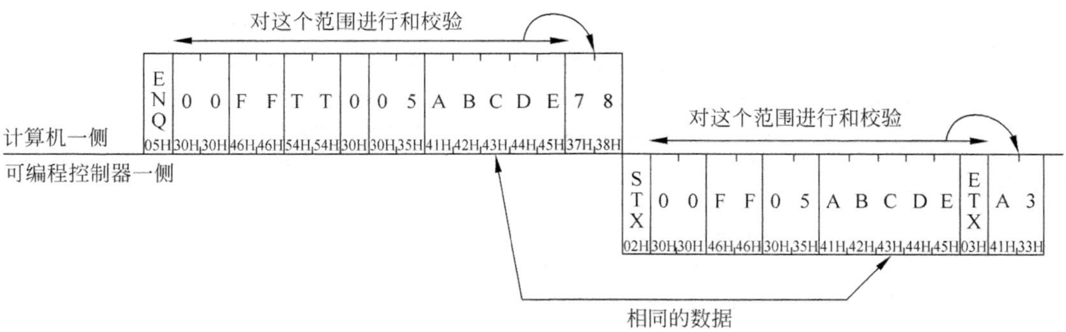

图 8-69　TT 指令的指定实例

8.2.5　故障诊断

1. 通过 LED 显示确认通信状态

正常执行计算机连接时，通信设备上的两个 LED 灯(RD、SD)都应清晰地闪烁。当 LED 灯不闪烁时，应检查接线、站号或是通信的设定情况。

2. 用户程序的确认

(1) 用户程序中的通信设定

① 确认是否进行了并联连接或是 N：N 网络的设定；

② 请确认通信格式(D8120)的设定是否正确；更改了设定时，务必将 PLC 的电源断开后重新上电。

(2) 参数设定的通信设定

确认采用参数进行的通信设定是否符合使用用途，不符合使用用途时，不能正确执行通信。

(3) 使用 RS、EXTR 指令

确认在程序中是否使用了 RS、EXTR 指令。在使用的情况下，删除指令后，将 PLC 的电源断开后重新上电。

3. 出错代码的确认

(1) NAK 响应时的出错代码

在计算机与 PLC 的通信中，发送 NAK 时的出错代码、出错内容如表 8-28 所示。出错代码以2位数的ASCII码(十六进制)00H～FFH表示。

同时发生多个错误时,优先发送号码小的出错代码;此外,发生出错时,传送序列全部被初始化。

表 8-28 出错代码一览表

出错代码(十六进制)	出错项目	出错内容	解决方法
02H	和校验出错	接收数据中的和校验码与从已经接收到的数据中生成的和校验码不一致	检查计算机发送出的数据以及和校验的内容,更改其中之一后再次通信
03H	协议出错	① 通信协议不正常; ② 通信中使用的控制顺序与用参数设定的控制顺序不同,或是一部分与指定的控制顺序不同,或是控制顺序中指定的指令不存在	① 检查参数的内容和控制顺序的内容,更改其中之一后再次通信; ② 参考表8-20指令,修改指定的指令等以后,再次通信
06H	字符区出错	字符A,B,C区中出错,或是已指定的指令不存在 ① 用参数设定的控制顺序不同; ② 指定了PLC中不存在的软元件编号; ③ 在指定字符数目(5个字符,或7个字符)中没有指定软元件编号	① 检查并修改字符和B,C区的内容后;再次通信; ② 请参考"2.2.2可以使用的软元件范围"修改软元件编号的指定字符数后,再次通信
07H	字符出错	在软元件中写入的数据不是十六进制的ASCII码	确认软元件中写入的数据,修改后,再次通信
10H	PLC号出错	不存在该PLC号的站点	检查报文中的PLC号,修改后再次通信
18H	远程出错	① 不能执行远程RUN/STOP; ② 在PLC的硬件中决定了RUN或是STOP,比如使用了RUN/STOP开关等	使用强制运行模式,运行/停止PLC

(2) PLC一侧的出错代码

在计算机与PLC的通信中,计算机发出的报文中有错误时,PLC一侧会报出错。发生这样的错误时,串行通信出错(M8063)会为ON,并在D8063中保存出错代码。出错代码如表8-29所示。

表 8-29 出错代码(D8063)一览表

出错代码	出错项目	出错内容	解决方法
6301	奇偶,溢出,帧出错	传送数据不正常	检查在参数中设定的传送规格后,再次通信
6305	指令异常	站号为FF时接收到"GW"以外的指令	检查指定的指令,修改后再次通信
6306	监视时间超出	接收到的报文不够。即使超过了超时判定时间,仍未接收到正常的报文,所以将传送序列初始化了	检查计算机一侧的传送程序,修改后,再次通信

解决了通信出错后，只有将 PLC 从停止切换到运行时，出错代码才会被清除。

第 8 章附表　ASCII 代码表

十六进制	0	1	2	3	4	5	6	7	8	9
0		DLE	SP	0	@	P	`	p		
1	SOH	DC1	!	1	A	Q	a	q		
2	STX	DC2	"	2	B	R	b	r		
3	ETX	DC3	#	3	C	S	c	s		
4	EOT	DC4	$	4	D	T	d	t		
5	ENQ	NAK	%	5	E	U	e	u		
6	ACK	SYN	&	6	F	V	f	v		
7	BEL	ETB	’	7	G	W	g	w		
8	BS	CAN	(	8	H	X	h	x		
9	HT	EM	)	9	I	Y	i	y		
A	LF	SUB	*	:	J	Z	j	z		
B	VT	ESC	+	;	K	[	k	{		
C	FF	FS	,	<	L	\	l	|		
D	CR	GS	—	=	M	]	m	}		
E	SO	RS	.	>	N	^	n	~		
F	SI	US	/	?	O	_	o	DEL		

思考题

8.1　什么是 N：N 网络？N：N 网络由哪些部分组成？最多可连接多少台 FX 系列 PLC？

8.2　N：N 网络的功能和用途是什么？

8.3　N：N 网络的连接模式有几种？在模式 2 中连接 5 台从站，其连接点数是多少？

8.4　在 N：N 网络的参数设置中，从站总数和刷新范围是否各站均须设定？

8.5　什么是并行连接？并行连接网络由哪些部分组成？最多可连接多少台 FX 系列 PLC？

8.6　并行连接网络的功能和用途是什么？

8.7　并行连接的连接模式有几种？在普通并行连接模式下，其连接点数是多少？

8.8　设定并行连接模式时，主站和从站是否均须设定？

8.9　什么是计算机连接？1：N 系统由哪些部分组成？最多可连接多少台 FX 系列 PLC？1：1 系统由哪些部分组成？最多可连接多少台 FX 系列 PLC？

8.10　计算机连接的功能和用途是什么？

8.11　计算机连接的专用通信协议包括哪些内容？

8.12　计算机连接的控制协议有几种？有何区别？

8.13　计算机连接的通信格式的设定有几种方法？

8.14　在计算机连接的参数设定中，若 D8120 的内容为 H6892 时，其通信格式是什么？

附录A　Y系列三相异步电动机的型号及技术数据

型 号	额定功率/kW	满载时				堵转电流/额定电流	堵转转矩/额定转矩	最大转矩/额定转矩	质量/kg
		电流/A	转速/(r/min)	效率/%	功率因数				
Y801—2	0.75	1.8	2830	75	0.84	6.5	2.2	2.3	16
Y802—2	1.1	2.5	2830	77	0.86	7.0	2.2	2.3	17
Y90S—2	1.5	3.4	2840	78	0.85	7.0	2.2	2.3	22
Y90L—2	2.2	4.8	2840	80.5	0.86	7.0	2.2	2.3	25
Y100L—2	3.0	6.4	2880	82	0.87	7.0	2.2	2.3	33
Y112M—2	4.0	8.2	2890	85.5	0.87	7.0	2.2	2.3	45
Y132S1—2	5.5	11.1	2900	85.5	0.88	7.0	2.0	2.3	64
Y132S2—2	7.5	15	2900	86.2	0.88	7.0	2.0	2.3	70
Y160M1—2	11	21.8	2900	87.2	0.88	7.0	2.0	2.3	117
Y160M2—2	15	29.4	2930	88.2	0.88	7.0	2.0	2.3	125
Y160L—2	18.5	35.5	2930	89	0.89	7.0	2.0	2.2	147
Y180M—2	22	42.2	2940	89	0.89	7.0	2.0	2.2	180
Y200L1—2	30	56.9	2950	90	0.89	7.0	2.0	2.2	240
Y200L2—2	37	69.8	2950	90.5	0.89	7.0	2.0	2.2	255
Y225M—2	45	84	2970	91.5	0.89	7.0	2.0	2.2	309
Y250M—2	55	103	2970	91.5	0.89	7.0	2.0	2.2	403
Y280S—2	75	139	2970	92	0.89	7.0	2.0	2.2	544
Y280M—2	90	166	2970	92.5	0.89	7.0	2.0	2.2	620
Y315S—2	110	203	2980	92.5	0.89	6.8	1.8	2.2	980
Y315M—2	132	242	2980	93	0.89	6.8	1.8	2.2	1080
Y315L1—2	160	292	2980	93.5	0.89	6.8	1.8	2.2	1160
Y315L2—2	200	365	2980	93.5	0.89	6.8	1.8	2.2	1190
Y801—4	0.55	1.5	1390	73	0.76	6.0	2.0	2.3	17
Y802—4	0.75	2	1390	74.5	0.76	6.0	2.0	2.3	17
Y90S—4	1.1	2.7	1400	78	0.78	6.5	2.0	2.3	25
Y90L—4	1.5	3.7	1400	79	0.79	6.5	2.2	2.3	26
Y100L1—4	2.2	5	1430	81	0.82	7.0	2.2	2.3	34
Y100L2—4	3.0	6.8	1430	82.5	0.81	7.0	2.2	2.3	35
Y112M—4	4.0	8.8	1440	84.5	0.82	7.0	2.2	2.3	47
Y132S—4	5.5	11.6	1440	85.5	0.84	7.0	2.2	2.3	68
Y132M—4	7.5	15.4	1440	87	0.85	7.0	2.2	2.3	79

续表

型号	额定功率/kW	满载时				堵转电流/额定电流	堵转转矩/额定转矩	最大转矩/额定转矩	质量/kg
		电流/A	转速/(r/min)	效率/%	功率因数				
Y160M—4	11.0	22.6	1460	88	0.84	7.0	2.2	2.3	122
Y160L—4	15.0	30.3	1460	88.5	0.85	7.0	2.2	2.3	142
Y180M—4	18.5	35.9	1470	91	0.86	7.0	2.0	2.2	174
Y180L—4	22	42.5	1470	91.5	0.86	7.0	2.0	2.2	192
Y200L—4	30	56.8	1470	92.2	0.87	7.0	2.0	2.2	253
Y225S—4	37	70.4	1480	91.8	0.87	7.0	1.9	2.2	294
Y225M—4	45	84.2	1480	92.3	0.88	7.0	1.9	2.2	327
Y250M—4	55	103	1480	92.6	0.88	7.0	2.0	2.2	381
Y280S—4	75	140	1480	92.7	0.88	7.0	1.9	2.2	535
Y280M—4	90	164	1480	93.5	0.89	7.0	1.9	2.2	634
Y315S—4	110	201	1480	93	0.89	6.8	1.8	2.2	912
Y315M—4	132	240	1480	94	0.89	6.8	1.8	2.2	1048
Y315L1—4	160	289	1480	94.5	0.89	6.8	1.8	2.2	1105
Y315L2—4	200	361	1480	94.5	0.89	6.8	1.8	2.2	1260
Y90S—6	0.75	2.3	910	72.5	0.70	5.5	2.0	2.2	21
Y90L—6	1.1	3.2	910	73.5	0.72	5.5	2.0	2.2	24
Y100L—6	1.5	4	940	77.5	0.74	6.0	2.0	2.2	35
Y112M—6	2.2	5.6	940	80.5	0.74	6.0	2.0	2.2	45
Y132S—6	3.0	7.2	960	83	0.76	6.5	2.0	2.2	66
Y132M1—6	4.0	9.4	960	84	0.77	6.5	2.0	2.2	75
Y132M2—6	5.5	12.6	960	85.3	0.78	6.5	2.0	2.2	85
Y160M—6	7.5	17	970	86	0.78	6.5	2.0	2.0	116
Y160L—6	11	24.6	970	87	0.78	6.5	2.0	2.0	139
Y180L—6	15	31.4	970	89.5	0.81	6.5	1.8	2.0	182
Y200L1—6	18.5	37.7	970	89.8	0.83	6.5	1.8	2.0	228
Y200L2—6	22	44.6	970	90.2	0.83	6.5	1.8	2.0	246
Y225M—6	30	59.5	980	90.2	0.85	6.5	1.7	2.0	294
Y250M—6	37	72	980	90.8	0.86	6.5	1.8	2.0	395
Y280S—6	45	85.4	980	92	0.87	6.5	1.8	2.0	505
Y280M—6	55	104	980	92	0.87	6.5	1.8	2.0	566
Y315S—6	75	141	980	92.8	0.87	6.5	1.6	2.0	850
Y315M—6	90	169	980	93.2	0.87	6.5	1.6	2.0	965
Y315L1—6	110	206	980	93.5	0.87	6.5	1.6	2.0	1028

续表

型号	额定功率/kW	满载时				堵转电流/额定电流	堵转转矩/额定转矩	最大转矩/额定转矩	质量/kg
		电流/A	转速/(r/min)	效率/%	功率因数				
Y315L2—6	132	246	980	93.8	0.87	6.5	1.6	2.0	1195
Y132S—8	2.2	5.8	710	80.5	0.71	5.5	2.0	2.0	66
Y132M—8	3	7.7	710	82	0.72	5.5	2.0	2.0	76
Y160M1—8	4	9.9	720	84	0.73	6.0	2.0	2.0	105
Y160M2—8	5.5	13.3	720	85	0.74	6.0	2.0	2.0	115
Y160L—8	7.5	17.7	720	86	0.75	5.5	2.0	2.0	140
Y180L—8	11	24.8	730	87.5	0.77	6.0	1.7	2.0	180
Y200L—8	15	34.1	730	88	0.76	6.0	1.8	2.0	228
Y225S—8	18.5	41.3	730	89.5	0.76	6.0	1.7	2.0	265
Y225M—8	22	47.6	730	90	0.78	6.0	1.8	2.0	296
Y250M—8	30	63	730	90.5	0.80	6.0	1.8	2.0	391
Y280S—8	37	78.7	740	91	0.79	6.0	1.8	2.0	500
Y280M—8	45	93.2	740	91.7	0.80	6.0	1.8	2.0	562
Y315S—8	55	114	740	92	0.80	6.5	1.6	2.0	875
Y315M—8	75	152	740	92.5	0.81	6.5	1.6	2.0	1008
Y315L1—8	90	179	740	93	0.82	6.5	1.6	2.0	1065
Y315L2—8	110	218	740	93.3	0.82	6.3	1.6	2.0	1195
Y315S—10	45	101	590	91.5	0.74	6.0	1.4	2.0	838
Y315M—10	55	123	590	92	0.74	6.0	1.4	2.0	960
Y315L2—10	75	164	590	92.5	0.75	6.0	1.4	2.0	1180

注：本系列产品为全国统一设计的基本系列，为一般用途的全封闭自扇冷式小型鼠笼型三相异步电动机。其功率等级及安装尺寸符合国际电工委员会IEC标准。定子绕组为B级绝缘，电机外壳防护等级为IP44，广泛应用于驱动无特殊要求的各种机械设备，如鼓风机、水泵、机床、农业机械、矿山机械，也适用于某些对启动转矩要求较高的生产机械，如压缩机等。功率在3kW及以下的电动机，定子绕组为Y型接法，4kW及以上其定子为△接法。

附录B　FX$_{2N}$系列可编程控制器的特殊软元件

FX$_{2N}$系列可编程控制器的特殊元件种类及其功能如下表所述。表中带有[]记号的元件(如[M],[D])用户程序不能驱动,除非另有说明;D中的数据通常用十进制表示。

PLC状态(M8000～M8009,D8000～D8009)

编　号	说　明	备　注
[M]8000	RUN监控,常开触点	RUN时为ON
[M]8001	RUN监控,常闭触点	RUN时为OFF
[M]8002	初始脉冲,常开触点	RUN后为ON
[M]8003	初始脉冲,常闭触点	RUN后为OFF
[M]8004	出错	M8060～M8067检测 *8
[M]8005	电池电压降低	锂电池电压下降
[M]8006	电池电压降低锁存	保持降低信号
[M]8007	瞬停检测	
[M]8008	停电检测	
[M]8009	DC24V降低	检测24V电源异常

编　号	说　明	备　注
D8000	监视定时器	初始值200ms
[D]8001	PLC型号和版本	*5
[D]8002	存储器容量	*6
[D]8003	存储器种类	*7
[D]8004	出错特M地址	M8060～M8067
[D]8005	电池电压	0.1V单位
[D]8006	电池电压降低检测	3.0V(0.1V单位)
[D]8007	瞬停次数	电源关闭清除
D8008	停电检测时间	初始值10ms(1ms单位)
[D]8009	下降单元编号	降低的起始输入信号

时钟(M8010～M8019,D8010～D8019)

编　号	说　明	备　注
[M]8010		
[M]8011	10ms时钟	10ms周期振荡
[M]8012	100ms时钟	10ms周期振荡
[M]8013	1s时钟	1ms周期振荡
[M]8014	1min时钟	1min周期振荡
M8015	计时停止或预置	
M8016	时间显示停止	
M8017	±30s修正	
[M]8018	内装RTC检测	常ON
M8019	内装RTC出错	

编　号	说　明	备　注
[D]8010	扫描当前值	0.1ms单位,包括常数扫描等待时间
[D]8011	最小扫描时间	
[D]8012	最大扫描时间	
D8013	秒0～59预置值或当前值	
D8014	分0～59预置值或当前值	
D8015	时0～23预置值或当前值	
D8016	日1～31预置值或当前值	
D8017	月1～12预置值或当前值	
D8018	公历4位预置值或当前值	
D8019	星期0(一)～6(七)预置值或当前值	

标志(M8020～M8029,D8020～D8029)

编　号	说　明	备　注
[M]8020	零标记	应用命令运算标记
[M]8021	借位标记	
M8022	进位标记	
[M]8023		
M8024	BMOV方向指定	
M8025	HSC方式(FNC53～55)	
M8026	RAMP方式(FNC67)	
M8027	PR方式(FNC77)	
M8028	执行FROM/TO指令时允许中断	
[M]8029	执行指令结束标记	应用命令用

编　号	说　明	备　注
[D]8020	调整输入滤波器	初始值10ms
[D]8021		
[D]8022		
[D]8023		
[D]8024		
[D]8025		
[D]8026		
[D]8027		
[D]8028	Z0(Z)寄存器内容	寻址寄存器Z的内容
[D]8029	V0(V)寄存器内容	寻址寄存器V的内容

PLC 方式(M8030～M8039,D8030～D8039)

编　号	说　明	备　注
M8030	电池关灯指令	关闭面板灯 * 4
M8031	非保存存储清除	清除元件的ON/OFF和当前值 * 4
M8032	保存存储清除	
M8033	存储保存停止	图像存储保持
M8034	全输出禁止	外部输出均为 OFF * 4
M8035	强制 RUN 方式	* 1
M8036	强制 RUN 指令	
M8037	强制 STOP 指令	
[M]8038		
M8039	恒定扫描方式	定周期运作

编　号	说　明	备　注
[D]8030		
[D]8031		
[D]8032		
[D]8033		
[D]8034		
[D]8035		
[D]8036		
[D]8037		
[D]8038		
D8039	常数扫描时间	初始值 0(1ms 单位)

步进顺控(M8040～M8049,D8040～D8049)

编　号	说　明	备　注
M8040	禁止转移	状态间禁止转移
M8041	开始转移 * 1	FNC60(IST)命令用
M8042	启动脉冲	
M8043	回原点完成 * 1	
M8044	原点条件 * 1	
M8045	禁止输出复位	
[M]8046	STL 状态工作 * 4	S0～S899 工作检测
M8047	STL 监视有效 * 4	D8040～S8047 有效
[M]8048	报警工作 * 4	S900～S999 工作检测
M8049	报警有效 * 4	D8049 有效

编　号	说　明	备　注
[D]8040	ON 状态号 1 * 4	M8047 为 ON 时,将在 S0～S999中工作的最小号存入 D8040,到以下 8 点都被存储
[D]8041	ON 状态号 2 * 4	
[D]8042	ON 状态号 3 * 4	
[D]8043	ON 状态号 4 * 4	
[D]8044	ON 状态号 5 * 4	
[D]8045	ON 状态号 6 * 4	
[D]8046	ON 状态号 7 * 4	
[D]8047	ON 状态号 8 * 4	
[D]8048		
[D]8049	ON 状态最小号 * 4	S900～S999 最小 ON 号

中断禁止(M8050～M8059,D8050～D8059)

编　号	说　明	备　注
M8050	100□禁止	输入中断禁止
M8051	110□禁止	
M8052	120□禁止	
M8053	130□禁止	
M8054	140□禁止	
M8055	150□禁止	
M8056	160□禁止	定时中断禁止
M8057	170□禁止	
M8058	180□禁止	
M8059	1010～1060 全禁止	计数中断禁止

编　号	说　明	备　注
[D]8050	未使用	
[D]8051		
[D]8052		
[D]8053		
[D]8054		
[D]8055		
[D]8056		
[D]8057		
[D]8058		
[D]8059		

出错检测(M8060～M8069,D8060～D8069)

编 号	说 明	备 注
[M]8060	I/O配置出错	PLC RUN 继续
[M]8061	PLC 硬件出错	PLC 停止
[M]8062	PC/PP 通信出错	PLC RUN 继续
[M]8063	并行连接	PLC RUN 继续
[M]8064	参数出错	PLC 停止
[M]8065	语法出错	PLC 停止
[M]8066	电路出错	PLC 停止
[M]8067	运算出错	PLC RUN 继续
M8068	运算出错锁存	M8067 保持
M8069	I/O 总线检查	总线检查开始

编 号	说 明	备 注
[D]8060	出错的I/O起始号	存储出错代码，参考出错代码表
[D]8061	PLC 硬件出错代码	
[D]8062	PC/PP 通信出错代码	
[D]8063	连接通信出错代码	
[D]8064	参数出错代码	
[D]8065	语法出错代码	
[D]8066	电路出错代码	
[D]8067	运算出错代码	
D8068	运算出错产生的步	步编号保持
[D]8069	M8065～M8067出错产生步号	*2

并行连接(M8070～M8073,D8070～D8073)

编 号	说 明	备 注
M8070	并行连接主站说明	主站时为 ON *2
M8071	并行连接主站说明	从站时为 ON *2
M8072	并行连接运转中为 ON	运行中为 ON
M8073	主站/从站设置不良	M8070,8071 设计不良

编 号	说 明	备 注
[D]8070	并行连接出错判定时间	初始值 500ms
[D]8071		
[D]8072		
[D]8073		

注意：

* 1：RUN→STOP 时清除；
* 2：STOP→RUN 时清除；
* 3：电池后备；
* 4：END 指令结束时处理；
* 5：24（↑ FX_{2N}）　100（↑ 版本 1.00）
* 6：0002 ＝ 2K 步，0004 ＝ 4K 步

  0008＝8K 步

  D8102 加在以上项目，0016＝16K 步；
* 7：00H＝FX-RAM8

  01H＝ FX-EPROM-8

  02H＝ FX-EEPROM-4，8，16(保护为 OFF)

  0AH＝ FX-EEPROM-4，8，16(保护为 ON)

  10H＝ PLC 的内置 RAM；
* 8：M8062 除外。

采样跟踪(M8074～M8079,D8074～D8089)

编 号	说 明	备 注
[M]8074		
[M]8075	准备开始指令	采样跟踪功能
[M]8076	执行开始指令	
[M]8077	执行中监测	
[M]8078	执行结束监测	
[M]8079	跟踪 512 次以上	

编 号	说 明	备 注
[D]8090	位元件号 No10	采样跟踪功能用
[D]8091	位元件号 No11	
[D]8092	位元件号 No12	
[D]8093	位元件号 No13	
[D]8094	位元件号 No14	
[D]8095	位元件号 No15	
[D]8096	字元件号 No0	
[D]8097	字元件号 No1	
[D]8098	字元件号 No2	

编 号	说 明	备 注
[D]8074	采样剩余次数	采样跟踪功能用，详细请见编程手册
D8075	采样次数设定(1~512)	
D8076	采样周期	
D8077	指定触发器	
D8078	触发器条件元件号	
[D]8079	取样数据指针	
D8080	位元件号 No0	
D8081	位元件号 No1	
D8082	位元件号 No2	
D8083	位元件号 No3	
D8084	位元件号 No4	
D8085	位元件号 No5	
D8086	位元件号 No6	
D8087	位元件号 No7	
D8088	位元件号 No8	
D8089	位元件号 No9	

存储容量(D8102)

编　号	说　明	备　注
[D]8102	存储容量	

0002=2K步,0004K=4K步

0008=8K步,0016=16K步

输出更换(M8109,D8109)

编　号	说　明	备　注
[M]8109	输出更换错误生成	

编　号	说　明	备　注
[D]8109	输出更换错误生成	0,10,20,…被存储

高速环形计数器(M8099,D8099)

编　号	说　明	备　注
[M]8099	高速环形计数器工作	允许计数器工作

编　号	说　明	备　注
D8099	0.1ms环形计数器	0～32767增序

特殊功能(M8120～M8129,D8120～D8129)

编　号	说　明	备　注
[M]8120		
[M]8121	RS-232C发送待机中 * 2	RS—232通信用
M8122	RS-232C发送标记 * 2	
M8123	RS-232C发送完标记 * 2	
[M]8124	RS-232C载波接收	
[M]8125		
[M]8126	全信号	RS—485通信用
[M]8127	请求手动信号	
M8128	请求出错标记	
M8129	请求字/位切换	

编　号	说　明	备　注
D8120	通信格式 * 3	详见各通信适配器使用手册
D8121	设定局编号 * 3	
[D]8122	发送数据余数 * 2	
[D]8123	接收数据数 * 2	
D8124	标题(STX)	
D8125	终结字符(ETX)	
[D]8126		
D8127	指定请求用起始号	
D8128	请求数据数的指定	
D8129	判定输出时间	

高速列表(M8130～M8133,D8130～D8143)

编　号	说　明	备　注
M8130	HSZ表比较方式	
[M]8131	同上,执行完标记	
M8132	HSZ PLSY速度图形	
[M]8133	同上,执行完标记	

编　号	说　明		备　注
[D]8140	输出给PLSY, PLSR	下位	详见编程手册
[D]8141	Y000的脉冲数	上位	
[D]8142	输出给PLSY, PLSR	下位	
[D]8143	Y001的脉冲数	上位	

编　号	说　明		备　注
[D]8130	HSZ列表计数器		详见编程手册
[D]8131	HSZ PLSY列表计数器		
[D]8132	速度图形频率	下位	
[D]8133	HSZ PLSY		
[D]8134	速度图形目标	下位	
[D]8135	脉冲数HSZ PLSY	上位	
[D]8136	输出脉冲数	下位	
[D]8137	PLSY, PLSR	上位	
[D]8138			
[D]8139			

扩展功能(M8160～M8169)

编　号	说　明	备　注
M8160	XCH的SWAP功能	同一元件内交换
M8161	8位单位切换	16位/8位切换 * 8
M8162	高速并串联连接方式	
[M]8163		
[M]8164		
[M]8165		写入十六进制数据
[M]8166	HKY的HEX处理	停止BCD切换
M8167	SMOV的HEX处理	
M8168		
[M]8169		

* 8：适用于ASC、RS、HEX、CCD。

脉冲捕捉(M8170～M8179)

编　号	说　明	备　注
M8170	输入X0脉冲捕捉	详见编程手册 * 2
M8171	输入X1脉冲捕捉	
M8172	输入X2脉冲捕捉	
M8173	输入X3脉冲捕捉	
M8174	输入X4脉冲捕捉	
M8175	输入X5脉冲捕捉	
[M]8176		
[M]8177		
[M]8178		
[M]8179		

寻址寄存器当前值(D8180～D8199)

编　号	说　明	备　注
[D]8180		
[D]8181		
[D]8182	Z1 寄存器的数据	寻址寄存器当前值
[D]8183	V1 寄存器的数据	
[D]8184	Z2 寄存器的数据	
[D]8185	V2 寄存器的数据	
[D]8186	Z3 寄存器的数据	
[D]8187	V3 寄存器的数据	
[D]8188	Z4 寄存器的数据	
[D]8189	V4 寄存器的数据	

编　号	说　明	备　注
[D]8190	Z5 寄存器的数据	寻址寄存器当前值
[D]8191	V5 寄存器的数据	
[D]8192	Z6 寄存器的数据	
[D]8193	V6 寄存器的数据	
[D]8194	Z7 寄存器的数据	
[D]8195	V7 寄存器的数据	
[D]8196		
[D]8197		
[D]8198		
[D]8199		

内部增降序计数器(M8200～M8234)

编　号	说　明	备　注
M8200	驱动 M8□□□时 C□□□降序计数; M8□□□在不驱动时 C□□□增序计数 (□□□为 200～234)	详见编程手册
M8201		
⋮		
M8233		
[M]8234		

高速计数器(M8235～M8244,M8246～M8255)

编　号	说　明	备　注
M8235	M8□□□被驱动时,一相高速计数器 C□□□为降序方式,不驱动时为增序方式(□□□为 235～245)	详见编程手册
M8236		
M8237		
M8238		
M8239		
M8240		
M8241		
M8242		
M8243		
M8244		

编　号	说　明	备　注
[M]8246	根据一相 2 输入计数器□□□的增、降序,M8□□□为 ON/OFF(□□□为 246～250)	详见编程手册
[M]8247		
[M]8248		
[M]8249		
[M]8250		
[M]8251	根据二相计数器□□□的增、降序,M8□□□为 ON/OFF(□□□为 251～255)	
[M]8252		
[M]8253		
[M]8254		
[M]8255		

参 考 文 献

1 邓则名等. 电器与可编程控制器应用技术. 北京：机械工业出版社，2002

2 齐占庆. 机床电气控制技术. 北京：机械工业出版社，1994

3 方承远. 工厂电气控制技术. 北京：机械工业出版社，2000

4 陈少华. 机械设备电器控制. 广州：华南理工大学出版社,1998

5 陈立定等. 电气控制与可编程控制器. 广州：华南理工大学出版社，2001

6 李振安. 工厂电气控制技术. 重庆：重庆大学出版社，1995

7 熊幸明. 电工电子实训教程. 北京：清华大学出版社,2007

8 熊幸明等. 机床电路原理与维修. 北京：人民邮电出版社,2001

9 李仁. 电器控制. 北京：机械工业出版社，1990

10 王炳实. 机床电气控制(第三版). 北京：机械工业出版社，2004

11 邢郁甫等. 新编实用电工手册. 北京：地质出版社,1997

12 王仁祥. 常用低压电器原理及其控制技术. 北京：机械工业出版社,2001

13 熊幸明. 电子技术. 北京：清华大学出版社,2007

14 郭宗仁等. 可编程控制器应用系统设计及通信网络技术. 北京：人民邮电出版社,2002

15 皮壮行等. 可编程控制器的系统设计与应用实例. 北京：机械工业出版社，1994

16 邱公伟. 可编程控制器网络通信及应用. 北京：清华大学出版社,2000

17 曹辉等. 可编程控制器系统原理及应用. 北京：电子工业出版社，2005

18 钟肇新等. 可编程控制器原理及应用(第四版). 广州：华南理工大学出版社，2008

19 FX_{2N}系列微型可编程控制器使用手册. MITSUBISHI，1999

20 熊幸明等. 基于 PLC 的二工位组合机床控制系统设计. 组合机床与自动化加工技术,2004(6)